21 世纪高等院校规划教材

电子电路基础

（第二版）

陈利永　连桂仁　编著

中国铁道出版社有限公司
CHINA RAILWAY PUBLISHING HOUSE CO., LTD.

内 容 简 介

本书将"电路分析"和"模拟电路"两门课程的内容有机整合起来,形成新的"电子电路基础"教材,使用本教材可以在一个学期内完成两门课程的教学。

本书的主要内容有:直流电路分析基础、正弦稳态电路的分析、RC电路的特性、半导体二极管及其应用、半导体三极管和场效应管及其应用、负反馈放大器、集成运算放大器和信号处理电路、波形产生和变换电路、功率放大器、直流稳压电源。在附录部分介绍了 Multisim 软件和 MATLAB 软件的简单使用方法,以帮助学生掌握用 Multisim 软件进行实验验证和用 MATLAB 软件进行解题的技巧。

本书适合作为计算机和电子信息类专业本科教材,也可以作为电子信息类学生考研用书和相关专业人员参考。

图书在版编目(CIP)数据

电子电路基础/陈利永,连桂仁编著. —2 版. —北京:
中国铁道出版社,2010.8(2021.8 重印)
(21 世纪高等院校规划教材)
ISBN 978-7-113-11622-4

Ⅰ.①电… Ⅱ.①陈… ②连… Ⅲ.①电子电路-高
等学校-教材 Ⅳ.①TN710

中国版本图书馆 CIP 数据核字(2010)第 120807 号

书　　名:**电子电路基础**
作　　者:陈利永　连桂仁

策划编辑:秦绪好
责任编辑:孟 欣　　　　　　　　　编辑部电话:(010)63549508
编辑助理:罗瑞芝　　　　　　　　　封 面 设 计:付　巍
责任印制:樊启鹏　　　　　　　　　封 面 制 作:李　路

出版发行:中国铁道出版社有限公司(100054,北京市西城区右安门西街 8 号)
印　　刷:北京建宏印刷有限公司
版　　次:2006 年 8 月第 1 版　2010 年 8 月第 2 版　2021 年 8 月第 5 次印刷
开　　本:787mm×1092mm　1/16　印张:21　字数:499 千
印　　数:4 701～5 400 册
书　　号:ISBN 978-7-113-11622-4
定　　价:39.80 元

第二版前言

随着信息技术的发展，电气信息类本科专业产生了许多新的专业课程，为了在有限的时间内让学生学到更多的知识，必须压缩基础课的学时。在学时比较少的情况下，如何保证基础课的教学质量是当前教学改革面临的一大问题。

为了解决"电路分析"和"模拟电路"课程内容多，课时数不够的矛盾，我们根据分立元件的电路被集成电路大量替代的发展趋势，结合二者需要，根据学以致用的原则，有机地整合"电路分析"和"模拟电路"两门课程教学的内容，形成本教材。本教材的主要特点如下：

（1）根据集成电路研究方法的特点，从应用的角度出发精简"电路分析"和"模拟电路"两门课程的内容，将原"电路分析"和"模拟电路"课程中交叉重复的内容归并。为了保证本书所述内容的深度和广度，本书采用前后呼应的整合方法，将被归并的内容以基本原理、实际应用的例题等形式安排在相关的章节中。这样做既可保证基础知识的完整性和连贯性，又可以增加学生练习的机会，加深学生对所学知识的理解，也有时间对某些重点的课题进行深入讨论，使知识系统化。

（2）将"模拟电路"课程教学内容看成是"电路分析"课程教学内容的延伸。把两门课程的内容有机地结合在一起，有利于培养学生分析问题、解决问题以及实践应用的能力，从而提高学生的综合素质。

（3）根据集成电路替代分立元件的特点，在"电子电路基础"课程的教学中，将大量的分立元件电路的教学内容删除，增加集成电路的教学内容。特别是将模拟乘法器作为一个能够实现乘法运算功能的集成电路来介绍，增加模拟乘法器在调制—解调技术中应用的内容。便于后续没有开设"通信电路"课程的学生了解调制—解调的概念和实现的电路，为后续专业课的学习打下坚实的基础。

本书是《电子电路基础》（书号：978-7-113-07329-8，中国铁道出版社）的第二版。在叙述的过程中作者注意强化理论的推理过程，引导学生对物理概念的理解，培养学生开放性的思维模式，有意识地锻炼学生从不同的渠道、利用不同的方法对同一个问题进行讨论，让学生掌握一题多解的方法，以加深学生对基本概念和基础知识的理解，培养学生分析问题和解决问题的能力，提高学生的综合素质。在解题的过程中，引导学生使用 MATLAB 软件进行数值运算，并介绍用 Multisim 软件对理论知识进行验证的方法，做到理论联系实际，以加深学生的感性认识，提高学习的效率。本书中 Multisim 软件中的电阻等图形符号采用美国标准并用"u"代替"μ"表示 10^{-6}。本书中带*的章节为选修内容。

本书由闽江学院物理与电子信息工程系的陈利永教授和福建师范大学数学与计算机学院的连桂仁副教授根据多年授课的经验编写而成。在教学研究过程中得到了福建省本科院校"电路与系统"重点学科建设项目的支持。本书的课程体系结构已在福建师范大学计算机科学系本科生的教学中使用多年并收到很好的教学效果,被评为福建省精品课程建设项目。

在本书出版之际,作者在此感谢福建师范大学数学与计算机科学学院院长吴子文教授对作者在福建师范大学工作期间所从事教学改革的支持,感谢福建师范大学计算机科学系的陈家祯老师和叶锋老师为作者使用 MATLAB 软件所提供的帮助,感谢福建师范大学协和学院的蔡银河老师为作者使用 Multisim 软件所提供的帮助,感谢福建师范大学协和学院的陈清华老师、陈祖武老师和陈昕老师为作者的写作所提供的帮助。

限于编者的水平,书中的不妥、疏漏之处在所难免,敬请广大读者批评指正。

编　者
2010 年 6 月

第一版前言

随着信息技术的发展，计算机专业和电子信息专业产生了许多新的专业课，为了在有限的时间内让学生学到更多的知识，必须要压缩基础课的学时，在学时比较少的情况下，如何保证基础课的教学质量是当前教学改革所面临的一大问题。

为了解决"电路分析"和"模拟电路"课程内容多，课时数不够的矛盾，我们根据"电路分析"和"信号与系统"课程中相关内容重复的特点，将"电路分析"的课程内容拆成两部分，一部分并入"模拟电路"中，形成"电子电路基础"课程体系，另一部分并入"信号与系统"中，收到很好的教学效果。"电子电路基础"课程体系的主要特点有以下几个方面。

（1）将"电路分析"和"模拟电路"课程中交叉重复的内容归并。为了保证本书所叙述内容的深度和广度，本书采用前后呼应的整合方法，将被归并的内容以基本原理、实际应用的例题等形式出现在相关的章节中。这样做的目的是，既可保证基础知识的完整性和连贯性，又可以增加学生练习的机会，加深学生对所学知识的理解，也有时间对某些重点的课题进行深入讨论，使知识系统化。

（2）将"模拟电路"的教学内容看成是"电路分析"教学内容的延伸。两门课程的内容有机地结合在一起，有利于培养学生分析问题、解决问题以及实践应用的能力，从而提高学生的综合素质。

（3）将原来在大学一年级下学期开设的"电路分析"和在大学二年级上学期开设的"模拟电路"两门课程，归并成在大学二年级上学期开设"电子电路基础"课程。这种课程体系不仅解决了在大学一年级下学期开设"电路分析"时，因学生的数学知识不够，无法提高"电路分析"课程教学质量的矛盾，又为后续专业课的开设让出课时。

另外本书在叙述的过程中注意引导学生对物理概念的理解，强化理论的推理过程，注意引导学生开放性的思维方法。有意识地培养学生从不同的渠道，利用不同的方法对同一个问题进行讨论，让学生掌握一题多解的方法，以加深学生对基本概念和基础知识的理解，培养学生分析问题和解决问题的能力，提高学生的综合素质。在解题的过程中，引导学生使用 MATLAB 软件进行数值运算，并介绍用 Multisim 软件对理论知识进行验证的方法，做到理论联系实际，以加深学生的感性认识，提高学习的效率。

本书由福建闽江学院计算机科学系的陈利永教授根据多年授课经验编写而成，本书的课程体系结构已在福建师范大学计算机科学系本科生的教学中试用，且收到很好的教学效果，被评为福建省精品课程建设的项目。

感谢福建师范大学数学与计算机科学学院院长吴子文教授对作者在福建师范大学期间所从事教学改革的支持，感谢福建师范大学计算机科学系的陈家祯老师为作者使用 MATLAB 软件所提供的帮助，感谢福建师范大学协和学院的蔡银河老师为作者提供 Multisim 软件和使用该软件所提供的帮助。

限于编者的水平，书中的错误疏漏之处在所难免，敬请广大读者批评指正。

编　者
2006 年 5 月

目 录

第一部分 电路分析基础知识

第1章 直流电路分析基础 1

1.1 引言 1

1.1.1 本课程研究的问题 1

1.1.2 电路和电路模型 2

1.1.3 描述电路工作状态的物理量 3

1.1.4 电流、电压和电动势的参考方向 6

1.1.5 欧姆定律 7

1.1.6 电功率、电源和负载的判断 8

1.2 电器设备的额定值和电路的三种工作状态 9

1.2.1 电器设备的额定值 10

1.2.2 电路的三种工作状态 10

1.3 基尔霍夫定律和支路电流法 12

1.3.1 名词术语 12

1.3.2 基尔霍夫电流定律 12

1.3.3 基尔霍夫电压定律 13

1.3.4 支路电流法 13

1.4 电阻电路的等效变换法 17

1.4.1 电阻的串联 17

1.4.2 电阻的并联 18

1.4.3 电阻的混联 19

1.4.4 电阻Y连接和△连接的等效变换 19

1.4.5 输入电阻 23

1.5 电压源和电流源的等效变换 24

1.5.1 电压源 24

1.5.2 电流源 25

1.5.3 电压源和电流源的等效变换 26

1.6 叠加定理 27

1.7 节点电位法 29

1.8 戴维南定理和诺顿定理 30

1.8.1 戴维南定理 30

1.8.2 诺顿定理 33

1.8.3 负载获得最大功率的条件 34

1.9　电路分析综合练习 35

小结 40

习题和思考题 40

第2章　正弦稳态电路的分析 44

2.1　正弦交流电路 44

2.1.1　正弦交流电量的参考方向 44

2.1.2　正弦交流电量的三要素 45

2.1.3　相位差 46

2.1.4　正弦交流电量的有效值 49

2.1.5　正弦交流电的表示法 50

2.2　单一参数的正弦交流电路 55

2.2.1　纯电阻元件的交流电路 55

2.2.2　纯电感元件的交流电路 57

2.2.3　纯电容元件的交流电路 60

2.3　电阻、电容、电感串联的交流电路 63

2.3.1　RLC 串联电路电流和电压的关系 63

2.3.2　RLC 串联电路阻抗的关系 64

2.3.3　RLC 串联电路功率的关系 65

2.4　正弦稳态电路分析法 66

2.4.1　相量形式的电路定理 66

2.4.2　正弦稳态电路分析法综合例题 67

2.5　正弦交流电路的谐振 80

2.5.1　RLC 串联谐振 80

*2.5.2　RLC 并联谐振 83

*2.6　三相交流电路 86

*2.6.1　三相电路的负载连接 87

*2.6.2　三相电路分析 87

*2.6.3　安全用电常识 92

小结 93

习题和思考题 94

第3章　RC 电路的分析 99

3.1　动态电路的方程及其初始条件 99

3.1.1　动态电路的方程 99

3.1.2　换路定则及初始值的确定 101

3.2　动态电路求解的三要素法 105

3.3　RC 一阶电路在脉冲电压作用下的暂态过程 108

3.3.1　微分电路 108

3.3.2　RC 耦合电路 109

  3.3.3 积分电路 109
 3.4 RC 一阶电路在正弦信号激励下的响应 110
  3.4.1 RC 低通滤波器 110
  3.4.2 RC 高通滤波器 113
 小结 116
 习题和思考题 116

综合复习题（一） 118

第二部分 模拟电路基础

第 4 章 半导体二极管及其应用 120
 4.1 半导体基础知识 120
  4.1.1 本征半导体 120
  4.1.2 本征激发和两种载流子 121
  4.1.3 杂质半导体 121
  4.1.4 PN 结 123
 4.2 半导体二极管 125
  4.2.1 半导体二极管的结构 125
  4.2.2 二极管的伏-安特性曲线 125
  4.2.3 二极管的主要参数 126
  *4.2.4 二极管极性的简易判别法 127
  4.2.5 二极管的等效电路 127
 4.3 二极管应用 128
  4.3.1 二极管整流电路 128
  4.3.2 桥式整流电路 129
  4.3.3 倍压整流电路 130
  4.3.4 限幅电路 130
  4.3.5 与门电路 131
 4.4 稳压管 132
  4.4.1 稳压管的结构和特性曲线 132
  4.4.2 稳压管的主要参数 133
  4.4.3 其他类型的二极管 134
 小结 135
 习题和思考题 135

第 5 章 半导体三极管和场效应管及其应用 137
 5.1 半导体三极管的基本结构 137
  5.1.1 三极管内部结构 137
  5.1.2 三极管的电流放大作用 138

5.1.3 三极管的共射特性曲线 140

*5.1.4 三极管的主要参数 142

5.2 共发射极电压放大器 143

5.2.1 电路的组成 143

5.2.2 共发射极电路图解分析法 144

5.2.3 微变等效电路分析法 147

5.3 电压放大器工作点的稳定 152

5.3.1 稳定工作点的必要性 152

5.3.2 工作点稳定的典型电路 152

*5.3.3 复合管放大电路 155

5.4 共集电极电压放大器 156

*5.5 共基极电压放大器 157

5.6 多级放大器 158

5.6.1 阻容耦合电压放大器 158

*5.6.2 直接耦合电压放大器 159

5.7 差动放大器 161

5.7.1 电路组成 161

5.7.2 静态分析 163

5.7.3 动态分析 163

*5.7.4 差动放大器输入、输出的四种组态 164

*5.8 放大器的频响特性 167

5.8.1 三极管高频等效模型 167

5.8.2 晶体管电流放大倍数的频率响应 168

5.8.3 单管共射放大电路的频响特性 169

5.9 场效应管电压放大器 175

5.9.1 结型场效应管 175

5.9.2 绝缘栅型场效应管 178

5.9.3 场效应管主要参数 181

5.9.4 场效应管放大电路 182

*5.9.5 场效应管与晶体管的比较 184

小结 185

习题和思考题 185

第6章 负反馈放大器 191

6.1 负反馈的基本概念 191

6.1.1 反馈的基本概念和类型 191

6.1.2 反馈的判断 192

6.1.3 反馈放大器的四种组态 192

6.2 反馈放大器的表达式 195

6.3 负反馈对放大电路性能的改善 197
    6.3.1 稳定放大倍数 197
    6.3.2 对输入电阻和输出电阻的影响 197
    6.3.3 放大器引入负反馈的一般原则 198
小结 199
习题和思考题 200

第 7 章 集成运算放大器和信号处理电路 202
7.1 概述 202
    7.1.1 集成运放电路的特点 202
    7.1.2 集成运放电路的组成框图 202
*7.2 电流源电路 203
    *7.2.1 基本电流源电路 203
    *7.2.2 以电流源为有源负载的放大器 205
7.3 集成运放电路简介和理想运放的参数 205
    7.3.1 集成运放电路简介 205
    *7.3.2 集成运放电路的主要参数 207
7.4 理想集成运放电路的参数和工作区 208
    7.4.1 理想运放的性能指标 208
    7.4.2 理想运放电路在不同工作区的特征 208
7.5 基本运算电路 210
    7.5.1 比例运算电路 210
    7.5.2 加减运算电路 215
    7.5.3 积分和微分运算电路 219
    7.5.4 对数和指数（反对数）运算电路 220
    7.5.5 乘法和除法运算电路 221
7.6 模拟乘法器的应用 224
    7.6.1 用模拟乘法器实现幅度调制的信号特征 225
    7.6.2 双边带调制 227
    7.6.3 单边带调制和残留边带调制 228
    7.6.4 正交调制电路 229
    7.6.5 同步解调电路 230
    7.6.6 正交解调电路 231
7.7 有源滤波器 231
    7.7.1 有源低通滤波器 232
    7.7.2 其他形式的滤波器 237
小结 247
习题和思考题 247

第 8 章　波形产生和变换电路 ………………………………………………… 252

　8.1　正弦波信号产生电路 ……………………………………………………… 252

　　8.1.1　正弦波信号产生电路的组成 ………………………………………… 252

　　8.1.2　RC 正弦波振荡器 …………………………………………………… 253

　　8.1.3　LC 正弦波振荡器 …………………………………………………… 255

　　8.1.4　石英晶体正弦波振荡器 ……………………………………………… 259

　8.2　电压比较器 ………………………………………………………………… 263

　　8.2.1　电压比较器的电压传输特性 ………………………………………… 263

　　8.2.2　单门限电压比较器 …………………………………………………… 263

　　8.2.3　滞回电压比较器 ……………………………………………………… 265

　　8.2.4　窗口电压比较器 ……………………………………………………… 267

　8.3　非正弦波信号发生电路 …………………………………………………… 268

　　8.3.1　矩形波信号发生电路 ………………………………………………… 268

　　8.3.2　三角波信号发生电路 ………………………………………………… 270

　　8.3.3　锯齿波信号发生电器 ………………………………………………… 271

　8.4　锁相环电路及其应用 ……………………………………………………… 272

　　8.4.1　锁相环的组成和工作原理 …………………………………………… 272

　　8.4.2　锁相环的应用 ………………………………………………………… 274

　小结 ……………………………………………………………………………… 276

　习题和思考题 …………………………………………………………………… 276

第 9 章　功率放大器 ……………………………………………………………… 280

　9.1　功率放大器的特点 ………………………………………………………… 280

　　9.1.1　功率放大电路的特殊问题 …………………………………………… 280

　　9.1.2　功率放大器的工作状态 ……………………………………………… 281

　9.2　乙类互补对称功率放大器 ………………………………………………… 283

　　9.2.1　OCL 功放电路的组成 ………………………………………………… 283

　　9.2.2　交越失真的消除方法 ………………………………………………… 283

　　9.2.3　OCL 功放电路晶体管的选择 ………………………………………… 284

　　9.2.4　OTL 功放电路的组成和工作原理 …………………………………… 286

　9.3　集成功率放大电路 ………………………………………………………… 287

　　9.3.1　DG4100 型集成功率放大器的内部结构 …………………………… 287

　　9.3.2　DG4100 型集成功率放大器的使用方法 …………………………… 288

　小结 ……………………………………………………………………………… 288

　习题和思考题 …………………………………………………………………… 288

第 10 章　直流稳压电源 ………………………………………………………… 290

　10.1　直流稳压电源的组成 …………………………………………………… 290

　　10.1.1　直流稳压电源的组成框图 ………………………………………… 290

　　10.1.2　串联型稳压电源电路 ……………………………………………… 291

      10.1.3 稳压电源的主要指标 ……………………………………… 292

  10.2 串联型集成稳压电路 ……………………………………………… 293

      10.2.1 串联型集成稳压电路的组成 …………………………… 293

      10.2.2 三端稳压器的基本应用电路 …………………………… 294

  小结 ………………………………………………………………………… 294

  习题和思考题 ……………………………………………………………… 295

综合复习题（二） …………………………………………………………… 296

附录 A 模拟电子电路读图常识 …………………………………………… 299

附录 B 三极管共射 h 参数等效模型 ……………………………………… 302

附录 C Multisim 软件简介 ……………………………………………… 304

  C.1 Multisim 的窗口界面 ……………………………………………… 304

  C.2 电路的建立与仿真实例 …………………………………………… 304

      C.2.1 电路的建立 …………………………………………………… 305

      C.2.2 RC 低通滤波器频响特性的测试 ………………………… 308

      C.2.3 小信号共发射极电压放大器电路设计仿真 …………… 309

      C.2.4 乘法器应用的仿真实验 …………………………………… 311

附录 D MATLAB 软件简介 ……………………………………………… 313

  D.1 MATLAB 软件的特点 ……………………………………………… 313

  D.2 MATLAB 的运行界面 ……………………………………………… 313

  D.3 用 MATLAB 解矩阵的实例 ……………………………………… 315

参考文献 …………………………………………………………………… 320

第一部分 电路分析基础知识

第1章 直流电路分析基础

学习要点：

● 物理量的定义是物理课程的相关知识在本课程中的应用，注意参考方向的概念，并熟练地使用。

● 描述电路电流和电压约束关系的方程是节点电流定律（KCL）和回路电压定律（KVL），在求解电路问题的时候不仅要掌握含有正常的电压源和电流源的电路，还要熟练地掌握含有受控电压源和受控电流源的电路。

● 用 KCL 和 KVL 理论上可以对所有的电路问题进行求解，但在某些场合用叠加定理、戴维南定理或节点电位法等方法更简便，注意通过一题多解的练习来体会用不同的方法求解同一个问题的思路和技巧。

1.1 引 言

电子技术是 19 世纪末发展起来的一门新兴学科，在 20 世纪取得了惊人的进步。同时也带动了其他高新技术的飞速发展，进一步促进了工业、农业、科技、国防以及社会生活等领域发生了令人瞩目的变革。

进入 21 世纪以来，随着信息时代的到来，作为信息时代发展支撑的电子技术得到了进一步的发展，电子电路基础就是介绍电子技术基本理论的一门专业基础课。

1.1.1 本课程研究的问题

电子电路基础课程研究的内容是：处理各类信号的电子系统的基本组成和工作原理。

信号是信息的载体，描述信号的基本方法是写出它的数学表达式，此表达式通常是时间的函数，根据此函数绘制的图像称为信号的波形。按照时间函数取值的连续性与离散性可将信号分为连续时间信号和离散时间信号。

连续时间信号的幅度变化可以是连续的，也可以是不连续的。在电子电路中，将幅度随时间连续变化的信号称为模拟信号，如大家熟悉的正弦交流电信号和广播电台发射的无线电信号；将幅度随时间变化是离散的信号称为数字信号，如计算机处理的信号。模拟信号和数字信号的波形如图 1-1 所示。

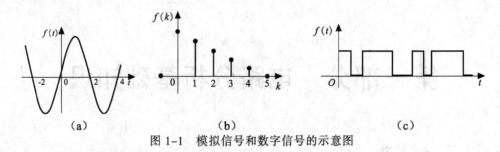

图 1–1　模拟信号和数字信号的示意图

图 1–1（a）所示是模拟信号的波形，图 1–1（b）所示是数字信号的函数图形，图 1–1（c）所示是数字信号在电路中所出现的波形。

在电子电路课程中，将处理模拟信号的电路称为模拟电路；将处理数字信号的电路称为数字电路。

1.1.2　电路和电路模型

将多个电器设备或元器件，按其所要完成的功能用一定的方式连接起来的总体称为电路，电路是电流流通的路径。电路通常由电源、负载和中间环节三部分组成。

电源是指电路中可将化学能、机械能、原子能等其他形式的能量转换成电能，并向电路提供能量的设备，如干电池、发电机等。

在电子电路的课程中，电源有电压源（为电路提供电压的器件）和电流源（为电路提供电流的器件）两种类型。除了电压源和电流源之外，还有受控电压源（输出电压受外界输入信号控制的电压源）和受控电流源（输出电流受外界输入信号控制的电流源），各种电源在电路中常用的符号如图 1–2 所示。

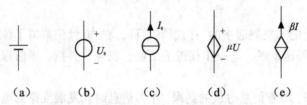

图 1–2　电路中常用的各种电源的图形符号

图 1–2（a）、（b）所示是电压源的符号，图（c）所示是电流源的符号，图（d）是受控电压源的符号，图（e）是受控电流源的符号。

负载是指电路中能将电能转换为其他形式能量的用电器，如电灯、电动机、电热器等，负载在电路中通常表示成电阻，用字母 R 来表示，电阻在电路中常用的符号为 "—▭—"。

中间环节是指将电源与负载连接成闭合电路的导线、开关、保护设备、测量仪表等。

任何实际的电路都是由多种电气元件组成的，不管是简单的手电筒电路，还是复杂的计算机电路。电路中各种元器件所表征的电磁现象和能量转换的关系一般都比较复杂，若按实际电气元器件来做电路图将比较困难和复杂，因此，在分析和计算实际电路时必须用理想的电路元件及其组合来近似代替实际电气元器件所组成的实际电路。这种由理想元件所组成的与实际电气元器件相对应，并用统一规定的符号来表示而构成的电路，就是实际电路的模型，通常称为模型电路。手电筒的实际电路和模型电路如图 1-3（a）、（b）所示。

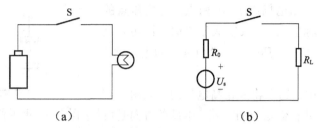

（a）　　　　　　　　　　（b）
图 1-3　手电筒的实际电路和模型电路

搭建各种电路都有一定的目的，尽管电路的结构千差万别，但它们的功能大致可概括为两大类：一是进行能量的传输或转换，如照明和动力电路等；二是进行信号的传递和处理，如计算机和通信电路等。

为了研究模拟电路的问题，有必要先介绍描述电路工作状态的几个物理量（电流、电压、电荷、磁链、功率等）以及进行分析和计算的方法。

1.1.3　描述电路工作状态的物理量

1. 电流

电荷的定向运动形成电流，习惯上将正电荷运动的方向规定为电流的流动方向。计量电流大小的物理量称为电流，曾称电流强度，用英文字母 I 来表示。

电流的定义为：单位时间内通过导体横截面的电量。如果任一瞬间，通过导体横截面的电量是大小和方向均不随时间变化的 Q，则电流 I 的表达式为

$$I = \frac{Q}{t} \tag{1-1}$$

根据国家标准，不随时间变化的物理量用大写的字母来表示，随时间变化的物理量用小写的字母来表示，所以，式（1-1）就是直流电流的表达式。交流电流的表达式为

$$i = \frac{\mathrm{d}q}{\mathrm{d}t} \tag{1-2}$$

在国际单位制（SI）中，电流的单位为安培，简称安（A）。大型电力变压器中的电流可达几百到上千安，而晶体管电路中的电流往往只有千分之几安，对于很小的电流可用毫安（mA）或微安（μA）来计量，它们之间的换算关系为

$$1\,\mathrm{A} = 10^3\,\mathrm{mA} = 10^6\,\mu\mathrm{A}$$

2. 电压

在物理学课程中已知，电荷在电场中移动时，电场力将对电荷做功。为了描述电场力对电荷做功能力的大小，引入物理量——电压。

电场中 a、b 两点间电压 U_{ab} 的定义为：U_{ab} 在数值上等于把单位正电荷从 a 点移到 b 点时，电场力所做的功。电压的定义式为

$$U_{ab} = \frac{W}{Q} \tag{1-3}$$

电压也常写成电位差的形式，即

$$U_{ab} = U_a - U_b \qquad (1-4)$$

式中的 U_a 和 U_b 分别表示电场中 a、b 两点对零电压点的电压，该电压的值又称电位。当 U_{ab} 大于零时，说明 a 点的电位比 b 点高；当 U_{ab} 小于零时，说明 a 点的电位比 b 点低。

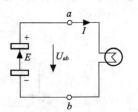

图 1-4 电压和电动势方向的示意图

在电子电路课程中，通常将处在高电位的 a 端用"+"表示，而用"-"表示处在低电位的 b 端，电压的方向是由高电位指向低电位。即由 a 指向 b，如图 1-4 所示。

随时间变化的电压表达式为

$$u_{ab} = \frac{\mathrm{d}w}{\mathrm{d}q} \qquad (1-5)$$

在国际单位制中电压的单位为伏特，简称伏（V）。1 伏电压在数值上等于将 1 库仑（C）的正电荷从 a 点移到 b 点，电场力做了 1 焦耳（J）的功。

3. 电动势

电动势是表征电源特征的物理量。在图 1-4 中，正电荷在电场力的作用下，从高电位的 a 点经过负载（灯泡）向低电位的 b 点移动，形成电流 I。正电荷由 a 移到 b 时，就要与 b 极板上的负电荷中和，使两极板上的电荷逐渐减少，两极板间的电场也逐渐减小，相应的电流也将逐渐减小，直到中断。为了使电路中的电流能够持续不断，在 a、b 两极板之间必须有一种非电场力，该力可以将正电荷从低电位的 b 极板通过电源内部推向高电位的 a 极板，使 a、b 两电极间始终维持在一定的电位差，电源是靠非电场力来完成这个任务的。

在图 1-4 中，电源是一个电池，其内部化学反应所产生的非电场力将正电荷从低电位的 b 电极通过电源内部推向高电位的 a 电极，并在电源内部建立起电场，使电源的正、负两极维持一定的电位差。

非静电力在电源内部不断地把正电荷从低电位点移向高电位点就要克服电场力做功，电源的电动势就是表征电源内部非静电力对电荷做功能力大小的物理量，用符号 E 来表示。综上所述，电源的电动势在数值上等于非静电力把单位正电荷从电源的低电位点 b 经电源内部移到高电位点 a 时所做的功。用公式表示为

$$E_{ba} = \frac{W}{Q} \qquad (1-6)$$

式中的 Q 是电源内部由非静电力移动的电量，W 是非静电力所做的功。比较式（1-4）与式（1-6）可见电动势与电压具有相同的量纲，所以，电动势和电压具有相同的单位——伏特（V）。电动势与电压虽然单位相同，但两者物理概念却不同。

电动势是描述电源的非电场力对电荷做功能力大小的物理量。在电源内部，非电场力将正电荷从电源负极移到正极做功，将非电能转化为电能。电动势的作用是使正电荷获得电能而电位升高，所以，电动势的实际方向是从电源内部的负极指向正极，即电位升高的方向。

电压是描述电源的电场力对电荷做功能力大小的物理量。在电源外部，电场力将正电荷从电源正极移到负极做功，将电能转化为其他形式的能量。电压的作用是使正电荷的电位降低，对外做功，所以，电压的实际方向是从电源的正极指向负极，即电位降低的方向。

综合图 1-4 可见，电源电动势和电压的实际方向刚好相反。在电源内部非电场力做功，将非电能转化为电能，并建立电动势维持电源两极板间的电位差保持不变；而在外电路中，电场力做功，负载将电能转化为非电能。由于电源两极间存在着电压，只要电路一接通，电流就持续不断。在电源内部，电动势的作用使电流从负极流向正极，即从低电位流向高电位；而在外电路中，因电压的作用，电流从高电位流向低电位，即电位降低的方向。

4. 电位

电位又称电势，它是描述电场中某一点与零电位参考点之间电位差的物理量。计算电场中某一点（例如 a 点）电位的方法是：先指定电场中的一个点（例如 b 点）为参考点，用符号"⊥"来表示，并规定参考点的电位为零。电路中任一点与参考点之间的电压就是该点的电位。

电位是电子电路课程中的重要概念，在电子电路中，常用电位的概念来分析电路中元件的工作状态。应用电位的概念还可以简化电路图的画法，便于分析计算，如图 1-5 所示。

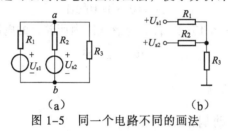

图 1-5　同一个电路不同的画法

图 1-5（a）所示是电路经典的画法，也是读者比较熟悉的画法；图 1-5（b）所示是以 b 点为零电位点的画法。图（b）的画法是后续课程中常用的画法，希望读者能熟练地掌握这两种画法之间的转换关系。

5. 电荷

电荷是物质的一种属性，它描述了带电荷的物体具有吸引轻小物体的性质。电荷在电子电路的课程中用符号 Q 表示。某带电体在 t 时刻所带的电荷量 $q(t)$ 为

$$q(t) = \int_0^t i(t)\,\mathrm{d}t + q(0) \tag{1-7}$$

电路中用来储存电荷的容器称为电容器，在物理课中已知，电容器由电介质隔开的两金属电极片组成，电容器在电路中常用的符号是"⊣⊢"。

表征电容器性质的物理量称为电容器的电容，用字母 C 来表示。电容 C 的定义为：电容器上所储存的电荷量 Q 与两极板的电位差 U_{ab} 之比，即

$$C = \frac{Q}{U_{ab}} \tag{1-8}$$

在国际单位制中电容的单位为法拉，简称法（F）。法的单位太大了，在电子电路课程中常接触到的电容单位为微法（μF）和皮法（pF），它们之间的换算关系为

$$1\mathrm{F} = 10^6\mu\mathrm{F} = 10^{12}\mathrm{pF}$$

电容器是电路的储能元件，电容器中所储存的电能 W_C 为

$$W_C = \frac{1}{2}CU^2 \tag{1-9}$$

式中的 U 是电容器两极板之间的电压。

6. 电感

在物理学中已知，将导线绕制成 N 匝螺线管，就构成一个电感线圈。线圈内部没有铁磁物质的称为线性电感线圈，线性电感线圈通常用符号"$\underline{}$"来表示。

当线圈中通有电流 I 时，线圈内部就会产生磁通 Φ。对于 N 匝线圈，乘积 $N\Phi$ 称为线圈的磁通匝链数，简称磁链，用字母 Ψ 来表示。线性电感线圈的磁链 Ψ 与流过线圈中的电流 I 成正比的关系，其比值为

$$L = \frac{\Psi}{I} = \frac{N\Phi}{I} \qquad (1-10)$$

式中的 L 称为线圈的自感系数，简称电感。它是表征线圈性质的物理量，表示单位电流在线圈中所产生磁链数的大小。在国际单位制中电感的单位为亨利，简称亨（H）。在电子电路课程中常接触到的电感单位是毫亨（mH）、微亨（μH），它们之间的换算关系为

$$1H=10^3 mH=10^6 \mu H$$

电感线圈在电路中也是一个储能元件，电感线圈内所储存的电能 W_L 为

$$W_L = \frac{1}{2}LI^2 \qquad (1-11)$$

式中的 I 是流过电感线圈的电流。

1.1.4 电流、电压和电动势的参考方向

中学物理在分析和计算电路问题的时候，电流、电压和电动势的方向是统一约定的。即电流 I 在外电路中从电源的正极出发，流向负极；在内电路中从电源的负极出发，流向正极。电压 U 的方向是从电源的正极指向负极，电动势 E 的方向是从电源的负极指向正极。这种约定的方向与电路中电流、电压和电动势的实际方向一致，这在分析、计算简单电路（单电源电路）的问题时是可行的，但在分析、计算复杂电路（多电源电路）的问题时却有困难。

在分析和计算复杂电路问题的时候，电路中电流和电压的实际方向往往事先无法确定，在电流、电压的方向无法确定的情况下，没有办法对电路进行分析和计算。为了解决这一问题，引入了电流、电压和电动势参考方向的概念。

所谓电流、电压和电动势的参考方向指的是：在分析和计算复杂电路的问题之前，为了分析和计算的需要而假设的电流、电压和电动势的方向，这些方向通常用箭头表示，如图1-6所示。

图1-6 中 I_1、I_2 和 I_3 旁边的箭头表示电流 I_1、I_2 和 I_3 的参考方向，U_1、U_2 和 U_3 旁边的箭头表示电阻 R_1、R_2 和 R_3 两端电压的参考方向，E_1 和 E_2 表示电源1和电源2电动势的参考方向。

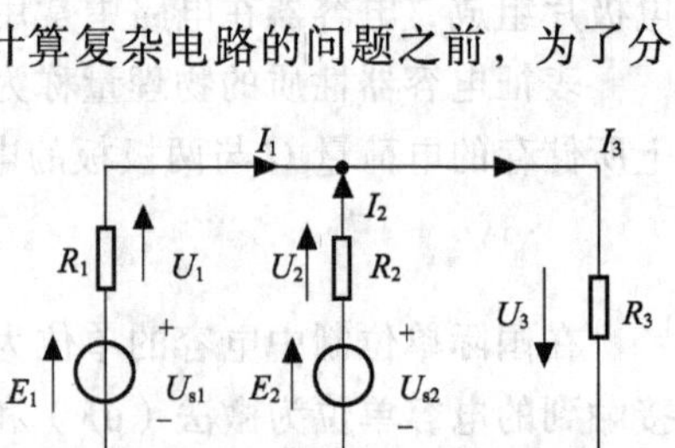

图1-6 电压和电流的参考方向

参考方向的假设是任意的，任意假设的参考方向与电流、电压和电动势的实际方向之间存在着差别。这种差别体现在，在某些电路中参考方向与实际的方向一致；而在另一些电路中，参考方向与实际的方向则相反。但不论属于哪种情况，都

不会影响电路分析和计算结论的正确性。这是因为按参考方向求解得出的电压和电流的值有大
于零和小于零两种可能。大于零，为正值，说明该参考方向与实际的方向一致；小于零，为负
值，说明该参考方向与实际的方向相反。

顺便指出，在进行电路分析和计算的时候，在没有标明电流或电压的参考方向的前提下，
讨论电流或电压的正、负值是没有意义的。

电压的参考方向除了用箭头表示之外，还可以用正、负号或下
标 ab 等来表示，如图 1-7 所示。图中的符号 U_{ab}、U_{bc} 不仅表示电压
U_{ab}、U_{bc} 值的大小，也表示该电压的参考方向是从 a 指向 b，从 b 指
向 c。

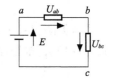

图 1-7　电压的参考方向

在用电位表示电路中某一点的电压值时，该电压的参考方向是确
定的，都是从该点指向零电位点。

参考方向的假设是任意的，在电子电路课程中，将两个相同方向的参考方向称为关联参考
方向；反之称为非关联参考方向。

虽然参考方向的假设是任意的，但为了分析计算的方便，通常将同一个电路的无源器件（如
电阻元件等）上电流和电压的参考方向设定成相关联的，而将电源电动势和电源两端电压的参
考方向设定成非关联的。

1.1.5　欧姆定律

欧姆定律是电路的基本定律之一，它说明流过电阻的电流与该电阻两端电压之间的关系，
反映了电阻元件的特性。

对于一段仅含电阻 R 的电路，欧姆定律表示流过电阻 R 的电流 I 与电阻两端的电压 U 成正
比的关系，其数学表达式为

$$I = \frac{U}{R} \tag{1-12}$$

或写成

$$U = IR \tag{1-13}$$

注意：式（1-12）和式（1-13）成立的条件是电流和电压的参考方向相关联。当电压和电
流的参考方向为非关联时，式（1-12）和式（1-13）的左边必须加上一个负号。即

$$U = -IR \tag{1-14}$$

欧姆定律仅适用于阻值不随通过的电流或两端电压的变化而变化的电阻电路，满足欧姆
定律的电路称为线性电阻电路。对于非线性电路，欧姆定律不适用。在讨论非线性电路问题
时，电流和电压之间的关系用函数来表示，该函数通常表示成 $U-I$ 平面上的曲线，该曲线称
为伏（V）-安（A）特性曲线。

【例 1.1】求图 1-8 所示电路电压 U_{ab} 的大小，并说明电压的实际方向，已知电阻 $R=5\,\Omega$。

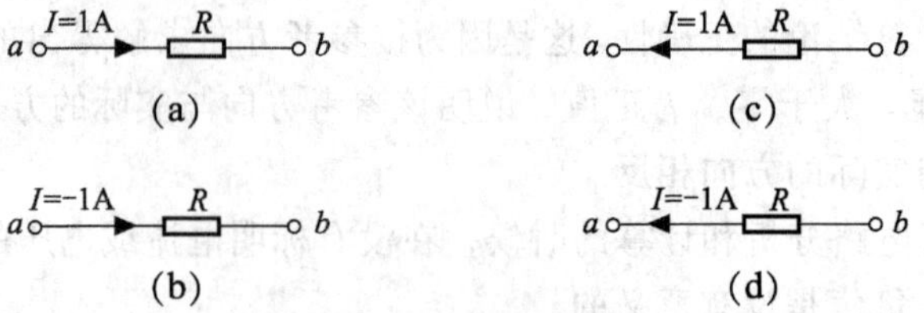

$$I=1A \quad R$$
$$a \circ \rightarrow \boxed{} \circ b$$
$$(a)$$

$$I=1A \quad R$$
$$a \circ \leftarrow \boxed{} \circ b$$
$$(c)$$

$$I=-1A \quad R$$
$$a \circ \rightarrow \boxed{} \circ b$$
$$(b)$$

$$I=-1A \quad R$$
$$a \circ \leftarrow \boxed{} \circ b$$
$$(d)$$

图 1-8　例 1.1 图

【解】 图 1-8（a）、（b）所示电路中，电流和电压的参考方向为相关联，欧姆定律的形式为式（1-13），根据此式可得

图（a）中
$$U_{ab}=IR=1 \times 5V=5V$$

因为 U_{ab} 为正，说明 U_{ab} 的实际方向和参考方向相同，即，从 a 指向 b。

图（b）中
$$U_{ab} = IR = (-1) \times 5V = -5V$$

因为 U_{ab} 为负，说明 U_{ab} 的实际方向和参考方向相反，即，从 b 指向 a。

图 1-8（c）、（d）所示电路中，电流和电压的参考方向为非关联，欧姆定律的形式为式（1-14），根据此式可得

图（c）中
$$U_{ab} = -IR = -1 \times 5V = -5V$$

因为 U_{ab} 为负，说明 U_{ab} 的实际方向和参考方向相反，即，从 b 指向 a。

图（d）中
$$U_{ab} = -IR = -(-1) \times 5V = 5V$$

因为 U_{ab} 为正，说明 U_{ab} 的实际方向和参考方向相同，即，从 a 指向 b。

1.1.6　电功率、电源和负载的判断

电流在电路中流动，用电器要吸收电场的能量，并将其转换成其他形式的能量，如图 1-9 所示，研究电路能量转换的问题，也是对电路进行分析和计算的一个重要内容。

在图 1-9 所示的电路中，电源电动势 E 为电路提供电能，在忽略电源内阻的情况下，负载电阻 R_L 上消耗的电能可根据电压的定义式来计算。

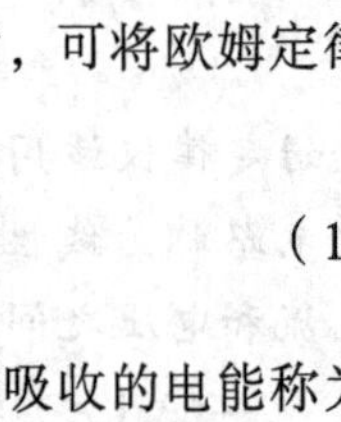

根据电压的定义式，正电荷 Q 在电场力作用下，从 a 点通过负载 R_L 移动到 b 点的过程中，电场力所做的功 W 为

$$W = QU = IUt \qquad (1-15)$$

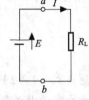

图 1-9　电路能量转换的关系

功 W 就是负载在时间 t 内所消耗的电场能量。当负载是纯电阻器件时，可将欧姆定律代入式（1-15）中，可得纯电阻 R_L 所消耗的电场能量 W_R 为

$$W_R = IUt = I^2 R_L t = \frac{U^2}{R_L} t \qquad (1-16)$$

在国际单位制中，电能的单位用焦耳（J）来表示。单位时间内负载所吸收的电能称为电功率，简称功率，用字母 P 来表示，在国际单位制中，功率的单位是瓦特（W）。功率 P 的表达式为

$$P = \frac{W}{t} = IU \qquad (1-17)$$

对于线性电阻电路，功率 P 的表达式为

$$P = IU = I^2R = \frac{U^2}{R} \qquad (1\text{-}18)$$

注意：当电流和电压的参考方向为相关联时，式（1-15）和式（1-17）对任何器件均适用，而式（1-16）和式（1-18）仅适用于线性电阻电路。当电流和电压的参考方向为非关联时，式（1-15）和式（1-17）的右边需加一负号。即

$$P = -IU \qquad (1\text{-}19)$$

在图 1-9 中，电阻 R_L 上电流和电压的参考方向为相关联，根据式（1-17）计算得到的功率 P 为正数，说明电阻 R_L 吸收电场的能量，并将其转换成其他形式的能量，是电路的负载；电源 E 上的电流和电压的参考方向为非关联，计算电源 E 的功率必须用式（1-19），计算出来的结果为负值，说明该器件不是消耗电路的能量，而是向电路提供能量，是电路的电源。

根据上面的讨论可知，利用 P 大于零或小于零的特点，可以判断某一个器件在电路中承担负载或电源的角色。

【**例 1.2**】电路中的 A、B、C 为三个不同性质的电子器件，各器件上电流、电压参考方向的设定如图 1-10 所示。已知 $I_1=2\text{A}$，$I_2=I_3=-2\text{A}$，$U_1=20\text{V}$，$U_2=5\text{V}$，$U_3=-15\text{V}$，计算各器件的功率，并根据计算的结果判断各器件的性质。

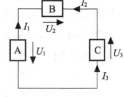

图 1-10 例 1.2 图

【**解**】因为器件 A、B 上电流和电压的参考方向为非关联，而器件 C 上电流和电压的参考方向为相关联，根据式（1-19）和式（1-17）可得

$$P_A = -IU = -2 \times 20\text{W} = -40\text{W} < 0$$

$$P_B = -IU = -(-2) \times 5\text{W} = 10\text{W} > 0$$

$$P_C = IU = (-2) \times (-15)\text{W} = 30\text{W} > 0$$

根据 P_A 小于零的计算结果，可得器件 A 的性质是电源；根据 P_B 和 P_C 大于零的计算结果，可得器件 B 和器件 C 的性质是负载。计算的结果还说明电源的输出功率等于负载所消耗的功率。

当电路的电流和电压均是时间的函数时，功率也是时间的函数，在电流和电压的参考方向相关联时，计算功率的表达式为

$$p(t) = i(t)u(t) \qquad (1\text{-}20)$$

1.2 电器设备的额定值和电路的三种工作状态

电器设备的额定值是由制造厂家提供的。它是根据设计、材料及制造工艺等因素，由制造厂家给出的各项性能指标和技术数据。按额定值使用电器设备最为安全可靠、经济合理。额定值往往标在设备的铭牌上或由说明书来提供，所以在使用电器设备之前必须仔细阅读铭牌或说明书的内容。

1.2.1　电器设备的额定值

电器设备的额定值用字母加下标 N 来表示。电器设备的额定值包括额定功率 P_N、额定电压 U_N、额定电流 I_N、额定温升等。铭牌上只给出主要的额定值，其他的可根据公式来求。例如一个标有 1W、400Ω 的电阻，表示该电阻的阻值为 400Ω，额定功率为 1W，由 $P=I^2R$ 的关系，可求得它的额定电流为 0.05A。

额定值是规定设备运行时所允许的上限值。超过额定值运行，设备将会毁坏或缩短使用寿命。例如，当流过上述电阻中的电流值超过 0.05A 时，电阻就会因电流太大而过热，严重时会损坏该电阻。在低于额定值下使用设备也是不可取的，如 220V、100W 的电烙铁，在低于 220V 电压下使用时，不能充分发挥电烙铁的效果，既不经济也不合理。

1.2.2　电路的三种工作状态

当电源与负载通过中间环节连接成电路后，电路可能处于通路、开路或短路这三种不同的工作状态下，如图 1-11 所示。

图 1-11（a）表示通路的状态，图（b）表示开路的状态，图（c）表示短路的状态。下面以该电路为例，分别讨论在三种工作状态下，电路中电流和电压的关系。

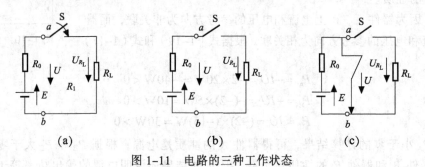

(a)　　　　　　　　(b)　　　　　　　　(c)

图 1-11　电路的三种工作状态

1. 通路

在图 1-11（a）中，开关 S 闭合，电源 E 与负载 R_L 接通，电路处于通路的状态。电路中电流 I 为电源的输出电流

$$I = \frac{E}{R_L + R_0} \tag{1-21}$$

式中 R_0 是电源的内电阻，通常 R_0 很小。电源的输出电压 U 为负载电阻 R_L 两端的电压 U_L，根据欧姆定律和式（1-21）可得电源输出电压 U 的表达式为

$$U = U_{R_L} = IR_L = E - IR_0 \tag{1-22}$$

由式（1-22）可知，在 E 保持不变的情况下，R_0 越大，电源输出的电压越小，这就是新、旧电池输出电压不同的原因。

2. 开路

在图 1-11（b）中，开关 S 断开，电源未与负载接通，电路处于开路的状态。处在开路状态下的电路，负载与电源没有接通，电路中的电流为零，负载电阻两端的电压 U_{R_L} 也为零。根据式（1-22）可得电源输出电压 U_o 在数值上等于电源的电动势，称为电路的开路电压 U_o。处于开路状态下的电路，其电流和电压的关系为

$$I = 0$$
$$U_{R_L} = 0 \qquad\qquad (1-23)$$
$$U_O = E$$

3. 短路

在图 1-11（c）中电源两端 a、b 处，因某种原因而直接相连，或者在负载电阻两端直接相碰，都会造成电源短路，使电路处在短路的工作状态下。

处在短路工作状态下的电路，由于外电路负载为零，电源输出电压 U 和负载电阻两端的电压 U_L 都为零。电路中的电流 I 为电源的输出电流，称为短路电流 I_S，短路电流很大，会烧坏电源。

电源短路是危险的事故状态，严格来说不能称之为电路的工作状态，引入短路工作状态的目的仅仅是为了后面分析电路的某种需要。实际电路中为了防止电路短路而烧毁电源，在电路中均接有如熔断器、空气开关等保护装置。处于短路状态下的电路，其电流和电压的关系为

$$U = U_{R_L} = 0$$
$$I = I_S = \frac{E}{R_0} \qquad\qquad (1-24)$$

【例 1.3】一热水器额定功率为 800W，额定电压为 220V，求该热水器的额定电流和电阻。若将该热水器接在电压为 110V 的电路上，求该热水器的输出功率。

【解】在电流和电压的参考方向相关联时，根据 $P = IU = I^2 R = \dfrac{U^2}{R}$ 可得

$$I_N = \frac{P_N}{U_N} = \frac{800}{220}\,\mathrm{A} = 3.64\,\mathrm{A}$$

$$R = \frac{U_N^2}{P_N} = \frac{220^2}{800}\,\Omega = 60.5\,\Omega$$

$$P = \frac{U^2}{R} = \frac{U^2}{U_N^2} P_N = \left(\frac{110}{220}\right)^2 \times 800\,\mathrm{W} = 200\,\mathrm{W}$$

由计算结果可见，电器在低电压下工作不能正常发挥电器的额定功率。

上述求解的计算过程可以用 MATLAB 软件编程来实现，求解计算的程序为

```
%例1.3的计算程序
PN=800;UN=220;U=110;        %输入参数
IN=PN/UN                    %计算IN的公式
R=UN^2/PN                   %计算R的公式
P=U^2/R                     %计算P的公式
```

该程序运行的结果为

```
IN=3.6364
R=60.5000
P=200
```

用 MATLAB 软件求解的详细内容请参阅附录 D。

1.3　基尔霍夫定律和支路电流法

基尔霍夫定律是分析电路的基本定律之一。基尔霍夫定律阐述了在电路的结构确定之后，电路中汇于节点的电流、闭合回路中电压之间的关系。这种关系仅与电路的结构相关，与元件的性质无关。

基尔霍夫定律有电流和电压两个定律，一是基尔霍夫电流定律（英文缩写为 KCL），二是基尔霍夫电压定律（缩写为 KVL）。基尔霍夫定律既适用于线性直流电路，也适用于交流电路和非线性电路。在介绍基尔霍夫定律之前，先解释几个相关的名词术语。

1.3.1　名词术语

1. 支路

二端元件或若干个二端元件顺序相连组成不分叉的一段电路称为支路。支路中的元件流过同一个电流。含有电源元件的支路称为有源支路，不含电源元件的支路称为无源支路。在图 1-12 中，有 *abc*、*ac* 和 *adc* 三条支路。其中 *ac* 为无源支路，*abc* 和 *adc* 为有源支路。

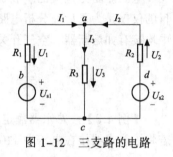

图 1-12　三支路的电路

2. 节点

电路中三条或三条以上支路的连接点称为节点。在图 1-12 中，*a* 和 *c* 点是三条支路的连接点，所以，*a* 和 *c* 点是节点。

3. 回路

电路中任何一个闭合的路径称为回路。在图 1-12 中，有 *abca*、*abcda* 和 *acda* 三个回路。

4. 网孔

内部不含其他支路的回路，称为网孔。在图 1-12 中，回路 *abca* 和 *acda* 是网孔。

1.3.2　基尔霍夫电流定律

基尔霍夫电流定律（KCL）描述了流入节点和流出节点电流之间的关系。KCL 指出：任一瞬间，流入一个节点的电流等于流出该节点的电流。在规定流入节点的电流为正，流出节点的电流为负的前提下，也可将 KCL 叙述成：任一瞬间，流入一个节点的电流代数和为零。即

$$\sum I = 0 \tag{1-25}$$

利用 KCL 可确定图 1-12 中流入节点 *a* 的电流关系为

$$I_1 + I_2 = I_3$$

或写成

$$I_1 + I_2 - I_3 = 0$$

注意：由于 KCL 方程中电流的正、负号是由电流的流向来确定的，所以在列 KCL 方程时应首先在电路图上设定电流的参考方向，再根据设定的参考方向来列方程。

KCL 不仅适用于电路中的节点，也可推广应用到如图 1-13 所示点画线框所围的封闭面。在这种情况下，KCL 指出：任一瞬间，流入一个封闭面的电流等于流出该封闭面的电流。即

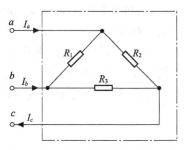

$$I_a + I_b = I_c \qquad (1\text{-}26)$$

在规定流入点画线框的电流为正，流出为负的情况下，应用 KCL 可得

$$\sum I = 0 \qquad (1\text{-}27)$$

由 KCL 可知，任何瞬间，在电路的任何点上，均不会发生电荷堆积或减少的现象，这种现象称为电流的连续性，体现了物理学中电荷守恒定律的内涵。

图 1-13　KCL 在封闭面上的应用

1.3.3　基尔霍夫电压定律

基尔霍夫电压定律（KVL）描述了沿任何闭合回路环绕一圈，回路内各器件两端电压之间的关系。KVL 指出：任一瞬间，沿任何闭合回路环绕一圈，回路电压的代数和为零。即

$$\sum U = 0 \qquad (1\text{-}28)$$

在应用 KVL 列方程之前，同样必须先设定各支路电流及元件两端电压的参考方向，然后，再选定环绕方向。当电压的参考方向与环绕方向相一致时，该电压前取正号；当电压的参考方向与环绕方向相反时，该电压前取负号。

图 1-14 所示为电路中的某个回路，电流、电压的参考方向和环绕方向（虚线）在图中已标出。按图中设定的方向，根据 KVL 可列出

$$U_{s1} - U_1 + U_2 - U_{s2} + U_3 + U_4 = 0 \qquad (1\text{-}29)$$

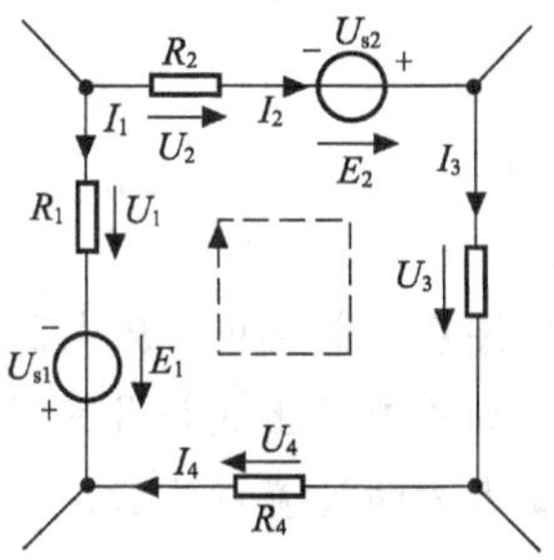

图 1-14　列 KVL 方程的电路图

将欧姆定律代入上式得

$$U_{s1} - I_1 R_1 + I_2 R_2 - U_{s2} + I_3 R_3 + I_4 R_4 = 0$$

应用 KVL 列方程时应注意区分电压和电动势的概念，KVL 说的是电压的代数和为零，与电动势无关，环绕时遇到电源的电动势，应根据电源的电动势和端电压的关系，将电动势转换成端电压。如式（1-29）中 U_{s1} 和 U_{s2} 分别为 E_1 和 E_2 电源的端电压，列 KVL 方程时，我们用 U_{s1} 和 U_{s2}，而不用 E_1 和 E_2。

利用基尔霍夫定律理论上可以分析任何复杂的电路问题，下面介绍利用基尔霍夫定律分析电路的基本方法。

1.3.4　支路电流法

支路电流法是以支路电流为未知量，根据基尔霍夫定律列方程式，然后求出各支路电流的电路分析法。下面以图 1-15 所示的电路为例，说明支路电流法的分析思路和解题步骤。

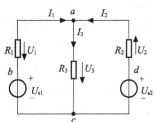

图 1-15　应用支路电流法求解的电路

图 1-15 的电路共有两个节点（a、c），三条支路（abc、ac、adc），三个回路（$abca$、$adca$、$abcda$）和两个网孔（$abca$、$adca$），应用支路电流法可以很方便地求出三条支路的电流 I_1，I_2 和 I_3。解题步骤如下：

（1）先设三条支路的电流分别为 I_1、I_2 和 I_3，并在图中标出三条支路电流的参考方向。在分析有 n 条支路的电路问题时，应设 n 个支路电流为未知量。

（2）根据 KCL 对节点 a 和 c 分别列节点电流方程为

$$I_1+I_2=I_3 \tag{1-30}$$

$$I_3=I_1+I_2 \tag{1-31}$$

由式（1-30）和式（1-31）可见，这两个方程是一样的。说明两个节点只能列一个独立的节点电流方程。当电路有三个节点时，独立的节点电流方程只有两个；可以证明，对于有 N 个节点的电路，独立的节点电流方程只有 N-1 个，另一个可由这 N-1 个方程联立求得。

由数学知识可知，要求出三个支路电流，必须有三个方程式，两个节点只能列一个独立的方程式，另外的两个方程式可利用 KVL 列出。

（3）在电路中标出各元件两端电压的参考方向，选择合适的回路，设定环绕方向，列 KVL 方程式。电路中有几个回路，就可以列几个 KVL 方程式。

对 $acba$ 回路，设环绕方向也是 $acba$，KVL 的方程式为

$$U_3-U_{s1}-U_1=0 \tag{1-32}$$

即

$$I_3R_3-U_{s1}-(-I_1R_1)=0$$

注意：电路中，R_1 电阻上电流和电压的参考方向设为非关联，在写欧姆定律时，IR 表达式前应加负号（上式括号内的乘积项）。为了解题的方便，一般不提倡将电阻 R 上的电流和电压的参考方向设置成这种形式。

对 $adca$ 回路，设环绕方向也是 $adca$，KVL 方程式为

$$-U_2+U_{s2}-U_3=0 \tag{1-33}$$

即

$$-I_2R_2+U_{s2}-I_3R_3=0$$

对 $adcba$ 回路，设环绕方向也是 $adcba$，KVL 方程式为

$$-U_2+U_{s2}-U_{s1}-U_1=0 \tag{1-34}$$

即

$$-I_2R_2+U_{s2}-U_{s1}-(-I_1R_1)=0$$

显然，式（1-34）可由式（1-32）和式（1-33）相加求得，所以，它也不是独立的方程。一般在平面电路内，可选网孔作为回路，列网孔的 KVL 方程，以保证方程的独立性。

所谓平面电路，指的是将电路画成一个平面图时，不出现任何交叉支路的电路。

当电路的支路数为 M，节点数为 N 时，应用 KVL 可列出独立的方程数为 $L=M-（N-1）$。

在 R_1、R_2、R_3、U_{s1} 和 U_{s2} 已知的情况下，联立解方程组，即可求出三个支路电流 I_1、I_2 和 I_3。

【例 1.4】设在图 1-15 所示的电路中 $R_1=1\Omega$，$R_2=2\Omega$，$R_3=3\Omega$，$U_{s1}=3V$，$U_{s2}=1V$。求各支路电流 I_1、I_2、I_3 和各电阻两端的电压 U_1、U_2、U_3。

【解】根据图中所标的参考方向，选节点 a 和回路 $acba$、$adca$ 列方程，利用基尔霍夫定律

可得

$$I_1 + I_2 = I_3$$
$$3I_3 - 3 - (-I_1) = 0$$
$$-2I_2 + 1 - 3I_3 = 0$$

整理后，得

$$\begin{cases} I_1 + I_2 - I_3 = 0 \\ I_1 + 3I_3 = 3 \\ 2I_2 + 3I_3 = 1 \end{cases} \tag{1-35}$$

联立方程组解得

$$I_1 = \frac{12}{11}\text{A} \qquad I_2 = -\frac{5}{11}\text{A} \qquad I_3 = \frac{7}{11}\text{A}$$

$$U_1 = -\frac{12}{11}\text{V} \qquad U_2 = -\frac{10}{11}\text{V} \qquad U_3 = \frac{21}{11}\text{V}$$

　　求解的结果中 I_1、I_3 和 U_3 为正，说明这几个量的实际方向和参考方向一致，I_2、U_1 和 U_2 为负，说明这几个量的实际方向和参考方向相反。解完之后，可将结果代入未选用过的回路，来验证结果的正确性。

　　上述解的过程也可以用线性代数的矩阵来求解，利用矩阵求解的步骤如下：

　　（1）将式（1-35）整理成线性方程组的标准形式：

$$\begin{cases} I_1 + I_2 - I_3 = 0 \\ I_1 + 0 + 3I_3 = 3 \\ 0 + 2I_2 + 3I_3 = 1 \end{cases} \tag{1-36}$$

　　（2）将线性方程组（1-36）写成矩阵形式：

$$\begin{pmatrix} 1 & 1 & -1 \\ 1 & 0 & 3 \\ 0 & 2 & 3 \end{pmatrix} \begin{pmatrix} I_1 \\ I_2 \\ I_3 \end{pmatrix} = \begin{pmatrix} 0 \\ 3 \\ 1 \end{pmatrix} \tag{1-37}$$

利用系数矩阵和向量的定义可将上式简写为

$$AI = \beta \tag{1-38}$$

　　（3）根据矩阵运算法则求得

$$\begin{pmatrix} I_1 \\ I_2 \\ I_3 \end{pmatrix} = -\frac{1}{11} \begin{pmatrix} -12 \\ 5 \\ -7 \end{pmatrix} \tag{1-39}$$

由上式可得

$$I_1 = \frac{12}{11}\text{A} \qquad I_2 = -\frac{5}{11}\text{A} \qquad I_3 = \frac{7}{11}\text{A}$$

　　上述求解的过程也可以用 MATLAB 软件来实现，求解计算的程序为

```
%例1.4的计算程序
a=[1 1 -1;1 0 3;0 2 3];      %输入矩阵a
b=[0;3;1];                   %输入矩阵b
c=a\b                        %解矩阵
```

该程序运行的结果为

```
c=
    1.0909
```

```
          -0.4545
           0.6364
```
由运行结果可知：I_1=1.0909A，I_2=-0.4545A，I_3=0.6364A。

【例 1.5】求图 1-16 所示电路中电阻 R_3 上的电流 I_3。已知 R_1=1Ω，R_2=2Ω，R_3=3Ω，U_{s1}=5V，U_s=5I_1。

【解】图 1-16 所示电路的形式与图 1-15 所示的电路相似，差别仅在于将图 1-15 所示电路中的电压源 U_{s2} 变成了受控电压源 U_s。所谓的受控电压源就是输出电压 U_s 是大小受外界输入信号控制的电压源。在本题中受控电压源输出的电压 U_s=5I_1，说明该受控电压源的输出电压受电流 I_1 的控制，输出电压的大小等于 5 倍 I_1 电流，知道这些概念后，即可用基尔霍夫定律求解。

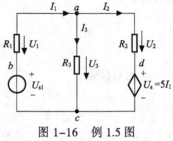

图 1-16　例 1.5 图

根据图中所标参考方向，选节点 a 和回路 $acba$、$adca$ 来列方程，利用基尔霍夫定律可得

$$I_1=I_2+I_3$$

$$3I_3-5+I_1=0$$

$$2I_2+5I_1-3I_3=0$$

将上式整理成矩阵为

$$\begin{pmatrix} 1 & -1 & -1 \\ 1 & 0 & 3 \\ 5 & 2 & -3 \end{pmatrix}\begin{pmatrix} I_1 \\ I_2 \\ I_3 \end{pmatrix}=\begin{pmatrix} 0 \\ 5 \\ 0 \end{pmatrix}$$

用 MATLAB 软件求解该矩阵的程序为

```
%例 1.5 的计算程序
a=[1 -1 -1;1 0 3;5 2 -3];      %输入矩阵 a
b=[0;5;0];                      %输入矩阵 b
c=a\b                          %解矩阵
```

该程序运行的结果为

```
c=
     0.9615
    -0.3846
     1.3462
```

根据 MATLAB 程序运行的结果可得 I_3=1.3462A。因 I_3 的结果为正值，所以 I_3 的实际方向与参考方向一致。

求解此类电路问题的方法，还有网孔电流法和回路电流法，这两种方法解题的分析思路和解题步骤与支路电流法相同，差别仅在于未知量用网孔电流或回路电流来代替支路电流。利用网孔电流或回路电流来代替支路电流可使未知量的数目变少，以减少方程组中的方程数。

利用支路电流法在理论上可以求解各种复杂电路的问题，但支路电流法求解电路问题的关键是列方程组和解方程组。在许多电路分析的问题中，并不需要计算出各个支路电流和电压的值，而仅要求确定某一支路的电流或者电压的值，在这种情况下，用支路电流法求解就显得较麻烦，有必要研究分析电路问题的特殊方法。

这些特殊方法与支路电流法所研究的问题相同，都是求解给定电路的电流值或者电压值，所不同的是，在某些场合下，利用这些特殊方法可以简化求解的过程，便于电路某些性能的分析。下面分别来介绍电路分析的几种特殊方法。

1.4　电阻电路的等效变换法

在物理学的课程中已知，电路中电阻的连接形式各种各样，而常用的连接方式是串联、并联和串并联组合，这些组合都可以用一个等效电阻 R 来替代，使原电路变成简单的电路，而不影响电路的总电压、总电流和总功率。下面分别来讨论在不同的连接方式下电阻电路等效变换的方法。

1.4.1　电阻的串联

图 1-17（a）是两个电阻串联的电路，图 1-17（b）是它的等效电路。
串联电路的特点如下：
（1）串联电路电流 I 处处相等，即

$$I = I_1 = I_2 \qquad (1-40)$$

（2）串联电路的总电阻等于各分电阻的和，即

$$R = R_1 + R_2 \qquad (1-41)$$

（3）串联电路的总电压等于各分电压的和，即

$$U = U_1 + U_2 \qquad (1-42)$$

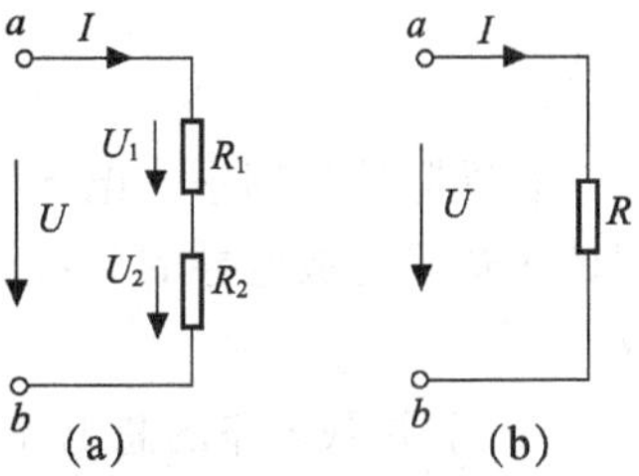

利用上面的关系式和欧姆定律可得串联分压公式

$$U_1 = \frac{R_1}{R_1 + R_2} U \qquad (1-43)$$

图 1-17　电阻串联电路

式中的 U 是总电压，U_1 是 R_1 电阻所分到的电压，即 R_1 电阻两端的电压。

利用 Multisim 软件可以实现串联分压公式的实验仿真，结果如图 1-18 所示。Multisim 软件的使用方法请参阅附录 C。

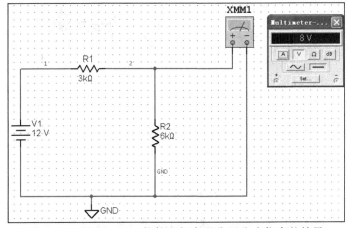

图 1-18　用 Multisim 软件进行串联分压公式仿真的结果

注意：Multisim 软件中的电阻等图形符号采用美国标准，与本书所采用的国家标准不同。

1.4.2　电阻的并联

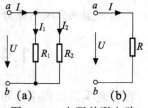

图 1-19（a）是两个电阻并联的电路，图 1-19（b）是它的等效电路。

图 1-19　电阻并联电路

并联电路的特点如下：

（1）并联电路的电压 U 处处相等，即

$$U=U_1=U_2 \tag{1-44}$$

（2）并联电路的总电阻等于各分电阻倒数和的倒数，即

$$R=\frac{R_1R_2}{R_1+R_2} \tag{1-45}$$

为了讨论问题的方便，今后常用符号 $R_1 \parallel R_2$ 来表示式（1-45）的关系。为了将上面的公式写成与串联电路类似的形式，引入物理量电导，用符号 G 来表示，所谓的电导就是电阻的倒数，即

$$G=\frac{1}{R} \tag{1-46}$$

在国际单位制中，电导的单位西门子，简称西（S）。根据电导的概念，可将并联电路总电阻的表达式写成电导的关系。即并联电路的总电导等于各分电导的和。表达式为

$$G=G_1+G_2 \tag{1-47}$$

（3）并联电路的总电流等于各分电流的和，即

$$I=I_1+I_2 \tag{1-48}$$

利用上面的关系式和欧姆定律可得并联分流公式为

$$I_1=\frac{R_2}{R_1+R_2}I \tag{1-49}$$

式中 I 是总电流，I_1 是 R_1 电阻所分到的电流，即流过 R_1 电阻的电流。

用 Multisim 软件实现并联分流公式的实验仿真，结果如图 1-20 所示。

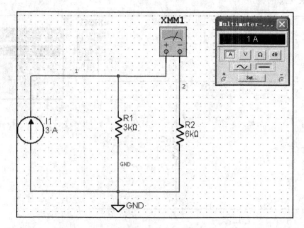

图 1-20　用 Multisim 软件进行并联分流公式仿真的结果

1.4.3　电阻的混联

电阻串并联的组合称为电阻的混联。处理混联电路的方法是：利用电阻串联或并联的公式对电路进行等效变换，将复杂的混联电路转化成简单的电路。

【例 1.6】 求图 1–21（a）所示电路的等效电阻 R_{ab}，已知图中各电阻的阻值均为 20Ω。

【解】 解决此类问题的关键是，将电阻串、并联关系不清晰的电路图整理成串、并联关系清晰的电路图。整理的方法是：先确定电路的节点数，并在每个节点上添加辅助字母，以标记各节点之间的连接关系，如图 1–21（b）所示。

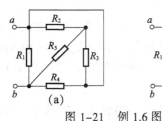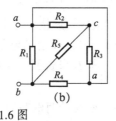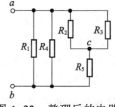

图 1–21　例 1.6 图　　　　　　　　　　　图 1–22　整理后的电路

然后根据所添加的字母，将电路整理成串、并联关系清晰的电路图。具体的做法是：先将 a、b 两点画成上下平行的两条线（在电路图中，点与线可根据需要进行互换，不影响计算结果的正确性），然后从 a 线出发，依次通过各电阻走到 b 线，并将所经过的各个电阻画在两线中间，走的过程中如遇到另外的节点，将节点画在图上，并在旁边标上刚才所添加的辅助字母（如从 a 线出发，经电阻 R_2 到节点 c，从节点 c 出发，再经过电阻 R_5 到 b 线），使各电阻串并联的关系变清晰，如图 1–22 所示。

图 1–22 清晰地显示出各电阻串并联的关系是：R_2 与 R_3 先并联再与 R_5 串联，然后与 R_1 和 R_4 并联。根据电阻串、并联的关系求得 $R_{ab}=7.5\Omega$。

1.4.4　电阻丫连接和△连接的等效变换

如图 1–23 所示电路是一种具有桥形结构的电路，它是测量中常用的一种电桥电路，该电路中的电阻既非简单的串联，又非简单的并联，不经处理没办法利用前面所介绍的方法，对电路进行等效变换的化简处理。但图 1–23 中电阻的连接具有某种对称的关系，这种对称的关系在一定的条件下可以互相转换，而不改变电路的外特性。

电阻连接的对称关系有丫连接（或称星形连接）和△连接（或称三角形连接）。图 1–23 中的电阻 R_1、R_3 和 R_5 构成一个丫连接电路，电阻 R_1、R_2 和 R_5 构成一个△连接电路。下面来推导这两种连接方式等效变换的公式。

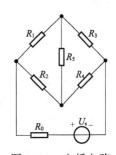

图 1–23　电桥电路

由图 1–23 可以看出丫连接和△连接的特点是：在丫连接中，各个电阻都有一端接在一个公共端点上，另一端引出三个端子与外界连接，如图 1–24（a）所示；在△连接中，各个电阻分别接在三个端子的每两个之间，如图 1–24（b）所示。

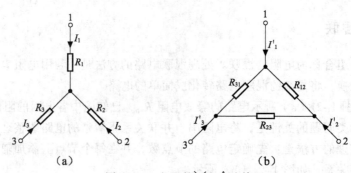

图 1-24 电阻的丫和△连接

为了区别丫连接和△连接中的电阻，我们规定丫连接中与端子 1、2、3 相连的电阻分别用 R_1、R_2 和 R_3 来表示，△连接中跨接在端子 12、23、31 上的电阻分别用 R_{12}、R_{23} 和 R_{31} 来表示；流入丫连接 1、2、3 端口的电流分别用 I_1、I_2 和 I_3 来表示，流入△连接 1、2、3 端口上的电流分别用 I_1'、I_2' 和 I_3' 来表示。

两电路实现等效变换必须满足的条件是：变换后两电路的外特性要保持不变。两电路的外特性是：端子电压和流入端子的电流。

在两电路相同字母的端子上加相同的电压，即可实现两电路端子电压保持不变的条件，而流入端子的电流保持不变的方程式为

$$I_1 = I_1'$$
$$I_1 = I_2' \qquad\qquad (1-50)$$
$$I_1 = I_3'$$

设各电流的参考方向如图 1-24 所示，利用基尔霍夫定律可列出在两种连接方式下，各个电流、电压相互关系的方程式。对于丫连接有

$$I_1 + I_2 + I_3 = 0$$
$$U_{12} = I_1 R_1 - I_2 R_2 \qquad\qquad (1-51)$$
$$U_{23} = I_2 R_2 - I_3 R_3$$

写成矩阵为

$$\begin{pmatrix} 1 & 1 & 1 \\ R_1 & -R_2 & 0 \\ 0 & R_2 & -R_3 \end{pmatrix} \begin{pmatrix} I_1 \\ I_2 \\ I_3 \end{pmatrix} = \begin{pmatrix} 0 \\ U_{12} \\ U_{23} \end{pmatrix}$$

用 MATLAB 软件求解该矩阵的程序为

```
%求解丫连接端口电流的程序
syms R1 R2 R3 U12 U23              %设置电路的变量
a=sym('[1,1,1;R1,-R2,0;0,R2,-R3]');   %定义矩阵 a
b=sym('[0;U12;U23]');              %定义矩阵 b
c=inv(a)*b;                        %解矩阵
c=simple(c)                        %化简解的结果
```

该程序运行的结果为

```
c=
    (U12*R3+U12*R2+R2*U23)/(R2*R3+R1*R3+R1*R2)
        (-U12*R3+R1*U23)/(R2*R3+R1*R3+R1*R2)
 -(U12*R2+R2*U23+R1*U23)/(R2*R3+R1*R3+R1*R2)
```

将 $U_{12}+U_{23}=U_{13}=-U_{31}$ 的结果代入整理可得

$$\begin{cases} I_1 = \dfrac{R_3U_{12}}{R_1R_2+R_2R_3+R_3R_1} - \dfrac{R_2U_{31}}{R_1R_2+R_2R_3+R_3R_1} \\[3mm] I_2 = \dfrac{R_1U_{23}}{R_1R_2+R_2R_3+R_3R_1} - \dfrac{R_3U_{12}}{R_1R_2+R_2R_3+R_3R_1} \\[3mm] I_3 = \dfrac{R_2U_{31}}{R_1R_2+R_2R_3+R_3R_1} - \dfrac{R_1U_{23}}{R_1R_2+R_2R_3+R_3R_1} \end{cases} \tag{1-52}$$

对于△连接有

$$\begin{cases} I_1' = \dfrac{U_{12}}{R_{12}} - \dfrac{U_{31}}{R_{31}} \\[3mm] I_2' = \dfrac{U_{23}}{R_{23}} - \dfrac{U_{12}}{R_{12}} \\[3mm] I_3' = \dfrac{U_{31}}{R_{31}} - \dfrac{U_{23}}{R_{23}} \end{cases} \tag{1-53}$$

式（1-52）和式（1-53）要相等，各个端子电压前的系数也要相等，即 U_{12}、U_{23} 和 U_{31} 前的系数要相等，比较系数得，Y连接变△连接的电阻等效关系式为

$$\begin{cases} R_{12} = \dfrac{R_1R_2+R_2R_3+R_3R_1}{R_3} \\[3mm] R_{23} = \dfrac{R_1R_2+R_2R_3+R_3R_1}{R_1} \\[3mm] R_{31} = \dfrac{R_1R_2+R_2R_3+R_3R_1}{R_2} \end{cases} \tag{1-54}$$

将（1-54）三式相加后通分可得，△连接变Y连接的电阻等效关系式为

$$\begin{cases} R_1 = \dfrac{R_{12}R_{31}}{R_{12}+R_{23}+R_{31}} \\[3mm] R_2 = \dfrac{R_{23}R_{12}}{R_{12}+R_{23}+R_{31}} \\[3mm] R_3 = \dfrac{R_{31}R_{23}}{R_{12}+R_{23}+R_{31}} \end{cases} \tag{1-55}$$

为了便于记忆，以上的变换公式可归纳为

$$Y\,电阻 = \frac{△相邻电阻的乘积}{△电阻之和}$$

$$△\,电阻 = \frac{Y\,电阻两两乘积之和}{Y\,不相邻电阻}$$

【例 1.7】求图 1-25 所示电路的总电阻 R_{ab}。已知 $R_1=R_2=R_3=2\Omega$，$R_4=R_5=R_6=1\Omega$。

【解法一】因为节点 1、2、3 和 2、3、4 内部的电路为△连接，而节点 1、2、4 和 1、3、4 内部的电路为Y连接，分别以节点 3 和 2 为公共点。任意选择一部分电路进行变换即可实现电路的化简。

先将节点 1、2、3 内部的△连接电路转换成Y连接，为了计算等效电阻的方便，将参与变

换电阻的标号写成标准的形式，如图 1-26（a）所示。转换以后的电阻用 R_1'、R_1'、R_3'来表示，转换后的电路如图 1-26（b）所示。

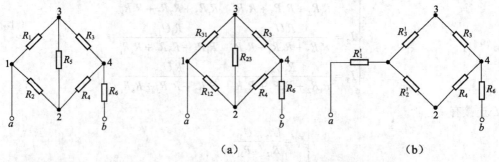

图 1-25　例 1.7 图　　　　　　　图 1-26　△变Ｙ的电路图

对照原电路可知：$R_{12}=R_{31}=R_3=2\Omega$，$R_4=R_{23}=R_6=1\Omega$。根据式（1-55）得

$$R_1'=\frac{R_{12}R_{31}}{R_{12}+R_{23}+R_{31}}=\frac{2\times2}{2+1+2}\Omega=\frac{4}{5}\Omega$$

$$R_2'=\frac{R_{23}R_{12}}{R_{12}+R_{23}+R_{31}}=\frac{1\times2}{2+1+2}\Omega=\frac{2}{5}\Omega$$

$$R_3'=\frac{R_{31}R_{23}}{R_{12}+R_{23}+R_{31}}=\frac{2\times1}{2+1+2}\Omega=\frac{2}{5}\Omega$$

根据图 1-26（b）的电路图解得

$$R_{ab}=2.684\Omega$$

【解法二】先将节点 1、3、4 内部的Ｙ连接电路转换成△连接。同样为了方便计算等效电阻，将参与变换的电阻标号写成标准的形式，并用 R_1'、R_2'、R_3'与原电阻的标号相区别，如图 1-27（a）所示。转换以后的电阻用 R_{12}、R_{23}、R_{31}来表示，转换后的电路如图 1-27（b）所示。

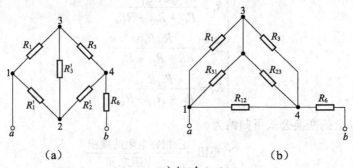

图 1-27　Ｙ变△电路图

对照原电路可知：$R_1=R_1'=R_3=2\Omega$，$R_2'=R_3'=R_6=1\Omega$。根据式 1-54 得

$$R_{12}=\frac{R_1'R_2'+R_2'R_3'+R_3'R_1'}{R_3'}=\frac{2\times1+1\times1+1\times2}{1}\Omega=5\Omega$$

$$R_{23}=\frac{R_1'R_2'+R_2'R_3'+R_3'R_1'}{R_1'}=\frac{5}{2}\Omega$$

$$R_{31}=\frac{R_1'R_2'+R_2'R_3'+R_3'R_1'}{R_2'}=5\Omega$$

根据图 1-27（b）的电路图解得 R_{ab}=2.684 Ω。

1.4.5　输入电阻

电路（也可以称为网络）的一个端口是它向外引出的一对端子，这对端子可以与外部电源或其他电路相连接。将 KCL 应用于端口可得：从端口的一个端子流入的电流一定等于从另一个端子流出的电流。这种具有向外引出一对端子的电路称为两端网络，常用图 1-28 所示的方框来表示。

图 1-28　二端网络示意图

如果一个端口内部仅含电阻，应用上面介绍的方法可以求出该网络内部的等效电阻。该电阻对外电路而言相当于一个跨接在端子 1 和 2 上的电阻 R，也就是从端子 1 和 2 往网络内部看的电阻，该电阻称为网络的输入电阻，用符号 R_i 来表示。

如果该网络内部除了含有电阻外，还含有受控电源（受控电压源或受控电流源），但没有任何独立的电源（电压源或电流源），理论上可以证明，不论该网络内部的电路如何复杂，其外特性满足欧姆定律，即

$$r_i = \frac{u}{i} \qquad\qquad (1-56)$$

式中 r_i 为网络的输入阻抗（在直流电的情况下，输入阻抗即为输入电阻），u 为加在端口上的外电压，i 为流入端口的电流。因加在端口上的外电压和流入端口的电流不仅仅局限为直流电，所以用小写字母来表示。

式（1-56）说明，求一个网络的输入电阻，除了用前面介绍的方法外，还可以通过在端口处外加一个输入电压 u，然后测量在该电压的激励下，端口的输入电流 i，最后利用欧姆定律求出网络的输入电阻，这种求输入电阻的方法称为加压求流法。实验课上就是使用这种方法来测量电路的输入电阻。下面举一个用式（1-56）求电路输入电阻的例子。

【例 1.8】求图 1-29 所示电路端子 a、b 的输入电阻 R_{ab}。已知各电阻的阻值相等，均为 R。

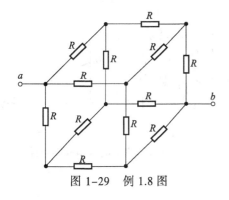

图 1-29　例 1.8 图

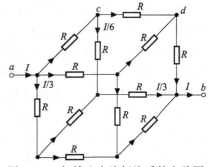

图 1-30　加输入电流标注后的电路图

【解】求解这个问题若使用前面介绍的方法，将非常麻烦，几乎不可能求解。若利用求电路输入阻抗的式（1-56）将非常简单。具体求解的思路如下：

假设在电路 a、b 输入端子上加电压 U_{ab}，在该电压的激励下，流入输入端子 a 的电流为 I，根据电路对称的性质，ac 支路的电流为 $I/3$，cd 支路的电流为 $I/6$，db 支路的电流为 $I/3$，如图 1-30 所示。利用 KVL 列出 U_{ab} 和 I 的关系式，即可求出电路的输入电阻 R_{ab}。

$$U_{ab} = U_{ac} + U_{cd} + U_{db} = \frac{1}{3}IR + \frac{1}{6}IR + \frac{1}{3}IR = \frac{5}{6}IR$$

$$R_{ab} = \frac{U_{ab}}{I} = \frac{5}{6}R$$

答案的正确性可以用 Multisim 软件来仿真验证，结果如图 1-31 所示。

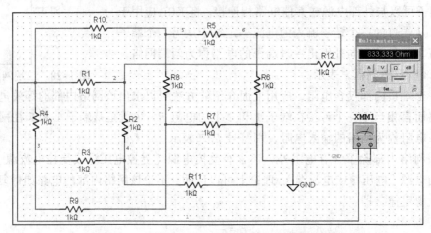

图 1-31　例 1.8 用 Multisim 软件仿真的结果

1.5　电压源和电流源的等效变换

实际使用的电源，按其外特性，可分为电压源和电流源。当一个电压源和一个电流源能够为同一个负载提供相同的电压、电流和功率时，这两个电源对该负载来说是等效的，可以互相置换，这种置换称为等效变换。下面来讨论电压源和电流源的等效变换。

1.5.1　电压源

在电子电路的课程中，将能够向外电路提供电压的器件称为电压源，如电池、发电机等。在物理学中，电池表示成电动势 E 和内阻 R_0 相串联的电路模型，电池是一个典型的电压源，所以，电压源也可表示成电动势和内阻相串联的电路模型。为了便于利用 KVL，对电压源特性进行标定时，通常不使用电动势 E，而改用电压源所能输出的恒压值 U_s，如图 1-32（a）所示点画线框内部的电路，图中电压源旁的箭头为 U_s 的参考方向。

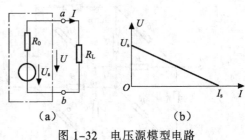

图 1-32　电压源模型电路

注意：U_s 和 E 是不同性质的两个物理量，U_s 是描述电压源所能输出的恒值电压，该值的大小与 E 相等，设定的参考方向与 E 相反。

当电压源与负载电阻 R_L 相连时，根据 KVL 可得描述电压源外特性的函数式 $U=f(I)$。描述理想化电压源外特性的函数式是

$$U = U_s - IR_0 \qquad\qquad (1\text{-}57)$$

由式（1-57）可见，理想化电压源的外特性曲线是直线，又称电压源的伏（U）-安（A）特性曲线，如图 1-32（b）所示。图中纵轴上的点为电压源输出电流等于 0A 的情况，相当于电压源处在开路的状态，电压源的输出电压为 U_s，所以，U_s 通常称为电压源的开路电压。图 1-32（b）横轴上的点为电压源输出电压等于 0V 的情况，相当于电压源处在短路的状态（实际上这是不允许的），电压源输出电流为 I_s，所以，I_s 通常称为电压源的短路电流。计算短路电流的表达式为

$$I_s = \frac{U_s}{R_0} \qquad\qquad (1\text{-}58)$$

$U=f(I)$ 曲线的斜率为 R_0，R_0 越小，斜率越小，直线越平坦。当 $R_0=0$ 时，电压源外特性曲线是一条平行于 I 轴的直线，具有这种外特性曲线的电压源输出电压保持恒定值 U_s，这种电压源称为理想恒压源，简称恒压源。将图 1-32（a）点画线框内部电路的电阻 R_0 去掉，剩下的电路就是恒压源电路的模型。

当恒压源的 U_s 值为 0 时，该恒压源可看成一个短路元件。

1.5.2　电流源

在电子电路的课程中，将能够向外界提供电流的器件称为电流源，如激励线圈产生恒定磁场的设备。在物理学中，电流源可表示成输出电流 I_s 和内阻 R_s 相并联的电路模型，如图 1-33（a）所示点画线框内部的电路，图中电流源上的箭头为 I_s 的参考方向。

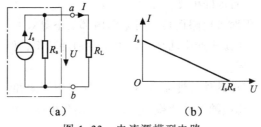

图 1-33　电流源模型电路

当电流源与负载电阻 R_L 相连时，电流源向 R_L 提供的电流为 I，流过内阻 R_s 的电流为 $\dfrac{U}{R_s}$，根据 KCL 可得描述电流源外特性的函数式 $I=f(U)$。描述理想化电流源外特性的函数式是

$$I = I_s - \frac{U}{R_s} \qquad\qquad (1\text{-}59)$$

由式（1-59）可见，理想化电流源外特性曲线也是直线，如图 1-33（b）所示。图 1-33（b）纵轴上的点为电流源输出电压等于 0V 的情况，相当于电流源处在短路的状态，电流源输出电流为 I_s。图 1-33（b）横轴上的点为电流源输出电流等于 0A 的情况，相当于电流源处在开路的状态（实际上这也是不允许的），当电流源开路时，电流源输出电压 U_s 等于 I_sR_s。

$I=f(U)$ 曲线的斜率为 R_s、R_s 越大，斜率越小，直线越平坦。当 $R_s=\infty$ 时，电流源外特性曲线是一条平行与 U 轴的直线，具有这种外特性曲线的电流源输出电流保持恒定值 I_s，这种电流源称为理想恒流源，简称恒流源。将图 1-33（a）点画线框内部电路的电阻 R_s 去掉，剩下的电路

就是恒流源电路的模型。

当恒流源的 I_s 值为 0 时，该恒流源可看作一个开路元件。

1.5.3 电压源和电流源的等效变换

实现电压源和电流源互相置换的条件是：电压源和电流源的外特性必须一样。凡是外特性一样的电源，对任何外电路而言都是等效的，都可以进行互相置换。可互相置换的电源称为等效电源。在电子电路的课程中，用等效电源置换原电源后，不影响外电路的工作状态。

为了讨论置换的方便，将电压源和电流源画在一起，如图 1-34 所示。

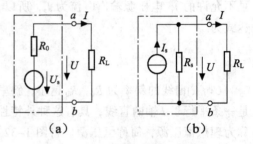

图 1-34　电压源和电流源

由电压源的外特性方程式（1-57）和电流源的外特性方程式（1-59）可得：当电压源和电流源满足 $U_s=I_sR_s$ 和 $R_0=R_s$ 这两个条件时，电压源和电流源的外特性就相同，可以互相置换。即可以将恒定电压为 U_s，内阻为 R_0 的电压源，等效为恒定电流为 I_s，内阻为 R_s 的电流源；反之也成立。电压源和电流源作等效变换时应注意下面几个问题：

（1）电压源和电流源参考方向在变换前后应保持对外电路等效。在图 1-34（a）中，U_s 的方向为上正下负，对外电路而言，电流是从 a 端流出，经外电阻 R_L 流向 b 端。变换后的电流源在外电路中的电流应保持不变，即从 a 端流出，经外电阻 R_L 流向 b 端，所以，恒流源 I_s 的方向应从下流向上，与 U_s 的方向正好相反。

（2）电源的等效变换仅对外电路而言，对电源内部是不等效的。例如，当外电路开路时，电压源的输出电流为 0，电压源不产生功率，内阻也不消耗功率；但对电流源来说，其内阻仍有电流流过，内阻将消耗功率。

（3）因为恒压源和恒流源的外特性完全不一样，所以恒压源和恒流源不能互相置换。

在分析电路问题时，利用电源等效变换的方法可以简化电路，以方便计算。

【例 1.9】作出图 1-35 所示电路的等效电源图。

【解】该电路是电流源和电压源相并联的电路，利用电流源和电压源等效变换的方法，可以将该电路变换成简单的电流源或电压源电路，变换的过程如下：

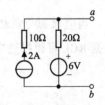

图 1-35　例 1.9 图

（1）先处理恒流源和电阻串联的支路。恒流源和电阻并联构成电流源，恒流源和电阻串联不构成电流源，不能简单地置换成电压源，利用恒流源性质可对该支路进行化简。由恒流源的性质和串联电路的特点可得，与恒流源串联在同一支路上的器件特性发生变化时，不影响该支路的电流（该支路电流完全取决于恒流源的输出电流），所以，可以将 10Ω 的电阻进行短路处理，不影响恒流源的输出电流，如图 1-36（a）所示。

（2）将 6V 和 2Ω 支路的电压源变换成电流源，如图 1-36（b）所示。

（3）将两个恒流源合并成一个，如图 1-36（c）所示，完成电流源的等效变换。

（4）将电流源变换成电压源，如图 1-36（d）所示，完成电压源的等效变换。

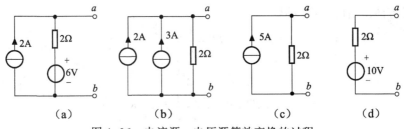

图 1-36 电流源、电压源等效变换的过程

若题目没有指明最终的结果是电压源，到第（3）步就已完成，不必再进行第（4）步的变换。

1.6 叠 加 定 理

叠加定理是线性电路分析的一个重要定理。叠加定理是：多个独立电源同时作用在某一线性电路中，它们在任一支路中激励的电流或电压等于各个独立源单独作用时，在该支路上所激励的电流或电压的代数和。

叠加定理是物理学的一个基本定理，无须证明。在用叠加定理分析电路问题时应注意下面几个问题：

（1）叠加定理仅适用于线性电路，对非线性电路不适用。

（2）考虑某一个电源单独作用时，对其他电源的处理方法是：电压源短路，电流源开路，其他器件保持不变。

（3）为了计算方便，叠加时各支路电压和电流的参考方向，应取与原电路的参考方向相一致。求和时，应注意各分量前的"+"、"-"号。

（4）因为功率是电流和电压的乘积，所以原电路的功率不等于按各分电路计算所得功率的叠加。

【例 1.10】试用叠加定理计算图 1-37 所示电路的电流 I 和电压 U。

【解】该电路受两个电源共同作用，利用叠加定理求电流 I 和电压 U 时，应先画出两个电源单独作用的分电路，如图 1-38 所示。

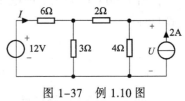

图 1-37 例 1.10 图

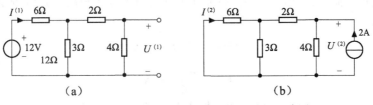

图 1-38 电流源和电压源单独作用时的电路图

图 1-38（a）是电压源单独作用时（电流源开路）的电路图，$I^{(1)}$ 和 $U^{(1)}$ 表示电压源单独作用时在该支路上所激励的电流和电压；图 1-38（b）是电流源单独作用时（电压源短路）的电路图，$I^{(2)}$ 和 $U^{(2)}$ 表示电流源单独作用时在该支路上所激励的电流和电压，图中的箭头表示相关电流

和电压的参考方向。由图 1-38 可得

$$I^{(1)} = \frac{3}{2} \text{A}$$

$$I^{(2)} = -\frac{1}{3} \text{A}$$

$$I = I^{(1)} + I^{(2)} = (\frac{3}{2} - \frac{1}{3})\text{A} = \frac{7}{6} \text{A}$$

$$U^{(1)} = 2 \text{V}$$

$$U^{(2)} = 4 \text{V}$$

$$U = U^{(1)} + U^{(2)} = 6 \text{V}$$

【例 1.11】试用叠加定理计算图 1-39 所示电路的电压 U。图中受控电压源的输出电压受流过 6Ω 电阻的电流 I_1 控制，控制关系是 $U_0 = 10I_1$，各电流和电压的参考方向如图 1-39 所示。

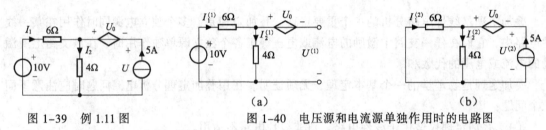

图 1-39　例 1.11 图　　　　　图 1-40　电压源和电流源单独作用时的电路图

【解】作用在电路中的电源有三个：两个独立电源，一个受控电压源。应用叠加定理求解时，不能把受控电压源看成电源，应把它看成是一个输出电压随控制电流 I_1 变化的器件，并将它保留在原电路中，由此可得 10V 电压源和 5A 电流源单独作用的电路图如图 1-40 所示。图 1-40（a）为电压源单独作用时（电流源开路）的电路图，图 1-40（b）为电流源单独作用时（电压源短路）的电路图。

由图 1-40（a）可得，因电流源开路，电压源在受控源支路上不形成闭合回路，所以 $I_1 = I_2$。由此可得

$$I_1^{(1)} = I_2^{(1)} = \frac{10}{4+6} \text{A} = 1 \text{A}$$

$$U^{(1)} = -10I_1^{(1)} + 4I_2^{(1)} = (-10+4)\text{A} = -6 \text{V}$$

由图 1-40（b）电路可得，受控源与恒流源串联，不影响恒流源的输出电流，4Ω 和 6Ω 电阻对 5A 电流进行分流得 $I_1^{(2)}$ 和 $I_2^{(2)}$，$I_1^{(2)}$ 参考方向与 I_s 参考方向相反，$I_1^{(2)}$ 分流公式的右边要加"$-$"号。即

$$I_1^{(2)} = -\frac{4}{4+6} I_s = -2 \text{A}$$

$$I_2^{(2)} = \frac{6}{4+6} I_s = 3 \text{A}$$

$$U^{(2)} = -10I_1^{(2)} + 4I_2^{(2)} = [-10 \times (-2) + 12]\text{V} = 32 \text{V}$$

$$U = U^{(1)} + U^{(2)} = (-6 + 32)\text{V} = 26 \text{V}$$

1.7　节点电位法

节点电位法是以电路的节点电位为未知量的电路分析法。解题时，先在电路中选定一个节点为参考点（零电位点），利用节点电位列各支路电流的表达式，再根据 KCL 列出节点电位所满足的方程，并求出节点电位。

【例 1.12】试用节点电位法求图 1–41 所示电路的电压 U 和 U_a 的值。

【解】电位的参考点、各支路电流的参考方向、各节点的电位 U_a 和 U_b 如图 1–41 所示。根据 $U=U_b$ 的关系式和欧姆定律可得

$$I_1 = \frac{12-U_a}{6}$$

$$I_2 = \frac{U_a}{3}$$

$$I_3 = \frac{U_a-U}{2}$$

$$I_4 = \frac{U}{4}$$

利用 KCL 可得

$$\frac{12-U_a}{6} = \frac{U_a}{3} + \frac{U_a-U}{2}$$

$$\frac{U_a-U}{2} + 2 = \frac{U}{4}$$

联立方程组解得，$U=6V$，$U_a=5V$。与例 1.10 的结论一样。

当题目只要求计算 U_a 时，利用电位的概念可将图 1–41 所示的电路简化成图 1–42 所示的形式，使计算 U_a 的过程变得非常简单。

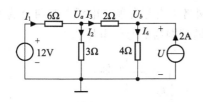

图 1–41　例 1.12 图

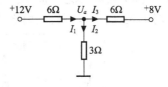

图 1–42　节点电位法的简化电路

在简化电路时应先将并联内阻的电流源转换成串联内阻的电压源，图中+8V（2A×4Ω）的电位就是电流源转换成电压源后，电压源正极端子的电位，并将转换后电压源的 4Ω 内阻与前面的 2Ω 电阻合并成 6Ω。在熟练以后，不必像前面那样先写出 I_1、I_2 和 I_3 的表达式再列方程，可直接根据图中标定的参考方向来列方程：

$$\frac{12-U_a}{6} = \frac{U_a-8}{6} + \frac{U_a}{3}$$

解得 $U_a=5V$。

【例 1.13】试用节点电位法求例 1.11 所示电路的 U_a 电压值。

【解】电位的参考点、各支路电流的参考方向、节点的电位 U_a 如图 1–43 所示。根据欧姆定律可得

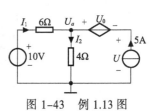

图 1–43　例 1.13 图

$$I_1 = \frac{10 - U_a}{6}$$

$$I_2 = \frac{U_a}{4}$$

利用 KCL 可得

$$\frac{10 - U_a}{6} + 5 = \frac{U_a}{4}$$

解得

$$U_a = 16\text{V}, \quad I_1 = -1\text{A}, \quad U_0 = -10\text{V}$$

而

$$U + U_0 = U_a$$

所以

$$U = U_a - U_0 = [16 - (-10)]\text{V} = 26\text{V}$$

与例 1.11 的结论一样。

1.8 戴维南定理和诺顿定理

在分析电路时，经常题目只要求计算复杂电路中某一支路的电流，而不需求出所有支路的电流。例如，求流过图 1-44 所示电路中电阻 R_L 上的电流 I。在这种情况下，应用戴维南定理求解比较方便。

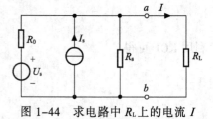

图 1-44 求电路中 R_L 上的电流 I

1.8.1 戴维南定理

戴维南定理指出：任何一个线性有源两端网络，都可以等效成一个电压源，如图 1-45 所示。该电压源的电压等于有源两端网络的开路电压，电压源的内阻等于有源两端网络除源以后（电压源短路，电流源开路）的输入电阻，如图 1-46 所示。

图 1-45（a）点画线框内部的电路为有源两端网络（内部有独立电源，有两个端子与外电路相连），图 1-45（b）点画线框内部的电路为有源两端网络的等效电压源。

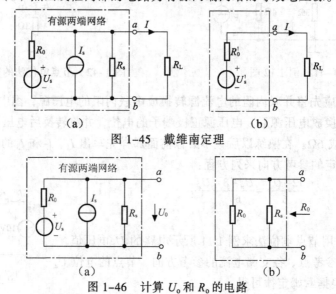

图 1-45 戴维南定理

图 1-46 计算 U_0 和 R_0 的电路

图 1-46（a）是计算有源两端网络开路电压 U_0 的电路图，比较图 1-45（a）和图 1-46（a）可知，只要将待求电流的那段支路从原电路中断开，剩下的电路就是计算有源两端网络开路电压所需的电路。图 1-46（b）是计算电压源内阻的等效电路，比较图 1-46（a）、（b）可知，只要将图 1-46（a）中的电流源开路，电压源短路即可得图 1-46（b）。

【例 1.14】求流过图 1-47 所示电桥电路中 R_5 电阻上的电流 I。

【解】该题只要求计算流过 R_5 电阻上的电流 I，用戴维南定理求解比较方便。解题的步骤是：

在电路中将 R_5 所在的支路从原电路中断开，并在断开点处标上字母 a、b，为了计算开路电压 U_0 和内阻 R_0 的方便，将电路整理成串、并联关系清晰的电路图，如图 1-48 所示。图 1-48（a）是计算开路电压 U_0 的电路，图 1-48（b）是计算 R_0 的电路，图 1-48（c）是计算电流 I 的等效电路。

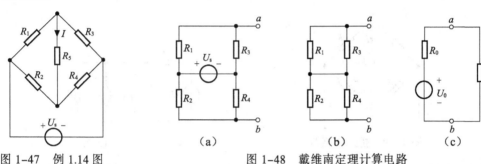

图 1-47　例 1.14 图　　　　　　图 1-48　戴维南定理计算电路

由图 1-48（a）和串联分压公式可求得 a、b 两点的电位，利用电位和电位差的概念可列出计算 U_0 的表达式。即

$$U_a = \frac{R_3}{R_1 + R_3} U_s$$

$$U_b = \frac{R_4}{R_2 + R_4} U_s$$

$$U_0 = U_a - U_b = \left(\frac{R_3}{R_1 + R_3} - \frac{R_4}{R_2 + R_4}\right) U_s = \frac{R_2 R_3 - R_1 R_4}{(R_1 + R_3)(R_2 + R_4)} U_s$$

$$R_0 = \frac{R_1 R_3}{R_1 + R_3} + \frac{R_2 R_4}{R_2 + R_4}$$

由图 1-48（c）解得

$$I = \frac{U_0}{R_0 + R_5} = \frac{R_2 R_3 - R_1 R_4}{(R_1 + R_3)(R_2 + R_4)(R_0 + R_5)} U_s \tag{1-60}$$

由式（1-60）可见，电阻 R_5 上电流 I 的大小和方向与 $R_2 R_3 - R_1 R_4$ 的值有关，当 $R_2 R_3 - R_1 R_4 > 0$ 时，即 $I > 0$，表示电流从节点 a 经电阻 R_5 流向节点 b；当 $R_2 R_3 - R_1 R_4 < 0$ 时，即 $I < 0$，表示电流从节点 b 经电阻 R_5 流向节点 a；当 $R_2 R_3 - R_1 R_4 = 0$ 时，即 $I = 0$，电阻 R_5 上没有电流流过。电阻 R_5 上没有电流流过的状态称为电桥平衡，由此可得电桥平衡的条件为

$$R_1 R_4 = R_2 R_3 \tag{1-61}$$

处在平衡状态下的电桥，相对桥臂上电阻的乘积相等，$U_{ab} = 0$，$I_{ab} = 0$，将 a、b 对角线短路或开路都不会影响电路计算的结果。因此，在分析计算桥式电路问题时，应先用电桥平衡的条件判断该电路是否处在平衡的状态，当该电路平衡时，可将对角线上的电阻开路或短路来化简电路。

利用电桥电路可制作桥式传感器，图 1-49 是最简单的温控桥式传感器电路，图中的电阻 R_3 是阻值随温度变化的热敏电阻。

该电路的工作原理是：在设定温度的范围内，电桥处在平衡的状态，a、b 两点等电位，R_5 上没有电流流过；随着工作场所温度的变化，R_3 的阻值也跟着变，破坏了电桥平衡的条件，a、b 两点将不再是等电位，R_5 上有电流流过，电流的大小和方向与电桥不平衡的状态有关，直接反映了工作场所温度与设定温度的差别。这种差别信号经电阻 R_5 输出，可控制另外的设备完成特定的工作。冰箱和空调温控器内部的温度传感器就是这样工作的。

戴维南定理对任何线性两端网络均成立，自然也适用于含线性受控源的两端网络。下面用一个具体的例子来说明线性有源两端网络内部含受控源的等效方法。

【例 1.15】用戴维南定理求如图 1-50 所示电路 R_L 电阻两端的电压 U_L。

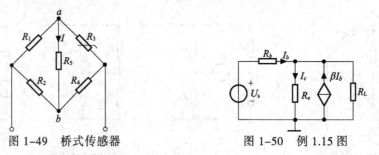

图 1-49　桥式传感器　　　　　　图 1-50　例 1.15 图

【解】用戴维南定理解题的步骤与例 1-14 相同，将 R_L 所在的支路从电路中断开，并在断开点标上字母 a、b，计算开路电压 U_O 的电路如图 1-51（a）所示，计算的方法与前面的相似；因电路中含有受控电流源，对受控电流源的处理不能简单的采用例 1.14 所介绍的除源法来计算内阻 R_0，而应当采用前面介绍的加压求流法来计算，即 $R_0 = \dfrac{U}{I}$，式中的 U 和 I 分别为除源后外加的电压和在该电压激励下所产生的电流，如图 1-51（b）所示。

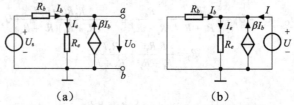

（a）　　　　　　　　　（b）

图 1-51　计算开路电压和短路电流的电路图

根据图 1-51（a）可得开路电压 U_O 为

$$U_O = (1+\beta)I_b R_e = (1+\beta)\frac{U_s - U_O}{R_b} R_e$$

整理得

$$U_O = \frac{(1+\beta)R_e U_s}{R_b + (1+\beta)R_e} \tag{1-62}$$

根据图 1-51（b）和 KCL 可得电路的输入电流 I 为

$$I = I_e - (1+\beta)I_b = \frac{U}{R_e} + (1+\beta)\frac{U}{R_b} \tag{1-63}$$

根据欧姆定律可得内阻 R_0 为

$$R_0 = \frac{U}{I} = \frac{U}{\dfrac{U}{R_e} + (1+\beta)\dfrac{U}{R_b}} = \frac{R_b R_e}{R_b + (1+\beta)R_e}$$

$$= \frac{\dfrac{R_b}{(1+\beta)}R_e}{\dfrac{R_b}{(1+\beta)} + R_e} = \frac{R_b}{(1+\beta)} // R_e$$

(1-64)

根据开路电压和内阻的值，利用戴维南定理可将原电路简化成如图 1-52 所示的电路。根据
该电路可得电阻 R_L 两端

的电压 U_{R_L} 为

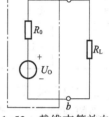

图 1-52　戴维南等效电路

$$U_{R_L} = \frac{R_L}{R_0 + R_L}U_O = \frac{R_L}{\dfrac{R_b R_e}{R_b + (1+\beta)R_e} + R_L}\frac{(1+\beta)R_e U_s}{R_b + (1+\beta)R_e}$$

$$= \frac{(1+\beta)R_e R_L}{(R_e + R_L)R_b + (1+\beta)R_e R_L}U_s$$

1.8.2　诺顿定理

诺顿定理指出：任何一个线性有源两端网络，都可以等效成一个电流源，如图 1-53 所示。
该电流源的电流等于有源两端网络的短路电流，电流源的内阻等于有源两端网络除源以后（电
压源短路，电流源开路）的输入电阻，如图 1-54 所示。

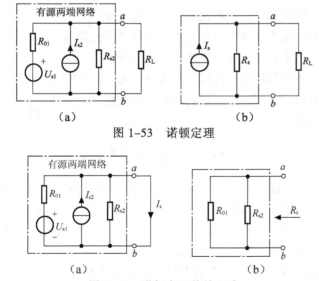

图 1-53　诺顿定理

图 1-54　诺顿定理等效电路

因为使用电压源和电流源等效变换的定理可以很方便地从戴维南定理推得诺顿定理，因此
不再花时间讨论诺顿定理的解题方法。

由戴维南定理和诺顿定理可知，电路的变量、元件、定律、定理和公式之间存在着某种相似
和对应的关系，这种相似和对应的关系称为对偶。电路参量和定理之间的对偶关系如表 1-1 所示。

表 1-1 对偶关系表

电 路 术 语		电 路 元 件 和 方 程	
节点	网孔	电阻（$u = Ri$）	电导（$i = Gu$）
串联	并联	电感（$u = L\dfrac{\mathrm{d}i}{\mathrm{d}t}$）	电容（$i = C\dfrac{\mathrm{d}u}{\mathrm{d}t}$）
开路	短路	电压源	电流源
电 路 变 量		电 路 定 律	
电流	电压	KCL（$\sum I = 0$）	KVL（$\sum U = 0$）
电荷	磁链	分压公式 $U_1 = \dfrac{R_1}{R_1 + R_2} U_\mathrm{s}$	分流公式 $I_1 = \dfrac{G_1}{G_1 + G_2} I_\mathrm{s}$

根据对偶关系表，利用对偶定理可以将满足对偶关系的电路参量或定理进行对偶置换。对偶定理的内容是：电路中某些元素之间的关系用它们的对偶元素置换后，所得到的新关系也一定成立。

例如，戴维南定理和诺顿定理是对偶的关系，描述这两个定理的关系式 $U=IR$ 和 $I=UG$ 是对偶式，在解题的过程中可根据需要进行置换，以简化解题的过程。

1.8.3 负载获得最大功率的条件

在一个线性有源两端网络的输出端子上，接上不同的负载时，负载将从该网络获得不同的功率。例如在扩音机的输出端子上，接入不同阻值的扬声器，扬声器将发出不同音量的声音，说明不同阻值的扬声器从扩音机上获得的音频信号的功率不同。

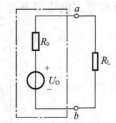

图 1-55 电源和负载的连接

利用戴维南定理，可将像扩音机这样的设备等效成一个电压源。若该电压源上接有图 1-55 所示的电阻值为 R_L 的负载。该负载从电压源上获得的功率 P_L 为

$$P_\mathrm{L} = I_\mathrm{L}^2 R_\mathrm{L} = \left(\frac{U_\mathrm{O}}{R_0 + R_\mathrm{L}}\right)^2 R_\mathrm{L} \qquad (1-65)$$

由式（1-65）可知，P_L 是 R_L 的函数，即 $P_\mathrm{L} = f(R_\mathrm{L})$。当 $R_\mathrm{L}=0$ 时（相当于负载短路的情况），P_L 等于 0；当 $R_\mathrm{L}=\infty$ 时（相当于负载开路的情况），P_L 也等于 0；当 $0<R_\mathrm{L}<\infty$ 时，P_L 将不等于 0。一个两端函数值都是 0，中间函数值大于 0 的曲线是一个上凸的曲线，上凸的曲线有最大值点，在最大值点上，负载将从电压源获得最大的功率。

根据高等数学求极值的方法，可推导出负载从电压源获得最大功率的条件，推导的过程如下：

$$\frac{\mathrm{d}P_\mathrm{L}}{\mathrm{d}R_\mathrm{L}} = \frac{(R_0 + R_\mathrm{L})^2 - 2(R_0 + R_\mathrm{L})R_\mathrm{L}}{(R_0 + R_\mathrm{L})^4} U_\mathrm{O}^2$$

$$= \frac{R_0 - R_\mathrm{L}}{(R_0 + R_\mathrm{L})^3} U_\mathrm{O}^2 = 0$$

要上式成立，$R_0 - R_L$ 必须等于 0，由此可得负载从电源获得最大功率的条件是

$$R_0 = R_L \qquad\qquad (1-66)$$

满足这种条件的连接称为功率匹配，或阻抗匹配。在功率匹配的条件下，负载上获得的最大功率为

$$P_{Lmax} = \frac{U_O^2}{4R_L} = \frac{U_O^2}{4R_0} \qquad\qquad (1-67)$$

由式（1-67）可知，R_0 越小，电压源能够输出的最大功率越大，说明电压源带负载的能力越强。R_0 通常又称为电压源的输出阻抗。根据式（1-67）可知，输出阻抗小，电压源输出功率的最大值就大，说明电压源带负载的能力大；输出阻抗大，电压源输出功率的最大值就小，说明电压源带负载的能力小。由此可得，对电压源来说，R_0 越小越好。

由上面的讨论还可知，负载电阻 R_L 越大，电压源输出电压下降的越小，R_L 从电压源上吸收的功率也越小，R_L 对电压源的影响就小。就负载对电压源影响程度的大小而言，在保证正常工作的前提下，电压源所带的负载电阻越大越好。

1.9　电路分析综合练习

前面介绍的各种方法都是用来分析、计算给定电路电流、电压和功率关系的方法。原则上只要掌握以基尔霍夫定律为基础的支路电流法就可以了，但为了后续课程研究电路问题的需要，本章所介绍的各种方法大家都应该熟练掌握，熟练掌握这些方法的最佳途径是一题多解的练习。为了帮助大家熟练地掌握本章所介绍的方法，下面两个电路分析的例题均采用多种方法分析解答，希望对大家掌握解题的方法和技巧有帮助。

【例 1.16】用不同的方法求图 1-56 所示电路的电流 I。

【解法一】用电压源和电流源等效变换的方法求解。将电路的电流源变换成电压源，电压源变换成电流源，如图 1-57（a）所示；将两个电流源合并成一个电流源，如图（b）所示；将电流源变换成电压源，如图（c）所示；利用欧姆定律求电流 I 为

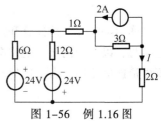

图 1-56　例 1.16 图

$$I = \frac{8-6}{4+4+2} A = 0.2A$$

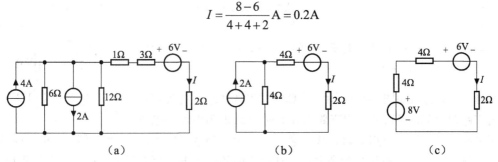

图 1-57　用电压源和电流源等效变换求解的电路图

【解法二】用叠加定理求解。三个电源单独作用的分电路图如图 1-58 所示。

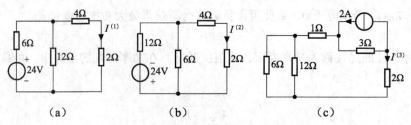

图 1-58　用叠加定理求解的电路图

图 1-58（a）是第一个 24V 电压源单独作用的分电路图，图（b）是第两个 24V 电压源单独作用的分电路图，图（c）是 2A 电流源单独作用的分电路图。由分电路图可得

$$I^{(1)} = 1.6\,\mathrm{A}$$

$$I^{(2)} = -0.8\,\mathrm{A}$$

$$I^{(3)} = -0.6\,\mathrm{A}$$

$$I = I^{(1)} + I^{(2)} + I^{(3)} = 0.2\,\mathrm{A}$$

【解法三】用戴维南定理求解。根据戴维南定理可将原电路画成如图 1-59 所示的形式。

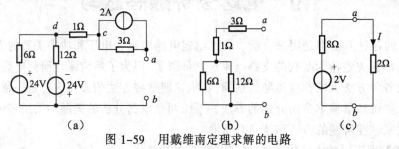

图 1-59　用戴维南定理求解的电路

图 1-59（a）是计算开路电压的电路图，为了计算开路电压的方便，在电路图各节点上标上字母，以标记两节点之间电压的参考方向；图（b）是计算输出电阻的电路图；图（c）是计算电流的电路图。由上述的电路图可得

$$U_\mathrm{O} = U_{ab} = U_{ac} + U_{cd} + U_{db} = (-6 + 0 + 8)\mathrm{V} = 2\mathrm{V}$$

$$R_0 = R_{ab} = 8\Omega$$

$$I = \frac{U_\mathrm{O}}{R_0 + R_\mathrm{L}} = \frac{2}{8+2}\mathrm{A} = 0.2\mathrm{A}$$

注意：$U_{cd}=0$ 是因为 ab 支路开路以后，整个电路不构成闭合回路，cd 支路没有电流流过。

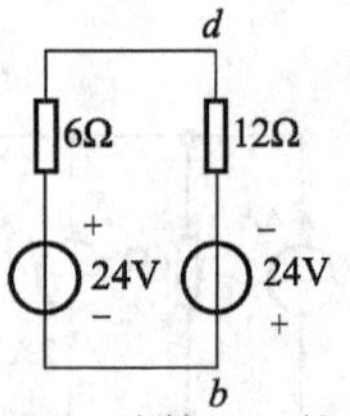

计算 U_{db} 的电路如图 1-60 所示，计算的过程选择左边的支路或右边的支路都可以。当选择左边支路来计算时，6Ω 电阻电流和电压的参考方向为非关联，应用欧姆定律时应加 "−" 号；当选择右边的支路来计算时，电压源电压的参考方向与环绕方向相反，电压源电压为负值，计算过程如下

图 1-60　计算 U_{db} 的电路

$$I = \frac{24+24}{6+12}\mathrm{A} = \frac{8}{3}\mathrm{A}$$

$$U_{db} = \left(-\frac{8}{3}\times 6 + 24\right)\mathrm{V} = 8\,\mathrm{V}$$

或

$$U_{db} = \left(\frac{8}{3} \times 12 - 24\right)\text{V} = 8\,\text{V}$$

【解法四】用诺顿定理求解。在戴维南定理解的基础上，利用电压源和电流源等效变换的方法，即可将戴维南定理转化为诺顿定理的解。求解的电路如图 1-61 所示，过程如下：

$$I_s = \frac{U_O}{R_0} = 0.25\,\text{A}$$

$$I = \frac{8}{2+8} I_s = 0.2\,\text{A}$$

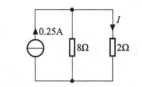

图 1-61　用诺顿定理求解的电路

【解法五】用节点电位法求解。节点电位法求解的未知量是节点电位，选电路的 b 点为零电位点，设各支路电流、电压的参考方向为关联参考方向，各节点的电位如图 1-62 所示。由 KCL 可得

$$\frac{24-U_d}{6} + \frac{-24-U_d}{12} = \frac{U_d - U_c}{1}$$

$$\frac{U_d - U_c}{1} + 2 = \frac{U_c - U_a}{3}$$

$$\frac{U_c - U_a}{3} = 2 + \frac{U_a}{2}$$

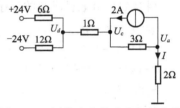

图 1-62　用节点电位法求解的电路

整理并写成矩阵为

$$\begin{pmatrix} -\dfrac{5}{6} & \dfrac{1}{3} & 0 \\ \dfrac{1}{3} & -\dfrac{4}{3} & 1 \\ 0 & 1 & -\dfrac{5}{4} \end{pmatrix} \begin{pmatrix} U_a \\ U_c \\ U_d \end{pmatrix} = \begin{pmatrix} 2 \\ -2 \\ -2 \end{pmatrix}$$

用 MATLAB 软件求解该矩阵的程序为

```
%矩阵求解的程序
a=[-5/6,1/3,0;1/3,-4/3,1;0,1,-5/4];     %输入矩阵 a
b=[2;-2;-2];                            %输入矩阵 b
c=a\b;                                  %解矩阵
I=c(1)/2                                %将矩阵 c 中的第一个矩阵元提出，除以 2Ω 电阻，求出电流 I
```

该程序运行的结果为

```
I=0.2000
```

【解法六】用支路电流法求解。支路电流法的未知量是支路电流，设电路中各电流的参考方向如图 1-63 所示。电路有六条支路，一条支路电流已知，有五个未知电流；四个节点，可列三个独立的节点电流方程；七条回路，可列七个回路电压方程；三个网孔可列三个回路电压方程。求解该问题只要五个独立的方程，解题中通常用网孔来列独立的回路电压方程。由 KCL 和 KVL 可得

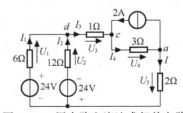

图 1-63　用支路电流法求解的电路

$$I_1 + I_2 = I_3$$
$$I_3 + 2 = I_4$$
$$I + 2 = I_4$$
$$6I_1 - 12I_2 - 24 - 24 = 0$$
$$I_3 + 3I_4 + 2I + 24 + 12I_2 = 0$$

整理并写成矩阵为

$$\begin{pmatrix} 1 & 1 & -1 & 0 & 0 \\ 0 & 0 & 1 & -1 & 0 \\ 0 & 0 & 0 & 1 & -1 \\ 6 & -12 & 0 & 0 & 0 \\ 0 & 12 & 1 & 3 & 2 \end{pmatrix} \begin{pmatrix} I_1 \\ I_2 \\ I_3 \\ I_4 \\ I \end{pmatrix} = \begin{pmatrix} 0 \\ -2 \\ -2 \\ 48 \\ -24 \end{pmatrix}$$

用 MATLAB 软件求解的程序为

```
%矩阵求解的程序
a=[1 1 -1 0 0;0 0 1 -1 0;0 0 0 1 -1;6 -12 0 0 0;0 12 1 3 2]; %输入矩阵a
b=[0;-2;-2;48;-24];              %输入矩阵b
c=a\b;                          %解矩阵
I=c(5)                          %电流I是矩阵c中的第5个矩阵元
```

该程序运行的结果为

```
I=0.2000
```

　　对于这一类问题的求解，支路数目越多，未知量就越多，所需方程的数目就多，解起来比较麻烦。为了减少未知量的数目，通常将网孔电流设为未知量，用网孔电流作未知量的解法称为网孔电流法。也可以用回路电流作未知量，用回路电流作未知量的解法称为回路电流法。这几种方法解题的思路和步骤都相同，下面用网孔电流法来列方程，供大家比较这两种方法的差别，用回路电流法求解留待读者自己练习。

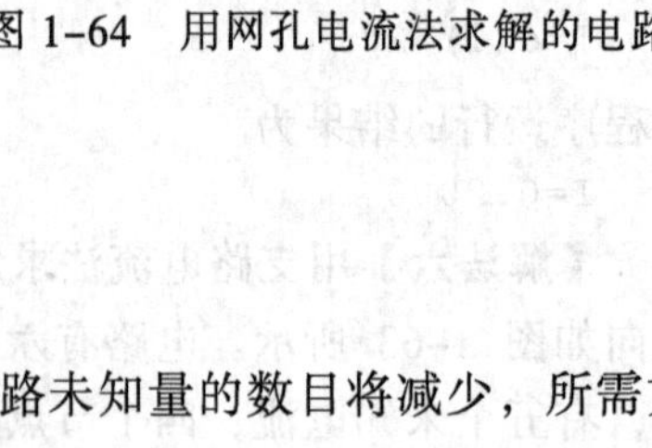

　　该电路有三个网孔电流，一个已知，两个未知。设网孔电流的参考方向和流向如图 1-64 中的虚线所示，用 KVL 列两个方程即可求解。用 KVL 列方程时应注意，处在两个网孔交界线上电阻的电压，是两网孔电流在该电阻上所激励电压的代数和：

图 1-64　用网孔电流法求解的电路

$$18I_1 - 12I - 24 - 24 = 0$$
$$-12I_1 + 18I + 3 \times 2 + 24 = 0$$

解得 $I=0.2\text{A}$，$I_1=2.8\text{A}$。

　　由网孔电流法的解题过程可知，以网孔电流为未知量，电路未知量的数目将减少，所需方程的数目也将减少，解方程组比较简单。

　　将 I 和 I_1 的值代入功率的表达式中，即可确定各电源在电路中所起的作用。

　　因为电流源和第一个电压源的电流和电压的参考方向为非关联，第二个电压源总电流和电压的参考方向也为非关联，所以，功率表达式前应加负号。

$$P_1 = -I_1 U_{s1} = -0.2 \times 24\text{W} = -67.2\text{W}$$

$$P_2 = -(I_1 - I)U_{s2} = -2.6 \times 24\text{W} = -62.4\text{W}$$

$$P_3 = -IU_3 = -2 \times 6.6\text{W} = -13.2\text{W}$$

因为，三个器件所消耗的功率都为负值，说明这三个器件在电路中不是消耗电路的能量，而是向电路提供能量，所以，这三个器件都是电路的电源。

【例 1.17】分别用网孔电流法和节点电位法，列出求解图 1-65 所示电路 R_6 电阻两端电压 U 的方程，并把它表示成矩阵。

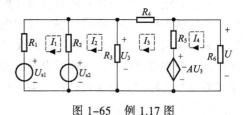

图 1-65　例 1.17 图

【解法一】用网孔电流法求解。未知量是网孔电流，该电路有四个网孔，四个网孔电流如图中的虚线所示，由 KVL 得

$$I_1(R_1 + R_2) - I_2 R_2 + U_{s2} - U_{s1} = 0$$

$$-I_1 R_2 + I_2(R_2 + R_3) - I_3 R_3 - U_{s2} = 0$$

$$-I_2 R_3 + I_3(R_4 + R_5 + R_3) - I_4 R_5 + (-AU_3) = 0$$

$$-I_3 R_5 + I_4(R_5 + R_6) - (-AU_3) = 0$$

$$U_3 = (I_2 - I_3)R_3$$

将 U_3 的表达式代入相关的方程，并整理得

$$(R_1 + R_2)I_1 - R_2 I_2 = U_{s1} - U_{s2}$$

$$-R_2 I_1 + (R_2 + R_3)I_2 - R_3 I_3 = U_{s2}$$

$$-(1+A)R_3 I_2 + [(A+1)R_3 + R_4 + R_5]I_3 - R_5 I_4 = 0$$

$$AR_3 I_2 - (AR_3 + R_5)I_3 + (R_5 + R_6)I_4 = 0$$

写成矩阵的形式为

$$\begin{pmatrix} R_1 + R_2 & -R_2 & 0 & 0 \\ -R_2 & R_2 + R_3 & -R_3 & 0 \\ 0 & -(1+A)R_3 & (A+1)R_3 + R_4 + R_5 & -R_5 \\ 0 & AR_3 & -(AR_3 + R_5) & R_5 + R_6 \end{pmatrix} \begin{pmatrix} I_1 \\ I_2 \\ I_3 \\ I_4 \end{pmatrix} = \begin{pmatrix} U_{s1} - U_{s2} \\ U_{s2} \\ 0 \\ 0 \end{pmatrix}$$

将各代数量的值代入，用 MATLAB 软件即可求解，或者用附录 D 介绍的 MATLAB 软件进行字符的运算来求解。

【解法二】用节点电位法求解。未知量是节点电位，该电路有三个节点，取其中的一个为零电位点，将电路画成电子电路中的习惯画法，如图 1-66 所示。选择电流、电压的参考方向相关联，由 KCL 得

$$\frac{U_{s1} - U_3}{R_1} + \frac{U_{s2} - U_3}{R_2} = \frac{U_3 - U}{R_4} + \frac{U_3}{R_3}$$

$$\frac{U_3 - U}{R_4} = \frac{U - (-AU_3)}{R_5} + \frac{U}{R_6}$$

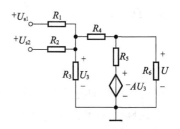

图 1-66　例 1.17 电路的简单画法

从上面的分析讨论可知，各种电路分析方法的作用都相同，都围绕着对线性复杂电路进行分析与计算这个目的。对复杂电路的分析与计算是在已知电路结构及电路中各器件参数的条件下，计算电路的支路电流、电压和功率。应用本章所介绍的各种方法都可以实现这个目的，但

选择不同的方法，实现目的的难易程度不同，大家应在深刻理解有关定理和原理的基础上，熟练掌握各种分析方法的特点，为后续课程的学习打下扎实的基础。

小　　结

本章介绍线性复杂电路的分析与计算。所谓的复杂电路通常是指经串联、并联等效变换后仍不能化简为单回路的电路或多电源的电路。对复杂电路进行分析与计算时，为了列方程的需要，必须设定电路中各电流和电压的参考方向，参考方向的假设是任意的，但设定之后不应随便改动，列方程时应严格按照所设定的参考方向来确定方程中各量的正、负号。解出结果后，参考方向与实际方向的关系是：结果为正数，说明参考方向与实际方向相同；结果为负数，说明参考方向与实际方向相反。

求解复杂电路问题所用的电路定理主要是基尔霍夫定律，该定律包括 KCL 和 KVL。

KCL 的表达式为 $\sum I = 0$；

KVL 的表达式为 $\sum U = 0$。

用基尔霍夫定律求解复杂电路问题的经典方法是支路电流法。用支路电流法求解时，支路电流是未知数，当电路的支路数较多时，因未知数的数目太多，求解较麻烦。利用回路电流法和网孔电流法可减少未知数的数目。

支路电流法、回路电流法、网孔电流法解题的方法和步骤除了未知数不同外，其余的均相同，求解时注意列 KVL 方程式的差别。

求解复杂电路的方法和定理还有电压源、电流源等效变换、叠加定理、节点电位法、戴维南定理和诺顿定理。这些方法和定理所解决的问题是确定复杂电路的电流和电压的约束关系。

电压源和电流源等效变换的关键点是确定短路电流、开路电压和内阻；叠加定理的关键点是其他独立电源的处理方法（电压源短路，电流源开路）；节点电位法的关键点是如何根据 KCL 来列节点电位方程；戴维南定理的关键点是如何求开路电压和输出电阻。对于不同的电路问题采用不同的方法可简化计算。

本章除了介绍上述的各个方法和定理之外，还介绍了元件在电路中是电源或是负载的判别方法、输入电阻和输出电阻的计算方法、电桥平衡和功率匹配的概念。

本章学习的重点是各种电路分析方法的灵活应用，注意通过一题多解的练习来领会解题的思路和技巧。

习题和思考题

1. 在进行电路的分析和计算之前，为什么要引入电压和电流的参考方向？参考方向的设定有什么规则？参考方向与实际方向之间有什么区别和联系？关联和非关联参考方向的区别是什么？

2. 电路中 A、B、C、D 四个元件的电流和电压的数值和参考方向如图 1-67 所示，计算各元件的功率，并指明各元件是电源还是负载。

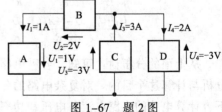

图 1-67　题 2 图

3. 标有 2W、100Ω 的线绕电阻，在使用时，电流和电压的最大值是多少？

4. 额定电压为 220V，额定电流为 50A 的发电机，接有一个额定电压为 220V，额定功率为 2 000W 的热水器，求发电机的输出电流是多少？若输出电流的值小于 50A，其余的电流到哪里去了？

5. 求图 1-68 所示电路的等效电阻 R_{ab}。

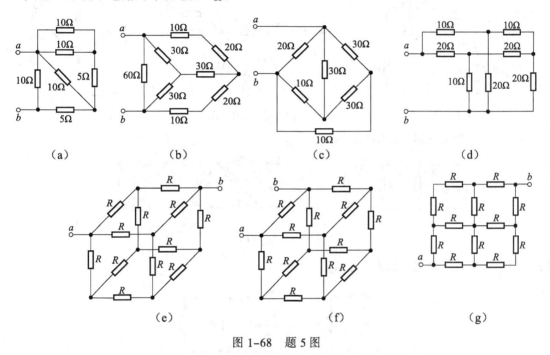

图 1-68　题 5 图

提示： 图（e），（f），（g）可用将电路中相同电位的点相连或断开都不影响电路的外特性的结论来简化电路。

6. 求图 1-69 所示电路电流源两端的电压。

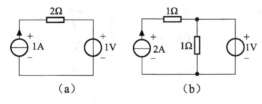

图 1-69　题 6 图

7. 求图 1-70 所示电路受控源两端的电压 U 和流过受控源的电流 I。

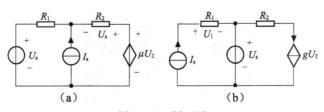

图 1-70　题 7 图

8. 用各种不同的方法求图 1-71 所示电路中的电流 I。

9. 在图 1-72 所示的电路中，已知 30Ω 电阻上的压降是 30V，试求电阻 R 和 A、B 两点的电位。

10. 用各种不同的方法求图 1-73 所示电路中流过 R_3 电阻的电流 I。

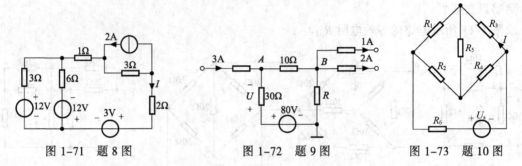

图 1-71　题 8 图　　　　图 1-72　题 9 图　　　　图 1-73　题 10 图

11. 求图 1-74 所示无限长链路的输入电阻 R_{ab}。

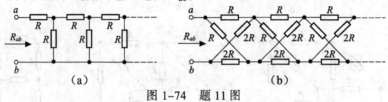

（a）　　　　　　　　　　　（b）

图 1-74　题 11 图

12. 求图 1-75 所示电路的输入电阻 R_{ab}。

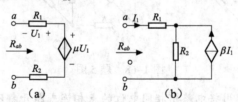

（a）　　　　（b）

图 1-75　题 12 图

13. 求图 1-76 所示电路的输出电阻 R_{ab}。

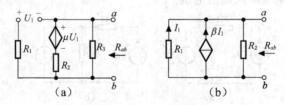

（a）　　　　　　　（b）

图 1-76　题 13 图

14. 求图 1-77 所示电路的输出电压 U_o 和输入电压 U_s 的比。

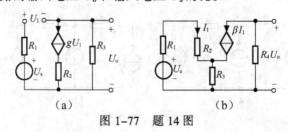

（a）　　　　　　　（b）

图 1-77　题 14 图

15. 用网孔电流法求图 1-78 所示电路中电阻 R_3 两端的电压 U_3。设电路中各电阻值分别为 $R_1=1\Omega$，$R_2=2\Omega$，$R_3=3\Omega$，$R_4=4\Omega$，$R_5=5\Omega$，$R_6=6\Omega$，$A=7$，$U_{s1}=6\text{V}$，$U_{s2}=3\text{V}$。

16. 在图 1-79 所示电路中，当电阻 R_6 变化时，R_6 所吸收的功率也将发生变化，当 R_6 取什么值时，R_6 所吸收的功率为最大，该最大值的表达式是什么？

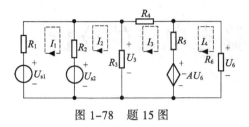
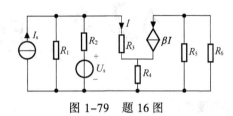

图 1-78　题 15 图　　　　　　　　图 1-79　题 16 图

第2章 正弦稳态电路的分析

学习要点:

- 电路中按正弦规律随时间变化的交流电量称为正弦交流电量,正弦交流电量的相量表示法。
- 单一参数的正弦交流电路电流相量和电压相量之间的关系,相量形式的欧姆定律,感抗和容抗的概念,相量形式的电路定理和分析计算的方法。
- 互感,变压器和谐振电路计算的方法。

2.1 正弦交流电路

在前面所讨论的问题中,电路中的电流或电压均是大小和方向不随时间变化的直流电。大小和方向随时间变化的叫作交流电,其具有容易产生、传送和使用方便等优点,所以,现代工农业生产和日常生活中广泛使用。

2.1.1 正弦交流电量的参考方向

典型的交流电是电动势、电压和电流的大小、实际极性和方向均随时间作正弦规律变化的正弦交流电。虽然,交流电路中某一瞬时的电压或电流的大小和方向随时间而变化,但对正弦交流电路进行分析的过程与直流电路分析的过程相同,必须先在电路中设定它们的参考方向。

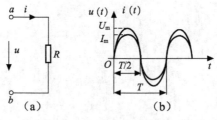

图 2-1 正弦交流电的参考方向和波形图

图 2-1(a)所示的电路为一简单的正弦交流电阻电路,箭头所标的方向就是交流电压 u 和交流电流 i 的参考方向,u 和 i 的变化规律可用图 2-1(b)所示的波形图来表示。

在交流电路中,电流、电压的参考方向和实际方向之间的关系是:当电流、电压的瞬时值大于零,即为正值时,表示电流、电压的实际方向和参考方向相一致,波形图处在横轴的上方;

当电流、电压的瞬时值小于零，即为负值时，表示电流、电压的实际方向和参考方向相反，波形图处在横轴的下方。根据参考方向和实际方向之间的关系可得，交流电的参考方向实际上是表示交流电处在正半周时的实际方向。在图 2-1 中，当交流电流处在 $0 \to T/2$ 期间时，因 $i>0$，表示电流的实际方向是从端子 a 流出，经电阻 R 流向端子 b；当交流电处在 $T/2 \to T$ 期间时，因 $i<0$，表示电流的实际方向是从端子 b 流出，经电阻 R 流向端子 a。

2.1.2　正弦交流电量的三要素

电路中按正弦规律变化的交流电动势、交流电压或交流电流统称为正弦交流电量。对正弦交流电量的数学描述，可以采用正弦函数，也可以采用余弦函数。在采用余弦函数的情况下，正弦交流电动势、交流电压和交流电流的一般表达式为

$$e = E_m \cos(\omega t + \varphi_e)$$
$$u = U_m \cos(\omega t + \varphi_u) \qquad\qquad (2-1)$$
$$i = I_m \cos(\omega t + \varphi_i)$$

式（2-1）中的 E_m、U_m 和 I_m 称为正弦交流电量的最大值或振幅；ω 称为角频率，角频率 ω 和频率 f 的关系是 $\omega = 2\pi f$；φ_e、φ_u 和 φ_i 称为初相位。

由物理学简谐振动的知识可知，在最大值、角频率和初相位确定的情况下，简谐振动的表达式也就确定了。同样的道理，在正弦交流电量的最大值、角频率和初相位确定的情况下，描述正弦交流电量的数学表达式也被唯一地确定，所以称最大值、角频率和初相位为正弦交流电量的三要素。这些定义与数学中三角函数所介绍的内容一样，只不过更具体化而已，下面来介绍三要素的具体内容。

1. 最大值（幅值）

正弦交流电量在任一时刻的大小称为正弦交流电量的瞬时值，规定用小写字母来表示，如式（2-1）中的 e、u、i。正弦交流电量在变化的过程中所出现的最大瞬时值称为正弦交流电量的最大值（或振幅、幅值），规定用大写字母并加角标 m 来表示，如式（2-1）中的 E_m、U_m 和 I_m。

最大值是描述正弦交流电量变化的范围和幅度的物理量。幅度不变的正弦交流信号称为等幅振荡信号，幅度减小的正弦交流信号称为阻尼振荡信号。正弦交流电量的最大瞬时值和最小瞬时值的差称为峰-峰值，用符号 V_{P-P} 来表示，等幅振荡的峰-峰值 $V_{P-P} = 2U_m$。

2. 周期、频率和角频率

正弦交流电量的特征是波形随时间按正弦函数的规律变化，为了描述正弦交流电量波形随时间变化的快慢程度，引入周期、频率和角频率的概念。

（1）周期

周期描述正弦交流电量变化一次所需的时间，规定用字母 T 来表示，单位是秒（s）。

（2）频率

频率描述正弦交流电量在单位时间内重复变化的次数，规定用字母 f 来表示。根据周期和频率的定义可知，周期和频率是互为倒数的关系，即

$$f = \frac{1}{T} \qquad\qquad (2-2)$$

频率的单位是周/秒，称为赫兹（Hz）。

我国及世界上许多国家工业电网所采用的交流电频率是 50Hz，这种频率的交流电又称为工频交流电。当频率很高时，可用千赫（kHz）或兆赫（MHz）作单位。换算关系是

$$1MHz=10^3kHz=10^6Hz$$

无线电广播信号中波段的频率从 535kHz 到 1 605kHz，电视广播和手机通信信号载波的频率高达几十到几千兆赫。

（3）角频率

正弦交流电量在一个周期 T 内变化的角度是 2π 弧度，将正弦交流电在单位时间内变化的弧度数称为正弦交流电的角频率，用 ω 来表示，单位是弧度/秒（rad/s）。

对于 50Hz 的工频交流电，其角频率为

$$\omega = 2\pi f = 2\pi \times 50 = 100\pi = 314rad/s$$

3．初相位

由式（2-1）可见，正弦交流电量的瞬时值除了与最大值有关外，还与 $\omega t+\varphi$ 的值有关。此值称为正弦交流电量的相位角，简称相位。相位反映了正弦交流电量在 t 时刻所处的状态，当相位角随时间连续变化时，正弦交流电量的瞬时值也随之作连续的变化。

$t=0$ 时的相位称为初相角，也称初相位或初相，用符号 φ_0 来表示，它反映了正弦交流电量在初始时刻所处的状态。因为，正弦函数是周期函数，在写正弦交流电量的函数式时，初相位的取值范围规定为 $|\varphi_0| \leq \pi$。

2.1.3 相位差

相位差描述两个同频率的正弦交流电在任何瞬时的相位之差。例如，两个同频率的正弦交流电压和电流的表达式分别为

$$u_1 = U_m \cos(\omega t+\varphi_1)$$
$$i_2 = I_m \cos(\omega t+\varphi_2)$$

如设 φ_{21} 表示电流 i_2 与电压 u_1 之间的相位差，则有

$$\varphi_{21} = (\omega t + \varphi_2) - (\omega t + \varphi_1) = \varphi_2 - \varphi_1 \tag{2-3}$$

式（2-3）表明，同频正弦交流电量的相位差等于它们的初相差，是一个与时间 t 无关的常数。电路课程中常采用"超前"和"滞后"的概念来说明两个同频正弦交流电量相位比较的结果。

在式（2-3）中，当 $\varphi_{21}>0$ 时，说明 $\varphi_2>\varphi_1$，称 i_2 超前 u_1；当 $\varphi_{21}<0$ 时，说明 $\varphi_2<\varphi_1$，称 i_2 滞后 u_1；当 $\varphi_{21}=0$ 时，说明 $\varphi_2=\varphi_1$，称 i_2 和 u_1 同相；当 $|\varphi_{21}|=\pi/2$ 时，说明 i_2 和 u_1 的夹角为 $\pi/2$，称 i_2 和 u_1 正交；当 $|\varphi_{21}|=\pi$ 时，说明 i_2 和 u_1 的夹角为 π，称 i_2 和 u_1 反相。

注意：超前和滞后的概念是相对的。例如，当 $\varphi_{21}>0$ 时，可称 i_2 超前 u_1，也可称 u_1 滞后 i_2，即 $\varphi_{12}<0$。为了避免混淆，本书说的相位差规定为式（2-3）确定的 φ_{21}。即以角标为 1 的物理量为参照系来说明角标为 2 的物理量的初相位与参照系的关系。

相位差可以通过观察波形来确定，为了研究确定的方法，用 MATLAB 软件画出 $\cos(t+\pi/6)$

和$\cos(t+\pi/3)$的波形图，如图 2-2 所示。用 MATLAB 软件画图 2-2 的程序为

```
%画相位差图形的程序
syms t
y1=sym('cos(t+pi/6)');                          %定义 y1 函数
y2=sym('cos(t+pi/3)');                          %定义 y2 函数
subplot(3,1,1),ezplot(y1,[-pi,2*pi])           %画 y1 函数图
xlabel('t');ylabel('y1');title('cos(t+pi/6)'); %设置坐标轴的标题
subplot(3,1,2),ezplot(y2,[-pi,2*pi])           %画 y2 函数图
xlabel('t');ylabel('y1');title('cos(t+pi/3)'); %设置坐标轴的标题
subplot(3,1,3),ezplot(y1,[-pi,2*pi])           %画 y1 和 y2 的函数图
hold on,ezplot(y2,[-pi,2*pi]),hold off         %在 y1 函数图上叠加 y2 的图形
xlabel('t');ylabel('y1+y2');
title('cos(t+pi/6)+cos(t+pi/3)');              %设置坐标轴的标题
```

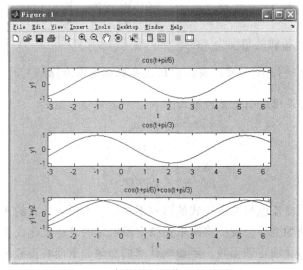

图 2-2　波形图和相位差的关系图

图 2-2 的第三幅图是将 $\cos(t+\pi/6)$ 和 $\cos(t+\pi/3)$ 的波形叠加在一起的图。观察图 2-2 的第三幅图中两个波形极值点过零点的情况。该图清晰地显示出，随着时间 t 的变化，$\cos(t+\pi/6)$ 的极值点较 $\cos(t+\pi/3)$ 的极值点先通过零点，因为，$\cos(t+\pi/6)$ 的相位滞后 $\cos(t+\pi/3)$，所以，先通过极值点的为滞后；$\cos(t+\pi/3)$ 的极值点较 $\cos(t+\pi/6)$ 的极值点后通过零点，因为 $\cos(t+\pi/3)$ 的相位超前 $\cos(t+\pi/6)$，所以后通过极值点的为超前。

根据上述的特征可得观察波形来确定相位差的方法是：在波形图中确定同一个周期内两个波形的极大（小）值之间的角度差，即为两者的相位差。在波形图中，后到达极值点的为超前，先到达极值点的为滞后。

例如，在图 2-2 所示的情况中，随着时间 t 的变化，电流波形的负极值点先过零点，所以，电流滞后电压，$\varphi_{iu}<0$；电压波形的负极值点后过零点，所以，电压超前电流，即 $\varphi_{ui}>0$。

相位差的取值范围也规定在主值范围 $|\varphi| \leqslant \pi$ 内。两个同频率正弦交流电量之间的相位差，以及超前、滞后、同相、反相等概念在分析交流电路时经常要用到，大家有必要详细理解和区分。下面举几个计算相位差的例子。

【例 2.1】 比较下面四组正弦交流电量的相位差，并说明哪一个超前，哪个滞后。

（1）
$$u_1 = U_{1m} \cos(\omega t + \frac{\pi}{6})$$
$$u_2 = U_{2m} \cos(2\omega t + \frac{\pi}{3})$$

【解】 这两个正弦交流电量是不同频率的，由于不同频率正弦量的相位差是随时间而变化的函数。所以，不同频率的正弦交流电量不能比较相位差，也无法说明哪个超前，哪个滞后。

（2）
$$i_1 = 5\cos(\omega t + \frac{3\pi}{4})$$
$$i_2 = 6\cos(\omega t - \frac{\pi}{2})$$

【解】 根据式（2-3）可得

$$\varphi_{21} = \varphi_2 - \varphi_1 = -\frac{\pi}{2} - \frac{3\pi}{4} = -\frac{5\pi}{4} = \frac{3\pi}{4}$$

$\varphi_{21} > 0$，说明 i_2 超前 i_1，超前的角度为 135°。

注意：当计算所得的 $|\varphi_{21}| > \pi$ 时，因 $|\varphi_{21}|$ 规定的取值范围为 $|\varphi_{21}| < \pi$，所以，利用三角函数的诱导公式将 $-\frac{5\pi}{4}$ 的结果化成小于 π 的形式。

（3）
$$i_1 = I_{1m} \sin(\omega t + \frac{\pi}{6})$$
$$i_2 = I_{2m} \cos(\omega t + \frac{\pi}{6})$$

【解】 这两个正弦交流电量的表达式的形式不一样，不同表达式的正弦交流电量比较相位差前，要先用三角函数的诱导公式，将两个正弦交流电量的表达式化成相同的形式。可将 i_1 化成余弦函数，也可将 i_2 化成正弦函数，不影响计算的结果，下面将正弦函数转换成余弦函数来比较。

$$i_1 = I_{1m} \sin(\omega t + \frac{\pi}{6}) = I_{1m} \cos(\omega t + \frac{\pi}{6} - \frac{\pi}{2}) = I_{1m} \cos(\omega t - \frac{\pi}{3})$$
$$\varphi_{21} = \varphi_2 - \varphi_1 = \frac{\pi}{6} - (-\frac{\pi}{3}) = \frac{\pi}{2}$$

$\varphi_{21} > 0$，说明 i_2 超前 i_1，超前的角度为 90°。

（4）
$$u_1 = 5\cos(\omega t - \frac{\pi}{6})$$
$$u_2 = -6\cos(\omega t + \frac{\pi}{6})$$

【解】 比较相位差时两个正弦交流电量函数的表达式要用 $u = U_m \cos(\omega t + \varphi)$ 的标准形式，式中的 U_m 是最大值，是正数。在 u_2 的表达式中，因为数字 6 前面有一个负号，要用三角函数的诱导公式将其化成 $u = U_m \cos(\omega t + \varphi)$ 的标准形式：

$$u_2 = -6\cos(\omega t + \frac{\pi}{6}) = 6\cos(\omega t + \frac{\pi}{6} \pm \pi) = 6\cos(\omega t - \frac{5\pi}{6})$$
$$\varphi_{21} = \varphi_2 - \varphi_1 = -\frac{5\pi}{6} - (-\frac{\pi}{6}) = -\frac{2\pi}{3}$$

$\varphi_{21} < 0$，说明 i_2 滞后 i_1，滞后的角度为 120°。

注意：计算 u_2 的表达式用加 π 形式的三角函数诱导公式时，因 $|\varphi_0|$ 规定的取值范围为 $|\varphi_0|<\pi$，所以，应将最后的 $\dfrac{7}{6}\pi$ 改写成 $-\dfrac{5}{6}\pi$ 的形式。

根据以上四例的分析，可以得出这样的结论：两个正弦交流电量进行相位比较时，要注意同频率、同函数，并在相位差角小于 π 的前提下，才能正确地确定超前或滞后的关系。

2.1.4　正弦交流电量的有效值

正弦交流电瞬时值的大小和方向随时间不断地变化，而幅值是正弦量瞬间出现的最大值，且交流电瞬时值的大小及瞬时功率的大小都没有实用的意义，而交流电的平均值又为零。在正弦交流电路的分析中，不能用瞬时值、幅值和平均值来描述交流电做功能力的大小，描述交流电做功能力大小的物理量是有效值。

有效值是表征正弦交流电的大小及衡量交流电做功能力大小的物理量。有效值是以电流热效应的观点来度量交流电的大小。度量的方法是：不论是交流电流还是直流电流，只要它们的热效应相等，它们的安培值就相等。

根据这个规定，设有两个相同的电阻 R，分别通以直流电流 I 和正弦交流电流 i。直流电流 I 通过电阻 R 在 T 时间内所产生的热量为

$$Q = I^2 RT \tag{2-4}$$

交流电流 i 通过电阻 R 时，该电阻在一个周期内所产生热量的表达式与式（2-4）的形式相同，所不同的是交流电流的平方要用高等数学求平均值的方法来计算。设交流电的表达式为 $i = I_m \sin(\omega t + \varphi)$，该电流在一个周期内的平均值为 0，平均值的平方也是 0。因此在计算平均值时，不能先平均再平方，而是要先平方再平均，即

$$I^2 = \frac{1}{T} \int_0^T [I_m \sin(\omega t + \varphi)]^2 \, \mathrm{d}t = \frac{I_m^2}{2} \tag{2-5}$$

将式（2-5）代入式（2-4）得

$$Q = \frac{I_m^2}{2} RT \tag{2-6}$$

式（2-6）与式（2-4）相等的条件是

$$I^2 = \frac{I_m^2}{2} \tag{2-7}$$

将式（2-7）开方得电流有效值的表达式为

$$I = \frac{I_m}{\sqrt{2}} \tag{2-8}$$

式（2-8）说明交流电的有效值是最大值的 $\dfrac{1}{\sqrt{2}}$。因为有效值是瞬时值平方的平均再开方，所以，有效值又称方均根值。同理可得正弦电动势和正弦电压的有效值和最大值的关系为

$$E = \frac{E_m}{\sqrt{2}}, \qquad U = \frac{U_m}{\sqrt{2}}$$

以上推导的过程证明了中学物理课程所介绍的最大值是有效值的 $\sqrt{2}$ 倍的结论。

2.1.5 正弦交流电的表示法

1. 解析法和波形法

在前面的讨论中已知，正弦交流电的瞬时值可用三角函数式来表示，用三角函数来表示正弦交流电的方法称为解析法。如

$$u = U_m \cos(\omega t + \varphi)$$

将解析法中的三角函数表示成波形图的方法称为波形法。三角函数的波形图如图 2-3 所示，将图 2-3 所示的波形图写成解析式的关键是确定正弦交流电量的三要素。由图 2-3 可得该正弦交流电量的三要素为：$U_m=5$，$T=8$，$f=0.125$，$\omega=0.25\pi$。

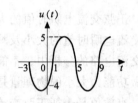

图 2-3 正弦交流电的波形图

因为

$$\cos\varphi_0 = \frac{u(0)}{U_m} = \frac{-4}{5} = -0.8$$

所以

$$\varphi_0 = \pm 127°$$

由图 2-3 可见，$\dfrac{\mathrm{d}u}{\mathrm{d}t}\Big|_{t=0} = -0.25\sin\varphi_0 > 0$，所以 $\sin\varphi_0 < 0$，则

$$\varphi_0 = -127°$$

将三要素代入三角函数的解析式得

$$u(t) = 5\cos(0.25\pi t - 127°)$$

这两种表示交流电的方法比较直观，大家在数学和物理课程中经常接触，也比较熟悉。但这两种表示法不利于进行正弦量的分析和计算，对正弦量进行分析和计算比较便利的表示法是正弦量的相量表示法。

2. 相量表示法

在中学的数学课程中，三角函数可以用一个在平面上旋转的矢量来表示，如图 2-4 所示。

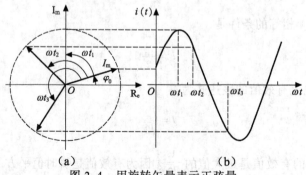

（a） （b）

图 2-4 用旋转矢量表示正弦量

图 2-4（a）中有向线段 I_m 的长度对应于正弦交流电量的幅值 I_m，设 $t=0$ 时，有向线段 I_m 与 x 轴正方向的夹角为 φ_0，对应于正弦交流电量的初相位等于 φ_0，当有向线段 I_m 以正弦交流电量的角频率 ω 在平面内作逆时针方向旋转时，有向线段 I_m 在 y 轴上的投影对应于 $i(t) = I_m\sin(\omega t + \varphi_0)$ 函数的波形，如图 2-4（b）所示。

因为正弦交流电量的三要素与描述旋转矢量的长度、角速度和初相位三个量之间有着一一对应的关系，所以正弦交流电量可以用旋转矢量来表示。当用旋转矢量来表示正弦交流电量时，只要画出图 2-5 所示的在 $t=0$ 时，有向线段 I_m 和 U_m 所处的方位即可。在图 2-5 中有向线段的长度可代表正弦交流电量的幅值，也可代表正弦交流电量的有效值。

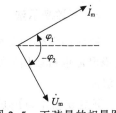

图 2-5　正弦量的相量图

注意：表示交流电的旋转矢量与表示力、电场强度等物理量的矢量有着不同的概念。矢量在空间上的指向是固定的，而旋转矢量在空间上的指向是不固定的，是按 ω 的角频率沿逆时针方向旋转的。为了区别这两个矢量，将随时间在平面上旋转的矢量称为相量，用图 2-5 所示的大写字母加字母上的黑点来表示。用有向线段的长度表示正弦交流电量幅值的，称为最大值相量，图中的 $\dot{I}_m$ 和 $\dot{U}_m$ 表示最大值相量；用有向线段的长度表示正弦交流电量有效值的，称为有效值相量，图中的 $\dot{U}$ 表示有效值相量。

用相量图表示正弦交流电的幅值和初相位的方法称为正弦交流电量的相量图表示法。下面来介绍从正弦交流电量的解析式出发画相量图的方法。

【例 2.2】已知某交流电路两端的电压 u 和通入的电流 i 分别为 $u(t) = U_m \sin(\omega t + 135°)$，$i(t) = I_m \cos(\omega t - 30°)$。画出该电路电流和电压的相量图。

【解】在同一张图中画两个正弦交流电量的关键是两个正弦交流电量的函数形式要一样，对不一样函数式处理的方法与讨论相位差的处理方法相同。本教材规定用相量表示余弦函数，画相量图前应将表示电压的正弦函数转换成余弦函数。

$$u(t) = U_m \sin(\omega t + 135°) = U_m \cos(\omega t + 135° - 90°) = U_m \cos(\omega t + 45°)$$

该电路的相量图如图 2-6 所示。

作相量图时应注意，当正弦量的初相位为正时，相量按逆时针转过一个角度；若初相位为负时，相量按顺时针转过相应的角度，如图 2-5 和图 2-6 中的电压相量 $\dot{U}_m$ 和电流相量 $\dot{I}_m$。

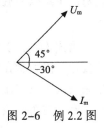

图 2-6　例 2.2 图

图 2-6 所示的相量图清晰地显示出各正弦交流电量之间的大小和相位关系。图中的电压相量 $\dot{U}_m$ 超前电流相量 $\dot{I}_m$ 的角度为 75°，也可以说电流相量 $\dot{I}_m$ 滞后电压相量 $\dot{U}_m$ 的角度为 75°。用相量图分析交流电路各电量之间的关系，具有概念清晰，简明实用的优点，所以，相量成为分析交流电路的主要方法之一。用相量图表示正弦交流电量时应注意以下几个问题：

①　只有正弦交流电量才能用相量来表示，相量不能表示非正弦交流电量。

②　正弦交流电量是随时间变化的量，它不是相量。旋转矢量不等于正弦交流电量，用旋转矢量表示正弦交流电量仅是一种表示方法而已。它是利用旋转矢量在 x 轴或 y 轴上投影的表达式与正弦交流电量随时间变化的表达式相同这一特征来表示正弦交流电量的。

③　只有同频率的正弦交流电量才能画在同一张相量图上。因为同频率的交流电在任何瞬间的相位差不变。在相量图中，它们之间的相对位置保持不变。相对位置不变的旋转相量可看成相对静止的相量，并能用矢量计算的平行四边形法则对交流电流或电压进行加减运算。计算的方法与物理学中计算力的合成和分解的方法相同，这里不再赘述。

3. 复数表示法

随时间变化的正弦交流电量可以用相量来表示，而相量又可以用复数来表示，所以正弦交流电量也可以用复数来表示。用复数表示正弦交流电量的方法称为正弦交流电量的复数表示法。

正弦交流电量用复数表示后，对交流电路的分析和计算就变为复数的计算，这给计算工作带来了极大方便，在具体讨论正弦交流电量的复数表示法之前，先简要复习复数的有关概念和性质。

图 2-7 所示为一直角坐标系，令其 x 轴表示复数的实部，称为实轴 R_e；纵轴表示复数的虚部，称为虚轴 I_m。由实轴和虚轴所构成的平面称为复平面。复平面中有一相量 $\dot{A}$，它在实轴上的投影为复数的实部 a，在虚轴上的投影为复数的虚部 b，于是相量 $\dot{A}$ 的复数式为

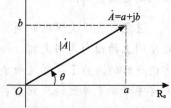

图 2-7　复数的几何表示法

$$\dot{A} = a + jb \tag{2-9}$$

式（2-9）称为复数的代数式，式中的字母 j 为复数的单位，即 $j^2 = -1$。在数学课中复数的单位用字母 i 来表示，在电子电路课程中，因字母 i 表示交流电流，为了在符号上不混淆，将复数的单位更改为字母 j。复数的模，即相量的大小为

$$|\dot{A}| = \sqrt{a^2 + b^2} \tag{2-10}$$

它对应于正弦交流电量的幅值或有效值。复数与实轴正方向的夹角为 θ，θ 的大小为

$$\theta = \arctan \frac{b}{a}$$

它对应于正弦交流电量的初相位。利用三角函数的关系，可求出复数的实部和虚部分别为

$$R_e[\dot{A}] = a = |\dot{A}|\cos\theta \ , \quad I_m[\dot{A}] = b = |\dot{A}|\sin\theta \tag{2-11}$$

由式（2-11）可知，复数的实部表示相量在实轴上的投影，复数的虚部表示相量在虚轴上的投影。因相量在实轴或虚轴上投影的表达式与正弦交流电量的表达式相同，所以可以利用相量来表示正弦交流电量。即用复数的实部或者虚部来表示正弦交流电量。

利用三角函数的概念，可将复数写成三角式：

$$\dot{A} = a + jb = |\dot{A}|(\cos\theta + j\sin\theta) \tag{2-12}$$

式（2-12）称为复数的三角式。可利用欧拉公式

$$\cos\theta = \frac{e^{j\theta} + e^{-j\theta}}{2} \ , \quad \sin\theta = \frac{e^{j\theta} - e^{-j\theta}}{2j} \tag{2-13}$$

将复数的三角式写成指数式：

$$\dot{A} = |\dot{A}|\left(\frac{e^{j\theta} + e^{-j\theta}}{2} + j\frac{e^{j\theta} - e^{-j\theta}}{2j}\right) = |\dot{A}|e^{j\theta} \tag{2-14}$$

式（2-14）称为复数的指数式。利用极坐标的概念，还可将复数的指数式写成极坐标式：

$$\dot{A} = |\dot{A}|\angle\theta \tag{2-15}$$

式（2-15）称为复数的极坐标式。复数的四种表达式是等效的，即

$$\dot{A} = a + jb = |\dot{A}|(\cos\theta + j\sin\theta) = |\dot{A}|e^{j\theta} = |\dot{A}|\angle\theta$$

读者应熟悉这四种表达式之间的转换关系。在交流电路的计算中，相量的加减用代数式比较方便，相量的乘除用极坐标式比较方便，相量的微积分用指数式比较方便。

正弦交流电的三种表示法，在分析正弦交流电路问题时都要用到，波形图和三角函数式是正弦交流电的基本表示法，但在计算时较麻烦，不易得出准确的结果，一般用来描述函数的波形。相量表示法能清楚地表示出交流电路中各电量之间的大小和相位关系，概念清晰，常用于对交流电路进行分析计算。

【例 2.3】实验室的供电系统是三根火线，一根零线的三相四线制，该供电系统三相电源的绕组呈如图 2-8 所示的星形连接，从绕组的始端引出三根线称为火线，从三个绕组末端的结合点引出的导线称为零线。已知三根火线的相电压（火线对零线的电压）分别为 $u_a = 220\sqrt{2}\cos 314t$，$u_b = 220\sqrt{2}\cos(314t - 120°)$，$u_c = 220\sqrt{2}\cos(312t + 120°)$，写出线电压（两根火线之间的电压）$u_{ab}$，$u_{bc}$，$u_{ca}$ 有效值相量的表达式和解析式，并在相量图上画出 u_a，u_b，u_c，u_{ab}，u_{bc}，u_{ca} 的有效值相量。

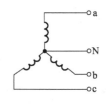

图 2-8　例 2.3 图

【解】根据电位差的概念可知线电压和相电压的关系为 $u_{ab} = u_a - u_b$，$u_{bc} = u_b - u_c$，$u_{ca} = u_c - u_a$，要写出 u_{ab}，u_{bc}，u_{ca} 的有效值相量，必须先写出 u_a，u_b，u_c 有效值相量的表达式，然后利用复数计算的方法求出相量 $\dot{U}_{ab}$，$\dot{U}_{bc}$，$\dot{U}_{ca}$，最后再画出相量图。

$$u_a = 220\sqrt{2}\cos 314t$$
$$u_b = 220\sqrt{2}\cos(314t - 120°)$$
$$u_c = 220\sqrt{2}\cos(314t + 120°)$$

有效值相量为

$$\dot{U}_a = 220\angle 0°\,\text{V}$$
$$\dot{U}_b = 220\angle -120°\,\text{V}$$
$$\dot{U}_c = 220\angle 120°\,\text{V}$$

为了计算 $\dot{U}_{ab}$，$\dot{U}_{bc}$，$\dot{U}_{ca}$，必须将 $\dot{U}_a$，$\dot{U}_b$，$\dot{U}_c$ 写成代数式

$$\dot{U}_a = 220\angle 0° = 220\text{V}$$
$$\dot{U}_b = 220\angle -120°\,\text{V}$$
$$= \{220[\cos(-120°) + j\sin(-120°)]\}\text{V}$$
$$= (-110 - j110\sqrt{3})\text{V}$$
$$\dot{U}_c = 220\angle 120°\,\text{V}$$
$$= [220(\cos 120° + j\sin 120°)]\text{V}$$
$$= (-110 + j110\sqrt{3})\text{V}$$
$$\dot{U}_{ab} = \dot{U}_a - \dot{U}_b$$
$$= [220 - (-110 - j110\sqrt{3})]\text{V}$$
$$= (330 + j110\sqrt{3})\text{V}$$
$$\dot{U}_{bc} = \dot{U}_b - \dot{U}_c$$
$$= [-110 - j110\sqrt{3} - (-110 + j110\sqrt{3})]\text{V}$$
$$= -j220\sqrt{3}\text{V}$$

$$\dot{U}_{ca} = \dot{U}_c - \dot{U}_a$$
$$= (-110 + j110\sqrt{3} - 220)V$$
$$= (-330 + j110\sqrt{3})V$$

由 $\dot{U}_{ab}$，$\dot{U}_{bc}$，$\dot{U}_{ca}$ 的表达式，得

$$|\dot{U}_{ab}| = |\dot{U}_{bc}| = |\dot{U}_{ca}| = 220\sqrt{3}V$$

$$\varphi_{ab} = \arctan\frac{\sqrt{3}}{3} = 30°$$

$$\varphi_{bc} = -90°$$

$$\varphi_{ca} = \arctan\frac{\sqrt{3}}{3} = 150°$$

则

$$\dot{U}_{ab} = 220\sqrt{3}\angle 30° V$$
$$\dot{U}_{bc} = 220\sqrt{3}\angle -90° V$$
$$\dot{U}_{ca} = 220\sqrt{3}\angle 150° V$$

相量图如图 2-9 所示。解析式为

$$u_{ab} = 220\sqrt{6}\cos(314t + 30°)$$
$$u_{bc} = 220\sqrt{6}\cos(314t - 90°)$$
$$u_{ca} = 220\sqrt{6}\cos(314t + 150°)$$

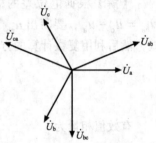

图 2-9　例 2.3 相量图

上述的解题过程验证了中学物理课程中所介绍的，在三相四线制供电系统中，线电压是相电压的 $\sqrt{3}$ 倍的概念。

用 MATLAB 软件也可以画出图 2-9 所示的相量图，用 MATLAB 软件画相量图的程序如下：

```
%画正弦交流电量的相量图
Ua=220*exp(i*0);                    %设置正弦交流电量 ua
Ub=220*exp(-i*120*pi/180);          %设置正弦交流电量 ub
Uc=220*exp(i*120*pi/180);           %设置正弦交流电量 uc
Uab=Ua-Ub;Ubc=Ub-Uc;Uca=Uc-Ua;     %计算线电压相量
xlt=compass([Ua,Ub,Uc,Uab,Ubc,Uca]) %画各相量的相量图
set(xlt,'linewidth',2)
```

该程序运行的结果如图 2-10 所示。

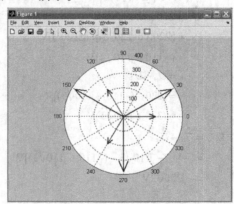

图 2-10　用 MATLAB 软件画的相量图

在 Multisim 软件中用示波器测量得到的三相交流电信号的波形如图 2-11 所示。

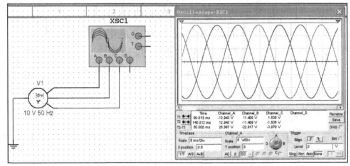

图 2-11　在 Multisim 软件中用示波器测量得到的三相交流电信号的波形

2.2　单一参数的正弦交流电路

电阻 R、电感 L、电容 C 是电路的三个参数，一般电路都同时具有这三个参数，但在一定的条件下，可以忽略其中的一个或两个，而构成一个参数或两个参数的电路。电路参数的不同，电路的性质就不一样，其中能量转换和功率的关系也不一样。

对各种正弦交流电路进行分析和计算的任务与直流电路分析和计算的任务相同，无非是确定电路中电流和电压之间的关系，并讨论电路中能量的转换关系和功率问题。各种交流电路都可以看成是由三种不同参数的元件组合而成的，要对这些电路进行分析和计算，首先必须掌握单一参数正弦交流电路的分析和计算。

2.2.1　纯电阻元件的交流电路

1. 纯电阻元件交流电路的伏安关系

实际电路中的电器如白炽灯、电阻炉、电烙铁等都可以认为是纯电阻元件，电阻元件的参数 R 与制作材料的电阻率 ρ 及几何尺寸的关系是

$$R = \rho \frac{l}{s} \qquad (2-16)$$

电阻值 R 在任何场合下都保持不变的元件称为线性电阻元件，将线性电阻元件接入正弦交流电路中，如图 2-12 所示的仿真实验表明：流过电阻上的电流和电阻两端电压之间的关系遵循欧姆定律。

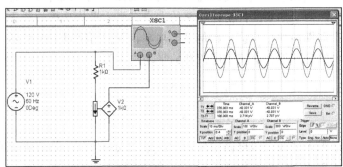

图 2-12　纯电阻交流电路电流和电压关系的仿真实验的结果

在图 2-12 所示的电路中，电阻 R_1 下面的器件是流控电压源，该器件可以将流过电阻电路的电流成正比的转换成电压信号便于示波器测量。图 2-12 中，示波器屏幕上的两个波形分别是电流信号和电压信号的波形，说明电流和电压是同相的正弦交流电量。

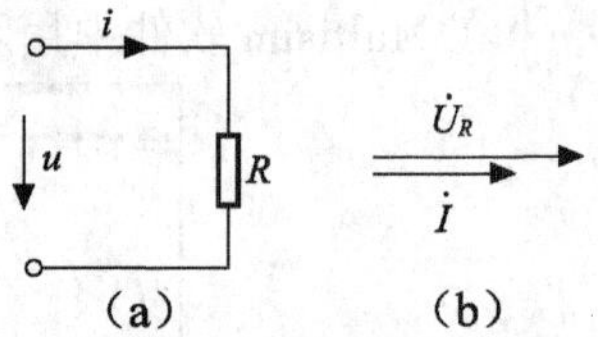

图 2-13　纯电阻电路

当电流和电压的参考方向设定为如图 2-13（a）所示的关联方向时，根据欧姆定律可得电阻两端的电压为

$$u_R = iR \tag{2-17}$$

设流过电阻的电流瞬时值为 $i = \sqrt{2}I\cos\omega t$，根据式（2-17）可求出电阻两端电压的瞬时值为

$$u_R = \sqrt{2}IR\cos\omega t = \sqrt{2}U_R\cos\omega t$$

将 u_R 和 i 的表达式写成有效值的相量式为

$$\dot{U}_R = \dot{I}R \tag{2-18}$$

式（2-18）的相量图如图 2-13（b）所示。由 u_R 和 i 的表达式及相量图可得，电阻元件交流电路电压与电流的大小及相位的关系如下：

① u_R 和 i 两者为同频率、同相位的正弦交流电量；

② 两者的大小关系符合欧姆定律 $U_R = IR$。

2．功率计算

（1）瞬时功率

由于电压、电流是随时间变化的正弦交流电量，所以电阻元件在电路中消耗的功率也是随时间而变化的，电阻元件在任一瞬间所消耗的功率称为瞬时功率，用小写字母 p 来表示。在电流和电压参考方向为关联的前提下，电阻元件的瞬时功率为

$$p = iu_R = \sqrt{2}I\cos\omega t \cdot \sqrt{2}U_R\cos\omega t \tag{2-19}$$
$$= 2U_RI\cos^2\omega t = U_RI(1+\cos 2\omega t)$$

式（2-19）说明 p 由两部分组成，第一部分 U_RI 为固定分量，第二部分是幅值为 U_RI，角频率为 2ω 的正弦量。因 $\dot{U}$、$\dot{I}$ 同相，且 $U_RI>0$，$|\cos 2\omega t|<1$，所以式（2-19）所描述的瞬时功率总是正值，即 $p>0$，说明纯电阻在电路中总是一个消耗功率的元件，电阻在电路中可将电能转换为其他形式的能量对外做功。

（2）平均功率（有功功率）

式（2-19）说明电阻元件所消耗的瞬时功率随时间而变化，随时间变化的量不能用来衡量元件消耗功率的大小。为了描述元件消耗功率的大小，引入平均功率的概念。

瞬时功率在一个周期内的平均值，就是平均功率，用大写字母 P 来表示。利用高等数学求平均值的方法可求得电阻元件在电路中所消耗的平均功率为

$$P = \frac{1}{T}\int_0^T U_RI(1+\cos 2\omega t)\mathrm{d}t \tag{2-20}$$
$$= U_RI = I^2R = \frac{U_R^2}{R}$$

式（2-20）表明，电阻元件在交流电路中所消耗的平均功率等于电压、电流有效值的乘积，它和直流电路中计算功率的公式具有相同的形式，单位也用 J。

在各种交流电气设备上所标的额定功率指的就是平均功率，平均功率亦称有功功率。以后讨论时，若不加特殊说明，交流电路中的功率均指有功功率。

2.2.2 纯电感元件的交流电路

1. 纯电感元件

第1章引言的知识中已知，将导线绕制成 N 匝螺线管，就构成一个电感线圈。线圈内部没有铁磁物质的称为线性电感线圈，如图 2-14 所示。

当线圈中有电流 i 流过时，线圈内部就会产生磁链 ψ，规定电流 i 的参考方向与磁链 ψ 的参考方向之间符合如图 2-14（a）所示的右螺旋定则。线性电感线圈的磁链 ψ 与线圈中电流 i 成正比关系，其比值 L 称为自感系数，简称电感，它表示单位电流所产生的磁链数。即

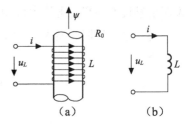

图 2-14　纯电感电路与图形符号

$$L = \frac{\psi}{i} = \frac{N\Phi}{i} \tag{2-21}$$

线性电感线圈的 L 是一个与 i、ψ 无关的常数。若线圈中含有铁磁物质，则 L 与 i、ψ 有关，不是常数。

由物理学的知识可知，线圈的电感与线圈的形状、几何尺寸、匝数以及周围物质的导磁性质有关，即

$$L = \frac{\mu S N^2}{l} \tag{2-22}$$

式（2-22）中密绕线圈的长度为 $l(\text{m})$，截面为 $S(\text{m}^2)$，匝数为 N，介质的磁导率为 μ。在线性电感线圈的电阻很小，可以忽略不计的情况下，线性电感线圈成为理想电感元件或称为纯电感元件，它在电路中的图形符号如图 2-14（b）所示。

2. 自感电动势

当纯电感元件中通入随时间而变化的交流电流 i 时，线圈的磁链也将随着电流的变化而变化，根据电磁感应定律，变化的磁链将在线圈中激励出自感电动势 e_L。自感电动势的大小等于磁链的变化率，自感电动势的方向由楞次定律来判定。楞次定律指出，感应电流的方向总是阻碍原磁链的变化。

规定自感电动势 e_L 的参考方向与磁链的参考方向之间符合如图 2-14（a）所示的右螺旋定则，由法拉第电磁感应定律得

$$e_L = -\frac{\mathrm{d}\psi}{\mathrm{d}t} = -L\frac{\mathrm{d}i}{\mathrm{d}t} \tag{2-23}$$

式（2-23）说明，当 $\frac{\mathrm{d}i}{\mathrm{d}t} > 0$ 时，$e_L < 0$，实际方向与参考方向相反；当 $\frac{\mathrm{d}i}{\mathrm{d}t} < 0$ 时，$e_L > 0$，实际方向与参考方向相同。

3. 纯电感元件的瞬时值伏-安关系

将纯电感元件接入正弦交流电路中，根据电源电动势和电源两端电压的实际方向为非关联的特征，可得电感两端电压 u_L 的表达式为

$$u_L = L\frac{\mathrm{d}i}{\mathrm{d}t} \qquad (2\text{-}24)$$

式（2-24）描述了电感线圈两端电压的瞬时值与电流的瞬时值之间所遵循的关系，称为纯电感元件的瞬时值伏-安关系。

式（2-24）说明 u_L 与 $\frac{\mathrm{d}i}{\mathrm{d}t}$ 成正比，电流变化得愈快，线圈的自感电势愈大，相应的端电压也愈高。当电流是不随时间而变化的直流电流时，感应电势 e_L 为零，线圈两端的电压 u_L 也为零。说明电感线圈在直流电路中仅相当于一根短接线。

若在电感线圈中通入 $i = I_\mathrm{m}\cos\omega t$ 的正弦交流电流，根据式（2-24）可求出电感线圈两端的电压 u_L 为

$$u_L = L\frac{\mathrm{d}i}{\mathrm{d}t} = L\frac{\mathrm{d}I_\mathrm{m}\cos\omega t}{\mathrm{d}t} = -\omega L I_\mathrm{m}\sin\omega t \qquad (2\text{-}25)$$

$$= -U_\mathrm{m}\sin\omega t = U_\mathrm{m}\cos(\omega t + 90°)$$

式中的 $U_\mathrm{m} = \omega L I_\mathrm{m}$，表示电压的最大值。将电流和电压的表达式写成相量式：

$$\dot{I} = I_\mathrm{m}\angle 0° , \quad \dot{U}_L = U_\mathrm{m}\angle 90° \qquad (2\text{-}26)$$

式（2-26）的相量图如图 2-15 所示。由相量图和式（2-26）可得电感元件交流电路的电压与电流之间的关系是：

（1）两者为同频率的正弦交流电量，但两者不同相，它们之间的相位关系是：电压超前电流 90°，或者说电流滞后电压 90°。

（2）电压和电流在幅值或有效值的大小上的关系为

$$U_{Lm} = I_\mathrm{m}\omega L \quad \text{或} \quad U_L = I\omega L \qquad (2\text{-}27)$$

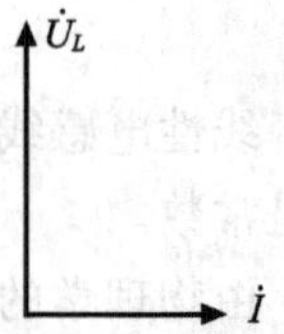

图 2-15　纯电感电路的相量图

令

$$X_L = \omega L = 2\pi f L \qquad (2\text{-}28)$$

则式（2-27）可写成

$$U_L = IX_L \qquad (2\text{-}29)$$

式（2-29）的形式与描述纯电阻电路电流和电压之间关系的欧姆定律相同。引用欧姆定律的概念，可将 X_L 称为电感的电抗，简称感抗。若 f 的单位用 Hz，L 的单位用 H（亨利），则 X_L 的单位是 Ω。

由式（2-28）可得，感抗 X_L 与 L 和 ω 成正比关系。在频率 ω 一定时，电感 L 愈大，X_L 也愈大，说明自感电势对电流的反抗作用就大；当电感 L 一定时，频率 ω 愈高，X_L 也愈大，说明电感线圈对高频电流的阻抗作用很大。在直流电路中，因 $\omega = 0$，$X_L = 0$，所以线圈两端的电压也为零。表明电感元件对直流无阻碍作用，可视为短路。利用电感线圈的这一特性可以制作各种形式的滤波器。例如，计算机实验室中用的电源滤波器内部就有一个滤波电感。滤波电感就是利用电感通直流、阻交流的特性来阻止高频电流的通过，将电网上的高频干扰信号滤掉。

当电路中电压一定时，X_L 愈大，电路的电流愈小。所以，感抗 X_L 是表示电感对电流阻碍能力大小的物理量，这种阻碍作用和电阻元件对电流的阻碍作用相类似，但性质不同。

电阻 R 中的阻碍作用是由电荷定向运动与导体分子之间碰撞摩擦引起的，而电感 L 中的阻碍作用则是自感电动势反抗电流的变化作用而引起的。在电阻电路中，电流和电压瞬时值关系的欧姆定律为 $u_R = Ri$，而在电感电路中电流和电压瞬时值的伏安关系是 $u_L = L\frac{\mathrm{d}i}{\mathrm{d}t}$，不满足欧姆定律的形式。但电感电路的有效值或最大值与感抗的数值关系仍满足欧姆定律的形式。即

$$X_L = \frac{U_L}{I} = \frac{U_{Lm}}{I_m} \qquad (2-30)$$

电感线圈电流和电压的关系也可用相量运算的方法来讨论，将流过电感线圈中的电流 $i = I_m \cos\omega t$ 写成相量式 $\dot{I} = I_m e^{j\omega t}$。由式（2-24）可得

$$\dot{U}_L = L\frac{\mathrm{d}\dot{I}}{\mathrm{d}t} = L\frac{\mathrm{d}I_m e^{j\omega t}}{\mathrm{d}t} \qquad (2-31)$$

$$= j\omega L I_m e^{j\omega t} = j\omega L \dot{I} = jX_L \dot{I}$$

式（2-31）的结果 $\dot{U}_L = jX_L \dot{I}$ 称为电感电路相量形式的欧姆定律。

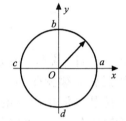

图 2-16　单位相量图

为了讨论电压相量和电流相量之间的相位关系，下面来考察一个模等于 1 的单位相量。对于模等于 1 的单位相量，其端点运动的轨迹在复平面上是一个半径为 1 的单位圆，如图 2-16 所示。单位圆上 a、b、c、d 四个点复数的指数式为

$$1 = e^{j0}, \quad j = e^{j\frac{\pi}{2}}, \quad 1 = e^{j\pi}, \quad -j = e^{-j\frac{\pi}{2}} \qquad (2-32)$$

将式（2-32）中 j 的表达式代入式（2-31）中，利用指数相乘的法则可得

$$\dot{U}_L = L\frac{\mathrm{d}\dot{I}}{\mathrm{d}t} = j\omega L I_m e^{j\omega t} = \omega L I_m e^{j(\omega t + \frac{\pi}{2})} \qquad (2-33)$$

式（2-33）与电流相量的表达式相比较可得，电压相量超前电流相量 90°。从式（2-33）还可看出，对相量进行 $\frac{\mathrm{d}}{\mathrm{d}t}$ 的运算，相当于将原相量的模扩大 ω 倍的同时还将原相量沿逆时针方向转 90°。根据这一特性，可将 $\frac{\mathrm{d}}{\mathrm{d}t}$ 看成相量的旋转算符，它每作用于相量一次，就将该相量沿逆时针方向转 90°，同时将相量的模扩大 ω 倍。利用这种运算法则来记忆电感电路电流和电压之间超前和滞后的关系非常简便，只要记住 $u_L = L\frac{\mathrm{d}i}{\mathrm{d}t}$ 的关系式和 $\frac{\mathrm{d}}{\mathrm{d}t}$ 的对相量的旋转特性，就记住了纯电感电路电压超前电流 90°的关系。

纯电感电路电流和电压的相位关系也可以用 Multisim 软件来仿真，仿真实验的结果如图 2-17 所示。

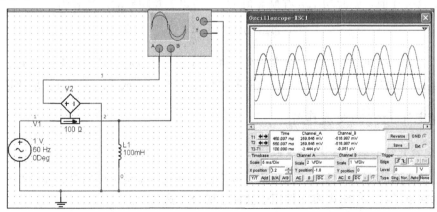

图 2-17　纯电感电路电流和电压的相位关系仿真实验的结果

在图 2-17 中，幅度大的波形是电流信号的波形，幅度小的波形是电压信号的波形。在一个周期内，电流信号波形的极值点较电压信号波形的极值点先到达原点，所以，电流滞后电压，滞后的相位为 90°。

4．功率计算

（1）瞬时功率

由 u_L 及 i_L 为关联参考方向和 p 的表达式可得纯电感电路的瞬时功率表达式为

$$p = u(t)i(t) = U_{Lm}I_m \cos(\omega t + 90°) \cos \omega t$$
$$= -U_{Lm}I_m \sin \omega t \cos \omega t = -\frac{U_{Lm}I_m}{2} \sin 2\omega t = -U_L I \sin 2\omega t \qquad (2\text{-}34)$$

式（2-34）说明，纯电感元件的瞬时功率 p 是一个幅值为 $U_L I$，并以 2ω 的角频率随时间作正弦规律变化的正弦交流电量。当 $\sin 2\omega t < 0$ 时，瞬时功率 $p > 0$，电感在电路中是负载，电感从电源中吸收电功率，并将电能转换为磁场能量储存在线圈的磁场中；当 $\sin 2\omega t > 0$ 时，瞬时功率 $p < 0$，电感在电路中是电源，电感向电源释放能量，将刚才储存的磁能转换为电能送还给电源。

由上面的分析可见，纯电感元件在电路中并不消耗能量，而是与电源不断地进行能量的交换，这是一个可逆的能量转换过程。

（2）平均功率

在纯电阻电路中平均功率是瞬时功率在一个周期内的平均值，根据平均功率的定义可求得纯电感电路的平均功率为

$$P = \frac{1}{T}\int_0^T p(t)\mathrm{d}t = \frac{1}{T}\int_0^T U_L I \sin 2\omega t \mathrm{d}t = 0 \qquad (2\text{-}35)$$

由式（2-35）可知，电感元件在电路中不消耗功率，不对外做功，有功功率等于 0。

（3）无功功率

电感元件在电路中虽然不消耗能量，但随着 t 的变化与电源不断地进行着能量的互换。为了描述这种往复交换的能量规模，引入无功功率的概念。

无功功率指的是：储能元件与电源之间往复交换的电功率的最大值。为了区别耗能元件的有功功率和储能元件的无功功率，用大写字母 Q 来表示无功功率。

因为 $\sin 2\omega t = 1$ 时，瞬时功率 p 有最大值 $U_L I$，所以无功功率的表达式为

$$Q = U_L I = I^2 X_L = \frac{U_L^2}{X_L} \qquad (2\text{-}36)$$

由式（2-36）可知，计算无功功率的公式在形式上与计算有功功率的公式相似，差别仅在感抗和电阻上。在国际单位制中，无功功率的单位用乏（var）或千乏（kvar）来计量。

2.2.3　纯电容元件的交流电路

1．纯电容元件的瞬时值伏-安关系

电容器是电路的重要元件之一，用途十分广泛。在电力系统中可用电容元件来提高电网的功率因数；在电子技术中将电容元件用于滤波、隔直、选频等。

从物理学的课程中已知，在两个金属极板的中间夹上绝缘材料就构成电容器。电容元件的

交流电路如图 2-18 所示，图中的箭头表示电容元件两端的电压 u 和电流 i 的参考方向相关联。

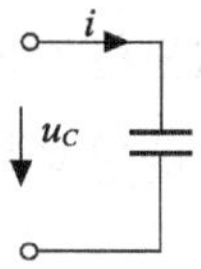

设加在电容两端的电压为 $u(t) = U_m \cos \omega t$，根据电容的定义式 $U = \dfrac{Q}{C}$ 可得，当电压 u 变化时，电容器上所储存的电荷也将发生变化。电荷有变化，说明有电流流过电容器，根据电流的定义式可得

图 2-18　纯电容电路

$$i(t) = \frac{dq}{dt} = C\frac{du(t)}{dt} = C\frac{dU_m\cos\omega t}{dt} = -C\omega U_m \sin\omega t \tag{2-37}$$
$$= C\omega U_m \cos(\omega t + 90°) = I_m \cos(\omega t + 90°)$$

式（2-37）描述了流过电容电路的电流瞬时值与电容器两端电压瞬时值之间的关系，称为纯电容元件的瞬时值伏–安关系。

式（2-37）说明电流 i 与电压 u 的变化率 $\dfrac{du(t)}{dt}$ 成正比，即电压和电流的瞬时值之间与电感元件一样不满足欧姆定律的关系。式中的 $I_m = \omega C U_m$ 代表电流的最大值。将电流和电压的表达式写成相量式为

$$\dot{U} = U_m\angle 0° \qquad\qquad \dot{I}_C = I_m\angle 90° \tag{2-38}$$

式（2-38）的相量图如图 2-19 所示。由相量图和式（2-38）可得电容元件交流电路的电流与电压的关系是：

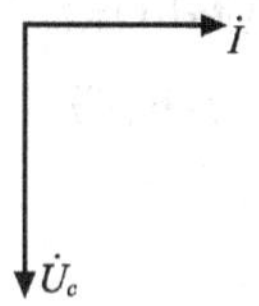

（1）两者是同频率的正弦交流电量，电流和电压不同相，它们之间的相位关系是：电流超前电压 90°，或者说电压滞后电流 90°。

图 2-19　纯电容电路的相量图

（2）电流和电压的幅值或有效值在大小上的关系为

$$I_{Cm} = U_m\omega C \qquad 或 \qquad I_C = U\omega C \tag{2-39}$$

令

$$X_C = \frac{1}{\omega C} = \frac{1}{2\pi f C} \tag{2-40}$$

则式（2-39）可写成

$$I_C = \frac{U}{X_C} \tag{2-41}$$

与描述纯电感电路电流和电压关系的思路一样，将 X_C 称为电容的电抗，简称容抗。若 f 的单位用 Hz，C 的单位用 F（法拉），则 X_C 的单位是 Ω。

式（2-41）说明，容抗 X_C 与 C 和 ω 成反比。在频率 ω 一定时，电容 C 愈大，X_C 愈小；当电容 C 一定时，频率 ω 愈高，X_C 愈小，说明电容器对低频电流的阻抗作用大，对高频电流的阻抗作用小。在直流电路中，因 $\omega = 0$，$X_C = \infty$，电容器两端虽有电压，但电路中的电流为零，相当于电容器开路。利用电容器的这一特性可以在电子电路中用来隔直流。

X_C 与电容 C 及频率 ω 成反比的关系也可解释为：电容 C 大，在同一频率下，电容器所储存的电荷数就多，电压变化时，流过电路的电流就大，容抗就小；当频率越高时，电容器的充放电进行得越快，在同样电压下，单位时间内电荷的移动量就大，流过电容器的电流也大，容抗就小。

电容器上电流和电压的关系也可用相量运算的方法来讨论，为了与前面讨论的结果相比

较，这里将流过电容器的电流当作已知的，设为 $i = I_m \cos\omega t$，写成相量式为 $\dot{I} = I_m e^{j\omega t}$。由电容器电容的定义式 $u(t) = \dfrac{q(t)}{C} = \dfrac{1}{C}\int i(t)\mathrm{d}t$ 可得

$$\dot{U}_C = \frac{1}{C}\int \dot{I}\mathrm{d}t = \frac{1}{C}\int I_m e^{j\omega t}\mathrm{d}t$$
$$= \frac{1}{j\omega C}I_m e^{j\omega t} = \frac{1}{j\omega C}\dot{I} = -jX_C\dot{I} \qquad (2\text{-}42)$$

式（2-42）的结果 $\dot{U}_C = -jX_C\dot{I}$ 称为纯电容电路相量形式的欧姆定律。

将式（2-32）中 $-j$ 的表达式代入式（2-42）中，利用指数相乘的法则可得

$$\dot{U}_C = \frac{1}{C}\int \dot{I}\mathrm{d}t = \frac{1}{j\omega C}I_m e^{j\omega t} = \frac{1}{\omega C}I_m e^{j\left(\omega t - \frac{\pi}{2}\right)} \qquad (2\text{-}43)$$

式（2-43）与电流相量的表达式相比较可得，电压相量滞后电流相量 90°。从式（2-43）还可看出，对相量进行 $\int \mathrm{d}t$ 的运算，相当于将原相量的模缩小 ω 倍的同时还将原相量沿顺时针方向转 90°。所以，也可将 $\int \mathrm{d}t$ 看成是相量的旋转算符，它每作用于相量一次，就将该相量沿顺时针方向转 90°，同时将相量的模缩小 ω 倍。利用这种运算法则来记忆电容电路电流和电压之间超前和滞后的关系非常简便，只要记住 $u_C = \dfrac{1}{C}\int i(t)\mathrm{d}t$ 的关系式和 $\int \mathrm{d}t$ 对相量的旋转作用，就记住了纯电容电路电压滞后电流 90°的关系。

纯电容电路电流和电压的相位关系也可以用 Multisim 软件来仿真，仿真实验的结果如图 2-20 所示。

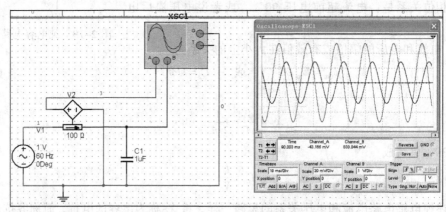

图 2-20　纯电容电路电流和电压的相位关系仿真实验的结果

在图 2-20 中，幅度大的波形是电流信号的波形，幅度小的波形是电压信号的波形。在一个周期内，电流信号波形的极值点较电压信号波形的极值点后到达原点，所以，电流超前电压，超前的相位为 90°。

2．功率计算

与电感电路计算功率的方法相同，可得纯电容电路的瞬时功率 p 为

$$p = u(t)i(t) = U_{Cm}I_m \cos(\omega t + 90°)\cos\omega t$$
$$= -U_{Cm}I_m \sin\omega t \cos\omega t = -\frac{U_{Cm}I_m}{2}\sin 2\omega t \qquad (2\text{-}44)$$
$$= -U_C I \sin 2\omega t$$

式（2-44）说明，纯电容元件的瞬时功率 p 也是一个幅值为 U_CI，并以 2ω 的角频率随时间作正弦规律变化的正弦交流电量。当 $\sin2\omega t<0$ 时，瞬时功率 $p>0$，电容在电路中是负载，电容从电源吸收电功率，并将电能转换为电场能量储存在电容器的电场中；当 $\sin2\omega t>0$ 时，瞬时功率 $p<0$，电容器在电路中是电源，电容器向电源释放能量，将刚才储存的电能送还给电源。

由此可见，纯电容元件和纯电感元件一样在电路中并不消耗电路的能量，而是和电源不断地进行能量的交换。这也是一个可逆的能量转换过程。

纯电容电路的平均功率 P 为 0，计算无功功率的表达式为

$$Q = U_CI = I^2X_C = \frac{U_C^2}{X_C} \tag{2-45}$$

单一参数 R、L、C 各元件在交流电路中的电压、电流的关系是分析计算交流电路的重要基础，为了帮助大家记忆，将它们在交流电路中的表示方法和相互关系列于表 2-1 中。

表 2-1　RLC 电路电流和电压之间的关系

电路参数	R	L	C
基本关系式	$u_R=iR$	$u_L=L\dfrac{\mathrm{d}i}{\mathrm{d}t}$	$u_C=\dfrac{1}{C}\int i\mathrm{d}t$ 或者 $i=C\dfrac{\mathrm{d}u_C}{\mathrm{d}t}$
瞬时值表达式	$i=\sqrt{2}I\ \cos\omega t$ $u_R=\sqrt{2}U_R\cos\omega t$	$i=\sqrt{2}I\ \cos\omega t$ $u_L=\sqrt{2}U_L\cos(\omega t+90°)$	$i=\sqrt{2}I\cos\omega t$ $u_C=\sqrt{2}U_C\cos(\omega t-90°)$
阻抗表达式	R	$X_L=\omega L$	$X_C=\dfrac{1}{\omega C}$
有效值的关系	$U_R=IR$	$U_L=IX_L$	$U_C=IX_C$
相位差	电压和电流同相	电压超前电流 90°	电压滞后电流 90°
相量图	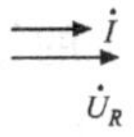 $\longrightarrow \dot{I}$ $\dot{U}_R$	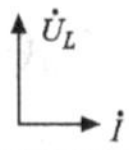 $\dot{U}_L$ $\dot{I}$	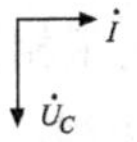 $\dot{I}$ $\dot{U}_C$
相量式	$\dot{U}_R=\dot{I}R$	$\dot{U}_L=\mathrm{j}X_L\dot{I}$	$\dot{U}_C=-\mathrm{j}X_C\dot{I}$
有功功率	$P=U_RI=I^2R=\dfrac{U_R^2}{R}$	0	0
无功功率	0	$Q=U_LI=I^2X_L=\dfrac{U_L^2}{X_L}$	$Q=U_CI=I^2X_C=\dfrac{U_C^2}{X_C}$

2.3　电阻、电容、电感串联的交流电路

交流电路与直流电路一样也是由各种器件按照一定的规律连接而成的。电路的连接也是串联、并联和混联，最简单的交流电路是 RLC 相串联的电路。

2.3.1　RLC 串联电路电流和电压的关系

RLC 串联电路如图 2-21 所示。设在电路的两端加正弦交流电压 u，电路中的电流为 i，电路中各元件的电压和电流的参考方向如图 2-21 所示，下面来讨论该电路的电流和电压之间的关系。

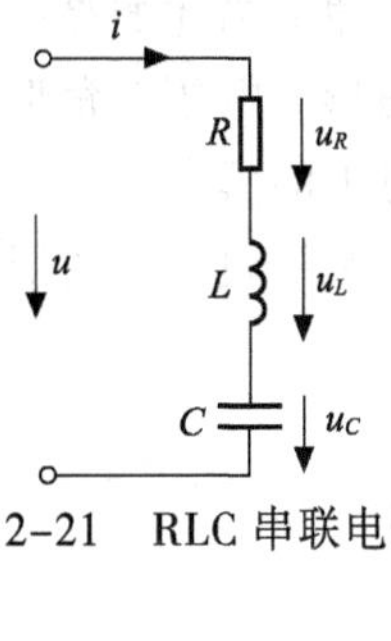

图 2-21　RLC 串联电路

在直流电路中，串联电路电流和电压之间的关系是代数关系，为

$$I = I_R = I_C = I_L$$
$$U = U_R + U_L + U_C$$
$$R = R + R_L + R_C$$

在交流电路中，这种关系的形式不变，只不过是以相量或复数的形式出现，即

$$\dot{I} = \dot{I}_R = \dot{I}_L = \dot{I}_C \tag{2-46}$$
$$\dot{U} = \dot{U}_R + \dot{U}_L + \dot{U}_C \tag{2-47}$$
$$\dot{U} = R\dot{I}_R + jX_L\dot{I}_L - jX_C\dot{I} \tag{2-48}$$

利用式（2-46）和式（2-47）可画出 RLC 串联电路的相量图。由于 L、C 元件上电流和电压不同相，在画相量图时，必需先选择一个基准相量，再根据这个基准相量确定超前和滞后的关系。被选作基准的相量，必须是电路公共的相量。

因串联电路的电流处处相等，所以电流是电路的公共相量。在画电路的相量图时，可选择电流为基准相量，根据式（2-47）和旋转算符的概念可画出如图 2-22 所示的电压相量图。

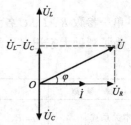

图 2-22　RLC 串联电路相量图

图 2-22 中，总电压相量和分电压相量之间组成一个三角形，该三角形称为电压三角形。电压三角形是一张反映总电压和分电压之间关系的相量图。

2.3.2　RLC 串联电路阻抗的关系

将式 2-48 中的总电压相量改写成 $\dot{U} = Z\dot{I}$ 的形式，并将式（2-46）的结论代入式（2-48）中，同时消去相量 $\dot{I}$，可得

$$Z = R + jX_L - jX_C \tag{2-49}$$
$$= R + j(X_L - X_C) = R + jX$$

式（2-49）与直流电路电阻相串联的形式相当，式中的 Z 称为电路的阻抗，$X = (X_L - X_C)$ 称为电路的电抗。式（2-49）说明阻抗是复数，它的实部是电阻 R，虚部是电抗 X。

式（2-49）阻抗及其实部、虚部之间的关系也构成如图 2-23 所示的三角形，该三角形称为阻抗三角形。阻抗三角形是复数的几何表示法，它反映了复数的模、实部、虚部之间的关系。因阻抗三角形描述的是一个复数关系，而不是相量的关系，所以阻抗三角形与电压三角形不同的地方是图中没有了代表相量的箭头和字母上的黑点。

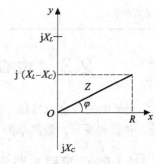

图 2-23　阻抗三角形

利用阻抗三角形和复数的运算法则，可以求出电路的阻抗 Z 的模和幅角 φ 为

$$|Z| = \sqrt{R^2 + (X_L - X_C)^2} \tag{2-50}$$
$$\varphi = \arctan\frac{X_L - X_C}{R} \tag{2-51}$$

从阻抗三角形可见，RLC 串联电路在交流电路中的负载特性有三种类型。第一种是 $X_L-X_C=0$，即电抗等于 0，RLC 串联电路等效于一个纯电阻的负载；第二种是 $X_L-X_C>0$，即感抗大于容抗，阻抗 Z 与电阻 R 的夹角 $\varphi>0$，RLC 串联电路等效于一个电感与电阻相串联的负载，称为感性负载；第三种是 $X_L-X_C<0$，即容抗大于感抗，阻抗 Z 与电阻 R 的夹角 $\varphi<0$，RLC 串联电路等效于一个电容与电阻相串联的负载，称为容性负载。

2.3.3　RLC 串联电路功率的关系

在 2.3.2 节中已知，纯电阻元件在电路中是负载，它将消耗电路的能量，将电能转换成其他形式的能量并对外做功，所做的功称为有功功率；纯电感和纯电容在电路中是储能元件，它们不消耗电路的能量，仅仅在电路上往复地与电源进行能量的交换，所交换能量的最大值称为无功功率，利用有功功率 $P=I^2R$ 和无功功率 $Q=I^2X$ 的关系式，可以讨论这些功率之间的关系。在式（2-49）的两端同乘 I^2 得

$$I^2Z = I^2R + \mathrm{j}I^2(X_L - X_C)$$
$$S = P + \mathrm{j}Q$$

（2-52）

根据功率是标量的特征和式（2-52），可以作出如图 2-24 所示的总功率、有功功率和无功功率的关系图。

图 2-24 中的 $P=I^2R$ 为电路所消耗的有功功率，$Q=I^2X$ 为电路的总无功功率，$S=UI$ 称为电路的视在功率。图 2-24 说明 S、P、Q 数值之间的关系也构成一个三角形，该三角形称为功率三角形。由图 2-24 可见，视在功率 S、有功功率 P，无功功率 Q 三者数值之间的关系满足勾股定理，即

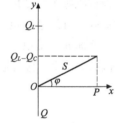

图 2-24　功率三角形

$$S = \sqrt{P^2 + Q^2}$$

（2-53）

有功功率 P 与视在功率 S 之间夹角的余弦称为电路的功率因数，即

$$\cos\varphi = \frac{P}{S}$$

（2-54）

功率因数是描述电源设备利用率的物理量，式中的 φ 称为功率因数角。

由上面的讨论可知，功率三角形是一张反映视在功率、有功功率、无功功率数值之间关系的三角形。它描述的是一个标量关系，而不是相量和复数的关系。所以功率三角形与电压三角形和阻抗三角形不同的地方是：图中没有了代表相量的箭头、字母上的黑点和代表复数的字符 j。

在纯电阻电路中，因电流和电压同相，$\varphi=0$，$\cos\varphi=1$，$P=S=IU$；在纯电感或纯电容电路中，因电流和电压的相量正交，$\varphi=90°$，$\cos\varphi=0$，$P=0$；在一般的情况下，电路中同时存在有 R、L、C 元件，电流和电压之间的夹角在 $-90°<\varphi<90°$ 之间，电路的功率因数在 $0<\cos\varphi<1$ 之间，电路消耗的有功功率为 $0<P<S$。

由上面的讨论可知，视在功率 S 并不表示交流电路实际消耗的功率，它只是表示电源可能提供的最大功率或电路可能消耗的最大有功功率。为了与实际的有功功率相区别，视在功率的单位用伏安（V·A）或千伏安（kV·A）来计量。

交流电源设备如交流发电机、变压器、交流稳压电源等，其额定电压 U_N 和额定电流 I_N 的乘积，指的就是这些设备的额定视在功率 S_N。

$$S_N = U_N I_N \qquad (2\text{-}55)$$

额定视在功率 S_N 又称额定容量，简称容量。它表明电源设备允许提供的最大有功功率，但不是实际输出的有功功率。这也是交流发电机、变压器、交流稳压电源等电源设备容量的计量单位用伏安，而不用瓦的原因。

一个电源实际输出的有功功率与电源所接负载的性质有关。当电源接的是纯电阻负载时，实际输出的有功功率等于电源的容量；当电源接的不是纯电阻负载时，实际输出的有功功率将小于电源的容量。

电源接负载的目的是为了实现能量的转换。即通过负载将电场能量转化成其他形式的能量对外做功，输出有功功率。但电源所接的负载有许多像电动机那样的设备，这些设备主要是由各种线圈组成的，对电源来说是一个感性的负载。电源带这样的设备，因电流和电压不同相，功率因数将下降，电源设备的利用率将下降。要提高电源设备的利用率，必须提高电路的功率因数。

提高功率因数的方法是：采用适当的办法减小负载的电抗值，由如图 2-23 所示的阻抗三角形可知，采用性质相反的负载进行补偿就可实现减小负载的电抗值、增大功率因数的目的，这种过程称为功率因数的补偿。对于感性负载，可用容性负载实现功率因数的补偿；而对于容性负载，可用感性负载来实现功率因数的补偿。

前面介绍的电压三角形、阻抗三角形和功率三角形，虽然所表示的物理含义不同，但在几何数值的关系上，它们是相似三角形，可以利用解相似三角形的办法进行相应物理量的数值计算。

2.4 正弦稳态电路分析法

正弦稳态电路分析法研究的问题是：利用电路的各种定理，对线性电路在正弦信号的激励下，电流、电压、阻抗、功率等物理量的稳态值进行分析和计算。

2.4.1 相量形式的电路定理

电路的各种定理在直流电路分析中的应用大家都已经掌握，那些定理和分析方法同样适用于交流电路的分析，但表现的形式和计算的方法不一样。

在直流电路的分析中，电路定理的关系是代数和的关系，计算是简单的代数运算；但在交流电路的分析中，因电路定理的关系是相量和或复数和的关系，所以交流电路的分析和计算是相量运算或复数运算的关系。

例如，直流电路所讨论的 KCL 和 KVL 同样适用于交流电路。在直流电路分析中 KCL 和 KVL 的表达式为

$$\sum I = 0, \quad \sum U = 0$$

而在交流电路的分析中，KCL 和 KVL 的表达式为相量式：

$$\sum \dot{I} = 0, \quad \sum \dot{U} = 0$$

又如，直流电路所讨论的电阻串、并联、Y-△等效变换的计算方法同样适用于交流电路。在直流电路中，因不存在容抗和感抗的概念，所涉及的都是单一参数的电阻，所以各种计算是

简单的代数运算。但在交流电路中，因有容抗和感抗的存在，电路中阻抗的关系是复数的关系，所以阻抗的运算必须用复数运算替代前面的代数运算。替代的方法是：将 $R=R_1+R_2$ 的关系式改写成 $Z=Z_1+Z_2$ 的形式，其他公式的改写方法也一样，这里不再赘述。

2.4.2　正弦稳态电路分析法综合例题

【例 2.4】 在图 2-25 所示的电路中，已知各电流表的读数：$A_1=1A$，$A_2=2A$，$A_3=3A$，求：

（2）　电流表 A 的读数是多少？

（2）若 A_1 不变，角频率 ω 变为 2ω，电流表 A 的读数又是多少？画出相量图。

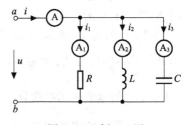

图 2-25　例 2.4 图

【解】（1）该电路是一个 R、L、C 相并联的电路，电流表 A_1、A_2、A_3 的读数分别是各支路电流的有效值，电流表 A 的读数是总电流的有效值，将电路的电压和电流的参考方向设成关联的，由 KCL 得

$$\dot{I}=\dot{I}_1+\dot{I}_2+\dot{I}_3 \tag{2-56}$$

为了进行相量的计算，必须先将 I_1、I_2、I_3 的相量表达式写出来，要写出这三个相量的表达式，必须先选定基准相量。因为，并联电路的电压相等，所以，可选择电压为基准相量，设电路电压的相量式为 $\dot{U}=U\angle 0°$，根据 RLC 电路电流和电压的相位关系可得

$$\dot{I}_1=1\angle 0°\text{A}$$

$$\dot{I}_2=2\angle -90°\text{A}$$

$$\dot{I}_3=3\angle 90°\text{A}$$

将 $\dot{I}_1$、$\dot{I}_2$、$\dot{I}_3$ 的相量表达式代入式（2-56），根据相量运算的法则得

$$\dot{I}=\sqrt{2}\angle 45°$$

即电流表 A。的读数为 1.4142A。

（2）当角频率由 ω 变为 2ω 时，感抗 X_{L0} 变成原来的 2 倍，即 $2X_{L0}$，容抗由 X_{C0} 变成原来的 1/2，即 $\frac{1}{2}X_{C0}$。此时，电流表 A_2、A_3 的读数分别为

$$I_2'=\frac{U}{X_L}=\frac{U}{2X_{L0}}=\frac{1}{2}I_2=1\text{A}$$

$$I_3'=\frac{U}{X_C}=\frac{2U}{X_{C0}}=2I_3=6\text{A}$$

则，$\dot{I}_1$、$\dot{I}_2$、$\dot{I}_3$ 的相量表达式分别为

$$\dot{I}_1=1\angle 0°\text{A}$$

$$\dot{I}_2'=1\angle -90°\text{A}$$

$$\dot{I}_3'=6\angle 90°\text{A}$$

将以上的结果代入式（2-56），根据相量计算的法则得

$$\dot{I}'=\dot{I}_1'+\dot{I}_2'+\dot{I}_3'=(1+\text{j}5)\text{A}=\sqrt{26}\angle \arctan 5\text{A}$$

即电流表 A 的读数为 8.01A，相量图如图 2-26 所示。

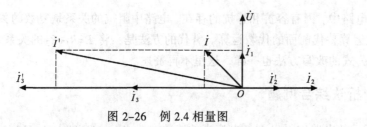

图 2-26　例 2.4 相量图

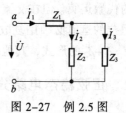

图 2-27　例 2.5 图

【例 2.5】在图 2-27 所示电路中，$Z_1 = (4+j10)\ \Omega$，$Z_2 = (8-j6)\ \Omega$，$Z_3 = j10\Omega$，$U = 60\text{V}$，求各支路的电流并画出电压和电流的相量图。

【解】该电路如果是直流电路的问题，相信大家很快就会写出计算电路总电阻 $R = R_1 + \dfrac{R_2R_3}{R_2 + R_3}$ 的公式，然后，写出计算总电流 $I = \dfrac{U}{R}$ 的公式，最后再用并联分流公式 $I_1 = \dfrac{R_2}{R_2 + R_3}I$ 求出各支路的电流，用串联分压公式 $U_1 = \dfrac{R_1}{R_1 + R_2}U$ 求出各电阻两端的电压。

分析计算交流电路问题的思路与分析计算直流电路问题的思路完全相同，公式的形式也相同，所不同的地方仅仅是计算的方法。直流电路是代数运算，而交流电路则是相量或复数运算。解题时，只要将上面根据直流电路分析法所列出的公式转化成交流电路的相量形式或复数形式即可。具体解题方法如下

$$Z_{23} = \frac{Z_2 Z_3}{Z_2 + Z_3} = \frac{(8-j6)(j10)}{8-j6+j10}\Omega$$

$$= 11.2\angle 26.6°\ \Omega$$

$$Z = Z_1 + Z_{23} = (4+j10+10+j5)\Omega$$

$$= \sqrt{421}\angle \arctan\frac{15}{14}\Omega = 20.5\angle 47°\ \Omega$$

$$\dot{I}_1 = \frac{\dot{U}}{Z} = \frac{60\angle 0°}{20.5\angle 47°}\text{A} = 2.93\angle -47°\ \text{A}$$

$$\dot{I}_2 = \frac{Z_3}{Z_2 + Z_3}\dot{I}_1 = \frac{10\angle 90°}{8.94\angle 26.6°}\times 2.93\angle -47°\ \text{A} = 3.28\angle 16.4°\ \text{A}$$

$$\dot{I}_3 = \frac{Z_2}{Z_2 + Z_3}\dot{I}_1 = \frac{10\angle -36.9°}{8.94\angle 26.6°}\times 2.93\angle -47°\ \text{A} = 3.28\angle -110.5°\ \text{A}$$

$$\dot{U}_1 = \frac{Z_1}{Z}\dot{U} = \frac{10.8\angle 68°}{20.5\angle 47°}\times 60\angle 0°\ \text{V} = 31.6\angle 21°\ \text{V}$$

$$\dot{U}_2 = \frac{Z_{23}}{Z}\dot{U} = \frac{11.2\angle 26.6°}{20.5\angle 47°}\times 60\angle 0°\ \text{V} = 32.8\angle -20.4°\ \text{V}$$

根据上面计算的结果选总电压相量为基准相量，可画出图 2-28 所示的相量图。

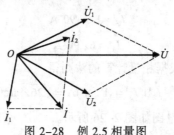

图 2-28　例 2.5 相量图

上面的计算过程可以用 MATLAB 软件进行，解题计算的程序为

```
%例2.5解的程序
U=60*exp(i*0);z1=4+10i;z2=8-6i;z3=10i;        %定义电压和阻抗的变量
z23=z2*z3/(z2+z3);z=z1+z23;                    %计算阻抗的并联和串联的值
I=U/z;I2=z3*I/(z2+z3);I3=z2*I/(z2+z3);         %计算电流的值
I11=abs(I),A1=angle(I)*180/pi                  %计算电流的幅值和复角
I21=abs(I2),A2=angle(I2)*180/pi
I31=abs(I3),A3=angle(I3)*180/pi
U1=z1*U/z;U2=z23*U/z;                          %计算电压的值
U21=abs(U1),B2=angle(U1)*180/pi                %计算电压的幅值和复角
U22=abs(U2),B2=angle(U2)*180/pi
xlt=compass([U,U1,U2,8*I,8*I2,8*I3])           %将电流相量扩大8倍画相量图
set(xlt,'linewidth',2)
```

该程序运行的结果为

I11=2.9242; A1 =-46.9749; I21=3.2694; A2 =16.4600; I31=3.2694; A3 =-110.4099;
U21=31.4948; B2 =21.2237; U22 =32.6938; B2 =-20.4099

与前面计算的结果在误差允许的范围内，用该程序画出的相量图如图 2-29 所示。

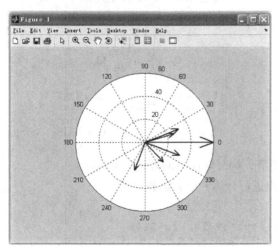

图 2-29　用 MATLAB 软件画的相量图

【例 2.6】在图 2-30 所示的无源两端网络上加 $u = 220\sqrt{2}\cos(314t+20°)\text{V}$ 的交流电压，设该网络的输入电流为 $i_1 = 4.4\sqrt{2}\cos(314t-33°)\text{A}$，求：

（1）该网络的有功功率、无功功率和视在功率；

（2）要将该网络的功率因数提高到 0.9，需在电路中并上一个多大的电容 C，并画出相量图。

【解】（1）因为功率三角形、阻抗三角形、电压三角形在数值上满　图 2-30　例 2.6 图
足相似三角形的关系，所以，阻抗三角形中的阻抗角等于功率三角形中的功率因数角，又等于电压三角形中总电流和总电压的夹角，选总电压为基准相量，总电流相量和总电压相量的夹角为

$$\varphi = -33° - 20° = -53°$$

$$S = UI_1 = 220 \times 4.4\text{V} \cdot \text{A} = 968\text{V} \cdot \text{A}$$

$$P = S\cos53° = 582.6\text{W}$$

$$Q = S\sin 53° = 773.1\text{var}$$

（2）并上电容后的 $\cos\varphi=0.9$，则 $\varphi=\pm25.8°$，且有功功率没有改变，流入网络的电流 I_1 也没有变。但并联电容后，因电容的分流作用，电路的总电流变了，电路的视在功率也变了，并上电容后，电路的视在功率 S' 为

$$S' = \frac{P}{\cos\varphi} = \frac{582.6}{0.9}\text{V·A} = 647.3\text{V·A}$$

与原来的相比减小了。并上电容后，电路总电流的大小为

$$I = \frac{S'}{U} = \frac{647.3}{220}\text{A} = 2.94\text{A}$$

总电流的相量式为

$$\dot{I} = \dot{I}_1 + \dot{I}_C$$

根据相量运算的法则，可得电容所分电流的大小为

$$I_C = I\sin(\pm25.8°) - I_1\sin(-53°)$$
$$= (\pm2.94\times0.44 + 4.4\times0.8)\text{A} = \begin{cases} 2.92\text{A} \\ 4.41 \end{cases}$$

并上电容的容抗为

$$X_C = \frac{U}{I_C} = \begin{cases} 75.2\Omega \\ 49.9 \end{cases}$$

$$C_1 = \frac{1}{X_{C1}\omega} = \frac{1}{75.2\times314}\mu\text{F} = 42\mu\text{F}$$

$$C_2 = \frac{1}{X_{C2}\omega} = \frac{1}{49.9\times314}\mu\text{F} = 63\mu\text{F}$$

取容量小的电容并上更经济，则并联电容的容量为 $42\mu\text{F}$。

用 MATLAB 软件编程进行计算，计算的程序为

```
%例题2.6解的程序
U=220;I=4.4*exp(-i*pi*53/180);w=314;          %输入变量
S=abs(U)*abs(I),P=S*cos(pi*53/180),Q=S*sin(pi*53/180),   %计算各未知量的值
S1=P/0.9,I1=S1/U                              %计算各未知量的值
IC1=abs(I1*sin(acos(0.9))+I*sin(pi*53/180))   %计算流过电容器的电流值
IC2=abs(I1*sin(-acos(0.9))+I*sin(pi*53/180))  %计算流过电容器的电流值
XC1=U/IC1;XC2=U/IC2;C1=1/XC1/w,C2=1/XC2/w     %计算并联上电容器的值
```

该程序运行的结果为

```
S=968.0000; P=582.5569; Q=773.0792;
S1=647.2855; I1=2.9422; IC1=2.9272; IC2=4.4065;
C1=4.2374e-005; C2=6.3788e-005
```

相量图除了前面介绍的平行四边形法则外，还可以用三角形法则来画，具体的画法与物理学中画矢量合成的方法一样。

以电压相量 $\dot{U}$ 为基准相量，流入网络的电流相量 $\dot{I}_1$ 滞后 $\dot{U}$ 的角度为 57°，流入电容 C 的电流相量 $\dot{I}_{C1}$ 超前 $\dot{U}$ 的角度为 90°，电路的总电流相量 $\dot{I} = \dot{I}_1 + \dot{I}_{C1}$，用三角形法则画的相量图如图 2-31 所示，图中的虚线表示补偿电容用 C_2 时的相量图。

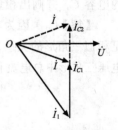

图 2-31　例 2.6 相量图

由上面的计算过程可见，并上电容以后，网络消耗的有功功率没有变，但视在功率却减小了。对电源来说，相当于所带负载的伏安值减小了。电源可以将节省下来的伏安值用于其他的地方，使电源设备的容量得到充分的发挥，其效果与扩建电厂是等效的，这就是电网功率因数补偿的经济意义。

电网功率因数的补偿除了可充分发挥电源设备的利用率外，还因补偿后电流减小了，输电线路的损耗也相应减小，输电线路的效益也随之提高。

【例 2.7】 图 2-32 所示的独立电源全是同频正弦交流电量，试列出该电路矩阵形式的节点电压方程和回路电流方程。

【解】 因为节点电压方程和回路电流方程在直流电路和
交流电路分析中的表示形式一样，所不同的仅仅是运算方法的
差别，直流电路用的是代数运算，交流电路用的是复数或相量
运算，根据这个思路，大家在解题时，完全可以将该问题看成
是直流电路的问题来分析，具体写方程时再写成相量的形式。

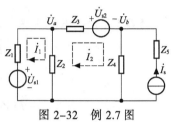

图 2-32　例 2.7 图

电路各节点的电压如图 2-32 所示，由节点电压法得

$$\frac{\dot{U}_{s1}-\dot{U}_a}{Z_1}+\frac{\dot{U}_{s2}+\dot{U}_b-\dot{U}_a}{Z_3}=\frac{\dot{U}_a}{Z_2}$$

$$\dot{I}_s=\frac{\dot{U}_b}{Z_4}+\frac{\dot{U}_{s2}+\dot{U}_b-\dot{U}_a}{Z_3}$$

整理并写成矩阵的形式为

$$\begin{pmatrix} \dfrac{1}{Z_1}+\dfrac{1}{Z_2}+\dfrac{1}{Z_3} & -\dfrac{1}{Z_3} \\[2mm] -\dfrac{1}{Z_3} & \dfrac{1}{Z_3}+\dfrac{1}{Z_4} \end{pmatrix}\begin{pmatrix} \dot{U}_a \\[2mm] \dot{U}_b \end{pmatrix}=\begin{pmatrix} \dfrac{\dot{U}_{s1}}{Z_1}+\dfrac{\dot{U}_{s2}}{Z_3} \\[2mm] \dot{I}_s-\dfrac{\dot{U}_{s2}}{Z_1} \end{pmatrix}$$

电路回路电流的参考方向如图 2-32 所示，由回路电流法得

$$(Z_1+Z_2)\dot{I}_1-Z_2\dot{I}_2-\dot{U}_{s1}=0$$

$$-Z_2I_1+(Z_2+Z_3+Z_4)\dot{I}_2+Z_4\dot{I}_s+\dot{U}_{s2}=0$$

整理并写成矩阵的形式为

$$\begin{pmatrix} Z_1+Z_2 & -Z_2 \\ -Z_2 & Z_2+Z_3+Z_4 \end{pmatrix}\begin{pmatrix} \dot{I}_1 \\ \dot{I}_2 \end{pmatrix}=\begin{pmatrix} \dot{U}_{s1} \\ -Z_4\dot{I}_s-\dot{U}_{s2} \end{pmatrix}$$

用 MATLAB 软件求解上述两个矩阵的程序为

```
%例题2.7解的程序
syms z1 z2 z3 z4 Us1 Us2 Is                        %输入变量
a=sym('[1/z1+1/z2+1/z3,-1/z3;-1/z3,1/z3+1/z4]');   %输入矩阵a
b=sym('[Us1/z1+Us2/z3;Is-Us2/z3]');                %输入矩阵b
c=inv(a)*b;c=simple(c)                             %解矩阵并化简结果
a1=sym('[z1+z2,-z2;-z2,z2+z3+z4]');                %输入矩阵a1
b1=sym('[Us1;-z4*Is-Us2]');                        %输入矩阵b1
c1=inv(a1)*b1;c1=simple(c)                         %解矩阵并化简结果
```

【例 2.8】将例 1.17 题目中的电源全部改成同频正弦交流电量，用网孔电流法，列出求解图 2-33 所示电路中 Z_6 器件两端电压 $\dot{U}$ 的方程，并表示成矩阵的形式。

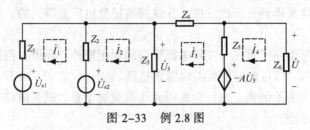

图 2-33 例 2.8 图

【解】用网孔电流法解，未知量是网孔电流，四个网孔电流如图中的虚线所示，由 KVL 得

$$\dot{I}_1(Z_1+Z_2)-\dot{I}_2 Z_2+\dot{U}_{s2}-\dot{U}_{s1}=0$$

$$-\dot{I}_1 Z_2+\dot{I}_2(Z_2+Z_3)-\dot{I}_3 Z_3-\dot{U}_{s2}=0$$

$$-\dot{I}_2 Z_3+\dot{I}_3(Z_3+Z_4+Z_5)-\dot{I}_4 Z_5+(-A\dot{U}_3)=0$$

$$-\dot{I}_3 Z_5+\dot{I}_4(Z_5+Z_6)-(-A\dot{U}_3)=0$$

$$\dot{U}_3=(\dot{I}_2-\dot{I}_3)Z_3$$

将 $\dot{U}_3$ 的表达式代入相关的方程，并整理成矩阵的形式为

$$\begin{pmatrix} Z_1+Z_2 & -Z_2 & 0 & 0 \\ -Z_2 & Z_2+Z_3 & -Z_3 & 0 \\ 0 & -(1+A)Z_3 & (1+A)Z_3+Z_4+Z_5 & Z_5 \\ 0 & AZ_3 & -(AZ_3+Z_5) & Z_5+Z_6 \end{pmatrix} \begin{pmatrix} \dot{I}_1 \\ \dot{I}_2 \\ \dot{I}_3 \\ \dot{I}_4 \end{pmatrix} = \begin{pmatrix} \dot{U}_{s1}-\dot{U}_{s2} \\ \dot{U}_{s2} \\ 0 \\ 0 \end{pmatrix}$$

用 MATLAB 软件求解矩阵的程序为

```
%例题2.8解的程序
syms z1 z2 z3 z4 z5 z6 Us1 Us2 A
a=sym('[z1+z2,-z2,0,0;-z2,z2+z3,-z3,0;0,-(1+A)*z3,(1+A)*z3+z4+z5,-z5;0,A
*z3,-(A*z3+z5),z5+z6]');                    %输入矩阵a
b=sym('[Us1-Us2;Us2;0;0]');                 %输入矩阵b
c=inv(a)*b;c=simple(c)                       %解矩阵并化简结果
```

【例 2.9】求图 2-34 所示电路点画线框网络的输入电阻，用戴维南定理求 Z_L 两端的电压 $\dot{U}_L$。

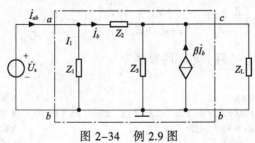

图 2-34 例 2.9 图

【解】（1）网络输入阻抗的定义式是 $Z_{ab}=\dfrac{\dot{U}_{ab}}{\dot{I}_{ab}}$，根据电位的计算公式可得

$$\dot{U}_{ab} = Z_2 \dot{I}_b + (1+\beta)\dot{I}_b \frac{Z_3 Z_L}{Z_3 + Z_L}$$

令

$$Z_L' = \frac{Z_3 Z_L}{Z_3 + Z_L}$$

则

$$\dot{I}_b = \frac{\dot{U}_{ab}}{Z_2 + (1+\beta)Z_L'}$$

又因为

$$\dot{I}_1 = \frac{\dot{U}_{ab}}{Z_1} \tag{2-57}$$

$$\dot{I}_{ab} = \dot{I}_1 + \dot{I}_b = (\frac{1}{Z_1} + \frac{1}{Z_2 + (1+\beta)Z_L'})\dot{U}_{ab}$$

所以

$$Z_{ab} = \frac{\dot{U}_{ab}}{\dot{I}_{ab}} = \frac{Z_1[Z_2 + (1+\beta)Z_L']}{Z_1 + Z_2 + (1+\beta)Z_L'} \tag{2-58}$$

　　从式（2-58）的结果可得出计算含有受控电源网络输入电阻的简单方法是：将受控电流源开路，但应保持 Z_L' 两端的电压不变，得图 2-35 所示的等效电路图。图中 Z_2 和 Z_L' 的两个阻抗是电流不相同的串联关系，为了利用计算串联电路等效电阻的公式来计算总阻抗 Z_a，必须将不相同的电流变换成相同的。

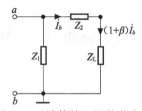

图 2-35　计算输入阻抗的电路

　　若在 $\dot{I}_b$ 支路上计算 Z，可将 Z_L' 所在支路的电流缩小（$1+\beta$）倍，变成 $\dot{I}_b$，电流缩小了（$1+\beta$）倍，在保持 Z_L' 两端电压不变的条件下，Z_L' 就必须扩大（$1+\beta$）倍，由此可得

$$Z = Z_2 + (1+\beta)Z_L' \tag{2-59}$$

又因为，Z_{ab} 是 Z_1 和 Z 相并联的结果，所以

$$Z_{ab} = Z_1 \| Z \tag{2-60}$$

式（2-60）是式（2-58）的简写形式。

　　（2）cb 端开路后的等效电路如图 2-36 所示。

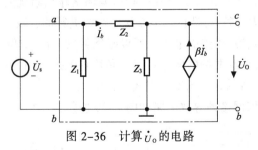

图 2-36　计算 $\dot{U}_o$ 的电路

由节点电位法可得

$$\dot{U}_o = (1+\beta)\dot{I}_b Z_3$$

$$\dot{U}_s = \dot{I}_b Z_2 + \dot{U}_o$$

$$\dot{U}_\text{O} = \frac{(1+\beta)Z_3}{Z_2 + (1+\beta)Z_3}\dot{U}_\text{s}$$

计算内部带有受控电流源电路输出阻抗 Z_o 的方法可采用前面介绍的加压求流法，也可以采用开路–短路法。开路–短路法是根据 $Z_\text{o} = \dot{U}_\text{O}/\dot{I}_\text{S}$ 的原理来计算有源两端网络的输出阻抗。上面的计算已经求出网络的开路电压，再计算出网络的短路电流即可求出网络的输出阻抗。计算短路电流的等效电路如图 2-37 所示。

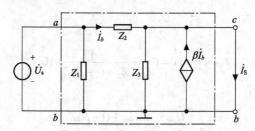

图 2-37　计算短路电流 $\dot{I}_\text{S}$ 的电路

由图 2-37 可得短路电流 $\dot{I}_\text{s}$ 为

$$\dot{I}_\text{S} = (1+\beta)\dot{I}_b = (1+\beta)\frac{\dot{U}_\text{s}}{Z_2}$$

将开路电压和短路电流的表达式代入 $Z_\text{o} = \dfrac{\dot{U}_\text{O}}{\dot{I}_\text{S}}$ 可计算出输出阻抗 Z_o 为

$$Z_\text{o} = \frac{\dot{U}_\text{O}}{\dot{I}_\text{S}} = \frac{\dfrac{(1+\beta)Z_3}{Z_2 + (1+\beta)Z_3}\dot{U}_\text{s}}{(1+\beta)\dfrac{\dot{U}_\text{s}}{Z_2}} = \frac{Z_2 Z_3}{Z_2 + (1+\beta)Z_3}$$

$$= \frac{\dfrac{Z_2}{(1+\beta)}Z_3}{\dfrac{Z_2}{(1+\beta)} + Z_3} = \frac{Z_2}{(1+\beta)} \| Z_3 \tag{2-61}$$

从式（2-61）的结果也可得出计算含有受控电源网络输出阻抗的简单方法是：将受控电流源开路，电压源短路，因为计算 Z_o 是在 $(1+\beta)\dot{I}_b$ 的支路中进行的，该支路是大电流的电路，应将 Z_2 支路的电流 I_b 折算为 $(1+\beta)I_b$ 支路的电流，所以必须将 Z_2 所在支路的电流扩大为原来的 $(1+\beta)$ 倍，电流扩大后，为了保持 Z_2 两端的电压不变，必须将阻抗 Z_2 缩小为原来的 $(1+\beta)$ 倍，处理过程的等效电路图如图 2-38 所示，由图即可得式（2-61）。

根据戴维南定理可得该网络的等效电路如图 2-39 所示。

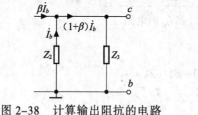

图 2-38　计算输出阻抗的电路　　　　图 2-39　例 2.9 等效电路图

由图 2-39 可得

$$\dot{U}_L = \frac{Z_L}{Z_L + Z_o}\dot{U}_o = \frac{Z_L}{Z_L + Z_o} \cdot \frac{(1+\beta)Z_3}{Z_2 + (1+\beta)Z_3}\dot{U}_s$$

$$= \frac{Z_L Z_3}{Z_L + \frac{Z_2}{(1+\beta)}\|Z_3} \cdot \frac{(1+\beta)}{Z_2 + (1+\beta)Z_3}\dot{U}_s$$

$$= \frac{(1+\beta)Z_3 Z_L}{Z_2 Z_3 + Z_2 Z_L + (1+\beta)Z_3 Z_L}\dot{U}_s$$

上述输入阻抗和输出阻抗计算的结论，用 Multisim 软件仿真验证的结果如图 2-40 所示。

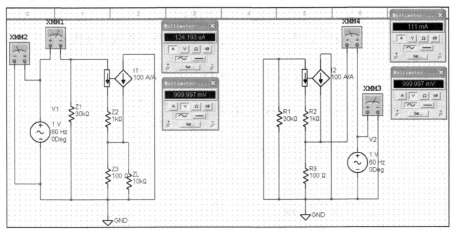

图 2-40　用 Multisim 软件仿真验证的结果

图 2-40 左边的电路是测量输入阻抗的电路，右边的电路是测量输出阻抗的电路，该电路的受控电流源的 β=100，将电路的各个参数代入输入阻抗和输出阻抗的计算公式，可以验证计算结果的正确性。

【例 2.10】求如图 2-41 所示电路电阻 R_2 两端的开路电压 u_O。

【解】图 2-41 中的耦合线圈 L_1、L_2 组成一个变压器，在物理学课程中已知，变压器是利用磁耦合的原理来实现变压的。磁耦合的工作过程是：两个绕在一起的 L_1 和 L_2，当 L_1 中通有电流 i_1 时，i_1 电流在 L_1 上所产生的磁通将交链到 L_2 上，并在 L_2 上产生感应电动势 e_{21}。根据法拉第电磁感应定律，规定电流

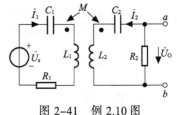

图 2-41　例 2.10 图

的参考方向与磁链的参考方向之间符合右螺旋法则，可得 $e_{21} = -M\dfrac{\mathrm{d}\psi_{21}}{\mathrm{d}t}$。式中的 M 称为互感系数，简称互感，是由两线圈的材料和形状决定的。

两线圈磁耦合的作用不仅与两线圈的形状有关，还与两线圈的绕向有关。当两线圈的绕向相同时，互感磁通链和线圈的自感磁通链方向相同，互感磁通链对自感磁通链起增助的作用；当两线圈的绕向相反时，互感磁通链和线圈的自感磁通链方向相反，互感磁通链对自感磁通链起削弱的作用。为了描述磁通链增助和削弱的作用，采用同名端标记法，图 2-41 中的两个黑点即表示两互感线圈的同名端。

同名端的定义是：当一对施感电流 i_1 和 i_2 从同名端流入各自的线圈时，互感起增助作用，互感电压的方向如图 2-42 所示。

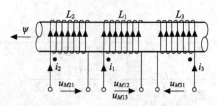

图 2-42 互感电压的方向与同名端的关系

根据上面同名端的定义和 KVL 可得

$$u_{C1} + u_{L1} + u_{M12} + u_{R1} - u_s = 0$$

$$u_{L2} + u_{M21} - u_O + u_{C2} = 0$$

式中，$u_{M12} = M\dfrac{\mathrm{d}i_2}{\mathrm{d}t}$，$u_{M21} = M\dfrac{\mathrm{d}i_1}{\mathrm{d}t}$，将 u_M，u_C，u_L 等表达式写成相量式并代入上两式可得

$$-\mathrm{j}\frac{1}{\omega C_1}\dot{I}_1 + \mathrm{j}\omega L_1 \dot{I}_1 + \mathrm{j}\omega M \dot{I}_2 + R_1 \dot{I}_1 - \dot{U}_s = 0$$

$$\mathrm{j}\omega L_2 \dot{I}_2 + \mathrm{j}\omega M \dot{I}_1 - (-R_2 \dot{I}_2) - \mathrm{j}\frac{1}{\omega C_2}\dot{I}_2 = 0$$

$$\dot{U}_O = -R_2 \dot{I}_2$$

将上式写成矩阵为

$$\begin{pmatrix} R_1 + \mathrm{j}\left(\omega L_1 - \dfrac{1}{\omega C_1}\right) & \mathrm{j}\omega M \\[2mm] \mathrm{j}\omega M & R_2 + \mathrm{j}\left(\omega L_2 - \dfrac{1}{\omega C_2}\right) \end{pmatrix} \begin{pmatrix} \dot{I}_1 \\[2mm] \dot{I}_2 \end{pmatrix} = \begin{pmatrix} \dot{U}_s \\[2mm] 0 \end{pmatrix}$$

用 MATLAB 软件求解的程序如下：

```
%例题 2.10 解的程序
syms R1 R2 L1 L2 W M US C1 C2 j          %定义变量
Z1='R1+i*(W*L1-1/(W*C1))';               %设置矩阵元变量
Z2='R2+i*(W*L2-1/(W*C2))';               %设置矩阵元变量
Z3='j*W*M';                              %设置矩阵元变量
A=sym('[Z1,Z3;Z3,Z2]');                  %输入矩阵 A
B=sym('[US;0]');                         %输入矩阵 B
C=inv(A)*B;                              %解矩阵
C=subs(C);                               %将矩阵元变量代入矩阵中
I2=C(2),Uo='-R2*I2'
```

该程序运行的结果为

```
I2=-j*W*M/((R1+i*(W*L1-1/W/C1))*(R2+i*(W*L2-1/W/C2))-j^2*W^2*M^2)*US
Uo=-R2*I2
```

根据运行的结果可得

$$\dot{I}_2 = \cfrac{-\mathrm{j}\omega M \dot{U}_s}{R_1 R_2 - \left(\omega L_1 - \dfrac{1}{\omega C_1}\right)\left(\omega L_2 + \dfrac{1}{\omega C_2}\right) + \omega^2 M^2 + \mathrm{j}\left[R_1\left(\omega L_2 - \dfrac{1}{\omega C_2}\right) + R_2\left(\omega L_1 - \dfrac{1}{\omega C_1}\right)\right]}$$

$$\dot{U}_O = -R_2 \dot{I}_2$$

当同名端的标注如图 2-43 所示时，KVL 的表达式为

$$u_{C1}+u_{L1}-u_{M12}+u_{R1}-u_s=0$$

$$u_{L2}-u_{M21}-u_O+u_{C2}=0$$

写成相量式并整理为

$$\left[R_1+j\left(\omega L_1-\frac{1}{\omega C_1}\right)\right]\dot{I}_1-j\omega M\dot{I}_2-\dot{U}_s=0$$

$$-j\omega M\dot{I}_1+\left[R_2+j\left(\omega L_2-\frac{1}{\omega C_2}\right)\right]\dot{I}_2=0$$

在图 2-42 所示的电路中，在铁芯的磁导率为无穷大，磁通的外漏，线圈和铁芯的损耗都可以忽略不计的情况下，图 2-42 电路所表示的器件为理想变压器。描述理想变压器性能的参数为变压器的变比 n，变压器的符号和变比 n 的定义如图 2-44 所示。

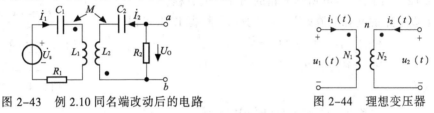

图 2-43　例 2.10 同名端改动后的电路　　　　图 2-44　理想变压器

在图 2-44 中，线圈 N_1 所在的电路称为变压器的初级线圈，线圈 N_2 所在的电路称为变压器的次级线圈。线圈两端电压的表达式为

$$u_1=N_1\frac{d\psi_1}{dt},u_2=N_2\frac{d\psi_2}{dt}$$

在理想变压器的情况下，因 $\frac{d\psi_1}{dt}=\frac{d\psi_2}{dt}$，所以 $\frac{u_1}{N_1}=\frac{u_2}{N_2}$。即

$$\frac{u_1}{u_2}=\frac{N_1}{N_2}=n \tag{2-62}$$

由式（2-62）可见，变压器变比 n 的定义为，变压器初级线圈的匝数 N_1 和次级线圈的匝数 N_2 的比。在图 2-44 中，因外加的电源是接在变压器初级线圈所在的电路上，所以变压器初级线圈所在的电路为外电源的负载。因变压器次级线圈的输出电压需要带相应的负载，所以，变压器次级电路的输出端为电源的输出端。根据负载所消耗功率的表达式和电源输出功率的表达式可得

$$p_1=u_1i_1,\qquad p_2=-u_2i_2$$

在理想变压器的情况下，因 $p_1=p_2$，所以 $\frac{u_1}{u_2}=-\frac{i_2}{i_1}$。即

$$\frac{u_1}{u_2}=-\frac{i_2}{i_1}=n \tag{2-63}$$

变压器在电路中不仅可以实现变压的目的，还可以实现阻抗变换的目的。设变压器次级线圈所带的负载阻抗为 Z_L，该阻抗在初级线圈上的等效值为 Z_L'，在正弦稳态电路的前提下，根据相量形式的欧姆定律和式（2-63）可得

$$Z_L'=\frac{\dot{U}_1}{\dot{I}_1}=\frac{n\dot{U}_2}{-\frac{\dot{I}_2}{n}}=n^2\left(-\frac{\dot{U}_2}{\dot{I}_2}\right)=n^2Z_L \tag{2-64}$$

由式（2-64）可见，变压器次级回路的阻抗在初级回路中的等效值为原阻抗的 n^2 倍。

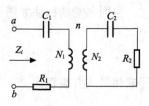

图 2-45　例 2.11 图

【例 2.11】求图 2-45 所示电路的输入阻抗 Z_i。

【解】在直流电路分析法中已知，求解电路输入阻抗的问题可采用加压求流法来求解，加压求流法同样也适用于交流电路的分析。

设外加的电压为 $\dot{U}$，在该电压激励下的电流为 $\dot{I}$，根据 KVL 和式（2-64）可得

$$\dot{I}\left[R_1 + \frac{1}{j\omega C_1} + n^2\left(R_2 + \frac{1}{j\omega C_2}\right)\right] = \dot{U}$$

$$Z_i = \frac{\dot{U}}{\dot{I}} = R_1 + \frac{1}{j\omega C_1} + n^2\left(R_2 + \frac{1}{j\omega C_2}\right)$$

【例 2.12】列出图 2-46 所示电路的网孔电流方程。

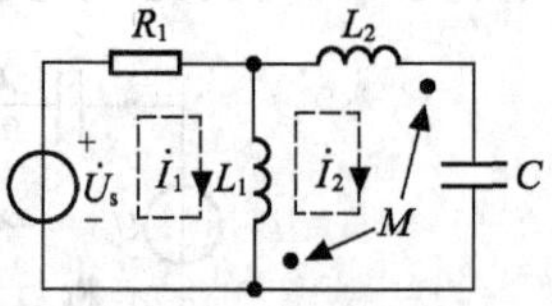

【解】设电路的网孔电流如图 2-46 所示，根据 KVL 可得

$$u_{R1} + u_{L1} + u_{M12} - u_s = 0$$
$$u_{L2} + u_{M21} + u_C - u_{L1} - u_{M12} = 0$$

写成相量式为

$$R_1 \dot{I}_1 + j\omega L_1(\dot{I}_1 - \dot{I}_2) + j\omega M \dot{I}_2 = \dot{U}_s$$
$$j\omega L_2 \dot{I}_2 + j\omega M(\dot{I}_1 - \dot{I}_2) - j\frac{1}{\omega C}\dot{I}_2 - j\omega L_1(\dot{I}_1 - \dot{I}_2) - j\omega M \dot{I}_2 = 0$$

写成矩阵为

$$\begin{pmatrix} R_1 + j\omega L_1 & -j\omega(L_1 - M) \\ -j\omega(L_1 - M) & j\omega\left(L_1 + L_2 - 2M - \frac{1}{\omega^2 C}\right) \end{pmatrix} \begin{pmatrix} \dot{I}_1 \\ \dot{I}_2 \end{pmatrix} = \begin{pmatrix} \dot{U}_s \\ 0 \end{pmatrix}$$

图 2-46　例 2.12 图

【例 2.13】求图 2-47 所示电路的输入阻抗 Z_i。

【解】本例的解法与例 2.11 完全相同。在图 2-47（a）所示的电路中，设外加的电压为 $\dot{U}_{ab}$，在该电压的激励下电路的电流为 $\dot{I}$，根据 KVL 可得

$$\dot{U}_{ab} = R_1 \dot{I} + j\omega L_1 \dot{I} - j\omega M \dot{I} + j\omega L_2 \dot{I} - j\omega M \dot{I} + R_2 \dot{I}$$

$$Z_i = \frac{\dot{U}_{ab}}{\dot{I}} = R_1 + R_2 + j\omega(L_1 + L_2 - 2M)$$

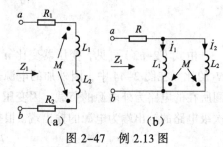

图 2-47　例 2.13 图

在图 2-47（b）所示的电路中，设外加的电压为 $\dot{U}_{ab}$，在该电压的激励下电路的电流为 $\dot{I}$，根据 KVL 和节点电位法可得

$$\dot{U}_{ab} = \dot{U}_R + \dot{U}_L = \dot{I}R + \dot{U}_L$$
$$\dot{U}_L = j\omega L_1 \dot{I}_1 + j\omega M \dot{I}_2 = j\omega L_2 \dot{I}_2 + j\omega M \dot{I}_1$$
$$\dot{I} = \dot{I}_1 + \dot{I}_2$$

联立求解可得

$$Z_i = \frac{\dot{U}_{ab}}{\dot{I}} = R + \cfrac{\dot{U}_L}{\cfrac{\dot{U}_L}{j\omega\cfrac{L_1L_2 - M^2}{L_2 - M}} + \cfrac{\dot{U}_L}{j\omega\cfrac{L_1L_2 - M^2}{L_1 - M}}} = R + j\omega\frac{L_1L_2 - M^2}{L_1 + L_2 - 2M}$$

图 2-47 所示的电路为两个电感线圈相串联和相并联的情况，根据上面的计算结果可得：两电感串联或并联的结果等效于一个自感系数为 L 的电感，等效电感的自感系数 L 不仅与两电感的自感系数 L_1 和 L_2 有关，还与互感系数 M 及同名端的标记有关。在图（a）所示的电路中，两线圈的互感电压是反极性相串联的；在图（b）所示的电路中，两互感电压是同极性相并联的。改变图 2-47 所示电路同名端的设置，可得两个自感线圈同极性相串联或反极性相并联的等效自感系数 $L = L_1 + L_2 + 2M$ 和 $L = \dfrac{L_1L_2 - M^2}{L_1 + L_2 + 2M}$。综合上面的分析可得计算两自感线圈相串联的等效自感系数为

$$L = L_1 + L_2 \pm 2M \tag{2-65}$$

两自感线圈相并联的等效自感系数为

$$L = \frac{L_1L_2 - M^2}{L_1 + L_2 \mp 2M} \tag{2-66}$$

因为自感系数 L 是一个大于 0 的数，由式（2-65）可得两线圈相串联的最小互感系数为两线圈自感系数的算术平均值（ $M_{min} = \dfrac{L_1 + L_2}{2}$ ），由式（2-66）可得两线圈相并联的最大互感系数为两线圈自感系数的几何平均值（ $M_{max} = \sqrt{L_1L_2}$ ）。

以上介绍的各种分析方法仅适用于正弦交流电量，在分析非正弦交流电量的问题时，应先利用高等数学介绍的傅里叶级数的概念，将非正弦信号展成不同频率的正弦交流电信号，再利用叠加定理来求解。

【例 2.14】如图 2-48 所示的电路中，已知 $R = 0.5\text{k}\Omega$，$C = 50\mu\text{F}$，ab 端口的输入电压 $u(t) = (1 + 1.5\cos 200t)\text{V}$，求各支路的电流 $i(t)$、$i_1(t)$ 和 $i_2(t)$。

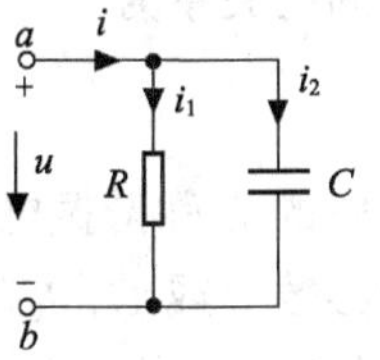

【解】因输入电压是直流电压和正弦交流电压的叠加，先将输入电压分解成直流电压和正弦交流电压，然后利用叠加定理来求解。直流电压单独作用时各支路的电流为

图 2-48 例 2.14 图

$$I = I_1 = \frac{U}{R} = 2\text{mA} , \quad I_2 = 0\text{mA}$$

交流电压的相量表达式为 $\dot{U} = \dfrac{1.5}{\sqrt{2}}\angle 0°\text{V}$，则交流电压单独作用时，各支路的电流为

$$\dot{I}_1 = \frac{\dot{U}}{R} = \frac{3}{\sqrt{2}}\angle 0°\text{mA}$$

$$\dot{I}_2 = \frac{\dot{U}}{\dfrac{1}{j\omega C}} = j\omega C\dot{U} = \frac{15}{\sqrt{2}}\angle 90°\text{mA}$$

$$\dot{I} = \dot{I}_1 + \dot{I}_2 = \left(\frac{3}{\sqrt{2}}\angle 0° + \frac{15}{\sqrt{2}}\angle 90°\right)\text{mA} = \frac{15.3}{\sqrt{2}}\angle 78.5°\text{mA}$$

根据叠加定理可得各支路的电流为

$$i_1(t) = (2 + 3\cos 200t)\text{mA}$$

$$i_2(t) = [15\cos(200t + 90°)]\text{mA}$$

$$i_3(t) = [2 + 15.3\cos(200t + 78.5°)]\text{mA}$$

2.5 正弦交流电路的谐振

从 2.3 节的内容可知，在具有 R、L、C 元件的正弦交流电路中，电路两端的电压与电流一般是不同相的。如果改变电路元件的参数值或调节电源的频率，可使电路的电压与电流同相，使电路的阻抗呈现电阻的性质，处在这种状态下的电路称为谐振。

电路谐振时具有某些特点，了解谐振现象可以利用这些特点，又可防止某些特点所带来的危害。根据电路的不同连接形式，谐振现象可分为串联谐振和并联谐振。

2.5.1 RLC 串联谐振

RLC 串联电路如图 2-49（a）所示，图 2-49（b）是该电路的相量图。当电路中的 $X_L = X_C$ 时，阻抗角 $\varphi = \arctan \dfrac{X_L - X_C}{R} = 0$，即电源电压 $\dot{U}$ 和电流 $\dot{I}$ 同相，这种现象称为串联谐振。下面来讨论串联谐振电路的特点。

1. 串联谐振的条件和固有频率

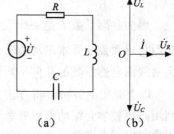

由上面的分析可知，当电源电压 $\dot{U}$ 和电流 $\dot{I}$ 同相时，RLC 串联电路发生串联谐振的现象。电源电压 $\dot{U}$ 和电流 $\dot{I}$ 同相的条件是 $X_L = X_C$，该条件就是串联谐振的条件。

由串联谐振的条件可得串联谐振时电源频率 f 与电路参数之间的关系为

$$f = f_0 = \frac{1}{2\pi\sqrt{LC}} \tag{2-67}$$

图 2-49 RLC 串联谐振电路

式中的 f_0 称谐振电路的固有频率，f_0 由电路的参数确定。当电源频率 f 不变时，只要调节电路的参数 L 或 C，f_0 就发生相应的变化，当 $f_0 = f$ 时电路产生谐振；或者电路的参数不变，改变电源的频率 f 使之与 f_0 相等，电路也会产生谐振。

2. 串联谐振电路的特点

（1）谐振发生时，因 $X_L = X_C$，所以，阻抗 $|Z| = \sqrt{R^2 + (X_L - X_C)^2} = R$ 达到最小值，电路呈电阻性。

（2）在电压 U 不变的情况下，电路中的电流 $I = I_0 = \dfrac{U}{R}$ 达到最大值，I_0 称为谐振电流。

（3）由于谐振时 $X_L = X_C$，所以 $\dot{U}_L = \dot{U}_C$，而 $\dot{U}_L$ 和 $\dot{U}_C$ 的相位相反，相加时互相抵消，所以电阻上的电压等于电源电压 U，即

$$U_o = I_0 R = U \tag{2-68}$$

电感和电容上的电压分别为

$$U_L = I_0 X_L = \frac{U}{R} X_L = QU \tag{2-69}$$

$$U_C = I_0 X_C = \frac{U}{R} X_C = QU$$

式中的 $Q = \dfrac{\omega_0 L}{R} = \dfrac{1}{\omega_0 RC}$ 称 RLC 串联电路的品质因数，是一个无量纲的量。它的物理意义是谐振电路的储能与耗能的比，描述了谐振电路的感抗（容抗）与电阻的比。Q 值的大小反映了谐振电路的性能，在感抗和容抗远大于电阻 R 时，Q 将远大于 1。根据式（2-69）可得

$$U_L = U_C = QU >> U \qquad (2-70)$$

又因为 $U_R = U$，所以

$$\dot{U}_L = \dot{U}_C = Q\dot{U}_R >> \dot{U}_R \qquad (2-71)$$

式（2-71）说明在串联谐振的情况下有可能会出现 U_L（U_C）远远大于电源电压 U 的现象，因此，串联谐振又称为电压谐振。

在分析 RLC 串联谐振电路的特性时，除了应分析电路的阻抗特性外，还应分析电路的电流和电压随频率变化的关系，这种关系称为 RLC 串联谐振电路的频率特性。

RLC 串联谐振电路的频率特性为复数关系，描述复数关系的曲线有幅频特性（幅度随频率变化的特性）和相频特性（相位随频率的变化特性）。描述 RLC 串联谐振电路幅频特性的曲线又称为谐振曲线。

为了突出电路的幅频特性，谐振曲线常用输出量（U_R 或 U_L）和输入量（U）比值的频率特性来表示。取 $\dfrac{U_R}{U}$ 的频率特性为 RLC 串联谐振电路的谐振曲线，根据 RLC 串联谐振电路复阻抗的表达式可得

$$Z = R + j\left(\omega L - \frac{1}{\omega C}\right) = R\left[1 + jQ\left(\frac{\omega}{\omega_0} - \frac{\omega_0}{\omega}\right)\right] \qquad (2-72)$$

式（2-72）乘以电流相量 $\dot{I}$，并将其表示成 $\dfrac{\dot{U}_R}{\dot{U}}$ 的形式可得

$$\frac{\dot{U}_R}{\dot{U}} = \frac{1}{1 + jQ\left(\dfrac{\omega}{\omega_0} - \dfrac{\omega_0}{\omega}\right)} \qquad (2-73)$$

式（2-73）幅度随频率变化的特性曲线即为谐振曲线，由此可得 RLC 谐振电路的谐振曲线为

$$\left|\frac{\dot{U}_R}{\dot{U}}\right| = \frac{1}{\sqrt{1 + Q^2\left(\dfrac{\omega}{\omega_0} - \dfrac{\omega_0}{\omega}\right)^2}} \qquad (2-74)$$

式（2-74）说明谐振电路的谐振曲线与谐振电路的 Q 值有关，取不同的 Q 值，用 MATLAB 软件画谐振曲线的程序为

```
%画谐振曲线的程序
Q1=1;Q2=6;Q3=60;                        %设置不同的 Q 值
x=0.0000001:0.01:3;
figure;
y1=1./sqrt(1+Q1^2*(x-1./x).^2);         %画谐振曲线 y1
plot(x,y1,'-b');hold on;
y2=1./sqrt(1+Q2^2*(x-1./x).^2);         %画谐振曲线 y2
plot(x,y2,'-r');hold on;
y3=1./sqrt(1+Q3^2*(x-1./x).^2);         %画谐振曲线 y3
plot(x,y3,'-k');
xlabel('w/w0');
ylabel('UR/U');
title('谐振曲线');
```

该程序运行的结果如图 2-50 所示。

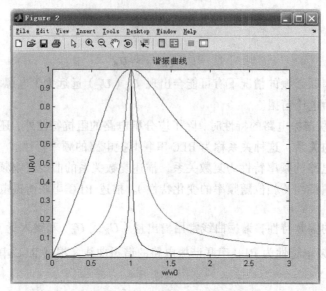

图 2-50　串联谐振电路的谐振曲线

图 2-50 给出了三种不同 Q 值的谐振曲线。由图可见，RLC 串联谐振电路的谐振曲线具有明显的选择性能，在谐振点（$\frac{\omega}{\omega_0}=1$ 的点上）谐振曲线有最大值，当频率偏离谐振点时，曲线逐渐下降，下降的速度随 Q 值的不同而不同。Q 值越大，下降的速度越快，选择性越好。工程上将 $\left|\frac{U_R}{U}\right|$ 的值下降到原值的 0.707 时，所对应的两个频率 ω_2 和 ω_1 称为通带截止频率，两频率的差称为谐振电路的通频带宽度 f_{bw}，通常用符号 $BW_{0.7}$ 来表示。即

$$BW_{0.7} = f_{bw} = f_2 - f_1 \qquad\qquad (2-75)$$

由图 2-50 可见，谐振电路的选择性和通频带宽度是一对矛盾。选择性好的，通频带宽度就窄；选择性差的，通频带宽度就宽。实际应用时，应综合考虑两种因素的影响，选择合适的选择性和通频带宽度。

串联谐振的现象在电力工程中应避免，这是因为，当串联谐振发生时，电感线圈或电容元件上的电压将增高，可能导致电感线圈或电容器绝缘层被击穿。但在无线电工程中，利用串联谐振现象的选择性和所获得的较高电压，可将所需要接收的信号提取出来。

例如，收音机的输入电路就是一个由电感线圈（线圈电阻为 R）与可变电容器 C 组成的串联谐振电路，如图 2-51 所示。该电路的工作原理是：当各地电台所发出的不同频率的无线电波信号被天线线圈 L_1 接收后，经电磁感应作用，在线圈 L 上将感应出不同频率的电动势 $e(f_1)$、$e(f_2)$、$e(f_3)$ 等。这些电动势就是 RLC 串联谐振电路的信号源。调节可变电容器的电容 C，可以改变 RLC 串联谐振电路的固有频率 f_0，使它与欲选电台的频率 f_1 相等，这时电路对 $e(f_1)$ 信号的阻抗最小，相应的电流 I_0 最大。因而在电容器两端可获得较高的输出电压，而对于 $e(f_2)$、$e(f_3)$ 等信号的电波，RLC 电路呈现出较高的阻抗 Z，相应的电流很小，电容两端的输出电压也很小，这种情况相当于只有频率为 f_1 的电磁波信号被输入电路接收并选择出来，而其他频率的信号不被输入电路所接收，所以收音机就能收到频率为 f_1 的电台信号。

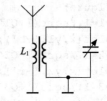

图 2-51　收音机的输入电路

*2.5.2　RLC 并联谐振

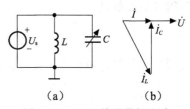

图 2-52　RLC 并联谐振电路

RLC 并联谐振电路如图 2-52（a）所示（R 是线圈的内阻，图中没有画出来），图 2-52（b）为谐振电路的相量图。当电路两端的电压 U_C 和总电流 I 同相时，该电路发生并联谐振。

图 2-51 和 2-52（a）中的 LC 电路看起来很相似，为什么一个称为串联谐振，而另一个称为并联谐振呢？这是因为在图 2-51 中，信号源是由 L_1 和 L 的互感作用产生的，所产生的感应信号与 LC 电路是串联连接的，所以称为串联谐振电路；而在图 2-52（a）中，信号源与 LC 电路是并联连接的，所以称为并联谐振电路。

1. 并联谐振的条件和固有频率

在图 2-52（b）中，各支路电流的大小和初相位的关系为

$$I_L = \frac{U}{|Z_1|} = \frac{U}{\sqrt{R^2 + X_L^2}} \tag{2-76}$$

$$\varphi = \arctan\frac{X_L}{R} \tag{2-77}$$

$$I_C = \frac{U}{X_C} \tag{2-78}$$

$$\varphi_C = 90°$$

根据电路发生并联谐振时 $\dot{U}$ 与 $\dot{I}$ 同相的特点可得

$$I_L \sin\varphi = I_C \tag{2-79}$$

根据式（2-76）和电流三角形与阻抗三角形是相似三角形的特点可得

$$\frac{U}{|Z_1|} \cdot \frac{X_L}{|Z_1|} = \frac{U}{X_C} \tag{2-80}$$

所以

$$|Z_1|^2 = X_L X_C \tag{2-81}$$

$$\frac{L}{C} = R^2 + (\omega L)^2 \tag{2-82}$$

由此可得，并联谐振电路的固有频率 f_0 为

$$f = f_0 = \frac{\omega_0}{2\pi} = \frac{1}{2\pi}\sqrt{\frac{1}{LC} - \left(\frac{R}{L}\right)^2} \tag{2-83}$$

根据线圈电阻 R 很小（$R \ll \omega L$）的特点可得并联谐振电路的固有频率 f_0 为

$$f_0 = \frac{1}{2\pi\sqrt{LC}} \tag{2-84}$$

与串联谐振时计算固有频率的公式完全相同。

2. 并联谐振电路的特点

并联谐振时，$\dot{I}$ 与 $\dot{U}$ 同相，电路呈电阻性，电路的总阻抗 $|Z|$ 为

$$|Z| = \frac{U}{I} = \frac{U}{I_L \cos\varphi} = \frac{U}{\dfrac{U}{|Z_1|} \cdot \dfrac{R}{|Z_1|}} = \frac{L}{RC} \tag{2-85}$$

电路的总阻抗|Z|达到最大值，谐振时电路的总电流为最小。

因为，并联谐振电路的 $R \ll \omega L$，所以，当电路谐振时，电感上的电流 I_L 和电容上的电流 I_C 的大小关系为

$$I_L = I_C = \frac{U}{\omega L} = \omega CU$$

又因为，$\dot{I}_L$ 与 $\dot{I}_C$ 的相位几乎相反，且 $I = \frac{U}{|Z|} = \frac{U}{L}RC$，所以，各支路的电流与总电流之比为

$$\frac{I_L}{I} = \frac{I_C}{I} = \frac{\omega_0 L}{R} = Q \qquad (2-86)$$

式（2-86）表明并联谐振时，支路电流是总电流的 Q 倍。而总有 $R \ll \omega_0 L$，所以 $I_C = I_L \gg I_0$，因此，并联谐振又称电流谐振。

3. 负载和电源内阻对谐振电路的影响

图 2-52 所示的谐振电路不带负载，且电源为理想电压源，处在这种状态下的谐振电路称为空载。谐振电路处在带负载和信号源内阻不能忽略的状态称为加载。下面讨论谐振电路的加载对谐振电路性能的影响。

处在加载状态下的谐振电路如图 2-53（a）所示，为了讨论的方便，通常利用对偶定理将图（a）所示的电路置换成图（b）所示的形式，图（c）为图（b）所示电路的等效电路。利用对偶定理将式（2-86）所描述的表达式置换成

$$Q = \frac{\omega_0 C}{G_0} \qquad (2-87)$$

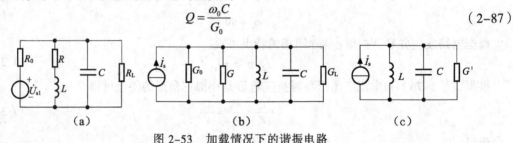

（a） （b） （c）

图 2-53 加载情况下的谐振电路

式（2-87）中的 G_0 为电感线圈内阻 R_0 的电导，根据式（2-87）和并联电路计算总电导的关系式可得谐振电路加载后的 Q 值为

$$Q' = \frac{\omega_0 C}{G'} \qquad (2-88)$$

因为式（2-88）中的 G' 大于式（2-87）中的 G_0，所以，谐振电路加载后的 Q 值将减小。谐振电路 Q 值的变化，将影响谐振电路的通频带和选择性。为了减少加载对谐振电路 Q 值的影响，负载和电源要满足功率匹配 $G_L = G_s$ 的条件，通常这个条件不能自然地得到满足，要利用各种阻抗变换的方法来实现功率匹配的条件，以减少加载对谐振电路 Q 值的影响。常见的阻抗变换电路是图 2-54（a）所示的电容分接电路，图（b）为电容分接电路的等效电路。

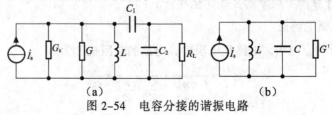

（a） （b）

图 2-54 电容分接的谐振电路

在图 2-54（a）中，设 $R_L \gg \dfrac{1}{\omega C_2}$，则 R_L 的分流作用可以忽略，电容 C_1 和 C_2 为串联的关系，根据串联电容分压的公式可得 C_2 电容两端的电压 U_2 为

$$U_2 = \frac{C_1}{C_1 + C_2} U \tag{2-89}$$

负载电阻 R_L 所消耗的功率 P_L 为

$$P_L = \frac{U_2{}^2}{R_L} = \left(\frac{C_1}{C_1 + C_2}\right)^2 \frac{U^2}{R_L} = \frac{1}{n^2}\frac{U^2}{R_L} = \frac{U^2}{R_L'} \tag{2-90}$$

式中的 $R_L' = n^2 R_L$ 为负载电阻 R_L 接成图 2-54（b）所示形式下的等效电阻，表示电容分接的阻抗变换作用和变压器的阻抗变换作用相类似，计算的公式也相同。

在电子电路中，常利用并联谐振阻抗高的特点，在 LC 并联电路的两端获得在谐振状态时，$f = f_0$ 信号的较高电压，以实现选频的目的。谐振电路加载对 Q 值的影响在 Multisim 软件上仿真实验的结果如图 2-55 所示。

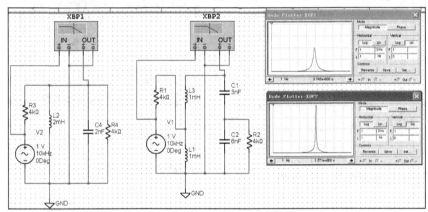

图 2-55　谐振电路加载对 Q 值的影响

在图 2-55 中，左边的电路显示出加载使谐振电路的 Q 值减小，第一个波特图仪屏幕的波形显示出左边电路的谐振曲线的幅度较小，通频带宽度较宽，选择性差。右边的电路采用电容分接技术实现阻抗匹配，以减小加载对谐振电路 Q 值的影响，第二个波特图仪屏幕的波形显示出右边电路的谐振曲线的幅度较大，通频带宽度较窄，选择性好。

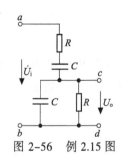

图 2-56　例 2.15 图

【例 2.15】图 2-56 所示为 RC 串、并联选频网络，试确定该电路的谐振频率和谐振时 U_o 和 U_i 的比值。

【解】RC 串、并联选频网络谐振的条件是 $\dot{U}_o$ 和 $\dot{U}_i$ 同相。当 $\dot{U}_o$ 和 $\dot{U}_i$ 同相时，$\dfrac{\dot{U}_o}{\dot{U}_i}$ 的比值为实数，根据阻抗串、并联的关系和分压公式可得

$$\frac{\dot{U}_o}{\dot{U}_i} = \frac{R\dfrac{1}{j\omega C}\Big/\left(R + \dfrac{1}{j\omega C}\right)}{R + \dfrac{1}{j\omega C} + R\dfrac{1}{j\omega C}\Big/\left(R + \dfrac{1}{j\omega C}\right)}$$

$$= \frac{\dfrac{R}{\mathrm{j}\omega C}}{\left(R + \dfrac{1}{\mathrm{j}\omega C}\right)^2 + \dfrac{R}{\mathrm{j}\omega C}} = \frac{1}{3 + \mathrm{j}\left(\omega RC - \dfrac{1}{\omega RC}\right)} \qquad (2\text{-}91)$$

要式（2-90）的结果为实数，必须 $\omega RC - \dfrac{1}{\omega RC} = 0$，由此可得谐振频率 f_0 为

$$f_0 = \frac{1}{2\pi RC} \qquad (2\text{-}92)$$

根据式（2-90）还可得，谐振时 $\dfrac{\dot{U}_\circ}{\dot{U}_\mathrm{i}}$ 的比值为

$$\frac{\dot{U}_\circ}{\dot{U}_\mathrm{i}} = \frac{1}{3} \qquad (2\text{-}93)$$

在 Multisim 软件上测试 RC 串、并联选频网络谐振曲线仿真实验的结果如图 2-57 所示。

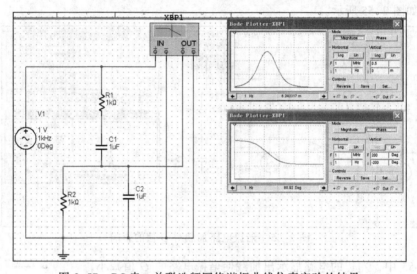

图 2-57　RC 串、并联选频网络谐振曲线仿真实验的结果

在图 2-57 中，波特图仪屏幕的第一个波形是幅频特性曲线，第二个波形是相频特性曲线。图 2-57 中的幅频特性曲线清晰的显示出，图 2-56 所示的电路具有与 RLC 谐振电路相同的选频特性。

*2.6　三相交流电路

目前，世界各国的电力系统中电能的生产、传输和供电方式大都采用三相制。三相电力系统由三相电源、三相负载和三相输电线路三部分组成。

三相电源是由三相交流发电机产生的，三相交流发电机产生的三相交流电经输电线路传输到低压供电系统。在低压供电系统中普遍采用三相四线制，例 2.3 所给出的三相交流电动势就是典型的三相四线制低压供电系统的供电电压。

*2.6.1 三相电路的负载连接

交流用电设备有三相和单相两大类。如照明用的白炽灯、家用电器，以及计算机设备等用单相电供电的，称为单相负载。工农业生产中大量使用的三相交流电动机等设备是用三相交流电对其供电的，称为三相负载。

三相四线制低压供电系统的三相用电设备与三相电源组成一个整体的三相电路，该电路通常所接的负载既有三相，又有单相。负载接至三相电源时必须遵循的两个原则是：

（1）用电设备的额定电压应与电源电压相符，否则，设备不能正常工作甚至损坏；

（2）接在三相电源上的用电设备应尽可能使三相电源的负载均衡。

三相四线供电制电源的额定电压为 380/220V。额定电压为 220V 的单相负载可接在相线与中线之间，中点 N 为各个单相负载的公共点。从总体而言，单相负载是以星形连接的方式与三相电源相接的，如图 2-58（a）所示。

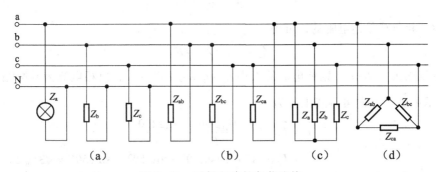

图 2-58 三相电路的负载连接

额定电压为 380V 的单相负载，应该接在三相电源的线电压上。从总体而言，这些单相负载是以三角形连接的方式与三相电源相接的，如图 2-58（b）所示。

三相负载通常是 $Z_a = Z_b = Z_c$ 的对称负载。三相对称负载在三相对称电源供电下工作，三相负载中的电流也必然是对称的。三相对称负载与三相电源的连接可以是图 2-58（c）所示的星形连接，也可以是图 2-58（d）所示的三角形连接。

*2.6.2 三相电路分析

因为三相电路可以看成是由单相电路组成的，所以分析、计算单相电路的方法一样适用于三相电路。当三相电路接有对称负载时，因各相电流也是对称的，所以，只需计算一相即可完成对三相电路的分析。当三相电路接不对称负载时，因各相电流不对称，因此要逐相分别计算。

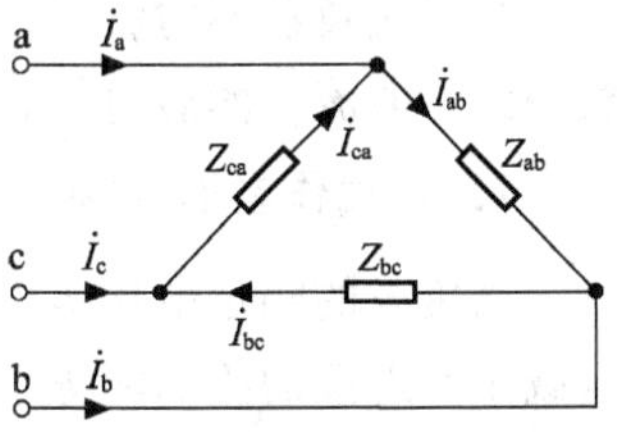

图 2-59 负载的 △ 连接

1. 负载作三角形连接

当三相负载的额定电压等于电源的线电压时，三相负载应作三角形连接，如图 2-59 所示。图 2-59 中标出了各相负载的相电流 $\dot{i}_{ab}$、$\dot{i}_{bc}$、$\dot{i}_{ca}$ 和三条相线上的线电流 $\dot{i}_a$、$\dot{i}_b$、$\dot{i}_c$。根据 KCL 可列出线电流和相电流关系的相量方程为

$$\dot{I}_a = \dot{I}_{ab} - \dot{I}_{ca}$$

$$\dot{I}_b = \dot{I}_{bc} - \dot{I}_{ab}$$

$$\dot{I}_c = \dot{I}_{ca} - \dot{I}_{bc}$$

下面分对称负载和非对称负载这两种情况来讨论三相交流电路的电流和电压之间的关系。

（1）对称三相负载

在对称三相负载的情况下，各相负载中的电流也一定是对称的。当负载是三角形连接时，根据线电压和相电压相等的特点，并利用例 2.3 的结论，可得各相负载的电流为

$$\dot{I}_{ab} = \frac{\dot{U}_{ab}}{Z_a} = \frac{U_{ab}}{Z_a} \angle 30°$$

$$\dot{I}_{bc} = \frac{\dot{U}_{bc}}{Z_b} = \frac{U_{bc}}{Z_b} \angle -90° \qquad (2\text{-}94)$$

$$\dot{I}_{ca} = \frac{\dot{U}_{ca}}{Z_c} = \frac{U_{ca}}{Z_c} \angle 150°$$

设对称三相负载是纯电阻的，可得

$$Z_{ab} = Z_{bc} = Z_{ca} = R \qquad (2\text{-}95)$$

设相电压的大小为 U，则相电流的大小 $I_{ab} = I_{bc} = I_{ca} = \dfrac{U}{|Z|} = \dfrac{U}{R}$，以相电流为基准相量，根据图 2-59 所示的参考方向可得线电流为

$$\dot{I}_a = \dot{I}_{ab} - \dot{I}_{ca} = \frac{U_{ab} \angle 30°}{R} - \frac{U_{ca} \angle 150°}{R}$$

$$= I_{ab}(\cos 30° + j\sin 30° - \cos 150° - j\sin 150°) = \sqrt{3} I_{ab} \angle 0°$$

同理可得

$$\dot{I}_b = \sqrt{3} I_{bc} \angle -120° \qquad \dot{I}_c = \sqrt{3} I_{ca} \angle 120° \qquad (2\text{-}96)$$

式（2-96）证明了中学物理课程所介绍的，对称负载三角形连接，线电流的大小是相电流大小的 $\sqrt{3}$ 倍的结论。线电流和相电流除了大小不同外，相位也不同，线电流在相位上滞后相应的相电流 30°。三相对称负载三角形连接时相电压和线电流的相量图如图 2-60 所示。

（2）不对称三相负载

当三相负载不对称时，可用式（2-94）逐相求出三相负载中的相电流，然后再按式（2-96）求出三个线电流。

2. 负载作星形连接

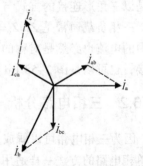

图 2-60　△连接的电流相量图

当负载的额定电压等于电源的相电压时，三相负载应作如图 2-61 所示的星形连接。三相负载星形连接的相电流等于流过负载的电流，也等于线电流，计算相电流的公式为

$$\dot{I}_a = \frac{\dot{U}_a}{Z_a}$$

$$\dot{I}_b = \frac{\dot{U}_b}{Z_b} \qquad (2\text{-}97)$$

$$\dot{I}_\mathrm{c} = \frac{\dot{U}_\mathrm{c}}{Z_\mathrm{c}}$$

若星形连接中线上电流 I_N 的参考方向如图 2-61 所示，由 KCL 可得

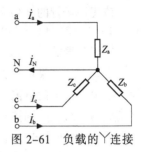

$$\dot{I}_\mathrm{N} = \dot{I}_\mathrm{a} + \dot{I}_\mathrm{b} + \dot{I}_\mathrm{c} \qquad (2\text{-}98)$$

下面分对称负载和非对称负载这两种情况来讨论 I_N 的变化规律。

（1）对称三相负载

图 2-61　负载的 Y 连接

在对称三相负载的情况下，由式（2-97）可得，$\dot{I}_\mathrm{a}$、$\dot{I}_\mathrm{b}$、$\dot{I}_\mathrm{c}$ 也是对称的，三相电流的大小相等，相位互差 120°。此时中线上的电流 $I_\mathrm{N} = 0$，由此可以得出这样的结论：三相对称负载星形连接时，由于中线上的电流为零，因此负载中点不必与中线相连，如图 2-58（c）所示。

（2）不对称三相负载

在不对称三相负载的情况下，由于三相电源的相电压仍然是对称的，按式（2-97）逐相求得的各相负载电流 $\dot{I}_\mathrm{a}$、$\dot{I}_\mathrm{b}$、$\dot{I}_\mathrm{c}$ 也是不对称的，三相电流的大小不等，相位差也不等于 120°。此时中线上的电流 I_N 不等于零，负载中点必须与中线相连，形成三相四线制的供电系统。

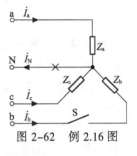

【例 2.16】如图 2-62 所示电路的相电压为 220V，a 相接有 220V，100W 的白炽灯 5 盏，b 相接 220V，100W 的计算机 5 台，c 相接 220V，1 000W 的空调一台，求：

图 2-62　例 2.16 图

（1）在开关 S 闭合时，中线的电流 $\dot{I}_\mathrm{N}$；

（2）在开关 S 断开以后，中线不慎在打 × 号处断开，此时灯的亮度将发生什么变化？继续运行下去会发生什么故障？

【解】（1）该电路是不对称三相负载星形连接，根据阻抗的计算公式和星形连接电流的计算公式可得

$$Z_\mathrm{a} = Z_\mathrm{b} = \frac{U^2}{P_\mathrm{a}} = \frac{220^2}{500}\,\Omega = 96.8\,\Omega$$

$$Z_\mathrm{c} = \frac{U^2}{P_\mathrm{c}} = \frac{220^2}{1000}\,\Omega = 48.4\,\Omega$$

$$\dot{I}_\mathrm{a} = \frac{\dot{U}_\mathrm{a}}{Z_\mathrm{a}} = \frac{200\angle 0°}{96.8}\,\mathrm{A} = 2.27\angle 0°\,\mathrm{A}$$

$$\dot{I}_\mathrm{b} = \frac{\dot{U}_\mathrm{b}}{Z_\mathrm{b}} = \frac{200\angle -120°}{96.8}\,\mathrm{A} = 2.27\angle -120°\,\mathrm{A}$$

$$\dot{I}_\mathrm{c} = \frac{\dot{U}_\mathrm{c}}{Z_\mathrm{c}} = \frac{200\angle 120°}{48.4}\,\mathrm{A} = 4.54\angle 120°\,\mathrm{A}$$

$$\dot{I}_\mathrm{N} = \dot{I}_\mathrm{a} + \dot{I}_\mathrm{b} + \dot{I}_\mathrm{c} = (-1.14 + j1.97)\,\mathrm{A} = 2.27\angle -60°\,\mathrm{A}$$

用 MATLAB 软件编程计算的程序为

```
%例题2.16解的程序
Z1=220^2/500;Z2=220^2/500;Z3=220^2/1000;      %计算各相的阻抗值
I1=220/Z1;I2=220*exp(-i*120*pi/180)/Z2;        %计算各相的电流值
```

```
I3=220*exp(i*120*pi/180)/Z3;                    %计算各相的电流值
I=I1+I2+I3,IN=abs(I),a=angle(I)*180/pi          %计算中线的电流
```
该程序运行的结果为

I=-1.1364+1.9682i; IN=2.2727; a=120.0000

解的结果说明：$\dot{I}_N = -1.1364 + \text{j}1.9682 = 2.2727\angle120°$

由计算的结果可见，在三相四线制供电系统中，当负载不对称时，中线上的电流不为零。为了减少中线上的电流，应尽量做到三相负载的对称，这就是计算机实验室的计算机通常分成等负载的三组，分别接在三相电源上的原因。

（2）当开关 S 断开以后，中线在打×号处断开，相当于 Z_a 和 Z_c 相串联以后接在 380V 的线电压上，根据串联分压公式可得 Z_a 和 Z_c 所分的电压 $\dot{U}_a$ 和 $\dot{U}_c$ 分别为

$$\dot{U}_a = \frac{Z_a}{Z_a + Z_c}\dot{U}_{ac} = \frac{96.8}{96.8 + 48.4}380\angle-90°\text{V} = 254\angle-90°\text{V}$$

$$\dot{U}_c = \frac{Z_c}{Z_a + Z_c}\dot{U}_{ac} = \frac{48.4}{96.8 + 48.4}380\angle-90°\text{V} = 127\angle-90°\text{V}$$

由计算的结果可见，因 Z_a 大于 Z_c，U_a 的值将大于 U_c 的值。又因为，U_a 的值大于白炽灯的额定电压 220V，而 U_c 的值小于空调的额定电压 220V，所以，白炽灯的亮度将增加，而空调则会因电压不够不能正常工作。这种现象若不及时排除，将出现白炽灯因高压的作用而烧坏的故障。

由上面的讨论可知，在三相四线制供电系统中，因各相的负载不平衡，中线上的电流 I_N 不为零，中线不允许断开。若发生中线断开的故障现象，线电压对不对称负载的分压作用，将使阻抗小的负载分得较小的电压，而阻抗大的负载将分得较大的电压。阻抗大的负载所分到的电压有可能超过该负载的额定工作电压，而将该负载烧坏。因此，在三相四线制供电系统中，中线绝不允许断开，也不允许在中线上安装开关或熔断器等装置。

3. 三相电路的功率

在三相电路中，三相负载吸收的有功功率 P、无功功率 Q 分别等于各相负载所吸收的有功功率和无功功率之和。即

$$P = P_a + P_b + P_c$$
$$Q = Q_a + Q_b + Q_c$$

（2-99）

在三相对称负载的情况下，有功功率 P 和无功功率 Q 分别等于各相负载所吸收的有功功率和无功功率的 3 倍。即

$$P = 3P_a$$
$$Q = 3Q_a$$

有功功率、无功功率和视在功率的关系与单相电路的相同。

【例 2.17】 图 2-63 所示对称三相电源的线电压是 380V，负载 $Z_1=3+\text{j}4\Omega$，$Z_2=-\text{j}12\Omega$。求电流表 A_1 和 A_2 的读数及三相负载所吸收的总有功功率、总无功功率、总视在功率和功率因数。

【解】 因为 Z_1 与三相电路是星形连接，Z_2 与三相电路是三角形连接，根据星形连接和三角形连接线电流和相电流的关系可得

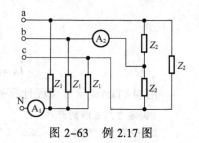

图 2-63　例 2.17 图

$$\dot{I}_1 = \dot{I}_a + \dot{I}_b + \dot{I}_c = 0$$

$$I_2 = \sqrt{3}I_{bc} = \frac{380}{12}\sqrt{3} = 55\text{A}$$

因电路中既有感性负载，又有容性负载，所以计算功率必须利用 丫-△ 变换的方法将 △ 连接的 Z_2 负载变换成 丫 连接，根据 丫-△ 变换的法则可得

$$Z_2' = \frac{1}{3}Z_2 = -\text{j}4\Omega$$

因各相电路的总阻抗 Z 为

$$Z = Z_1 \| Z_2' = \frac{(3+\text{j}4)(-\text{j}4)}{3}\Omega = \frac{16-\text{j}12}{3}\Omega$$

所以

$$P = 3P_a = 3\left(\frac{U_a}{|Z|}\right)^2 R = 3 \times \left(\frac{220}{20/3}\right)^2 \times \frac{16}{3}\text{W} = 17.424\text{kW}$$

$$Q = 3Q_a = 3\left(\frac{U_a}{|Z|}\right)^2 X = 3 \times \left(\frac{220}{20/3}\right)^2 \times 4\text{var} = 13.068\text{kvar}$$

$$S = \sqrt{P^2 + Q^2} = 21.718\text{kV}\cdot\text{A}$$

$$\cos\varphi = \frac{P}{S} \approx 0.8$$

用 MATLAB 软件编程计算的程序为

```
%例题 2.17 解的程序
Z1=3+4i;Z2=-12i;                    %输入阻抗的值
I2=3^.5*380/abs(Z2)                 %计算线电流
Z21=Z2/3;Z=Z1*Z21/(Z1+Z21);        %计算总阻抗
P=3*(220/abs(Z))^2*real(Z)          %计算有功功率
Q=3*(220/abs(Z))^2*abs(imag(Z))     %计算无功功率
S=(P^2+Q^2)^.5,c=P/S                %计算视在功率和功率因数
```

该程序计算的结果为

I2=54.8483; P=17424; Q=13068; S=21780; c=0.8000。

用 Multisim 软件进行仿真验证的结果如图 2-64 所示。

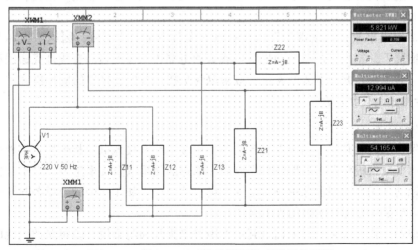

图 2-64　用 Multisim 软件进行仿真验证的结果

在图 2-64 中，功率表测量的数据是单相交流电所消耗的功率，将该值乘以 3 即可得到三相交流电所消耗的总功率，理论计算与仿真实验的结果相吻合。

*2.6.3 安全用电常识

在生产和生活中，人们经常要接触各种各样的电气设备，如果不小心触及这些电气设备带电的部分，或者触及电气设备已损坏的绝缘部分，就会发生触电的事故。

1. 触电事故对人体损伤程度的各种因素

触电事故有电伤和电击两种情况，电伤是指电流对人体外部的伤害，如皮肤的灼伤等；电击是指电流通过人体内部组织所引起的伤害，如不及时摆脱带电体，就会有生命危险。触电事故对人体的损伤程度一般与下列因素有关。

（1）通过人体电流的大小

据有关资料报道，当通过触电者心脏的工频交流电大于 10mA，或直流电大于 50mA 以上时，触电者将不能自己摆脱电源，有生命危险。在小于上述电流的情况下，触电者能自己摆脱带电体，但时间太长同样也有生命危险。一般情况下，人们触及 36V 以下的电压，通过人体的电流很小，不会产生危险，所以工程上规定不会对人体产生危险的电压值为安全电压值。我国规定的安全电压为 50V，安全电压等级分为 42V、36V、24V、12V、6V 五个等级。

（2）人体的电阻

人体的电阻愈高，触电时通过人体的电流就愈小，伤害的程度也愈轻。当皮肤有完好的角质层，且很干燥时，人体的电阻可达 $10^4 \sim 10^6 \Omega$。若皮肤湿潮，如出汗或带有导电性尘土时，人体的电阻将急剧下降，约为 $1 k\Omega$。人体电阻还与触电时人体接触带电体的面积及触电的电压等有关，接触面积愈大，触电电压愈高，人体的电阻就愈低。

（3）触电形式

最危险的触电事故是电流通过人的心脏，因此，当触电电流从一手流到另一手，或由手通过身体流到脚时比较危险。但并不是说人体其他部分通过电流就没有危险，因为人体任何部分触电都可能引起肌肉的收缩和痉挛，以及脉搏、呼吸和神经中枢的急剧失调而丧失意识，造成触电伤亡事故。

大多数的触电事故是在正常工作时接触电气设备不带电的部分，因绝缘损坏而引起的触电。在这种情况下，特别应注意电动机绕组或家用电器因绝缘破损而造成外壳碰线所引起的触电伤亡事故。为了防止此类事故的发生，应采取保护接地或保护接零的防护措施。

2. 保护接地与保护接零

（1）保护接地

所谓的保护接地就是将三相用电设备的外壳用接地线和接地电阻相焊接。接地电阻通常是指将专用的钢管或钢板深埋在大地中，形成的接地点的接地电阻按规定不得大于 4Ω。

保护接地通常用在三相电源中点不接地的供电系统中。如车间的动力设备与照明用电不共用同一电源时就是采用保护接地的供电系统。

保护接地的工作原理是：当人们碰到一相因绝缘损坏而与金属外壳短路的电机时，相当于在电机旁边并上一个阻值较大的电路，此时电流将分两路入地，因人体的电阻比外壳接地的电阻大很多，大部分电流将通过接地电阻入地，流过人体的电流极微小，人身安全得到保障。

（2）保护接零

所谓的保护接零就是将设备的外壳用导线和中线相连。在动力设备和照明共用同一个低压三相四线制的供电系统时，电源的中点接地，这时应采用保护接零（接中线）的办法。

保护接零的工作原理是：当电气设备的绕阻与机壳相碰时，该相导线即与中线形成短路，将接在该相上的熔丝熔断，避免了触电事故。

图 2-65 为单相用电设备在使用三脚插头和三眼插座时的正确接线图。用电设备的外壳用导线接在粗脚接线端上，通过插座与中线相连。

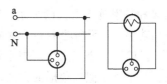

图 2-65　三脚插头和三眼插座的连接图

必须指出的是，在同一个配电线路中，不允许一部分设备接地，另一部分设备接中线。因为当接地设备的外壳碰线时，该设备的外壳与相邻接零设备的外壳之间具有相电压的电位差，此时，人若同时接触这两台设备的外壳，将承受相电压的冲击，是非常危险的。

如遇触电事故，不必惊慌，应首先切断电源，然后立即采取有效的急救措施。

小　　结

电路中按正弦规律随时间变化的交流电量称为正弦交流电量，对正弦交流电量进行分析时同样要标出正弦交流电量的参考方向，正弦交流电量的参考方向指的是交流电在正半周时的实际方向。描述正弦交流电量的三要素是：最大值、角频率和初相位。

最大值（U_m，I_m）是正弦交流电量在变化的过程中所出现的最大瞬时值；正弦交流电量变化一次所需的时间称为周期（T），单位时间内重复变化的次数称为频率（f），单位时间内变化的相位角度数称为角频率（ω），这三个量之间的关系是：$\omega = 2\pi f = \dfrac{2\pi}{T}$；初相位 φ_0 是描述正弦交流电量在 $t=0$ 时刻所处状态的物理量，在正弦交流电量的表达式中，初相位的取值范围是 $|\varphi_0| \leqslant \pi$。

两个同频率的正弦交流电量可进行相位差的比较，两个同频率的正弦交流电量的相位差就是它们的初相差。利用相位差的概念可以描述两个正弦交流电量相位的"超前"和"滞后"的关系。注意，"超前"和"滞后"的关系是相对的，在说明这种关系时，必须先选定其中的一个为参照系，相位差的取值范围是 $|\Delta\varphi| \leqslant \pi$。

正弦交流电量的表示方法有解析法、波形法和相量法。解析法将正弦交流电量表示成三角函数 $u(t) = U_m \cos(\omega t + \varphi_0)$ 的形式，波形法用波形图来表示正弦交流电量，这两种表示正弦交流电量的方法比较直观，但分析、计算不方便。为了对正弦交流电量进行分析、计算，将正弦交流电量表示成复数，因复数可以用相量来表示，所以、正弦交流电量也可以用相量来表示，用相量来表示正弦交流电量的方法称为相量法。

正弦交流电量的相量表示法有解析式、三角式、指数式和极坐标式，它们之间的关系为

$$\dot{U} = U_x + jU_y = |U|(\cos\varphi_0 + j\sin\varphi_0) = |U| e^{j\varphi_0} = |U| \angle\varphi_0$$

电阻 R、电感 L 和电容 C 是描述电路性质的三个参数，单一参数电路电流和电压瞬时值之间的关系为 $u_R = iR$，$u_1 = L\dfrac{di}{dt}$，$u_C = \dfrac{1}{C}\int i dt$；电流相量和电压相量之间的关系满足相量形式的欧姆

定律，即 $U_R=IR$，$\dot{U}_L = \mathrm{j}X_L\dot{I}$，$\dot{U}_c = -\mathrm{j}X_c\dot{I}$，式中的 $X_L= \omega L$，$X_c=\dfrac{1}{\omega C}$ 分别称为感抗和容抗。因 j 与相量相乘的结果与将相量逆时针转过 90°的效果相同，所以，可将 j 看成是相量的旋转算符，它对相量作用的结果是将相量逆时针转过 90°。根据旋转算符的特性和相量形式的欧姆定律可知，在纯电感电路中电压超前电流 90°，在纯电容电路中电压滞后电流 90°。

在 RLC 串联电路中，存在着电压三角形、阻抗三角形和功率三角形。电压三角形描述总电压和分电压的关系，该三角形反映的是相量关系，是相量三角形；阻抗三角形描述电阻 R、电抗 X 和总阻抗 Z 之间的关系，该三角形反映的是复数的关系，是复数三角形；功率三角形描述有功功率 P、无功功率 Q 和视在功率 S 之间的关系，该三角形反映的是数值关系，是代数三角形。虽然这三个三角形所表示各量的物理意义不相同，但它们的数值关系满足相似三角形的关系，利用解相似三角形的方法可确定这三个三角形各边的数值关系。

分析正弦稳态电路所用的公式、定理和方法与直流电路分析所用的公式、定理和方法形式相同，差别仅是运算的方法。直流电路分析的公式是代数关系式，而交流电路分析的公式是相量关系式，所以交流电路分析计算必须用相量计算，分析的方法可利用直流电路的分析法，先写出直流电路情况下解题所需要的各个公式，写公式时注意将各公式的表达式写成相量或复数的形式。

两个线圈套在一起可组成变压器，变压器的工作原理是磁耦合的原理。描述线圈磁耦合性质的物理量是互感系数，L_1 线圈在 L_2 线圈上所激发的感应电压 $u_{21} = \pm M\dfrac{\mathrm{d}\psi_{21}}{\mathrm{d}t}$，式中的正负号由同名端确定。互感线圈同名端的定义是：当一对施感电流 i_1 和 i_2 从同名端流入各自的线圈时，互感起增助的作用。

在理想变压器的情况下，变压器电压变换、电流变换和阻抗变换的关系为

$$\frac{u_1}{u_2} = \frac{N_1}{N_2} = n，\quad \frac{u_1}{u_2} = -\frac{i_2}{i_1} = n，\quad Z_L{'} = \frac{\dot{U}_1}{\dot{I}_1} = \frac{n\dot{U}_2}{-\dfrac{\dot{I}_2}{n}} = n^2\left(-\frac{\dot{U}_2}{\dot{I}_2}\right) = n^2 Z_L$$

由 RLC 相串联组成的电路当容抗等于感抗时，电路的电抗为零，阻抗呈纯电阻的性质，处在这种状态下的 RLC 串联电路称为串联谐振。RLC 电路处在谐振状态的特征是阻抗为纯电阻，值是一个实数，根据这个特点可确定谐振电路的固有频率 f_0。

单相交流电路分析和计算的方法同样适用于三相交流电路的分析和计算。

习题和思考题

1. 试确定下列各正弦交流电量的三要素。

   （1）$u(t)=5\cos 100t$ （2）$i(t)=10\sin(10t+25°)$

   （3）$u(t)=6\sin 20\pi t$ （4）$i(t)=5\cos(100\pi t-30°)$

2. 以角标为 1 的物理量为参照系，计算下列各正弦交流电量的相位差。

   （1）$u_1=5\cos(100t+15°)$ 和 $u_2=6\cos(20t+25°)$

   （2）$u_1=6\cos(100t+135°)$ 和 $u_2=5\cos(100t-75°)$

   （3）$u_1=6\cos(100t+135°)$ 和 $u_2=5\sin(100t-75°)$

   （4）$u_1=-6\cos(100t+135°)$ 和 $u_2=5\cos(100t-75°)$

3. 将题 2 的（2）、（3）和（4）所描述的各正弦交流电量写成极坐标形式的相量式，并画出相量图。

4. 指出下列表达式的错误，并改正。

（1）$u = \sin(\omega t - 60°) = e^{-j60°}$

（2）$\dot{I} = 6e^{j30°} = 6\sqrt{2}\cos(\omega t + 30°)$

（3）$I = 5\angle 60°$

（4）$U = -3 - j4 = 5\angle 53.1°$

（5）在纯电阻电路中，$\dot{U}_R = iR$，$p = \dfrac{U^2}{R}$

（6）在纯电容电路中，$\dot{U}_C = X_C \dot{I}_C$，$u_C = X_C i_C$，$\dot{U}_C = -jX_C I_C$

（7）在纯电感电路中，$\dot{U}_L = X_L i_L$，$\dot{U}_L = L\dfrac{di}{dt}$，$p = I^2 X_L$

5. 图 2-66 所示电路中各电压表的读数分别为 V_1=4V，V_2=2V，V_3=5V，试写出 $\dot{U}_s$ 的相量式，并画出相量图。

6. 在图 2-67 所示电路中，已知 A_1 和 A_2 的读数都是 5A，试写出电流 $\dot{I}$ 和电压 $\dot{U}_s$ 的相量式，并画出相量图。

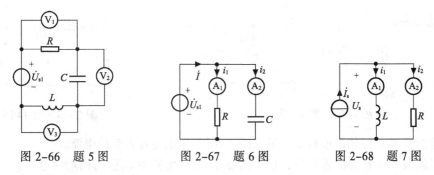

图 2-66　题 5 图　　　　图 2-67　题 6 图　　　　图 2-68　题 7 图

7. 在图 2-68 所示电路中，已知 $\dot{I}_s = 2\angle 0°$ A，$X_L = R = 2\Omega$，试写出电流表 A_1 和 A_2 的读数，并写出电流 i_1、i_2 和电压 u_s 的相量式，画出相量图。

8. 在图 2-69 所示电路中，已知电流表 A_1 的读数为 4A，电压表 V_1 的读数为 25V，X_{C1}=10Ω，X_L=4Ω，R=3Ω，试写出电流表 A 和电压表 V 的读数，并写出电流 i 和电压 u 的相量式，画出相量图。

9. 求题 8 所示电路的有功功率，无功功率，视在功率和功率因数。

10. 实验室内用的交流接触器内部是一个电感线圈，设该线圈的参数是：额定电压 220V，额定电流 200mA，线圈电阻为 750Ω，试求该线圈接在 50Hz 工频交流电上的电感 L，所消耗的功率，线圈的无功功率和功率因数。

11. 图 2-70 所示的电路是日光灯模型电路，设日光灯管的等效电阻为 300Ω，镇流器的等效电阻为 20Ω，电感量 L 为 1.5H，输入电压为 220V、50Hz 的交流电。试求：

（1）电路的总电流 i，灯管和镇流器两端的电压 u_R 和 u_{R_L}，并说明 u_R 和 u_{R_L} 之和大于输入电压 u 的原因。

（2）求出该电路所消耗的功率 P 和功率因数。

（3）要将该电路的功率因数提高到 0.9，需并上电容器的容量 C 是多少。

12. 图 2-71 所示电路中的电流表 A_1 和 A_2 的读数分别为 4A 和 3A，

（1）设 $Z_1 = R$，$Z_2 = -jX_C$，求电流表 A 的读数；

（2）设 $Z_1=R$，求 Z_2 是什么参数的元件时，才能使电流表 A 的读数最大，该读数的值是多少；

（3）设 $Z_1=jX_L$，求 Z_2 是什么参数的元件时，才能使电流表 A 的读数最小，该读数的值是多少；

（4）设 $Z_1=jX_L$，求 Z_2 是什么参数的元件时，才能使电流表 A 和 A_1 的读数相等，写出该电流相量的表达式。

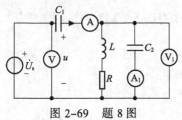 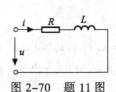 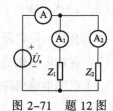

图 2-69 题 8 图　　图 2-70 题 11 图　　图 2-71 题 12 图

13. 求图 2-72 所示电路的输入阻抗。

14. 图 2-73 所示电路中的 $Z_1=(10+j50)\Omega$，$Z_2=(400+j1000)\Omega$，如果要使 $\dot{I}$ 和 $\dot{U}_s$ 正交，β 的值应为多少？

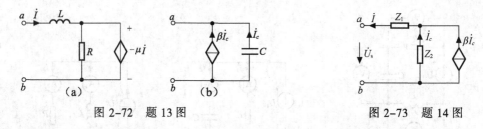

图 2-72 题 13 图　　　　　　图 2-73 题 14 图

15. 在信号源频率 ω 已知的前提下，试求图 2-74 所示电路各支路的电流。

16. 在信号源频率 ω 已知的前提下，试求图 2-75 所示电路中电阻 R_2 两端的电压。

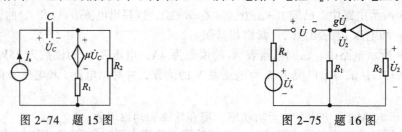

图 2-74 题 15 图　　　　　　图 2-75 题 16 图

17. 已知图 2-76 所示电路的 $\dot{U}_s=100\angle 60°$V，$\dot{I}_s=2\angle 0°$A，$R_1=65\Omega$，$R_2=45\Omega$，$X_L=30$ Ω，$X_C=90$ Ω，$\beta=2$，求电阻 R_1 所消耗的功率，电源 U_s 的输出功率。

18. 列出图 2-77 所示电路的节点电压和回路电流方程。

19. 列出图 2-78 所示电路的节点电压和网孔电流方程。

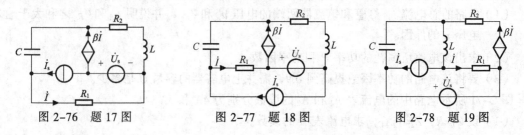

图 2-76 题 17 图　　图 2-77 题 18 图　　图 2-78 题 19 图

20. 分别用叠加定理和用戴维南定理求流过图 2-78 所示电路中电感 L 的电流。

21. 已知图 2-79 所示电路 $\dot{U}_s = 20\angle 0°\text{V}$，$R_1=R_2=20\Omega$，$R_3=10\Omega$，$C=250\mu\text{F}$，$g=0.025$，$\omega=100\text{rad/s}$，求 Z_L 取什么值时，Z_L 可从电路上获得最大的功率，该功率的值是多少？

22. 求图 2-80 所示电路的短路或开路频率。

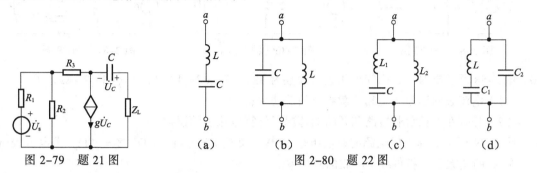

图 2-79　题 21 图　　　　　(a)　　　　(b)　　　　(c)　　　　(d)

图 2-80　题 22 图

23. 求图 2-81 所示电路的谐振频率。

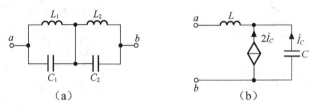

（a）　　　　　　　　　（b）

图 2-81　题 23 图

24. 在输入信号频率 ω 已知的前提下，计算图 2-82 所示电路的输入阻抗。

25. 列出计算图 2-83 所示的电流 $\dot{I}_1$ 和电压 $\dot{U}_2$ 的表达式。

26. 计算图 2-84 所示的网孔电流 $\dot{I}_1$ 和 $\dot{I}_2$。

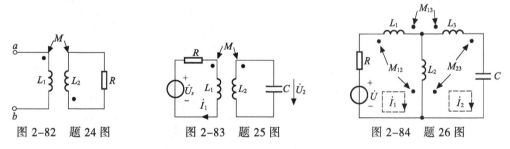

图 2-82　题 24 图　　　　图 2-83　题 25 图　　　　图 2-84　题 26 图

27. 计算图 2-85 所示电路中流过电感所在支路的电流 $\dot{I}_1$ 和 $\dot{I}_2$。

28. 图 2-86 所示电路中，设变压器的变比为 n，求变压器的初级电流 $\dot{I}_1$，次级电流 $\dot{I}_2$ 和电路的输入阻抗 Z_i。若变压器的同名端对调，求电路的输入阻抗 Z_i；若变压器的初、次级线圈在相连接处断开，求电路的输入阻抗 Z_i。

29. 图 2-87 所示电路中，若电感 L_1 的感抗为 2Ω，电感 L_2 的感抗为 10Ω，电容 C 的容抗为 20Ω，电阻 R 的阻值为 20Ω，变比 $n = \dfrac{1}{\sqrt{10}}$，$\dot{U}_s = 10\angle 0°\text{V}$，求负载电阻 Z_L 上可获得的最大输出功率值。

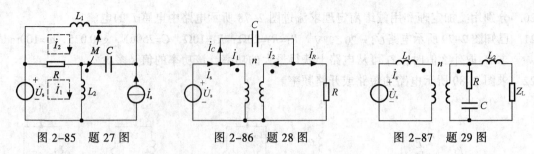

图 2-85　题 27 图　　　　图 2-86　题 28 图　　　　图 2-87　题 29 图

30. 图 2-88 所示电路中，已知电压表的读数为 38V，$Z=(3+j4)\Omega$，$Z_1=(1+j2)\Omega$，求：

　　（1）电流表的读数和三相负载吸收的总功率；

　　（2）分别在 b 相负载短路和开路的情况下计算电流表的读数。

31. 图 2-89 所示对称三相电源的线电压是 380V，负载 $Z_1=(4+j3)\Omega$，$Z_2=-j9\Omega$，求电流表 A_1 和 A_2 的读数及三相负载所吸收的总功率。

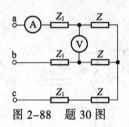

图 2-88　题 30 图

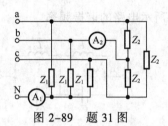

图 2-89　题 31 图

第3章 | RC 电路的分析

学习要点：

● 动态电路的换路定则和三要素公式。

● 微分电路和积分电路输入-输出信号波形的关系。

● 滤波器的概念和画波特图的方法。

3.1 动态电路的方程及其初始条件

前面介绍的电容或电感的电流和电压之间的约束关系是通过导数或积分来表达的，具有这种特性的元件称为动态元件，又称为储能元件。当电路中含电容或电感时，根据 KVL 和 KCL 所列的方程是以电流或电压为变量的微分或积分方程。

3.1.1 动态电路的方程

对于含有一个电容和一个电阻，或一个电感和一个电阻的电路，当电路的无源元件都是线性且不变时，描述电路参数的方程是一阶线性常微分方程，相应的电路称为一阶电阻电容电路（简称 RC 电路），如图 3-1（a）所示，或一阶电阻电感电路（简称 RL 电路），如图 3-1（b）所示。

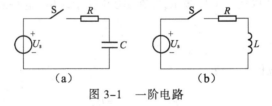

图 3-1　一阶电路

如果电路仅含一个动态元件，利用戴维南定理，可以将动态元件以外的电路等效成电压源和电阻串联的组合，从而将原电路等效成如图 3-1 所示的 RC 或 RL 电路，这样的电路称为一阶动态电路。

动态电路的一个特征是当电路的结构或元件的参数发生变化时，可能会使原来电路的工作状态发生改变，这种改变需要经历一个过程，动态电路所经历的变化过程称为暂态过程，或过渡过程。

动态电路的经典分析法是：根据 KVL 和 KCL 建立描述电路参数变化的微分方程，然后求解该微分方程，确定电路的参数随时间变化的函数关系。

【例 3.1】试分别求出如图 3-2 所示两电路的开关 S 从 2 拨向 1，当电路处在稳态以后，又从 1 拨向 2 这两个动态过程中电容两端的电压 u_C 和电感上的电流 i_L 随时间变化的函数关系。

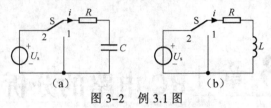

图 3-2　例 3.1 图

【解】图 3-2（a）中，开关 S 从 2 拨向 1 后，电压源 U_s 没有加在 RC 电路上，RC 电路在电容器储存电能的激励下电压和电流将发生变化，设电路电流和电压的参考方向相关联，由 KVL 可得

$$u_R + u_C = 0$$

将 $i = C\dfrac{\mathrm{d}u_C}{\mathrm{d}t}$ 的关系式代入可得

$$RC\frac{\mathrm{d}u_C}{\mathrm{d}t} = -u_C \qquad (3-1)$$

式（3-1）是可分离变量的一阶线性常系数微分方程，进行分离变量可得

$$\frac{\mathrm{d}u_C}{u_C} = -\frac{1}{RC}\mathrm{d}t$$

两边取积分得

$$\ln u_C = -\frac{1}{RC}t + \ln A_1$$

式中的 $\ln A_1$ 是积分常数，令 $\tau = RC$，τ 称为时间常数，去掉上式中的对数可得

$$u_C(t) = A_1 \mathrm{e}^{-\frac{t}{\tau}} \qquad (3-2)$$

式（3-2）就是开关 S 从 2 拨向 1 后，电容两端的电压随时间变化的函数关系式，式中的 A_1 为积分常数。

当开关 S 从 1 拨向 2 以后，电压源 U_s 加在 RC 电路上，RC 电路的电流和电压又将发生变化，利用 KVL 可得

$$u_R + u_C - U_s = 0$$

将 $i = C\dfrac{\mathrm{d}u_C}{\mathrm{d}t}$ 的关系式代入可得

$$RC\frac{\mathrm{d}u_C}{\mathrm{d}t} + u_C = U_s \qquad (3-3)$$

式（3-3）也是可分离变量的一阶线性常系数微分方程，进行分离变量可得

$$\frac{\mathrm{d}u_C}{U_s - u_C} = \frac{1}{RC}\mathrm{d}t$$

解此微分方程可得

$$\ln(U_s - u_C) = -\frac{1}{RC}t + \ln A_2$$

式中的 $\ln A_2$ 也是积分常数，去掉式中的对数可得

$$u_C(t) = U_s - A_2 \mathrm{e}^{-\frac{1}{RC}t} \qquad (3-4)$$

式（3-4）就是开关 S 从 1 拨向 2 以后电容两端电压随时间变化的函数关系式，式中的 A_2 也是积分常数。

图 3-2（b）中，当开关 S 从 2 拨向 1 以后，利用 KVL 可得

$$u_R + u_L = 0$$

将 $u_L = L\dfrac{\mathrm{d}i}{\mathrm{d}t}$ 的关系式代入可得

$$L\frac{\mathrm{d}i}{\mathrm{d}t} = -Ri$$

该微分方程的形式与式（3-1）一样，解的方法也一样，令 $\tau = \dfrac{L}{R}$，τ 也称为时间常数，可得

$$i_L(t) = A_3 \mathrm{e}^{-\frac{t}{\tau}} \tag{3-5}$$

当开关 S 从 1 拨向 2 以后，利用 KVL 可得

$$u_R + u_L - U_\mathrm{s} = 0$$

将 $u_L = L\dfrac{\mathrm{d}i}{\mathrm{d}t}$ 的关系式代入可得

$$Ri + L\frac{\mathrm{d}i}{\mathrm{d}t} = U_\mathrm{s} \tag{3-6}$$

该微分方程的形式与式（3-3）一样，解的方法也一样，分离变量可得

$$\frac{\mathrm{d}i}{\dfrac{U_\mathrm{s}}{R} - i} = \frac{R}{L}\mathrm{d}t$$

$$i(t) = \frac{U_\mathrm{s}}{R} - A_4 \mathrm{e}^{-\frac{t}{\tau}} \tag{3-7}$$

式（3-5）和式（3-7）也是两个动态过程，描述电感上的电流随时间变化的函数关系式，式中的 A_3 和 A_4 也是积分常数。

用 MATLAB 软件也可以进行微分方程求解的计算，求解上述两个微分方程的程序为

```
%求解一阶微分方程的程序
uc=dsolve('Duc/uc=-1/(R*C)')            %解电容放电的微分方程
IL=dsolve('DIL/IL=-L/R')                %解电感放电的微分方程
uc1=dsolve('Duc1/(Us-uc1)=1/(R*C)')     %解电容充电的微分方程
IL1=dsolve('DIL1/(Us/R-IL1)=L/R')       %解电感充电的微分方程
```

该程序运行的结果为

```
uc =C1*exp(-1/R/C*t);          IL=C1*exp(-L/R*t);
uc1 =Us+C1*exp(-1/R/C*t);      IL1=Us/R+C1*exp(-L/R*t)
```

在式（3-2）、式（3-4）、式（3-5）和式（3-7）中都有一个积分常数 A，该常数可由电路的初始条件来确定，电路的初始条件可以根据电路在换路瞬间所处的状态来确定。

3.1.2　换路定则及初始值的确定

1. 换路

任何电路在特定的条件下都处于一种稳定的状态，在这个状态下，如果电路中的电源、元件的参数、电路的结构或工作状态发生了变化，则该电路将由原来的状态转换为另一种状态。

例 3.1 电路的开关从 1 拨向 2，或者从 2 拨向 1，都使原电路的状态发生变化。这种因电路结构或参数的变化所引起的电路变化统称为"换路"。

2. 换路定则及初始值的确定

动态电路之所以会产生暂态过程，其理论根据是能量不能突变。能量的积聚和衰减是需要时间的，否则，相应的功率 $P = \dfrac{\mathrm{d}w}{\mathrm{d}t}$ 将趋于无限大，这是不可能的。

例如，前面列举的 RC 或 RL 电路，因电路中有储能元件电容或电感，电路换路以后，电路中的能量也将发生变化。但是电源输出的功率是有限值，因此，电容元件中的电场能量和电感线圈中的磁场能量不会因换路而突变，因电容器所储存的能量与电容器两端的电压 u_C 有关，电感器所储存的能量与流过电感的电流 i_L 有关，所以电容器两端的电压 u_C 和电感线圈中的电流 i_C 都不会因换路而突变。

在研究电路的问题时，通常将换路的时刻定为 $t=0$ 的时刻。为了叙述的方便，把刚开始换路前的瞬间记为 $t=0_-$，把换路刚结束后的瞬间记为 $t=0_+$，换路所经历的时间是从 0_- 到 0_+。根据储能元件电容的电场能量和电感的磁场能量不能突变的理论可得，在 $t(0_-)$ 到 $t(0_+)$ 的换路瞬间，电容元件两端的电压和流过电感元件中的电流不能突变，这就是换路定则。换路定则的公式为

$$u_C(0_-) = u_C(0_+) \tag{3-8}$$

$$i_L(0_-) = i_L(0_+) \tag{3-9}$$

必须指出的是，换路定则只能确定换路瞬间 $t=0$ 时不能突变的 u_C 和 i_L 的初始值，而 i_C 和 u_L 以及电路中其他元件的电压、电流的初始值是可以突变的，如电容上的电流和电感两端的电压都是可以突变的。

由换路定则确定了 $u_C(0_+)$ 或 $i_L(0_+)$ 初始值后，电路中其他元件的电压、电流的初始值可按以下的原则来确定：

（1）换路瞬间，电容元件当作恒压源。如果 $u_C(0_-)=0$，则 $u_C(0_+)=0$，电容元件在换路瞬间相当于短路。

（2）换路瞬间，电感元件当作恒流源。如果 $i_L(0_-)=0$，则 $i_L(0_+)=0$，电感元件在换路瞬间相当于开路。

（3）运用 KCL、KVL 及直流电路中的分析方法，可计算电路在换路瞬间其他元件的电压、电流的初始值。

【例 3.2】 利用换路定则确定例 3.1 解中的积分常数。

【解】 根据换路定则可得开关 S 从 2 拨向 1 时的初始条件为

$$u_C(0_+) = u_C(0_-) = U_s \tag{3-10}$$

$$i_L(0_+) = i_L(0_-) = \frac{U_s}{R} \tag{3-11}$$

分别将式（3-10）和式（3-11）代入式（3-2）和式（3-5）可得

$$A_1 = U_s \text{ 和 } A_3 = \frac{U_s}{R}$$

将 A 的表达式代入式（3-2）和式（3-5）中可得

$$u_C(t) = U_s \mathrm{e}^{-\frac{t}{\tau}} \tag{3-12}$$

$$i_L(t) = \frac{U_s}{R} \mathrm{e}^{-\frac{t}{\tau}} \tag{3-13}$$

由式（3-12）和式（3-13）可见，电压 $u_C(t)$ 和电流 $i_L(t)$ 都按照同样的指数规律衰减，它们衰减的快慢程度取决于时间常数 τ 的大小，τ 由电路的结构和元件的参数来确定，它的大小反映了一阶电路过渡过程进展的速度，它是反映过渡过程特征的一个物理量。

根据换路定则可得开关 S 从 1 拨向 2 时的初始条件为

$$u_C(0_+) = u_C(0_-) = 0 \tag{3-14}$$

$$i_L(0_+) = i_L(0_-) = 0 \tag{3-15}$$

分别将式（3-14）和式（3-15）代入式（3-4）和式（3-7）可得

$$0 = U_s - A_2 \text{ 和 } 0 = \frac{U_s}{R} - A_4$$

则

$$A_2 = U_s \text{ 和 } A_4 = \frac{U_s}{R}$$

将 A 的表达式代入式（3-4）和式（3-7）可得

$$u_C(t) = U_s(1 - \mathrm{e}^{-\frac{t}{\tau}}) \tag{3-16}$$

$$i_L(t) = \frac{U_s}{R}(1 - \mathrm{e}^{-\frac{t}{\tau}}) \tag{3-17}$$

由式（3-16）和式（3-17）可见，电压 $u_C(t)$ 和电流 $i_L(t)$ 都按照同样的指数规律上升，它们上升的快慢程度同样取决于时间常数 τ 的大小。

设 $U_s=10\mathrm{V}$，$I_s=10\mathrm{A}$，$\tau_1=0.5\mathrm{s}$，$\tau_2=0.25\mathrm{s}$。根据式（3-12）和式（3-13），式（3-16）和式（3-17）用 MATLAB 软件画电路电压、电流随时间变化的波形图的程序为

```
%画动态电路电压、电流随时间变化的波形图
Us=10;Is=10;T1=0.5;T2=0.25;
t=[0:0.1:3]
uc1=Us.*exp(-t./T1);
subplot(2,2,1),plot(t,uc1);
xlabel('t');ylabel('uc(t)');title('电容放电曲线');
iL1=Is.*exp(-t./T2);
subplot(2,2,2),plot(t, iL1);
xlabel('t');ylabel('iL(t)');title('电感放电曲线');
uc2=Us.*(1-exp(-t./T1));
subplot(2,2,3),plot(t,uc2);
xlabel('t');ylabel('uc(t)');title('电容充电曲线');
iL2=Is.*(1-exp(-t./T2));
subplot(2,2,4),plot(t,iL2);
xlabel('t');ylabel('iL(t)');title('电感充电曲线');
```

该程序运行的结果如图 3-3 所示。

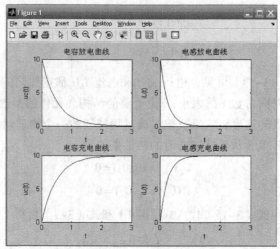

图 3-3 动态电路电压、电流随时间变化的波形图

式（3-12）和式（3-13）函数分别对应于图 3-3 中的两张放电曲线，其中左边曲线的时间常数 τ_1 大于右边曲线的时间常数 τ_2，所以，右边的曲线较左边的曲线衰减地快。

根据电容 C 或电感 L 放电过程的曲线和电路可见，该过程所描述的状态都是动态电路在没有外加激励信号的时候，由电路中动态元件的初始储能所引起的响应，这种响应在电子电路课程中称为零输入响应。

式（3-16）和式（3-17）函数分别对应于图 3-3 中的两张充电曲线，其中左边曲线的时间常数 τ_1 大于右边曲线的时间常数 τ_2，所以，右边的曲线较左边的曲线上升地快。

根据电容 C 或电感 L 充电过程的曲线和电路可见，该过程所描述的状态都是动态电路在没有初始储能的情况下，由外加激励信号 U_s 或 I_s 所引起的响应，这种响应在电子电路课程中称为零状态响应。零输入响应和零状态响应的和称为动态电路的完全响应。

【例 3.3】确定图 3-4 所示电路开关 S 闭合后各支路电流和电压的初始值。设开关 S 闭合前电容元件和电感元件上均未储存能量。

【解】先求出 S 闭合前瞬间各电流和电压的初始值，根据已知条件在 $t=0_-$ 的瞬间，因开关 S 未闭合，电容和电感上均未储能，所以，$u_C(0_-)=0$，$i_L(0_-)=0$，可将电容作短路处理，电感作开路处理，由此可得 $t=0_-$ 瞬间的等效电路，如图 3-5 所示。可见，除 $U_s=10\text{V}$ 外，所有元件上的电压和电流均为零。

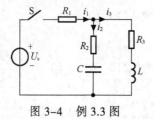

图 3-4 例 3.3 图

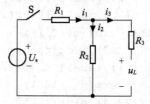

图 3-5 $t=0_-$ 时的等效电路

将图 3-5 所示电路的开关 S 闭合，就成为开关 S 闭合瞬间的等效电路，此电路就是换路后初始瞬间的电路结构。由于换路瞬间电容两端的电压和电感上的电流不能突变，所以电容元件和电感元件仍分别以短路和开路处理。根据图 3-5 可得

$$i_1(0_-) = i_2(0_-) = i_3(0_-) = 0$$

$$u_{R1}(0_-) = u_{R2}(0_-) = u_{R3}(0_-) = 0$$

$$i_1(0_+) = i_2(0_+) = i_C(0_+) = \frac{U_s}{R_1 + R_2}$$

$$i_3(0_+) = i_L(0_+) = i_3(0_-) = 0$$

$$u_C(0_+) = u_C(0_-) = 0$$

$$u_L(0_+) = \frac{R_2}{R_1 + R_2} U_s$$

从计算结果可见，换路瞬间电容上的电流和电感两端的电压不等于 0，发生了突变；而电容两端的电压和电感上的电流等于 0，不发生突变。

3.2 动态电路求解的三要素法

由上面的讨论可知，如图 3-2 所示的一阶电路电容两端电压和电感上的电流随时间变化的函数关系式是式（3-12）和式（3-13），式（3-16）和式（3-17），即

$$u_C(t) = U_s e^{-\frac{t}{\tau}}$$

$$i_L(t) = \frac{U_s}{R} e^{-\frac{t}{\tau}}$$

$$u_C(t) = U_s(1 - e^{-\frac{t}{\tau}})$$

$$i_L(t) = \frac{U_s}{R}(1 - e^{-\frac{t}{\tau}})$$

观察上面的四个式子可得，当 t 趋于无穷大时，对于零输入响应最后的稳定值是 0；而零状态响应，最后均趋于稳定值 U_s 或 $\frac{U_s}{R}$。在电子电路课程中，将动态电路 t 趋于无穷大时的状态称为电路的稳态响应；而把 t 不趋于无穷大时，电路所处状态中含有的 $e^{-\frac{t}{\tau}}$ 项称为电路的暂态响应，根据上述的区分原则，可将动态电路的完全响应看成是暂态分量和稳态分量的和。

如果用 $f(t)$ 表示待求的一阶电路的完全响应，用 $f(\infty)$ 表示 $t=\infty$ 时的稳态分量，$f(0_+)$ 表示 $t = 0_+$ 时的初始值，τ 表示电路的时间常数，则动态电路完全响应的一般表达式可写成如下的形式

$$f(t) = f(\infty) + [f(0) - f(\infty)] e^{-\frac{t}{\tau}} \tag{3-18}$$

式（3-18）反映了一阶电路任何一种暂态过程的响应，不论 RC 电路还是 RL 电路都适用。我们把换路瞬间的初始值 $f(0)$、换路后的稳态值 $f(\infty)$ 和换路后的电路时间常数 τ 称为求解一阶电路的三要素。将三要素代入式 3-18 就可求出一阶电路中任何电压、电流的完全响应，故称三要素法。

例如对于图 3-2（a）所示的电路，当开关 S 从 1 拨向 2 以后，将三要素 $u_C(0)=0$，$u_C(\infty)=U_s$，$\tau=RC$ 代入三要素方程可得

$$u_C(t) = U_s + [0 - U_s] e^{-\frac{t}{\tau}}$$

$$= U_s(1 - e^{-\frac{t}{\tau}})$$

与式（3-16）的结论一样。

当开关 S 从 2 拨向 1 以后，将三要素 $u_C(0)=U_s$，$u_C(\infty)=0$，$\tau=RC$ 代入三要素方程可得

$$u_C(t) = 0 + [U_s - 0]\mathrm{e}^{-\frac{t}{\tau}}$$

$$= U_s\mathrm{e}^{-\frac{t}{\tau}}$$

与式（3-12）的结论一样，但求解的过程却简单多了。

由上面的分析可见，利用三要素法求解一阶电路的动态过程不需要列电路方程，不需要进行微分方程的运算，而只要将动态电路的三要素列出来，利用三要素公式就能方便地求解。但要指出的是，三要素法只适用于在开关过程阶跃电压作用下的一阶线性电路，对于不是阶跃电压作用的则不适用。

【例 3.4】如图 3-6 所示的电路，在 $t=0$ 时，开关 S 闭合，求电容两端的电压随时间变化的函数关系式。

【解】直接利用图 3-6 所示的电路来求解，不容易写出电路的三要素。为了正确地写出电路的三要素，必须先用戴维南定理将图 3-6 所示的电路转化成标准的一阶 RC 电路，然后再利用三要素公式来求解。

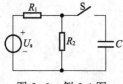
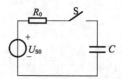

图 3-6　例 3.4 图　　　　　　　　图 3-7　用戴维南定理化简后的电路

利用戴维南定理化简后的等效电路如图 3-7 所示。由图 3-7 可得电路的三要素为

$$u_C(\infty)=U_{s0}, \quad u_C(0)=0, \quad \tau=R_0C$$

式中的 U_{s0} 和 R_0 分别为

$$U_{s0} = \frac{R_2}{R_1 + R_2}U_s$$

$$R_0 = \frac{R_1 R_2}{R_1 + R_2}$$

根据三要素公式可得

$$u_C(t) = u_C(\infty) + [u_C(0) - u_C(\infty)]\mathrm{e}^{-\frac{t}{\tau}} = U_{s0}(1 - \mathrm{e}^{-\frac{t}{\tau}})$$

【例 3.5】如图 3-8 所示的电路，在 $t=0$ 时，开关 S 闭合，求电感上的电流随时间变化的函数关系式。

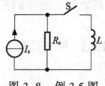
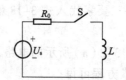

图 3-8　例 3.5 图　　　　　　　　图 3-9　化简后的等效电路

【解】与例 3.4 一样，直接利用图 3-8 所示的电路来求解，不容易写出电路的三要素，因

此必须先用电流源和电压源等效变换的定理将图中的电流源变换成电压源，将图 3-8 所示的电路转化成标准的一阶 RL 电路，然后再利用三要素公式来求解。

利用电流源和电压源等效变换化简后的等效电路如图 3-9 所示。由图 3-9 可得电路的三要素为

$$i_L(\infty) = \frac{U_s}{R_0}, \quad i_L(0) = 0, \quad \tau = \frac{L}{R_0}$$

式中的 U_s 和 R_0 分别为

$$U_s = R_s I_s$$
$$R_0 = R_s$$

根据三要素公式可得

$$i_L(t) = i_L(\infty) + [i_L(0) - i_L(\infty)]\mathrm{e}^{-\frac{t}{\tau}} = \frac{U_s}{R_0}(1 - \mathrm{e}^{-\frac{t}{\tau}})$$

【例 3.6】如图 3-10 所示的电路，在 $t=0$ 时，开关 S 闭合，求电容上的电流随时间变化的函数关系式。

【解】因为在换路的瞬间电容上的电流可以突变，所以不能直接用三要素公式求电容上的电流随时间变化的函数关系，必须先用三要素公式求出电容两端电压随时间变化的函数关系式，然后利用流过电容的电流和电容两端电压之间的关系求流过电容器的电流。利用戴维南定理和例 2.9 的结论，可将图 3-10 所示的电路等效成如图 3-11 所示的电路。该电路的三要素为

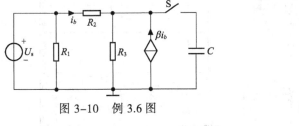

图 3-10　例 3.6 图　　　　　图 3-11　化简后的电路

$$u_C(0)=0, \quad u_C(\infty) = \frac{(1+\beta)R_3}{R_2 + (1+\beta)R_3}U_s, \quad \tau = (\frac{R_2}{1+\beta} \parallel R_3)C$$

根据三要素公式可得

$$u_C(t) = u_C(\infty) + [u_C(0) - u_C(\infty)]\mathrm{e}^{-\frac{t}{\tau}} = u_C(\infty)[1 - \mathrm{e}^{-\frac{t}{\tau}}]$$
$$= \frac{(1+\beta)R_3}{R_2 + (1+\beta)R_3}U_s(1 - \mathrm{e}^{-\frac{t}{\tau}})$$

所以

$$i_C(t) = C\frac{\mathrm{d}u_C(t)}{\mathrm{d}t} = \frac{u_C(\infty)}{\tau}\mathrm{e}^{-\frac{t}{\tau}} = \frac{(1+\beta)}{R_2}U_s\mathrm{e}^{-\frac{t}{\tau}}$$

由上面的讨论可得，在利用三要素公式求解一阶动态电路的问题时，应先利用第 1 章介绍的各种方法将非标准的一阶动态电路转化成标准的一阶动态电路，然后再写出动态电路的三要素，并代入三要素公式求解。

3.3 RC 一阶电路在脉冲电压作用下的暂态过程

RC 一阶电路在如图 3-12 所示的周期性矩形脉冲信号驱动下的响应是电子电路课程中常见的一个问题。该问题因电路参数和脉冲信号参数的不同而有不同的结果。

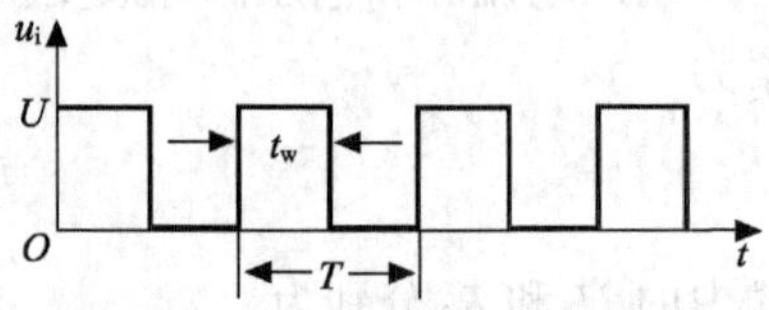

描述脉冲信号的主要参数有如下几个：

① 脉冲幅度 U：脉冲电压的最大变化幅度。

图 3-12　脉冲信号波形图

② 脉冲周期 T：周期性重复的脉冲序列中，两个相邻脉冲之间的时间间隔。

③ 脉冲宽度 t_w：脉冲信号在一个周期内，脉冲幅度 U 所持续的时间。

④ 占空比 q：脉冲宽度和脉冲周期的比值，即 $q = \dfrac{t_w}{T}$。

下面就来讨论 RC 一阶电路在脉冲信号作用下的响应问题。

3.3.1 微分电路

如图 3-13 所示的电路，在脉冲信号的作用下，当电路的时间常数 $\tau \ll t_w$（一般取 $\tau < 0.2t_w$）时，电路充、放电的过程将进行得很快，输入与输出信号如图 3-13 所示示波器屏幕上的波形。

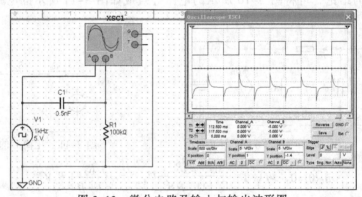

图 3-13　微分电路及输入与输出波形图

该电路的工作原理是：在 0~T/2 内 $t=0$ 的瞬间，因为 $u_C(0_+)=0$，相当于短路，电路的输出电压等于输入电压，即，$u_o=u_i$；然后电容两端的电压迅速增长，因为 $\tau \ll t_w$，在 $t<t_w$ 的时间内，电容两端的电压已达稳态值 U，此时输出电压 $u_o=0$，产生如图 3-13（b）所示的正尖脉冲；在 $T/2 \sim T$ 内 $t=T/2$ 的瞬间，$u_i=0$，相当于输入端的 a、b 短路，电容 C 对 R 放电，形成图 3-13（b）所示的反向尖脉冲。

因为该电路在 $\tau \ll t_w$ 的条件下，$u_C=u_i-u_o \approx u_i$，根据输出电压 $u_o=iR$ 的关系可得

$$u_o = Ri = RC\frac{\mathrm{d}u_C}{\mathrm{d}t} \approx RC\frac{\mathrm{d}u_i}{\mathrm{d}t}$$

由上式可见，输出信号是输入信号的微分，所以该电路称为微分电路。

图 3-13 所示的电路中，输入信号的周期 $T=1\mathrm{ms}$，脉宽 $t_w=0.5\mathrm{ms}$，电路的时间常数 $\tau=0.1\mathrm{ms}$，满足微分电路 $\tau \ll t_w$ 的条件，所以电路为微分电路。

根据图 3-13 示波器屏幕上的波形可得：方波信号经微分电路后输出为双向的尖波信号。双向的尖波信号去掉一半以后，成为单向的尖波信号，该信号在脉冲数字电路中用作触发信号。

3.3.2　RC 耦合电路

图 3-13 所示的电路，当电路的时间常数不满足 $\tau \ll t_W$ 的条件时，输入与输出信号的波形如图 3-14 所示示波器屏幕上的波形。

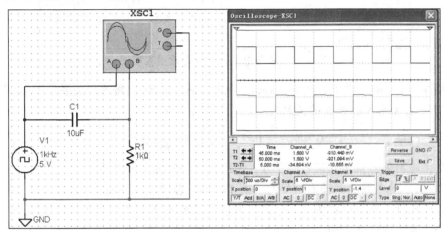

图 3-14　耦合电路及输入与输出波形图

该电路的工作原理是：当电路的 $\tau \gg t_W$ 时，电路充电、放电的过程将进行得很慢，电容 C 两端的电压几乎不变，等于 $U/2$。在 $0 \sim T/2$ 内，电路的输出电压 $u_o = u_i - u_C = \dfrac{U}{2}$；在 $T/2 \sim T$ 内，$u_i = 0$，相当于输入端的 a、b 短路，电容 C 对 R 放电，形成幅度为 $U/2$ 的反向信号。即该电路输入-输出信号的波形如图 3-14 所示示波器屏幕上的波形。

图 3-14 所示的电路中，输入信号的周期 $T = 1\text{ms}$，脉宽 $t_W = 0.5\text{ms}$，电路的时间常数 $\tau = 1\text{ms}$，满足 $\tau \gg t_W$ 的条件，图 3-14 所示的 RC 电路中的电容，在电路中只起到"通交流"、"阻直流"的耦合作用，输出信号的波形等于输入信号，具有这种特性的 RC 电路称为阻（电阻）容（电容）耦合电路。

3.3.3　积分电路

如果将 RC 电路连成图 3-15 所示的形式，当电路的时间常数 $\tau \gg t_W$ 时，RC 电路对脉冲信号的作用将转化为积分的作用，输入-输出信号的波形如图 3-15 所示示波器屏幕上的波形。

该电路的工作原理是：在 $\tau \gg t_W$ 的前提下，在 $0 \sim T/2$ 内，电容处于充电的状态，电容两端电压上升的速度很缓慢，电路的输出电压 $u_o = u_C$ 也是缓慢增长，当 u_C 还未达到稳态值时，电路进入 $T/2 \sim T$ 内，此时输入脉冲已消失，电路的 a、b 端子相当于短路，电容开始缓慢放电，输出电压也缓慢衰减，形成如图 3-15 所示示波器屏幕上的三角波输出。

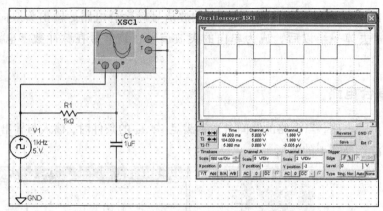

图 3-15　积分电路及输入与输出波形图

该电路在 $\tau \gg t_w$ 的条件下，因为 $u_i \gg u_C$，所以 $u_R = u_i - u_C \approx u_i$，将这些关系代入 u_C 的表达式，可得输出信号 u_o 和输入信号 u_i 的关系为

$$u_o = u_C = \frac{1}{C}\int i\,\mathrm{d}t = \frac{1}{C}\int \frac{u_R}{R}\mathrm{d}t \approx \frac{1}{RC}\int u_i\,\mathrm{d}t$$

由上式可见，输出信号是输入信号的积分，所以该电路称为积分电路。

图 3-15 所示的电路中，输入信号的周期 $T = 1\mathrm{ms}$，脉宽 $t_w = 0.5\mathrm{ms}$，电路的时间常数 $\tau = 1\mathrm{ms}$，满足 $\tau \gg t_w$ 的条件，所以电路为积分电路。方波信号经积分电路后输出为三角波信号，三角波信号在电子技术中被广泛应用。

由以上讨论可知，同样是 RC 电路，因为信号的输出端不同，可以是微分电路（从电阻两端输出），也可以是积分电路（从电容两端输出）；因为参数选择的条件不同，可以是微分电路（$\tau \ll t_w$ 的条件），也可以是阻容耦合电路（$\tau \gg t_w$ 的条件）。

3.4　RC 一阶电路在正弦信号激励下的响应

前面讨论的 RC 电路是在直流信号和脉冲信号激励下的响应，下面来讨论 RC 电路在不同频率正弦信号激励下的响应。

从第 2 章的内容可知，电容 C 对不同频率的正弦信号呈现出不同的阻抗，利用电容的这种特性可以组成各种不同形式的滤波器。所谓的滤波器就是能够让指定频段的信号顺利通过，而将其他频段的信号衰减掉的电路。下面来介绍由 RC 电路组成的滤波器。

3.4.1　RC 低通滤波器

1. 电路的组成

所谓的低通滤波器就是允许低频信号通过，而将高频信号衰减的电路，RC 低通滤波器电路的组成如图 3-16 所示。

2. 电压放大倍数

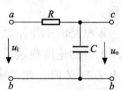

图 3-16　RC 低通滤波器

在电子电路中，将电路输出电压与输入电压的比定义为电路的电压放大倍数，或称为传递函数，用符号 A_u 来表示，由第 2 章的知识可知，这里的 A_u 为复数，即

$$\dot{A}_u = \frac{\dot{U}_o}{\dot{U}_i} = \frac{\dfrac{1}{j\omega C}}{R + \dfrac{1}{j\omega C}} = \frac{1}{1 + j\omega RC}$$

令 $f_P = \dfrac{1}{2\pi RC}$，f_p 称为电路的通带截止频率，则

$$\dot{A}_u = \frac{1}{1 + j\dfrac{f}{f_P}} \tag{3-19}$$

$\dot{A}_u$ 的模和幅角为

$$|\dot{A}_u| = \frac{1}{\sqrt{1 + \left(\dfrac{f}{f_P}\right)^2}} \tag{3-20}$$

$$\varphi = -\arctan\frac{f}{f_P} \tag{3-21}$$

式（3-19）称为 RC 低通电路的频响特性，式（3-20）称为 RC 低通电路的幅频特性，式（3-21）称为 RC 低通电路的相频特性。在电子电路中，描述电路幅频特性的单位通常用对数传输单位分贝。

3．对数传输单位分贝（dB）的定义

在电信号的传输过程中，为了估计线路对信号传输的有效性，经常要计算 $\dfrac{P_o}{P_i}$ 的值。式中的 P_o 和 P_i 分别为线路输出端和输入端信号的功率。当多级线路相串联时，总的 $\dfrac{P_o}{P_i}$ 的值为

$$\frac{P_o}{P_i} = \prod_{k=1}^{n} \frac{P_{ok}}{P_{ik}}$$

对上式取对数可简化计算，利用对数来描述的 $\dfrac{P_o}{P_i}$，被定义为对数传输单位贝尔（B）。即

$$1B = \lg\frac{P_o}{P_i} \tag{3-22}$$

贝尔的单位太大了，在实际上通常用贝尔的 1/10 为计量单位，称为分贝（dB）。即，1B=10dB。因为 $P = \dfrac{U^2}{R}$，所以对于等电阻的一段电路，贝尔也可以用输出电压和输入电压的比来定义。即

$$1B = 10\lg\frac{P_o}{P_i}dB = 20\lg\frac{U_o}{U_i}dB \tag{3-23}$$

当电压放大倍数用 dB 作单位来计量时，常称为增益。根据增益的概念，通常将对信号电压的放大作用是 100 倍的电路，说成电路的增益是 40dB，电压的放大作用是 1 000 倍的电路，说成电路的增益是 60dB；当输出电压小于输入电压时，电路增益的分贝数是负值。例如，-20dB 说明输入信号被电路衰减到了 1/10。

4．低通滤波器的波特图

利用对数传输单位，可将低通滤波器的幅频特性写成

$$20\lg|\dot{A}_u| = 20\lg\frac{1}{\sqrt{1 + \left(\dfrac{f}{f_P}\right)^2}} = 0 - 10\lg[1 + \left(\dfrac{f}{f_P}\right)^2] \tag{3-24}$$

下面分几种情况来讨论低通滤波器的幅频特性。

（1）当$f=f_P$时

当$f=f_P$时，式（3-24）变成

$$20\lg|\dot{A}_u| = -10\lg 2 = -3\text{dB} \tag{3-25}$$

由式（3-25）可得通带截止频率f_P的物理意义是：因低通电路的增益随频率的增大而下降，当低通电路的增益下降了 3dB 时所对应的频率就是f_P。若不用增益来表示，也可以说，当电路的放大倍数下降到原来的 0.707 时所对应的频率。对于低通滤波器，该频率通常又称为上限截止频率，用符号f_H来表示。根据f_P的定义可得f_H的表达式为

$$f_H = f_P = \frac{1}{2\pi RC} \tag{3-26}$$

（2）当$f>10f_P$时

当$f>10f_P$时，式（3-24）中的$\frac{f}{f_P}$项比 10 大，式中的 1 可忽略，式（3-24）的结果为

$$20\lg|\dot{A}_u| = 0 - 20\lg\left(\frac{f}{f_P}\right) \tag{3-27}$$

式（3-27）说明频率每增加 10 倍，增益下降 20dB，说明该电路对高频信号有很强的衰减作用，在幅频特性曲线上，式（3-27）称为-20dB/十倍频线。

（3）当$f<0.1f_P$时

当$f<0.1f_P$时，式（3-24）中的$\frac{f}{f_P}$项比 0.1 小，可忽略不计，式（3-24）的结果为 0dB。说明该电路对低频信号没有任何的衰减作用，低频信号可以很顺利地通过该电路，所以该电路称为低通滤波器。

根据上面讨论的结果所画的频响特性曲线称为波特图，RC 低通滤波器的波特图如图 3-17 所示。

图 3-17 的上部是幅频特性，下部是相频特性。幅频特性中的曲线是按式（3-24）画的，折线则是利用 0dB 线和-20dB/十倍频线近似画的。用 Multisim 软件仿真的 RC 低通滤波器的结果如图 3-18 所示。

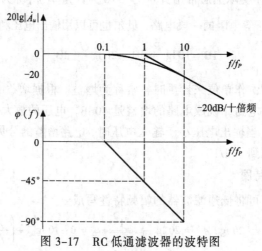

图 3-17　RC 低通滤波器的波特图

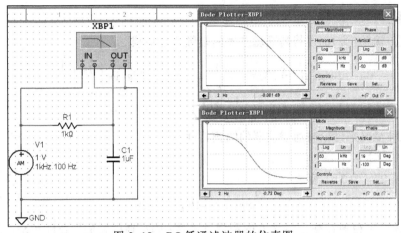

图 3-18　RC 低通滤波器的仿真图

在图 3-18 中，第一幅波特图是低通滤波器的幅频特性，第二幅是低通滤波器的相频特性。

3.4.2　RC 高通滤波器

1. 电路的组成

所谓的高通滤波器就是允许高频信号通过，而将低频信号衰减的电路，RC 高通滤波器电路的组成如图 3-19 所示。比较图 3-16 和图 3-19 可得，RC 高通滤波器和低通滤波器电路的主要差别是在输出电路上。电路由电容两端输出时为低通滤波器，而从电阻两端输出时为高通滤波器。

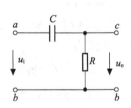

图 3-19　RC 高通滤波器

2. 电压放大倍数

与低通滤波器讨论问题的方法一样，根据串联分压公式可得高通滤波器的电压放大倍数为

$$\dot{A}_u = \frac{\dot{U}_o}{\dot{U}_i} = \frac{R}{R + \dfrac{1}{j\omega C}} = \frac{j\omega RC}{1 + j\omega RC}$$

令 $f_P = \dfrac{1}{2\pi RC}$，则

$$\dot{A}_u = \frac{j\dfrac{f}{f_P}}{1 + j\dfrac{f}{f_P}} \tag{3-28}$$

$\dot{A}_u$ 的模和幅角为

$$|\dot{A}_u| = \frac{1}{\sqrt{1 + \left(\dfrac{f_P}{f}\right)^2}} \tag{3-29}$$

$$\varphi = \frac{\pi}{2} - \arctan\frac{f}{f_P} \tag{3-30}$$

式（3-28）称为 RC 高通电路的频响特性，式（3-29）称为 RC 高通电路的幅频特性，式（3-30）称为 RC 高通电路的相频特性。

3．高通滤波器的波特图

利用对数传输单位，也可将高通滤波器的幅频特性写成

$$20\lg|\dot{A}_u|=20\lg\frac{1}{\sqrt{1+\left(\dfrac{f_P}{f}\right)^2}}=0-10\lg\left[1+\left(\frac{f_P}{f}\right)^2\right] \tag{3-31}$$

下面分几种情况来讨论高通滤波器的幅频特性。

（1）当 $f=f_P$ 时

当 $f=f_P$ 时，式（3-31）变成

$$20\lg|\dot{A}_u|=-10\lg2=-3\mathrm{dB} \tag{3-32}$$

由式（3-32）可得通带截止频率 f_P 的物理意义是：因高通电路的增益随频率的降低而下降，当高通电路的增益下降了 3dB 时所对应的频率就是 f_P。对于高通电路，该频率通常又称为下限截止频率，用符号 f_L 来表示。根据 f_P 的定义可得 f_L 的表达式为

$$f_L=f_P=\frac{1}{2\pi RC} \tag{3-33}$$

（2）当 $f<0.1f_P$ 时

当 $f<0.1f_P$ 时，式（3-31）中的 $\dfrac{f_P}{f}$ 项比 10 大，式中的 1 可忽略，式（3-31）的结果也是一条（-20dB/十倍频）线，即频率每减少到 1/10，增益下降 20dB，说明该电路对低频信号有很强的衰减作用。

（3）当 $f>10f_P$ 时

当 $f>10f_P$ 时，式（3-31）中的 $\dfrac{f_P}{f}$ 项比 0.1 小，可忽略不计，式（3-31）的结果为 0dB。说明该电路对高频信号没有任何衰减作用，高频信号可以很顺利地通过该电路，所以该电路称为高通滤波器。

根据上面讨论的结果也可画出 RC 高通滤波器的波特图，如图 3-20 所示。用 Multisim 软件仿真的 RC 高通滤波器的结果如图 3-21 所示。

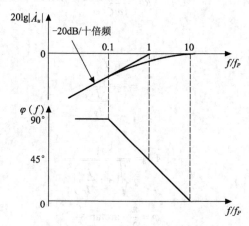

图 3-20 RC 高通滤波器的波特图

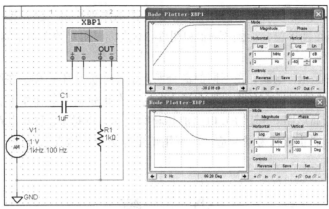

图 3-21　RC 高通滤波器的仿真图

在图 3-21 中，第一幅波特图是高通滤波器的幅频特性，第二幅是高通滤波器的相频特性。低通滤波器和高通滤波器的波特图也可以用 MATLAB 软件来画，程序为

```
%画低通滤波器和高通滤波器波特图的程序
x=0.0000001:0.01:3;
y1=abs(1./(1+i*x));              %画低通滤波器的幅频特性
subplot(2,2,1),plot(x,y1)
xlabel('w/w0');ylabel('UR/U');title('低通滤波器的幅频特性')
a=angle(1./(1+i*x));             %画低通滤波器的相频特性
subplot(2,2,3),plot(x,a)
xlabel('w/w0');ylabel('Q(w)');title('低通滤波器的相频特性')
y2=abs(i*x./(1+i*x));            %画高通滤波器的幅频特性
subplot(2,2,2),plot(x,y2)
xlabel('w/w0');ylabel('UR/U');title('高通滤波器的幅频特性')
a1=angle(i*x./(1+i*x));          %画高通滤波器的相频特性
subplot(2,2,4),plot(x,a1)
xlabel('w/w0');ylabel('Q(w)');title('高通滤波器的相频特性')
```

该程序运行的结果如图 3-22 所示。

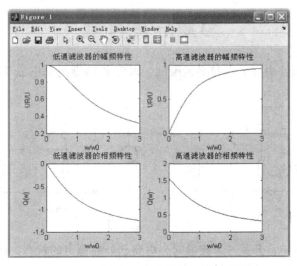

图 3-22　用 MATLAB 软件画的波特图

图 3-22 所示的波特图与图 3-18 和图 3-21 波特图的差别是由于坐标轴的单位不同引起的，图 3-22 画波特图用线性单位，而图 3-18 和图 3-21 波特图用对数单位。可见，用对数单位画出来的波特图效果更好。

综上所述，同样是 RC 电路，在不同的场合所起的作用完全不一样。在脉冲信号的作用下，RC 电路可以是微分电路、积分电路或阻容耦合电路；在正弦信号的作用下，RC 电路可以是高通电路，也可以是低通电路。利用 RC 电路的相频特性还可以是 RC 移相电路。

讨论 RC 电路对非正弦信号的响应，可利用傅里叶级数对输入信号进行分解，然后用叠加定理来求解。

小　　结

本章介绍动态电路的特性，动态电路的特性取决于电路中的储能元件电容或电感储能状态的变化情况。动态电路在换路的瞬间，电容和电感储能状态变化的规律遵循换路定理，即

$$u_C(0_+) = u_C(0_-), \quad i_L(0_+) = i_L(0_-)$$

对于一阶 RC 和 RL 电路，换路以后电容两端的电压和流过电感内部的电流随时间变化的关系遵循三要素公式

$$f(t) = f(\infty) + [f(0) - f(\infty)]e^{-\frac{t}{\tau}}$$

式中的 τ 为动态电路的时间常数，一阶 RC 和 RL 电路的 τ 分别等于 RC 和 $\dfrac{L}{R}$。

RC 电路除了组成动态电路外，根据 RC 电路所处场合的不同，RC 电路还可以组成微分电路、积分电路、阻容耦合电路、低通滤波器和高通滤波器等。

RC 电路在输入方波信号的激励下，若 $\tau \ll t_w$，从电阻两端输出可得到输入信号微分的波形，方波变尖波，此时 RC 电路为微分电路；若 $\tau \gg t_w$，从电容两端输出可得到输入信号积分的波形，方波变三角波，此时 RC 电路为积分电路。利用 RC 电路对不同频率的正弦波信号传递作用不相同的特性，可以组成低通滤波器和高通滤波器；利用 RC 电路的相频特性还可以组成 RC 移相电路。

习题和思考题

1. 确定图 3-23 所示电路中开关 S 接通的瞬间，电容 C 两端的电压 u_C 和流过电感 L 的电流 i_L 的初始值。

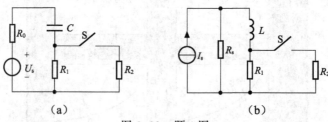

（a）　　　　　　　　　　　（b）

图 3-23　题 1 图

2. 图 3-24 所示的电路中，开关 S 未接通时，电路已处在稳定的状态，试求开关 S 接通后电容 C 和电感 L 上的电流和电压随时间变化的函数关系式。

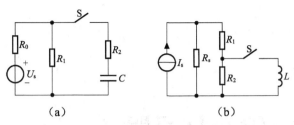

图 3-24　题 2 图

3. 图 3-25 所示的电路中，开关 S 处在 1 位置时，电路已处在稳定的状态，试求开关 S 从 1 拨到 2 以后电容 C 和电感 L 上的电流和电压随时间变化的函数关系式。

4. 图 3-26 所示的电路中，开关 S 处在 1 位置时，电路已处在稳定的状态，试求开关 S 从 1 拨到 2 以后电容 C 上的电流随时间变化的函数关系式。

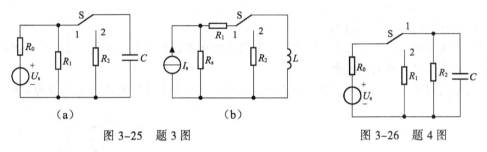

图 3-25　题 3 图　　　　　　　　　　　图 3-26　题 4 图

5. 图 3-27 所示的电路中，开关 S 未接通时，电路已处在稳定的状态，试求开关 S 接通以后电容 C 上的电压和电流随时间变化的函数关系式。

6. 在图 3-28 所示的积分电路中，设 $U_s > |U_T|$，开关 S 位于 1 位置时电路已处于稳态。在 $t=0$ 的瞬间开关 S 从 1 拨到 2，当电容 C 两端的电压 $u_C(t)=+U_T$ 时，开关 S 又拨回到 1 位置，求开关 S 处在 2 位置的时间 t。

7. 图 3-29 所示的电路由低通滤波器和高通滤波器串联组成，已知低通滤波器的上限截止频率 f_H 大于高通滤波器的下限截止频率 f_L，用 dB 为单位，写出该电路电压放大倍数 $\dot{A}_u = \dfrac{\dot{U}_o}{\dot{U}_i}$ 的表达式，并画出该电路的波特图。

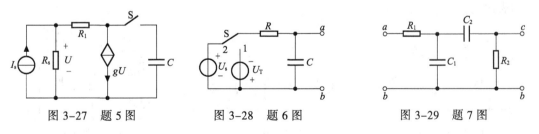

图 3-27　题 5 图　　　　图 3-28　题 6 图　　　　图 3-29　题 7 图

综合复习题（一）

1. 计算图 1 所示电路的输入电阻 R_{in}。

2. 图 2 所示的电路中，开关 S 处在 1 位置时，电路已处在稳定的状态，试求开关 S 从 1 拨到 2 的瞬间，各支路电流和电压的值。

3. 按图 3 所示电路中的节点编号，列出节点电压方程。列出用网孔电流法求 I_2 电流的方程。

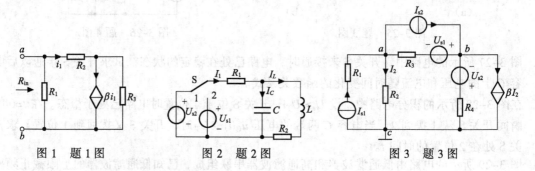

图 1　题 1 图　　　　图 2　题 2 图　　　　图 3　题 3 图

4. 求图 4 所示电路的戴维南等效电路。

5. 列出图 5 所示电路的回路电流方程。

6. 图 6 所示的电路中，开关 S 原在位置 1 已久，当 $t=0$ 时开关 S 从 1 拨到 2 的位置，求电流 $i(t)$ 的表达式。

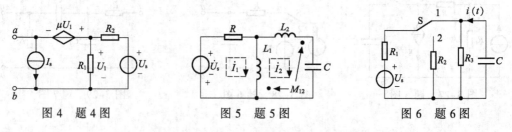

图 4　题 4 图　　　　图 5　题 5 图　　　　图 6　题 6 图

7. 图 7 所示的电路中，负载 Z_L 为何值时将获得最大的功率，该功率的表达式是什么？

8. 图 8 所示对称三相电源的线电压是 380V，负载 $Z_1 = (3+j4)\ \Omega$，$Z_2 = -j12\Omega$。求电流表 A_1 和 A_2 的读数及三相负载所吸收的总功率、总无功功率、总视在功率和功率因数。

9. 图 9 所示的电路由低通滤波器和高通滤波器并联组成，已知低通滤波器的上限截止频率 f_H

远小于高通滤波器的下限截止频率 f_L，用 dB 为单位，写出该电路电压放大倍数幅频特性的表达式，画出该电路的波特图。

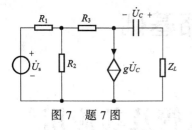

图 7　题 7 图

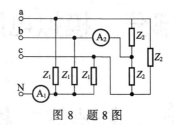

图 8　题 8 图

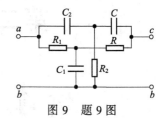

图 9　题 9 图

第二部分　模拟电路基础

第4章　半导体二极管及其应用

学习要点：

- 半导体二极管和稳压管的结构。
- 半导体二极管和稳压管的应用电路。

4.1　半导体基础知识

半导体器件是近代电子学的重要组成部分，它是构成电子电路的基本元件，半导体器件是由经过特殊加工且性能可控的半导体材料制成的。

4.1.1　本征半导体

自然界中存在着各种各样的物质。早期，人们按物质导电能力的强弱将它们分成导体和绝缘体两大类。

所谓的导体就是可以导电的物体，如铜、铝、银等金属都是导体。

所谓的绝缘体就是不能导电的物体，如橡胶、陶瓷、塑料等都是绝缘体。

随着科学技术的进步，人们发现自然界中还有一种物质，它的导电能力介于导体和绝缘体之间，这就是半导体。目前制作半导体器件的主要材料是硅（Si）和锗（Ge）。

半导体之所以被人们重视，主要的原因是它的导电能力在不同的条件下有着显著的差异。例如，当有些半导体受到热或光的激发时，导电能力将明显增长。又如在纯净的半导体中掺以微量"杂质"元素，半导体的导电能力将猛增到几千、几万乃至上百万倍。人们利用半导体的热敏、光敏特性制作成半导体热敏元件和光敏元件；利用半导体的掺杂特性制造了种类繁多、具有不同用途的半导体器件，如晶体二极管、晶体三极管、场效应管等。

半导体材料导电能力变化的性质，取决于半导体材料的内部结构和导电机理。由化学知识可知，物质的导电能力主要由原子结构来决定。

导体一般为低价的元素，这些元素的最外层电子很容易挣脱原子核的束缚而成为游离在晶格中的自由电子，这些自由电子在外电场的作用下，将作定向移动形成电流。导体导电能力的大小，主要取决于晶格中自由电子数目的多少。晶格中自由电子数目多的物体，导电能力较强；自由电子数目少的物质，导电能力较小。

绝缘体由高价元素或由高分子材料组成，这些物质共同的特点是：最外层电子受原子核的束缚力很强，很难成为晶格中的自由电子，所以晶格中自由电子的数目非常少，导电能力极差，成为绝缘体。

常用的半导体材料硅和锗均是4价元素，它们的最外层电子既不像导体那样容易挣脱原子核的束缚成为自由电子，也不像绝缘体那样被原子核束缚得那么紧，内部没有自由电子，所以半导体的导电能力会介于导体和绝缘体之间。

纯净的半导体称为本征半导体，本征半导体中的4价元素是靠共价键结合成分子，如图4-1所示为本征半导体硅和锗晶体的原子结构示意图。

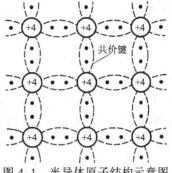

图4-1 半导体原子结构示意图

4.1.2 本征激发和两种载流子

晶体的共价键具有很强的结合力，在常温下，本征半导体内部仅有极少数的价电子可以在热运动的激发下，挣脱原子核的束缚而成为晶格中的自由电子。与此同时，在共价键中将留下一个带正电的空位子，称为空穴，如图4-2所示。

热运动激发所产生的电子和空穴总是成对出现的，称为电子-空穴对。本征半导体因热运动而产生电子-空穴对的现象称为本征激发。

本征激发所产生的电子-空穴对在外电场的作用下会作定向移动而形成电流。自由电子的移动与导体中自由电子移动的方式相同，都将形成一个与自由电子移动方向相反的电流。

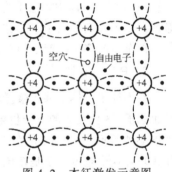

图4-2 本征激发示意图

空穴的移动可以看成是自由电子定向依次填充空穴而形成的，这种填充的作用相当于教室的第一排有一个空位，后排的同学依次往前挪来填充空位，以人为参照系，人填充空位的作用等效于人不动，空位往后走。因空穴带正电，空穴的这种定向移动会形成与空穴运动方向相同的空穴电流。

半导体内部同时存在着自由电子和空穴移动所形成的电流是半导体导电方式的最大特点，也是半导体与金属导体在导电机理上的本质差别。

在电子技术中把参与导电的物质称为载流子。因为本征半导体内部参与导电的物质有自由电子和空穴，所以本征半导体中有两种载流子，一种是带负电的自由电子，另一种是带正电的空穴。

本征半导体导电能力的大小与本征激发的激烈程度有关，温度越高，由本征激发所产生的电子-空穴对越多，本征半导体内部载流子的数目也越多，本征半导体的导电能力就越强，这就是半导体导电能力受温度影响的直接原因。

本征半导体本征激发的现象还与原子的结构有关，硅的最外层电子离原子核比锗的最外层电子近，所以硅最外层电子受原子核的束缚力比锗的强，本征激发现象比较弱，热稳定性比锗好。

4.1.3 杂质半导体

半导体的导电能力除了与温度有关外，还与半导体内部所含的杂质有关。在本征半导体中掺入微量的杂质，可以使杂质半导体的导电能力得到改善，并受所掺杂质的类型和浓度的控制，使半导体获得重要的应用。由于掺入半导体中的杂质不同，杂质半导体可分为 N 型和 P 型半导体两大类。

1．N 型半导体

在本征半导体硅（或锗）中，掺入微量的 5 价元素，如磷（P）。掺入的杂质并不改变本征半导体硅（或锗）的晶体结构，只是半导体晶格点阵中的某些硅（或锗）原子被磷原子所取代。5 价元素的四个价电子与硅（或锗）原子组成共价键后将多余一个价电子，如图 4-3 所示。这一多余的电子不受共价键的束缚，只需获得较小的能量，就能挣脱原子核的束缚而成为自由电子。于是，半导体中自由电子的数量剧增。

5 价元素的原子因失去电子而成为正离子，但它不产生空穴，不能像空穴那样能被电子填充而移动参与导电，所以它不是载流子。

杂质半导体中除了杂质元素施放出的自由电子外，半导体本身还存在本征激发所产生的电子-空穴对。由于增加了杂质元素所施放出的自由电子数，导致这类杂质半导体中的自由电子数大于空穴数。自由电子导电成为此类杂质半导体的主要导电方式，故称它为电子型半导体，简称 N 型半导体。

在 N 型半导体中，电子为多数载流子（简称多子），空穴为少数载流子（简称少子）。由于杂质原子可以提供电子，故称为施主原子。N 型半导体主要靠自由电子导电，在本征半导体中掺入的杂质越多，所产生的自由电子数也越多，杂质半导体的导电能力就越强。

2．P 型半导体

在本征半导体中掺入微量的 3 价元素，如硼（B）。杂质原子取代晶体中某些晶格上的硅（或锗）原子，3 价元素的三个价电子与周围四个原子组成共价键时，缺少一个电子而产生了空位，如图 4-4 所示。此空位不是空穴，所以不是载流子，但是邻近的硅（或锗）原子的价电子很容易来填补这个空位，于是在该价电子的原位上就产生了一个空穴，而 3 价元素却因多得了一个电子而成了负离子。

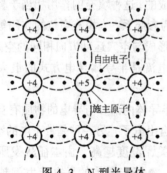

图 4-3　N 型半导体

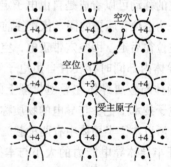

图 4-4　P 型半导体

在室温下，价电子几乎能填满杂质元素上的全部空位，使其成为负离子；与此同时，半导体中产生了与杂质元素原子数相同的空穴。除此之外，半导体中还有因本征激发所产生的电子-空穴对。所以，在这类半导体中，空穴的数目远大于自由电子的数目，导电是以空穴载流子为主，故称空穴型半导体，简称 P 型半导体。

P 型半导体中的多子是空穴，少子为自由电子，主要靠空穴导电。与 N 型半导体相同，掺入的杂质越多，空穴的浓度越高，导电能力就越强。因杂质原子中的空位吸收电子，故称之为受主原子。

4.1.4　PN 结

杂质半导体增强了半导体的导电能力，利用特殊的掺杂工艺，可以在一块晶片的两边分别生成 N 型和 P 型半导体，在两者的交界处将形成 PN 结。PN 结具有单一型的半导体所没有的特性，利用该特性可以制造出各种类型的半导体器件，下面来介绍 PN 结的特性。

1. PN 结的形成

单个的 P 型半导体或 N 型半导体内部虽然有空穴或自由电子，但整体是电中性的，不带电。现利用特殊的掺杂工艺，在一块晶片的两边分别生成如图 4-5（a）所示的 N 型和 P 型半导体。

在图 4-5（a）中，因为 P 区的多子是空穴，N 区的多子是电子，在两块半导体交界处同类载流子的浓度差别极大，这种差别将产生 P 区浓度高的空穴向 N 区扩散；与此同时，N 区浓度高的电子也会向 P 区扩散。

扩散运动的结果使 P 型半导体的原子在交界处得到电子成为带负电的离子，N 型半导体的原子在交界处失去电子成为带正电的离子，形成如图 4-5（b）所示的空间电荷区。

空间电荷区随着电荷的积累将建立起一个内电场 E，该电场对半导体内多数载流子的扩散运动起阻碍的作用，但对少数载流子的运动却起到促进的作用。少数载流子在内电场作用下的运动称为漂移运动。在无外电场和其他因素的激励下，当参与扩散的多数载流子和参与漂移的少数载流子在数目上相等时，空间电荷区电荷的积累效应将停止，空间电荷区内电荷的数目将达到一个动态的平衡，并形成如图 4-5（b）所示的 PN 结。此时，空间电荷区具有一定的宽度，内电场也具有一定的强度，PN 结内部的电流为零。

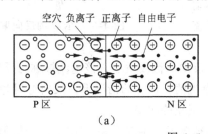 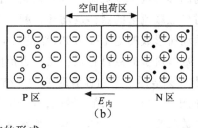

图 4-5　PN 结的形成

由于空间电荷区在形成的过程中，移走的是载流子，留下的是不能移动的正、负离子，这种作用与电容器存储电荷的作用等效，因此，PN 结也具有电容的效应，该电容称为 PN 结的结电容，PN 结的结电容有势垒电容和扩散电容两种。

2. PN 结的单向导电性

处于平衡状态下的 PN 结没有实用的价值，PN 结的实用价值只有在 PN 结上外加电压时才能显示出来。

（1）外加正向电压

在 PN 结上外加正向电压时的电路如图 4-6 所示，处在这种连接方式下的 PN 结称为正向偏置（简称正偏）。由图 4-6 可见，当 PN 结处在正向偏置时，P 型半导体接高电位，N 型半导体接低电位。

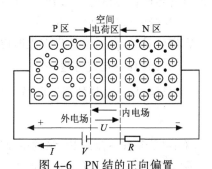

图 4-6　PN 结的正向偏置

由图 4-6 可见，处在正向偏置的 PN 结外电场和内电场的方向相反。在外电场的作用下，P 区的空穴和 N 区的电子都要向空间电荷区移动，进入空间电荷区的电子和空穴分别与原有的一部分正、负离子中和，破坏了空间电荷区的平衡状态，使空间电荷区的电荷量减少，空间电荷区变窄，相应的内电场被削弱，这种情况有利于 P 区的空穴和 N 区的电子向相邻的区域扩散，并形成扩散电流，即 PN 结的正向电流。

在一定范围内，正向电流随着外电场的增强而增大，此时的 PN 结呈低电阻值，PN 结处于导通的状态。PN 结正向导通时的压降很小，理想的情况下，可认为 PN 结正向导通时的电阻为 0，所以导通时的压降也为 0。

PN 结的正向电流包含空穴电流和电子电流两部分，外电源不断向半导体提供电荷，使电路中电流得以维持。正向电流的大小主要由外加电压 V 和电阻 R 的大小来决定。

（2）外加反向电压

在 PN 结上外加反向电压时的电路如图 4-7 所示，处在这种连接方式下的 PN 结称为反向偏置（简称反偏）。由图 4-7 可见，当 PN 结处在反向偏置时，P 型半导体接低电位，N 型半导体接高电位。

由图 4-7 可见，处在反向偏置的 PN 结外电场和内电场的方向相同。当 PN 结处在反向偏置时，PN 结内部扩散和漂移运动的平衡被破坏了。P 区的空穴和 N 区的电子由于外电场的作用都将背离空间电荷区，结果使空间电荷量增加，空间电荷区加宽，内电场加强，内电场的加强进一步阻碍了多数载流子扩散运动的进行，对少数载流子的漂移运动却有利，少数载流子的漂移运动所形成的电流称为 PN 结的反向电流。

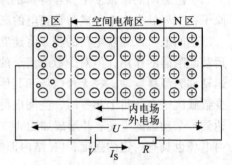

图 4-7　PN 结的反向偏置

由于少数载流子的数目有限，在一定范围内，反向电流极微小，该电流被称为反向饱和电流，用符号 I_S 来表示。反向偏置时的 PN 结呈高电阻值，理想的情况下，反向电阻为 ∞，此时 PN 结的反向电流为 0，PN 结不导电，即 PN 结处在截止的状态。

由于少数载流子与半导体的本征激发有关，本征激发与温度有关，所以 PN 结的反向饱和电流会随着温度的上升而增大。

由以上的分析可见，PN 结的导电能力与加在 PN 结上电压的极性有关。当外加电压使 PN 结处在正向偏置时，PN 结会导电；当外加电压使 PN 结处在反向偏置时，PN 结不导电。PN 结的这种导电特性称为 PN 结的单向导电性。

PN 结的单向导电性用符号 ⊳| 来表示，其中箭头所在的那一侧表示 P 型半导体，箭头所指的方向就是 PN 结处在正向偏置时电流的流向。

3. PN 结的电流方程

根据半导体材料的理论可得加在 PN 结上的端电压 u 与流过 PN 结的电流 i 之间的关系为

$$i = I_S(e^{\frac{qu}{kT}} - 1) \qquad (4-1)$$

式（4-1）是描述流过 PN 结的电流随输入电压而变化的电流方程，式中的 I_S 为反向饱和电流，q 为电子电量，k 为玻耳兹曼常数，T 为热力学温度。

令 $U_T = \dfrac{kT}{q}$，U_T 称为温度电压当量，在 T=300K 的常温下，温度电压当量 $U_T \approx 26\text{mV}$。将温度电压当量的表达式代入式（4-1）中可得

$$i = I_S(\text{e}^{\frac{u}{U_T}} - 1) \qquad\qquad (4-2)$$

由式（4-2）可见，流过 PN 结的电流和电压的约束关系不像电阻元件那样是线性的关系，而是非线性的关系，具有这种特性的元件称为非线性元件。非线性元件电流和电压的约束关系不能用欧姆定律来描述，必须用伏-安特性曲线来描述。

4. PN 结的伏-安特性曲线

由 PN 结的电流表达式（4-2）可得，当 PN 结外加正向电压 $u \gg U_T$ 时，式中的指数项远远大于 1，式中的 1 可忽略，$i \approx I_S\,\text{e}^{\frac{u}{U_T}}$，即电流随电压按指数规律变化。

当 PN 结外加反向电压 $|u| \gg U_T$ 时，式（4-2）中的指数项约等于 0，$i \approx -I_S$，式中的负号也说明了反向偏置时电流的方向与正向偏置时电流的方向相反。根据式（4-2）所作的曲线称为 PN 结的伏-安特性曲线，如图 4-8 所示。

其中 u>0 的部分称为正向特性，u<0 的部分称为反向特性。由图 4-8 可见，当反向电压超过 U_{BR} 后，PN 结的反向电流急剧增加，这种现象称为 PN 结反向击穿。

PN 结的反向击穿有雪崩击穿和齐纳击穿两种。当掺杂浓度比较高时，通常为齐纳击穿；当掺杂浓度比较低时，通常为雪崩击穿。无论哪种击穿，若对电流不加限制，都可能造成 PN 结的永久性损坏。

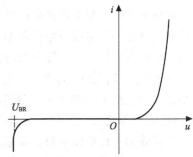

图 4-8　PN 结伏-安特性曲线

4.2　半导体二极管

利用 PN 结单向导电的特性可以制作电子电路中常用的器件半导体二极管，下面来讨论半导体二极管。

4.2.1　半导体二极管的结构

将 PN 结用外壳封装起来，并加上电极引线后就构成半导体二极管，简称二极管。由 P 区引出的电极称为二极管的阳极（或正极），由 N 区引出的电极称为二极管的阴极（或负极），常用二极管的外形如图 4-9 所示。符号与 PN 结的符号相同，文字符号用 VD 来表示。

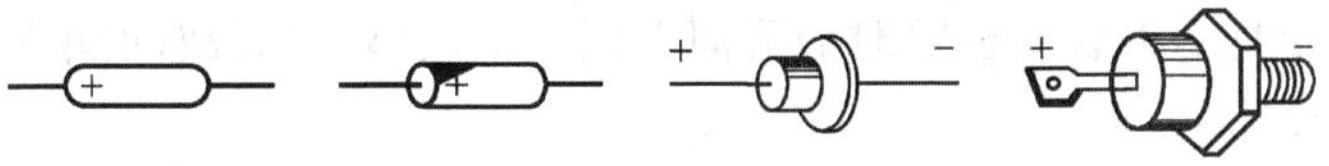

图 4-9　二极管的外形图

4.2.2　二极管的伏-安特性曲线

用实验的方法，在二极管的阳极和阴极两端加上不同极性和不同数值的电压，同时测量流

过二极管的电流值，可得到二极管的伏-安特性曲线。
该曲线为非线性的，如图 4-10 所示。

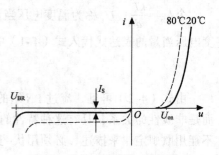

二极管正向特性和反向特性的特点如下：

1. 正向特性

当正向电压很低时，正向电流几乎为零，这是因为
外加电压的电场还不能克服 PN 结内部的内电场，内电
场阻挡了多数载流子扩散运动的缘故，此时二极管呈现
高电阻值，基本上还处在截止的状态。

图 4-10　二极管伏-安特性

当正向电压超过如图 4-10 所示的二极管开启电压 U_{on} 时，二极管才呈现低电阻值，处于正
向导通的状态。开启电压与二极管的材料和工作温度有关，通常硅管的开启电压为 0.5V，锗管
为 0.1V，二极管导通后，二极管两端的导通压降很低，硅管为 0.5～0.7V，锗管为 0.2～0.3V。

2. 反向特性

在分析 PN 结加上反向电压时，已知少数载流子的漂移运动形成反向电流。因少数载流子
数量少，且在一定温度下数量基本维持不变，因此，反向电压在一定范围内增大时，反向电流
极微小且基本保持不变，等于反向饱和电流 I_S。

当反向电压增大到 U_{BR} 时，外电场能把原子核外层的电子强制拉出来，使半导体内载流子的数目
急剧增加，反向电流突然增大，二极管呈现反向击穿的现象。二极管被反向击穿后，就失去了单向导电
性，将引起电路故障，使用时一定要注意避免。

二极管的特性曲线对温度很敏感。实验表明，当温度升高时，二极管的正向特性曲线将向
纵轴靠拢，开启电压及导通压降都有所减小，反向饱和电流将增大，反向击穿电压也将减小。

4.2.3　二极管的主要参数

二极管的参数是二极管电性能的指标，是正确选用二极管的依据。二极管的主要参数如下：

1. 最大整流电流 I_F

最大整流电流 I_F 是指二极管长期工作时允许流过的正向平均电流的最大值。这是二极管的
重要参数，使用中不允许超过此值。对于大功率的二极管，由于电流较大，为了降低 PN 结的
温度，提高管子的带负载能力，通常将管子安装在规定的散热器上使用。

2. 反向工作峰值电压 U_R

反向工作峰值电压 U_R 是二极管工作时允许外加反向电压的最大值。通常 U_R 为二极管反向
击穿电压 U_{BR} 的一半。

3. 反向峰值电流 I_R

反向峰值电流 I_R 是二极管未击穿时的反向电流。I_R 愈小，二极管的单向导电性愈好。

4. 最高工作频率 f_M

最高工作频率 f_M 是二极管工作时的上限频率，超过此值，由于二极管结电容的作用，二极
管将不能很好地实现单向导电性。

以上这些参数是使用二极管、选择二极管的依据。使用时应根据实际需要，通过产品手册
查到参数，并选择满足条件的产品。

*4.2.4 二极管极性的简易判别法

使用二极管时，特别应注意它的极性不能接错了，否则电路将不能正常工作，甚至引起管子及电路中其他元件的损坏。一般二极管的管壳上标有极性的记号，在没有记号时，可用万用表来判别管子的阳极和阴极，并能检验它单向导电性能的好坏。

判别的方法是：利用万用表的 R×10 或 R×100 挡测量二极管的正、反向电阻。万用表测电阻时，万用表的红表笔插在"+"插孔上，相当于红表笔与万用表内电池的负极相连，黑表笔与万用表内电池的正极相连。当万用表的黑表笔接至二极管阳极，红表笔接至阴极时，二极管处在正向偏置，会导电，电阻很小；当万用表的黑表笔接至二极管的阴极，红表笔接至阳极时，二极管处在反向偏置，不导电，电阻很大。根据上述测量的结果就可以判别二极管的好坏和引脚的极性。

4.2.5 二极管的等效电路

二极管的伏-安特性是非线性的，这给二极管应用电路的分析带来一定的困难。为了方便分析计算，在一定条件下，一般用线性元件所构成的电路来近似模拟二极管的特性，并用它来取代电路中的二极管。能够模拟二极管特性的电路称为二极管等效模型。二极管的等效模型主要有伏-安特性折线化等效电路和微变等效电路模型两类。

二极管的伏-安特性是曲线，分析计算不方便，在一定的条件下，可以用折线替代曲线描述二极管伏-安特性曲线。根据折线化的伏-安特性曲线所模拟的电路称为伏-安特性曲线折线化等效电路，如图 4-11 所示。

图 4-11（a）所示的折线化伏-安特性曲线表明二极管导通时的正向压降为零，截止时反向电流为零，称为理想二极管。

图 4-11（b）所示的折线化伏-安特性曲线表明二极管导通时的正向压降为一个常量 U_{on}，对于硅管 $U_{on}=0.7V$，锗管 $U_{on}=0.3V$，截止时反向电流为零。因而等效电路是理想二极管串联电压源 U_{on}。

图 4-11（c）所示的折线化伏-安特性表明当二极管的正向电压 u 大于 U_{on} 后，流过二极管的电流与电压成正比，比例系数为 $1/r_D$，二极管截止时反向电流为零。因而等效电路是理想二极管串联电压源 U_{on} 和电阻 r_D，且 $r_D=\Delta U/\Delta I$。该模型也称为二极管微变等效电路模型。

在后续课程中，根据需要，这几个模型都有用，但用得较多的是模型图 4-11（b）。在用模型图4-11（b）时，通常不画出电压源，简化成模型图 4-11（a），待分析计算时再将电压源的值加进去。

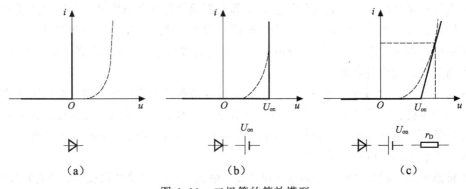

图 4-11 二极管的等效模型

4.3 二极管应用

二极管在电子电路中主要起整流、限幅、开关的作用。

4.3.1 二极管整流电路

利用二极管的单向导电性可以将交流信号变换成单向脉动的信号，这种过程称为整流。最简单的二极管整流电路如图 4-12 左边的电路所示。

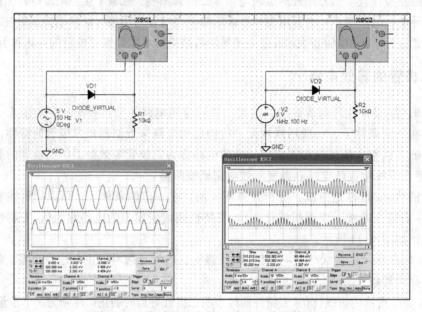

图 4-12　半波整流电路和检波电路及其波形

图 4-12 左边电路的工作原理是：当 $u_i>0$ 时，二极管 VD 导通，有电流流过电阻 R，输出电压 $u_o=iR$；当 $u_i<0$ 时，二极管 VD 截止，没有电流流过电阻 R，输出电压 $u_o=0$。输入、输出电压的波形如图 4-12 左边的示波器屏幕上的波形所示。由电路中示波器屏幕上的波形可见，二极管的单向导电性将输入波形的一半砍掉了，输出只剩下输入波形的一半，所以，图 4-12 左边所示的电路称为半波整流电路。

若输入信号是如图 4-12 右边的示波器屏幕上所示的高频调幅信号，即调幅广播电台发送的信号，输出信号将高频调幅信号的负半周砍掉，用 RC 滤波器滤掉高频载波信号后，即可将调制信号的包络提取出来，实现从高频调制信号中将音频信号检出来的目的。在无线电技术中，该电路称为二极管的检波电路。

比较图 4-12 所示的两个电路可得，半波整流电路和二极管检波电路的结构完全相同，它们之间的差别主要在工作频率上。半波整流是对 50Hz 的工频交流电进行整流，频率低、电流大，应选择低频、高功率的二极管作整流管；而检波电路是工作在高频小功率的场所，所以应选择高频、小功率的二极管作检波管。

半波整流电路结构虽然简单，但输出电压低，输出信号的脉动系数较大，整流的效率较低。改进的方法是将半波整流改成全波整流，用桥式整流电路即可实现全波整流。

4.3.2　桥式整流电路

如图 4-13 所示的电路就是桥式整流电路。该电路的工作原理是：当输入信号 u_i 处在正半周时，二极管 VD_1 和 VD_3 接通，VD_2 和 VD_4 截止，电流从端子 a 出发，经 VD_1、R、VD_3 回到端子 b，并产生 $u_o=iR$ 的输出电压；当输入信号 u_i 处在负半周时，二极管 VD_2 和 VD_4 接通，VD_1 和 VD_3 截止，电流从端子 b 出发，经 VD_2、R、VD_4 回到端子 a，同样产生 $u_o=iR$ 的输出电压。

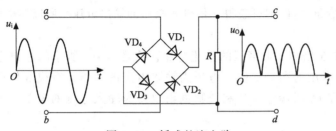

图 4-13　桥式整流电路

由输入和输出信号的波形可见，桥式整流电路是利用二极管的单向导电性来改变负半周输入信号对电阻 R 的供电，实现电阻 R 上电流的流向固定，达到将负半周输入信号翻转 $180°$ 的目的，这样整流的效率提高了，输出信号的脉动系数减小了。利用高等数学求平均值的方法，可计算输出电压的脉动系数，计算的过程如下：

设输入信号 $u_i=\sqrt{2}U_i\sin\omega t$，根据高等数学求平均值的方法，可得桥式整流电路输出电压的平均值为

$$U_{o(AV)}=\frac{1}{\pi}\int_0^\pi\sqrt{2}U_i\sin\omega t\mathrm{d}(\omega t)=\frac{2\sqrt{2}}{\pi}U_i\approx0.9U_i \tag{4-3}$$

由式（4-3）可得输出电流的平均值为

$$I_{o(AV)}=\frac{U_{o(AV)}}{R}=\frac{0.9U_i}{R} \tag{4-4}$$

根据输出电压脉动系数 S 的定义，得到整流输出电压的基波峰值电压 U_{oM} 与输出电压的平均值 $U_{o(AV)}$ 的比为

$$S=\frac{U_{oM}}{U_{o(AV)}}=\frac{\frac{2}{3}\cdot\frac{2\sqrt{2}}{\pi}U_i}{\frac{2\sqrt{2}}{\pi}U_i}=\frac{2}{3}\approx0.67 \tag{4-5}$$

式中的基波峰值电压 U_{oM} 是全波整流输出信号傅里叶级数基波信号的系数，因为桥式整流输出基波信号的频率是输入信号的 2 倍，即周期为 π，且该函数为偶函数，b_n 为零，根据傅里叶级数系数的计算公式可得

$$U_{oM}=a_1=\frac{4}{\pi}\int_0^{\frac{\pi}{2}}\sqrt{2}U_i\cos\omega t\cos(2\omega t)\mathrm{d}(\omega t)=\frac{2}{3}\cdot\frac{2\sqrt{2}}{\pi}U_i \tag{4-6}$$

利用 S 的定义也可以计算出半波整流的脉动系数约为 1.57，所以桥式整流的脉动系数比半波整流小很多，因此，它被广泛应用在各种电器设备的电源电路中，目前市场上已有各种不同性能指标的桥式整流集成电路，称为"整流桥堆"。

4.3.3 倍压整流电路

利用电容器存储电能的作用，由多个二极管和电容器可以获得几倍于输入电压的输出电压，这种电路称为倍压整流电路，如图 4-14 所示。

该电路的工作原理是：当输入信号 u_2 处在正半周时，二极管 VD_1 导通，并对电容器 C_1 充电，充电电压的正极如图 4-14 所示；当输入信号 u_2 处在负半周时，二极管 VD_1 截止，VD_2 导通，并对电容器 C_2 充电，充电电流的流向如图 4-14 中的虚线所示，C_2 充电的电压为 U_{BA} 与 U_{C_1} 的和，在电容器 C_2 两端可获得 2 倍输入电压的输出电压，所以该电路称为 2 倍压整流电路。

同理还可组成 3 倍压、4 倍压的整流电路。在图 4-15 所示的电路中，若输出信号是电容 C_1 和 C_3 两端电压的和，则输出电压为输入电压的 3 倍，组成 3 倍压整流电路；若输出信号是电容 C_2 和 C_4 两端电压的和，则输出电压为输入电压的 4 倍，组成 4 倍压整流电路。

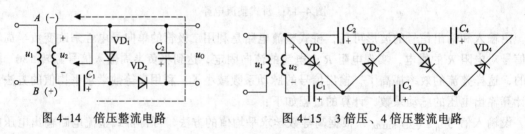

图 4-14　倍压整流电路　　　　　图 4-15　3 倍压、4 倍压整流电路

4.3.4 限幅电路

在电子电路中，为了保护某些元件不因输入电压过高而损坏，需要对该元件的输入电压进行限制。利用二极管限幅电路就可实现该目的，二极管限幅电路和电路的输入–输出波形仿真结果如图 4-16 所示。

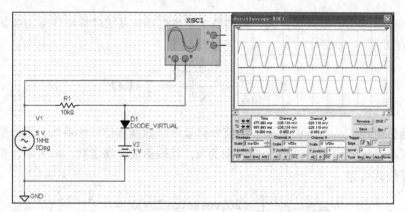

图 4-16　二极管限幅电路和输入–输出波形仿真

该电路的工作原理是：设二极管 VD 的导通电压 0.7V 可忽略，当输入电压 $u_i > U_s$ 时，二极管 VD 导通，U_s 与输出端并联，输出电压的值被限制在 U_s，实现限幅的目的；当输入电压 $u_i < U_s$ 时，二极管 VD 截止，U_s 从输出端断开，输出电压等于输入电压。

4.3.5 与门电路

利用二极管通、断的开关特性可以组成实现与逻辑函数关系的电路,该电路称为与门电路。二极管与门电路如图 4-17 所示。

为了讨论该电路的工作原理,设电源电压 V_{cc}=5V,二极管导通的压降为 0.7V,输入是脉冲电压信号,脉冲电压幅度 A、B 均为 3V,求输出电压 Y。

当 A、B 的输入电压都是 0V 时,二极管 VD_1 和 VD_2 同时导通,输出电压 Y 为 0.7V;当输入电压 A 为 0V,B 为 3V 时,VD_1 两端将承受比 VD_2 大的电压,VD_1 导通,输出电压 Y 被钳制在 0.7V,VD_2 因反偏而截止;同理当输入电压 B 为 0V,A 为 3V 时,VD_2 导通,VD_1 截止,输出电压 Y 为 0.7V;当 A、B 的输入电压都是 3V 时,VD_1 和 VD_2 同时导通,输出电压 Y 为 3.7V。

在规定高电压用 1 表示,低电压用 0 表示的前提下,上述的关系可表示成表 4-1 所示的真值表。该真值表的特征是有 0 出 0,这是与逻辑关系的特征,即利用该电路可以实现与逻辑关系,所以,该电路称为二极管与门电路。与门电路及输入-输出信号波形仿真的结果如图 4-18 所示。

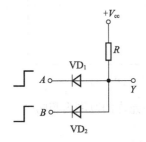

图 4-17 与门电路

表 4-1 真值表

A	B	Y
0	0	0
0	1	0
1	0	0
1	1	1

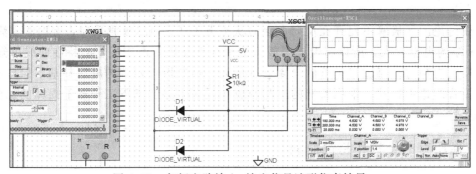

图 4-18 与门电路输入-输出信号波形仿真结果

图 4-18 示波器屏幕上的第一个波形是 A 输入信号,第二个波形是 B 输入信号,第三个波形是 Y 输出信号。输入-输出信号的波形清晰地显示出图 4-17 所示电路的逻辑关系是"有 0 出 0",验证了电路为与门电路的结论。

【例 4.1】求图 4-19 所示电路的输出电压 U_{ab} 的值。

【解】求 U_{ab} 的关键点是判断二极管 VD_1 和 VD_2 的通、断状态,而 VD_1 和 VD_2 的通、断状态可根据它们的偏置来判断。判断的方法

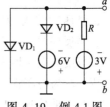

图 4-19 例 4.1 图

是：找出电路的最高和最低电位点，观察这些点与二极管正、负极的连接情况，即可确定二极管的偏置状态。

在图 4-19 所示的电路中，电源的正极接地，所以，接地点是电路的最高电位点；因二极管 VD_2 的负极与电路的最低电位点-6V 相接，所以，VD_2 因正向偏置而导通，VD_1 因反向偏置而截止，设二极管导通的电压为 0.7V，则

$$U_{ab} = -6 + 0.7 = -5.3V$$

用 Multisim 软件验证计算结果的仿真实验如图 4-20 所示。

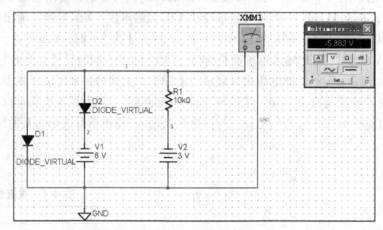

图 4-20   用 Multisim 软件验证计算结果的仿真实验

图 4-20 仿真实验测量的数据与理论计算的结果在误差允许的范围内相吻合。

4.4 稳 压 管

前面讨论的二极管不允许在反向击穿的状态下工作，当二极管反向击穿时，因流过二极管 PN 结的电流太大，所以将造成二极管的永久性损坏。由二极管的特性曲线可知，当二极管反向击穿时，流过二极管的电流急剧增大，但二极管两端的电压却基本保持不变。利用二极管的这一特性，采用特殊的工艺制成在反向击穿状态下工作却不损坏的二极管，就是稳压管。

4.4.1 稳压管的结构和特性曲线

稳压管与二极管的外形相似，稳压管的特性曲线如图 4-21（a）所示，常用的图形符号如图 4-21（b）所示，文字符号用 VD_Z 来表示。

由稳压管的伏-安特性曲线可见，稳压管的正向特性和普通二极管基本相同，但反向特性较陡。当反向电压较低时，反向电流几乎为零，此时稳压管仍处在截止的状态，不具有稳压的特性。当反向电压增大到击穿电压 U_Z 时，反向电流 I_Z 将急剧增加。击穿电压 U_Z 为稳压管的工作电压，I_Z 为稳压管的工作电流。

从特性曲线还可以看出，当 I_Z 在较大的范围内变化时，稳压管两端的电压 U_Z 基本保持不变，显示出稳压的特性。使用时，只要 I_Z 不超过管子的允许值 I_{ZM}，PN 结就不会因过热而损坏，

当外加反向电压去除后，稳压管内部的 PN 结又自动恢复原性能。

由上面的分析可见，稳压管和二极管的差别在于工作状态的不同，二极管是利用 PN 结的单向导电性来实现整流和限幅的目的；而稳压管却是利用 PN 结击穿时输出电压稳定的特点来实现稳压的目的。

稳压管工作于反向击穿状态，击穿电压从几伏到几十伏，反向电流也比一般的二极管大。能在反向击穿状态下正常工作而不损坏，是稳压管工作的特点，稳压管在电路中正确的连接方法如图 4-22 所示。

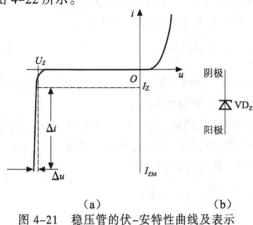

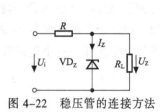

图 4-21　稳压管的伏-安特性曲线及表示　　　图 4-22　稳压管的连接方法

4.4.2　稳压管的主要参数

稳压管的主要参数如下：

1．稳定电压 U_Z

稳定电压 U_Z 是稳压管正常工作时管子两端的电压，也是与稳压管并联的负载两端的工作电压，按需要可在半导体器件手册中选用。

2．稳定电流 I_Z

稳定电流 I_Z 是稳压管工作在稳压状态时的参考电流，电流低于此值时稳压效果变差，甚至根本不稳压，故 I_Z 常记作 I_{Zmin}。稳压管在工作时，流过稳压管的电流在不超过稳压管额定功率的前提下，电流愈大，稳压的效果愈好。

3．额定功耗 P_{ZM}

额定功耗 P_{ZM} 等于稳压管的稳定电压 U_Z 与最大稳定电流 I_{ZM} 的乘积，稳压管的功耗超过此值时，会因 PN 结温度过高而损坏。

4．动态电阻 r_d

动态电阻 r_d 是稳压管工作在稳压区时，端电压变化量与电流变化量的比，即 $\Delta U_Z/\Delta I_Z$，r_d 愈小，电流变化时 U_Z 的变化愈小，即稳压管的稳压特性愈好。

5．温度系数 α

温度系数 α 表示温度每变化 1℃时，稳压管稳压值的变化量。稳压管的稳定电压小于 4V 的管子具有负温度系数（属于齐纳击穿），即温度升高时稳定电压值下降；稳定电压大于 7V 的管子具有正温度系数（属于雪崩击穿），即温度升高时稳定电压值上升；而稳定电压在 4～7V 之间的管子，温度系数非常小，齐纳击穿和雪崩击穿均有，互相补偿，温度系数近似为零。

由于稳压管的反向电流在小于 I_{Zmin} 时工作不稳压，大于 I_{ZM} 时会因超过额定功耗而损坏，所以在稳压管电路中必须串联一个电阻来限制电流，以保证稳压管的正常工作，该电阻称为限流电阻。限流电阻的取值合适时，稳压管才能安全、稳定地工作。

计算限流电阻 R 时应考虑当输入电压处在最小值 U_{Zmin}，负载电流处在最大值 I_{Lmax} 时，稳压管的工作电流应大于 I_{Zmin}；当输入电压处在最大值 U_{imax}，负载电流为最小值零时，稳压管的工作电流应小于 I_{ZM}。综合考虑上述两个因素，可得计算限流电阻的公式是

$$\frac{U_{imin} - U_Z}{I_{Zmin} + I_{Lmax}} \geq R \geq \frac{U_{imax} - U_Z}{I_{ZM}} \qquad (4-7)$$

【例 4.2】在图 4-22 所示的电路中，设 U_i=10V，波动的幅度为±10%，U_Z=6V，I_{Zmin}=5mA，I_{ZM}=30mA，R_L 的变化范围是 600Ω～∞，求限流电阻 R 的取值范围。

【解】因为输入电压变化的幅度是±10%，所以输入电压的最大值为 11V，最小值为 9V。该电路带两个负载处于极限的情况是，输入电压最小时，带最大的负载 600Ω，负载电流最大 I_{Lmax} 为 10mA，此时稳压管应工作在最小击穿电流 I_{Zmin} 的状态下，限流电阻的值为

$$R_1 = \frac{U_{imin} - U_Z}{I_{Zmin} + I_{Lmax}} = \frac{(9-6)V}{(5+10)mA} = 200\Omega$$

输入电压最大时，带最小的负载 R=∞，此时稳压管应工作在最大击穿电流 I_{ZM} 的状态下，限流电阻的值为

$$R_2 = \frac{U_{imax} - U_Z}{I_{ZM}} = \frac{(11-6)V}{30mA} = 167\Omega$$

所以，限流电阻 R 的取值范围是 167～200Ω 之间。

4.4.3 其他类型的二极管

除了上面介绍的普通二极管和稳压管外，还有发光二极管、光电二极管等。

1. 发光二极管

发光二极管包括可见光、不可见光、激光二极管等不同的类型，这些二极管除了具有 PN 结的单向导电性外，还可以将电能转换成光能输出。常见的发光二极管可以发出红、绿、黄、橙等颜色的光，发光的颜色决定于所用的材料。目前市场上有各种形状的发光二极管，它的外形和符号分别如图 4-23（a）、（b）所示。

发光二极管在外加的正向电压使二极管产生足够大的正向电流时才发光，它的开启电压比普通二极管大。正向电流愈大，发光二极管所发的光愈强。使用时，应特别注意不要超过发光二极管的最大功耗、最大正向电流和反向击穿电压等极限参数。

发光二极管因其驱动电压低、功耗小、寿命长、可靠性高等优点被广泛用于显示电路中。

2. 光电二极管

光电二极管是一种远红外线接收管，它可将所接收到的光能转换成电能。PN 结型光电二极管充分利用 PN 结的光敏特性，将接收到的光能变化转换成电流的变化。它的外形和符号分别

如图 4-24（a）、（b）所示。

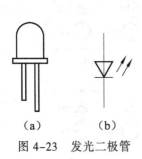

图 4-23 发光二极管

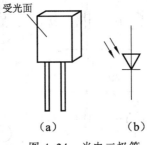

图 4-24 光电二极管

　　除上述特殊的二极管外，还有利用 PN 结势垒电容制成的变容二极管。变容二极管可用于电子调谐、频率的自动控制、调频调幅、调相和滤波等电路之中；利用高掺杂材料所形成的 PN 结隧道效应可制成隧道二极管。隧道二极管用于振荡、过载保护、脉冲数字电路之中；利用金属与半导体之间的接触势垒而制成的肖特基二极管，因其正向导通电压小、结电容小而用于微波混频、检测、集成化数字电路等场合。

小　　结

　　本章介绍了半导体的基础知识，从硅（Si）和锗（Ge）的原子结构出发，阐述了本征半导体的本征激发现象，介绍了本征半导体内部的两种载流子、P 型半导体、N 型半导体和 PN 结的概念，讨论了 PN 结的单向导电性，PN 结电流方程 $i = I_s(e^{\frac{u}{U_T}} - 1)$，PN 结的伏–安特性曲线。介绍了二极管和稳压管的内部结构、二极管的特性曲线、二极管的单向导电性和稳压管的稳压特性，介绍了利用二极管的单向导电性所组成的整流、检波、限幅和开关电路；最后介绍了发光二极管、光电二极管等特殊二极管的应用。

习题和思考题

1. 在本征半导体中加入_____元素可形成 N 型半导体，加入_____元素可形成 P 型半导体，PN 结加正向电压时，空间电荷区将_____。

2. 温度升高对二极管的导电能力有何影响？这种影响使二极管的特性曲线发生什么变化？锗管和硅管的开启电压哪一个大？反向电流哪一个大？用万用表测量二极管的反向特性时，是否可用两手将引脚和表笔紧紧地捏住，为什么？是否可以将二极管以正向偏置的形式直接接在 1.5V 的电池两端，为什么？

3. 稳压管在反向击穿时有稳压的作用，处在正向偏置下的稳压管是否也有稳压的作用？

4. 设二极管导通的压降为 0.7V，写出图 4-25 所示各电路的输出电压值。

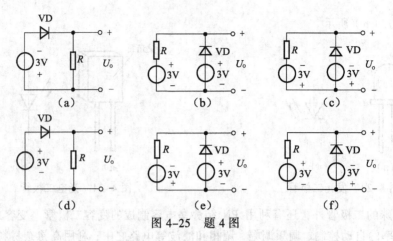

图 4-25　题 4 图

5. 设二极管导通的压降为 0.7V，求图 4-26 所示电路的输出电压值。

6. 设二极管导通的压降 0.7V 可以忽略，输入信号 $u_i=6\sin\omega t$V，画出图 4-27 所示电路的输出波形，若将二极管 VD 换成稳压值为 4V 的稳压管，画出电路的输出波形。

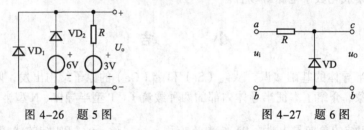

图 4-26　题 5 图　　　　　　　　图 4-27　题 6 图

7. 将两只稳压值分别为 5V 和 8V，正向导通压降为 0.7V 的稳压管分别串联使用、并联使用，求共有几种稳压值。

8. 图 4-28 所示的稳压电路中，已知输入电压 $U_i=$（12±10%）V，稳压管的稳压值 $U_Z=6$V，最小稳定电流 $I_{Zmin}=5$mA，最大稳定电流 $I_{Zmax}=50$mA，负载电流的最大值 $I_{Lmax}=25$mA，求负载电阻 R 的取值范围。

9. 图 4-29 所示电路的输入信号是正弦波，标出输出电压的方向。

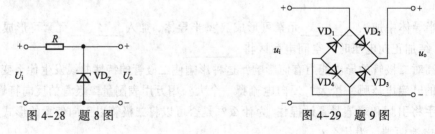

图 4-28　题 8 图　　　　　　　　图 4-29　题 9 图

第5章 | 半导体三极管和场效应管及其应用

学习要点:

● 半导体三极管和场效应管的结构。
● 共发射极、共集电极电压放大器分析和计算的方法。

5.1 半导体三极管的基本结构

半导体二极管内部只有一个 PN 结,若在半导体二极管 P 型半导体的下边,再加上一块如图 5-1 (a) 所示的 N 型半导体。那么,这种结构的器件内部有两个 PN 结,且 N 型半导体和 P 型半导体交错排列形成三个区,分别称为发射区、基区和集电区。从三个区引出的引脚分别称为发射极、基极和集电极,用符号 e、b、c 来表示。处在发射区和基区交界处的 PN 结称为发射结;处在基区和集电区交界处的 PN 结称为集电结。具有这种结构特性的器件称为三极管。

5.1.1 三极管内部结构

半导体三极管通常又称双极型晶体管(BJT),简称晶体管或三极管。三极管在电路中常用字母 VT 来表示。因三极管内部的两个 PN 结互相影响,使三极管呈现出单个 PN 结所没有的电流放大的功能,开拓了 PN 结应用的新领域,促进了电子技术的发展。

因图 5-1 (a) 所示三极管的三个区分别由 NPN 型半导体材料组成,所以,这种结构的三极管称为 NPN 型三极管。图 5-1 (b) 是 NPN 型三极管的符号,符号中箭头的指向表示发射结处在正向偏置时电流的流向。

根据同样的原理,也可以组成 PNP 型三极管,图 5-2 (a)、(b) 分别为 PNP 型三极管的内部结构和符号。

由图 5-1 和图 5-2 可见,两种类型三极管符号的差别仅在发射结箭头的方向上,理解箭头的指向是代表发射结处在正向偏置时电流的流向,有利于记忆 NPN 和 PNP 型三极管的符号,同时还可根据箭头的方向来判别三极管的类型。

例如,当看到"⊥"符号时,因为该符号的箭头是由基极指向发射极的,说明当发射结处在正向偏置时,电流是由基极流向发射极。根据前面所讨论的内容可知,当 PN 结处在正向偏置时,电流是由 P 型半导体流向 N 型半导体,由此可得,该三极管的基区是 P 型半导体,其他的两个区都是 N 型半导体,所以该三极管为 NPN 型三极管。

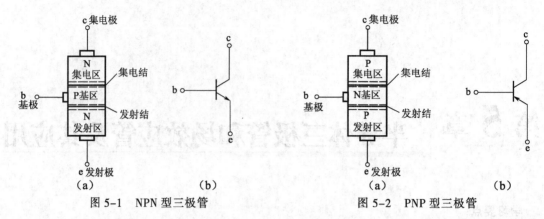

图 5-1　NPN 型三极管　　　　图 5-2　PNP 型三极管

晶体管除了 PNP 和 NPN 两种类别的区分外，还有很多种类。根据三极管工作频率的不同，可将三极管分为低频管和高频管；根据三极管消耗功率的不同，可将三极管分为小功率管、中功率管和大功率管等。常见三极管的外形如图 5-3 所示。

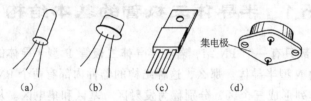

图 5-3　常见三极管的外形图

图 5-3（a）和图 5-3（b）都是小功率管，图 5-3（c）为中功率管，图 5-3（d）为大功率管。

5.1.2　三极管的电流放大作用

1. 三极管内部 PN 结的结构

对模拟信号进行处理最基本的形式是放大。在生产实践和科学实验中，从传感器获得的模拟信号通常都很微弱，只有经过放大后才能进一步处理，或者使之具有足够的能量来驱动执行机构，完成特定的工作。放大电路的核心器件是三极管，三极管的电流放大作用与三极管内部 PN 结的特殊结构有关。

从图 5-1 和图 5-2 可见，三极管犹如两个反向串联的 PN 结，如果孤立地看待这两个反向串联的 PN 结，或将两个普通二极管串联起来组成三极管，是不可能具有电流的放大作用的。具有电流放大作用的三极管，PN 结内部结构的特殊性如下：

① 为了便于发射结发射电子，发射区半导体的掺杂浓度远高于基区半导体的掺杂浓度，且发射结的面积较小。

② 发射区和集电区虽为同一性质的掺杂半导体，但发射区的掺杂浓度要高于集电区的掺杂浓度，且集电结的面积要比发射结的面积大，便于收集电子。

③ 联系发射结和集电结两个 PN 结的基区非常薄，且掺杂浓度也很低。

上述的结构特点是三极管具有电流放大作用的内因。要使三极管具有电流的放大作用，除了三极管的内因外，还要有外部条件。三极管的发射极为正向偏置，集电结为反向偏置是三极管具有电流放大作用的外部条件。

放大器是一个有输入和输出端口的四端网络，要将三极管的三个引脚接成四端网络的电路，必须将三极管的一个脚当作公共端。取发射极作公共端的放大器称为共发射极放大器，基本共发射极放大器的电路如图 5-4 所示。图中基极和发射极为输入端，集电极和发射极为输出端，发射极是该电路输入和输出的公共端。

图 5-4 中的 u_i 表示要放大的输入信号；u_o 表示放大以后的输出信号；V_{bb} 表示基极电源，该电源的作用是使三极管的发射结处在正向偏置的状态；V_{cc} 表示集电极电源，该电源的作用是使三极管的集电结处在反向偏置的状态；R_c 表示集电极电阻。

2. 共发射极电路三极管内部载流子的运动情况

共发射极电路三极管内部载流子的运动情况如图 5-5 所示，载流子的运动规律可分为以下的几个过程。

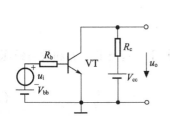

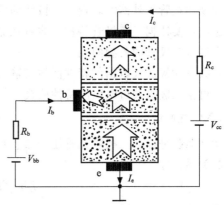

图 5-4　基本共发射极放大电路　　　图 5-5　三极管内部载流子运动情况的示意图

（1）发射区向基区发射电子的过程

发射结处在正向偏置，使发射区的多数载流子（自由电子）不断地通过发射结扩散到基区，即向基区发射电子。与此同时，基区的空穴也会扩散到发射区，由于两者掺杂浓度上的悬殊，形成发射极电流 I_e 的载流子主要是电子，电流的方向与电子流的方向相反。发射区所发射的电子由电源 V_{cc} 的负极来补充。

（2）电子在基区中的扩散与复合的过程

扩散到基区的电子，将有一小部分与基区的空穴复合，同时基极电源 V_{bb} 不断地向基区提供空穴，形成基极电流 I_b。由于基区掺杂的浓度很低，且很薄，在基区与空穴复合的电子很少，所以基极电流 I_b 也很小。扩散到基区的电子除了被基区复合掉的一小部分外，大量的电子将在惯性的作用下继续向集电结扩散。

（3）集电结收集电子的过程

反向偏置的集电结在阻碍集电区向基区扩散电子的同时，空间电荷区将向基区延伸，因集电结的面积很大，延伸进基的空间电荷区使基区的厚度进一步变薄，使发射极扩散来的电子更容易在惯性的作用下进入空间电荷区。集电结的空间电荷区可将发射区扩散进空间电荷区的电子迅速的推向集电极，相当于被集电极收集。集电极收集到的电子由集电极电源 V_{cc} 吸收，形成集电极电流 I_c。

3. 三极管的电流分配关系和电流放大系数

根据上面的分析和节点电流定律可得，三极管三个电极的电流 I_e、I_b、I_c 之间的关系为

$$I_e = I_b + I_c \qquad (5\text{-}1)$$

三极管的特殊结构使 I_c 远大于 I_b，令

$$\overline{\beta} = \frac{I_c}{I_b} \qquad (5\text{-}2)$$

$\overline{\beta}$ 称为三极管的直流电流放大倍数，它是描述三极管基极电流对集电极电流控制能力大小的物理量。$\overline{\beta}$ 大的管子，基极电流对集电极电流控制的能力就大。$\overline{\beta}$ 是由晶体管的结构来决定的，一个管子做成以后，该管子的 $\overline{\beta}$ 值就确定了。

5.1.3 三极管的共射特性曲线

三极管的特性曲线是描述三极管各个电极之间电压与电流关系的曲线，它们是三极管内部载流子运动规律在管子外部的表现。三极管的特性曲线反映了管子的技术性能，是分析放大电路技术指标的重要依据。三极管特性曲线可在晶体管图示仪上直观地显示出来，也可从手册上查到某一个型号三极管的典型曲线。

三极管共发射极放大电路的特性曲线有输入特性曲线和输出特性曲线，下面以 NPN 型三极管为例，来讨论三极管共射电路的特性曲线。

1. 输入特性曲线

输入特性曲线是描述三极管在管压降 U_{ce} 保持不变的前提下，基极电流 i_b 和发射结压降 u_{be} 之间的函数关系，即

$$i_b = f(u_{be})\big|_{U_{ce}=\text{const}} \qquad (5\text{-}3)$$

三极管的输入特性曲线如图 5-6 所示。

由图 5-6 可见 NPN 型三极管共发射极输入特性曲线的特点是：

① 在输入特性曲线上也有一个开启电压，在开启电压内，u_{be} 虽已大于零，但 i_b 仍几乎为零，只有当 u_{be} 的值大于开启电压后，i_b 的值才随 u_{be} 的增加按指数规律增大，这与二极管类似。硅晶体管的开启电压约为 0.5V，发射结导通电压 U_{on} 约为 $0.6\sim0.7V$；锗晶体管的开启电压约为 0.2V，发射结导通电压 U_{on} 约为 $0.2\sim0.3V$。

② 三条曲线分别为 $U_{ce}=0V$，$U_{ce}=0.5V$ 和 $U_{ce}=1V$ 的情况。当 $U_{ce}=0V$ 时，相当于集电极和发射极短路，即集电结和发射结并联，输入特性曲线和 PN 结的正向特性曲线相类似；当 $U_{ce}=1V$ 时，集电结已处在反向偏置，管子工作在放大状态，集电极收集基区扩散过来的电子，使在相同 u_{ce} 值的情况下，流向基极的电流 i_b 减小，输入特性随着 U_{ce} 的增大而右移；当 $U_{ce}>1V$ 以后，输入特性几乎与 $U_{ce}=1V$ 时的特性曲线重合，这是因为 $V_{cc}>1V$ 后，集电极已将发射区发射过来的电子几乎全部收集走，对基区电子与空穴的复合影响不大，所以 i_b 的改变也不明显。

因晶体管工作在放大状态下，集电结要反偏，U_{ce} 必须大于 1V，所以，只要给出 $U_{ce}=1V$ 时的输入特性就可以了。

2. 输出特性曲线

输出特性曲线是描述三极管在输入电流 i_b 保持不变的前提下，集电极电流 i_c 和管压降 u_{ce} 之间的函数关系，即

$$i_c = f(u_{ce})\Big|_{i_b = \text{const}} \qquad (5-4)$$

三极管的输出特性曲线如图 5-7 所示。由图 5-7 可见，当 i_b 改变时，i_c 和 u_{ce} 的关系是一组平行的曲线族，并有截止、饱和、放大三个工作区。

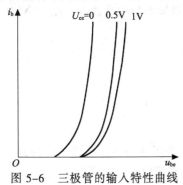

图 5-6　三极管的输入特性曲线

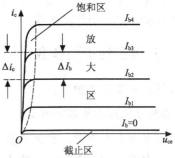

图 5-7　三极管的输出特性曲线

（1）截止区

$I_b=0$ 特性曲线以下的区域称为截止区。此时晶体管的集电结处于反偏，发射结电压 $u_{be} < 0$，也是处于反偏的状态。由于 $i_b = 0$，在反向饱和电流可忽略的前提下，$i_c = \beta i_b$ 也等于 0，晶体管无电流的放大作用。处在截止状态下的三极管，发射极和集电结都是反偏，在电路中犹如一个断开的开关，不导电。

实际的情况是：处在截止状态下的三极管集电极有很小的电流 I_{ceo}，该电流称为三极管的穿透电流，它是在基极开路时测得的集电极–发射极间的电流，不受 i_b 的控制，但受温度变化的影响。

（2）饱和区

在图 5-4 的三极管放大电路中，集电极接有电阻 R_c，如果电源电压 V_{cc} 一定，当集电极电流 i_c 增大时，$u_{ce}=V_{cc}-i_cR_c$ 将下降。对于硅管，当 u_{ce} 的值降低到小于 0.7V 时，集电结也进入正向偏置的状态，集电极吸引电子的能力将下降，此时 i_b 再增大，i_c 几乎就不再增大了，三极管失去了电流的放大作用，处于这种状态下工作的三极管称为饱和。

规定 $U_{ce} = U_{be}$ 时的状态为三极管的临界饱和态，图 5-7 中的虚线为临界饱和线，在临界饱和态下工作的三极管集电极电流和基极电流的关系为

$$I_{cs} = \frac{V_{cc} - U_{ces}}{R_c} = \overline{\beta} I_{bs} \qquad (5-5)$$

式（5-5）中的 I_{cs}、I_{bs}、U_{ces} 分别为三极管处在临界饱和态下的集电极电流、基极电流和管子两端的电压（饱和管压降）。当管子两端的电压 $U_{ce} < U_{ces}$ 时，三极管将进入深度饱和的状态，在深度饱和的状态下，$i_c = \overline{\beta} i_b$ 的关系不成立，三极管的发射结和集电结都处于正向偏置会导电的状态，在电路中犹如一个闭合的开关。

三极管截止和饱和的状态与开关断、通的特性很相似，数字电路中的各种开关电路就是利用三极管的这种特性来制作的。

（3）放大区

三极管输出特性曲线饱和区和截止区之间的部分就是放大区。工作在放大区的三极管才具有电流的放大作用。此时三极管的发射结处在正偏，集电结处在反偏。由放大区的特性曲线可

见，特性曲线非常平坦，当 i_b 等量变化时，i_c 几乎也按一定的比例等距离平行变化。由于 i_c 只受 i_b 的控制，几乎与 u_{ce} 的大小无关，因此处在放大状态下的三极管相当于一个输出电流受 i_b 控制的受控电流源。

上述讨论的是 NPN 型三极管的特性曲线，PNP 型三极管的特性曲线是一组与 NPN 型三极管特性曲线关于原点对称的图像。

*5.1.4　三极管的主要参数

三极管的主要参数如下。

1. 共射电流放大系数 $\overline{\beta}$ 和 β

在共射极放大电路中，若交流输入信号为零，则管子各极间的电压和电流都是直流量，此时的集电极电流 I_c 和基极电流 I_b 的比就是 $\overline{\beta}$，$\overline{\beta}$ 称为共射直流电流放大系数。

当共射极放大电路有交流信号输入时，因交流信号的作用，必然会引起 I_b 的变化，相应的也会引起 I_c 的变化，两电流变化量的比称为共射交流电流放大系数 β，即

$$\beta = \frac{\Delta I_c}{\Delta I_b} \tag{5-6}$$

上述两个电流放大系数 $\overline{\beta}$ 和 β 的含义虽然不同，但工作在输出特性曲线放大区平坦部分的三极管，两者值的差异极小，可做近似相等处理。因此，在今后应用时，通常不加区分，直接互相替代使用。

由于制造工艺的分散性，同一型号三极管的 β 值差异较大。常用的小功率三极管，β 值一般为 $20\sim150$。β 过小，管子的电流放大作用小；β 过大，管子工作的稳定性差，一般选用 β 在 $40\sim120$ 之间的管子较为合适。

2. 极间反向饱和电流 I_{cbo} 和 I_{ceo}

① 集电结反向饱和电流 I_{cbo} 是指发射极开路，集电结加反向电压时测得的集电极电流。常温下，硅管的 I_{cbo} 在 nA（10^{-9}）的量级，通常可忽略。

② 集电极-发射极反向电流 I_{ceo} 是指基极开路时，集电极与发射极之间的反向电流，即穿透电流，穿透电流的大小受温度变化的影响较大，穿透电流小的管子热稳定性好。

3. 极限参数

（1）集电极最大允许电流 I_{CM}

晶体管的集电极电流 I_c 在相当大的范围内 β 值基本保持不变，但当 I_c 的数值大到一定程度时，电流放大系数 β 值将下降。使 β 明显减少的 I_c 即为 I_{CM}。为了使三极管在放大电路中能正常工作，I_c 不应超过 I_{CM}。

（2）集电极最大允许功耗 P_{CM}

晶体管工作时，集电极电流在集电结上将产生热量，产生热量所消耗的功率就是集电极的功耗 P_{CM}，即

$$P_{CM} = I_c U_{ce} \tag{5-7}$$

功耗与三极管的结温有关，结温又与环境温度、管子是否有散热器等条件相关。根据式（5-7）可在输出特性曲线上作出三极管的允许功耗线，如图 5-8 所示。功耗线的左下方为安全工作区，右

上方为过损耗区。

手册上给出的 P_{CM} 值是在常温下 25℃时测得的。硅管集电结的上限温度为 150℃左右，锗管为 70℃左右，使用时应注意不要超过此值，否则管子将损坏。

（3）反向击穿电压 $U_{BR(ceo)}$

反向击穿电压 $U_{BR(ceo)}$ 是指基极开路时，加在集电极与发射极之间的最大允许电压。使用中如果管子两端的电压 $U_{ce} > U_{BR(ceo)}$，集电极电流 I_c 将急剧增大，这种现象称为击穿。管子击穿将造成三极管永久性的损坏。三极管电路在电源 V_{cc} 的值选得过大时，有可能会出现当管子截止时，$U_{ce} > U_{BR(ceo)}$ 导致三极管击穿而损坏的现象。一般情况下，三极管电路的电源电压 V_{cc} 应小于 $U_{BR(ceo)}/2$。

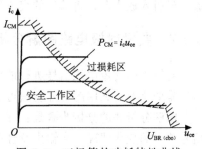

图 5-8　三极管的功耗特性曲线

4．温度对三极管参数的影响

几乎所有的三极管参数都与温度有关，因此不容忽视。温度对以下三个参数影响最大。

（1）共射电流放大系数 β

三极管的 β 随温度的升高将增大，温度每上升1℃，β 值约增大 0.5%～1%，其结果是在相同 I_b 的情况下，集电极电流 I_c 随温度上升而增大。

（2）反向饱和电流 I_{ceo}

I_{ceo} 是由少数载流子漂移运动形成的，它与环境温度的关系很大，I_{ceo} 随温度上升会急剧增加。温度上升 10℃，I_{ceo} 将增加一倍。由于硅管的 I_{ceo} 很小，所以，温度对硅管 I_{ceo} 的影响不大。

（3）发射结电压 u_{be}

和二极管的正向特性一样，温度上升1℃，u_{be} 将下降 2～2.5mV。

综上所述，随着温度的上升，β 值将增大，i_c 也将增大，u_{ce} 将下降，这对三极管放大作用不利，使用中应采取相应的措施克服温度的影响。

5.2　共发射极电压放大器

电压放大器的任务是对输入的电压信号进行放大。要放大的信号通常是由传感器送来的模拟某个物理量随时间变化的微弱电信号，利用放大器可以将这些微弱的电信号放大到足够强，并将放大后的信号输送到驱动电路，驱动执行机构完成特定的工作。执行机构的驱动信号通常是变化量，所以放大电路放大的对象通常也是变化量。变化量即交流信号，对交流信号进行放大是电压放大器的主要任务。

5.2.1　电路的组成

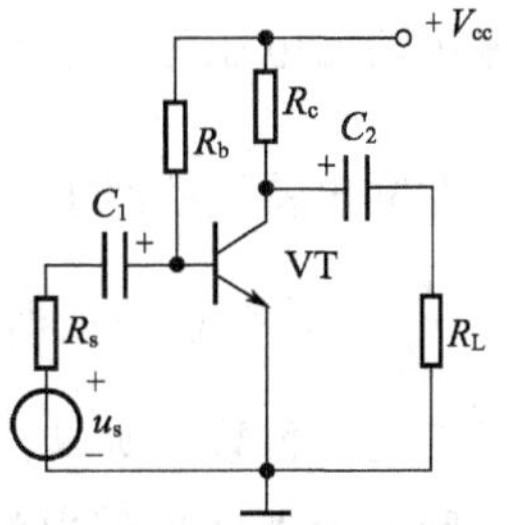

共发射极电压放大器电路的组成如图 5-9 所示，其中的 V_{cc} 是为放大器提供能量的直流电源；R_b 是偏流电阻，该电阻的作用是为晶体管提供适当的偏置电压，使三极管工作在放大区；R_c 为集电极电阻，R_L 为负载电阻；C_1 和 C_2 为耦合电容，它们的作用是隔离放大器的直流电源对信号源与负载的影响，并将输入的交

图 5-9　共发射极电路

流信号引入放大器，将输出的交流信号输送到负载上。

5.2.2 共发射极电路图解分析法

对输入的交流电压信号进行放大是电压放大器的任务，交流电压信号的特点是：大小和方向均是变化的。利用图解分析法可以很直观地分析电压放大器的工作原理。

图解分析法的分析步骤是：在三极管的输入特性曲线上，画出输入信号的波形，根据输入信号波形的变化情况，在输出特性曲线相应的地方画出输出信号的波形，并分析输出信号和输入信号在形状、幅度、相位等参量之间的关系，如图 5-10 所示。

图 5-10（a）给出了三极管的输入特性曲线和输入信号的波形，图 5-10（b）所示为三极管的输出特性曲线和输出信号的波形。

1. 静态工作点的确定

由图 5-10（a）的输入特性曲线可见，为了使三极管在任何时刻都工作在放大区，在输入信号等于零时，三极管的 I_b 和 U_{be} 的值不能为零；否则当输入信号处在负半周时，三极管放大器的 U_{be} 将小于零，三极管将进入截止的状态，不能对输入信号进行正常的放大。

输入信号为零时，三极管所处的状态称为放大器的静态工作点，即图中的 Q 点，Q 点有 I_b、I_c、U_{be} 和 U_{ce} 四个值，实际上只要 I_b、I_c 和 U_{ce} 就可以确定电路的静态工作点，并用符号 I_{BQ}、I_{CQ} 和 U_{CEQ} 来表示电路的静态工作点。

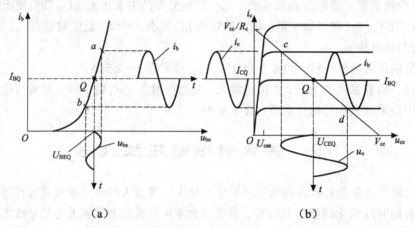

图 5-10 图解分析法

确定静态工作点的方法是：根据电容阻直流、通交流的特点和节点电位法可得放大器静态时输出端的电压为

$$U_{CEQ} = V_{cc} - I_{CQ}R_c \tag{5-8}$$

在输出特性曲线上，式（5-8）为一条直线，在横轴上，$I_{CQ}=0$，$U_{CEQ}=V_{cc}$；在纵轴上，$U_{CEQ}=0$，$I_{CQ}=\dfrac{V_{cc}}{R_c}$，连接这两点即可得式（5-8）所确定的直线，因该直线的斜率与 $-\dfrac{1}{R_c}$ 有关，因 R_c 是电路的直流负载，所以，该直线称为直流负载线。

因放大器输出端电流和电压的关系同时要满足三极管的输出特性曲线和电路的直流负载线，所以，放大器静态工作点应在两曲线的交点上，即在直流负载线上。为了使放大器保持较大的动态范围，通常将静态工作点选在直流负载线的中点，由直流负载线中点所确定的值 I_{CQ} 和 U_{CEQ} 就是输出电路的静态工作点，再根据

$$I_{BQ} = \frac{I_{CQ}}{\beta} \qquad (5-9)$$

即可确定输入电路的静态工作点 I_{BQ}。

2．输出信号波形分析

静态工作点确定之后，根据叠加定理可得放大器输入端的信号为

$$u_{be} = U_{BEQ} + u_i \qquad (5-10)$$

即在静态工作点电压上叠加输入的交流信号。

在放大器不带负载 R_L 的前提下，放大器放大信号的过程如下：当输入电压信号处在 $u_i > 0$ 的正半周时，放大器输入端的工作点沿输入特性曲线从 Q 点往 a 点移，放大器输出端的工作点沿直流负载线从 Q 点往 c 点移，在输出端形成 $u_o < 0$ 的负半周信号；当输入电压信号处在 $u_i < 0$ 的负半周时，放大器输入端的工作点沿输入特性曲线从 Q 点往 b 点移，放大器输出端的工作点沿直流负载线从 Q 点往 d 点移，在输出端形成 $u_o > 0$ 的正半周信号。完成对正、负半周输入信号的放大，如图 5-10 所示。

由图 5-10 可见，经放大器放大后的输出信号在幅度上比输入信号增大了，即实现了放大的任务，但相位相反，即输入信号是正半周时，输出信号是负半周；输入信号是负半周时，输出信号是正半周，说明共发射极电压放大器的输出信号和输入信号的相位差是 180°。

由图 5-10 还可见，电压放大器电路中集电极电阻 R_c 的作用是：用集电极电流的变化，实现对直流电源 V_{cc} 能量转化的控制，达到用输入电压 u_i 的变化来控制输出电压 u_o 变化的目的，实现小信号输入、大信号输出的电压放大作用。并由此可得，放大器放大的是变化量，放大电路放大的本质是能量的控制和转换。三极管在电路中就是起这种控制的作用。

当放大器接有负载 R_L 时，对交流信号而言，R_L 和 R_c 是并联的关系，并联后的总电阻为

$$R_L' = \frac{R_c R_L}{R_c + R_L} = R_c \mathbin{/\mkern-5mu/} R_L \qquad (5-11)$$

根据式（5-11）的电阻表达式，在输出特性曲线上也可做一条斜率为 $-\dfrac{1}{R_L'}$ 的直线，该直线称为交流负载线，如图 5-11 所示。

由图 5-11 可见，在输入信号驱动下，放大器输出端的工作点将沿交流负载线移动，形成交流输出电压。但输出信号的幅度比不带负载时小，利用戴维南定理也可解释该结论。

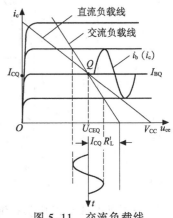

图 5-11　交流负载线

3．波形失真的类型

当放大器的工作点选得太低或太高时，放大器将不能对输入信号实施正常的放大，从而导致波形失真，波形失真的类型有如下两种。

（1）截止失真

如图 5-12 所示为工作点太低的情况。当工作点太低时，放大器能对输入信号的正半周信

号实施正常地放大，而当输入信号为负半周时，因 $u_{be} = U_{BEQ} - u_i$ 小于三极管的开启电压，三极管将进入截止区，$i_b = 0$，$i_c = 0$，输出电压 $u_o = u_{ce} = V_{cc}$ 将不随输入信号的变化而变化，产生输出波形的失真。

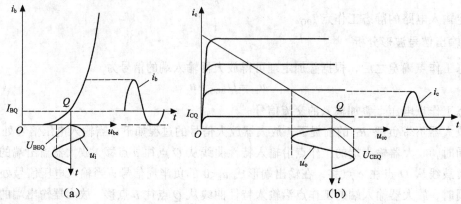

图 5-12 截止失真

这种失真是因工作点取得太低，输入负半周信号时，三极管进入截止区而产生的失真，所以称为截止失真。

（2）饱和失真

如图 5-13 所示为工作点太高的情况。当工作点太高时，放大器能对输入信号的负半周信号实施正常地放大，而当输入信号为正半周时，因 $u_{be} = U_{BEQ} + u_i$ 太大了，使三极管进入饱和区，$i_c = \beta i_b$ 的关系将不成立，输出电流将不随输入电流而变化，输出电压也不随输入信号而变化，产生输出波形的失真。

这种失真是因工作点取得太高，输入正半周信号时，三极管进入饱和区而产生的失真，所以称为饱和失真。

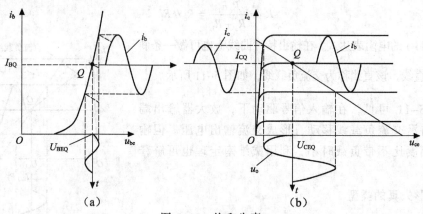

图 5-13 饱和失真

电压放大器工作时应防止饱和失真和截止失真的现象，当饱和失真或截止失真出现时，应改变工作点的设置消除失真。

在消除失真之前必须从输出的信号来判断放大器产生了什么类型的失真，判断的方法如下。

对由 NPN 管子组成的电压放大器，当输出信号的负半周产生失真时，因共发射极电压放大器的输出和输入倒相，说明是输入信号为正半周时电路产生了失真。输入的正半周信号与静态工作点电压相加，将使放大器的工作点进入饱和区，所以，这种情况的失真为饱和失真，消除的办法是降低静态工作点的数值。

当输出信号的正半周产生失真时，说明输入信号为负半周时电路产生了失真，输入负半周信号与静态工作点电压相减，将使放大器的工作点进入截止区，所以，这种情况的失真为截止失真，消除的办法是提高电路静态工作点的数值。

注意： 上述判断的方法仅适用于由 NPN 型三极管组成的放大器，对于由 PNP 型三极管组成的放大器，因电源的极性相反，所以结论刚好与 NPN 型的相反。

图解法能直观地分析出放大电路的工作过程，清晰地观察到波形失真的情况，且能够估算出波形不失真时输出电压的最大幅度，从而计算出放大器的动态范围 $V_{P-P}=2U_{oM}$，但作图的过程比较麻烦，也不利于精确的计算。该方法通常用于对大信号下工作的放大电路进行分析，对于在小信号下工作的放大器，通常采用微变等效电路分析法进行分析。

5.2.3　微变等效电路分析法

因放大电路中含有非线性元件三极管，前面介绍的各种线性电路分析法不再适用，为了利用线性电路的分析法来分析电压放大器的问题，必须对三极管进行线性化处理。

对三极管的线性化处理就是将三极管的输入、输出特性线性化。工作在小信号场合的放大器，在工作点附近因输入信号的幅度很小，可用直线对输入特性曲线进行线性化处理，经线性化后的三极管输入端等效于一个电阻 r_{be}，输出端等效于一个大小为 βi_b 的受控电流源，三极管线性化后的微变等效电路如图 5-14 所示。图 5-14（a）是 NPN 三极管的符号，图 5-14（b）是 NPN 三极管的微变等效电路图。等效的理论依据请参阅附录 B 的内容。

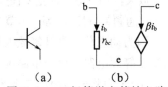

图 5-14　三级管微变等效电路

将三极管线性化处理后，放大电路从非线性电路转化成线性电路，线性电路所有的分析方法在这里都适用。必须注意的是，因微变等效电路是在微变量的基础上推得的，所以微变等效电路分析法仅适用于对放大器的动态特性进行分析，不适用于放大器静态工作点的计算。放大器静态工作点的计算可利用直流电路分析法进行。

1. 放大器的静态分析

放大器静态分析的任务就是确定放大器的静态工作点 Q，即确定 I_{BQ}、I_{CQ} 和 U_{CEQ} 的值。

对放大器进行静态分析时必须使用放大器的直流通路。放大器静态工作点指的是，在输入信号为零时放大器所处的状态。当输入信号为零时，放大器各部分的电参数都保持不变，电容器两端的电路互不影响，相当于电容器断路，由此可得共发射极电压放大器的直流通路如图 5-15 所示。

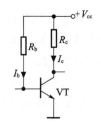

图 5-15　直流通路

由图 5-15 可见，画放大器直流通路的方法很简单，只要将电容器从原电路中断开即可。

放大器直流通路是计算静态工作点的电路，电流 I_b、I_c 的参考方向

如图 5-15 所示。根据节点电位法可得

$$U_{be} + I_{BQ}R_b = V_{cc}$$

工作在放大区的硅管 $U_{be} = U_{on} = 0.7V$，将 U_{be} 的值代入可得 I_{BQ} 为

$$I_{BQ} = \frac{V_{cc} - 0.7}{R_b} \tag{5-12}$$

由式（5-12）可见 I_{BQ} 与 R_b 有关，在电源电压 V_{cc} 固定的情况下，改变 R_b 的值，I_{BQ} 也跟着变，所以 R_b 称为偏流电阻或偏置电阻。当 R_b 固定后，I_{BQ} 也固定了，因图 5-15 所示的电路 R_b 是固定的，所以该电路又称为固定偏流的电压放大器。

I_{BQ} 确定后，根据三极管的电流放大作用可求得 I_{CQ}，即

$$I_{CQ} = \beta I_{BQ} \tag{5-13}$$

由放大器的输出电路可得

$$U_{CEQ} + I_{CQ}R_c = V_{cc}$$

则

$$U_{CEQ} = V_{cc} - I_{CQ}R_c \tag{5-14}$$

式（5-12）～式（5-14）就是计算图 5-9 所示电路静态工作点的公式。

静态工作点是保证放大器正常工作的条件，实践中常用万用表测量放大器的静态工作点来判断该放大器的工作状态是否正常。

2. 放大器的动态分析

放大器动态分析的主要任务是计算放大器的动态参数：电压放大倍数 $\dot{A}_u$，输入电阻 r_i，输出电阻 r_o，通频带宽度 f_{bw} 等。本节先介绍前面的三个参数，通频带宽度在放大器的频响特性中介绍。

因为动态分析是计算放大器在输入信号作用下的响应，所以计算动态分析的电路是放大器的微变等效电路，由原电路画微变等效电路的方法如下：

（1）先将电路中的三极管画成如图 5-14（b）所示的微变等效电路。

（2）因为电容对交流信号而言相当于短路，所以用导线将电容器短路。

（3）因为直流电源对交流信号而言相当于一个电容，所以直流电源对交流信号也是短路的，用导线将图中的 $+V_{cc}$ 点与接地点相连。

利用上面介绍的方法对原电路进行处理后，再利用第 1 章介绍的整理电路的方法可将微变等效电路整理成便于计算的电路图，如图 5-16 所示。

根据 $\dot{A}_u$ 的定义可得

$$\dot{A}_u = \frac{\dot{U}_o}{\dot{U}_i} = -\frac{\beta \dot{I}_b R_L'}{\dot{I}_b r_{be}} = -\beta \frac{R_L'}{r_{be}} \tag{5-15}$$

式（5-15）中的 R_L' 由式（5-11）确定，因 $\dot{U}_o$ 的参考方向与 R_L' 上电流的参考方向非关联，所以用欧姆定律写 $\dot{U}_o$ 的表达式时有负号，该负号也说明输出电压和输入电压倒相，该结论在图解分析法中已得出。

由式（5-15）可见，要计算电压放大倍数的大小，还必须知道电阻 r_{be}。r_{be} 是三极管微变等效电路的输入电阻，计算 r_{be} 的电路如图 5-17 所示，公式是

$$r_{be} = r_{bb'} + (1+\beta)\frac{26mV}{I_{EQ}mA} \tag{5-16}$$

式（5-16）中的 $r_{bb'}$ 为三极管基极的体电阻，在题目没有给出 $r_{bb'}$ 的具体数值时，可取 $r_{bb'}$ 的值为 300Ω，I_{EQ} 是发射极的静态电流，该值为

$$I_{EQ} = I_{BQ} + I_{CQ} = (1+\beta)I_{BQ} \tag{5-17}$$

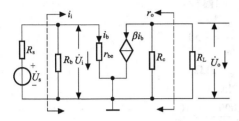

图 5-16　微变等效电路

图 5-17　计算 r_{be} 的电路

放大器的输入电阻 r_i 就是从放大器输入端往放大器内部看（图中输入端虚线箭头所指的方向），除源后的等效电阻，除源的方法与前面介绍的一样，即电压源短路，电流源开路。由图 5-16 可见，放大器的输入电阻是 R_b 和 r_{be} 相并联。即

$$r_i = R_b /\!/ r_{be} \approx r_{be} \tag{5-18}$$

式（5-18）约等于的理由是，R_b 是偏流电阻，它的值是几十千欧姆以上，而 r_{be} 的值通常为 1kΩ 左右，两者在数值上相差悬殊，可以使用近似的条件。

放大器的输出电阻 r_o 就是从放大器输出端往放大器内部看（图中输出端虚线箭头所指的方向），除源后的等效电阻。计算图 5-16 所示电路的输出阻抗时，受控电流源可开路处理。受控电流源开路以后，该电阻就是 R_c。即

$$r_o = R_c \tag{5-19}$$

式（5-15）、式（5-18）和式（5-19）就是计算图 5-9 所示电路电压放大倍数 $\dot{A}_u$，输入电阻 r_i 和输出电阻 r_o 的公式。

当考虑信号源内阻对放大器电压放大倍数的影响作用时，放大器的电压放大倍数称为源电压放大倍数，用符号 $\dot{A}_{us}$ 来表示，计算源电压放大倍数 $\dot{A}_{us}$ 的公式为

$$\dot{A}_{us} = \frac{\dot{U}_o}{\dot{U}_s} = \frac{\dot{U}_i}{\dot{U}_s}\frac{\dot{U}_o}{\dot{U}_i} = P\dot{A}_u \tag{5-20}$$

式（5-20）中的 P 为放大器的输入电阻与信号源内阻 R_s 所组成的串联分压电路的分压比。即

$$P = \frac{r_i}{R_s + r_i} \tag{5-21}$$

【例 5.1】在图 5-9 所示电路中，已知 V_{cc}=6V，R_b=330kΩ，β=100，R_c=R_L=2kΩ，R_s=200Ω，求：

（1）放大器的静态工作点 Q；

（2）计算电压放大倍数，输入电阻、输出电阻和源电压放大倍数的值；

（3）若 R_b 改成 50kΩ，再计算（1）、（2）的值。

【解】（1）根据式（5-12）~式（5-14）可得放大器的静态工作点 Q 的数值为

$$I_{BQ} = \frac{V_{cc} - U_{on}}{R_b} = \frac{(6-0.7)\ \text{V}}{330\text{k}\Omega} = 16\ \mu\text{A}$$

$$I_{CQ} = \beta I_{BQ} = 1.6\text{mA}$$

$$U_{CEQ} = V_{cc} - I_{CQ}R_c = 2.8\text{V}$$

（2）根据式（5-11）、式（5-15）、式（5-16）、式（5-18）～式（5-20）可得

$$r_{be} = r_{bb'} + (1+\beta)\frac{26\mathrm{mV}}{I_{EQ}} = \left(300 + 101 \times \frac{26}{1.6}\right)\Omega \approx 2\mathrm{k}\Omega$$

所以有

$$R'_L = R_c // R_L = 1\mathrm{k}\Omega$$

$$\dot{A}_u = \frac{\dot{U}_o}{\dot{U}_i} = -\beta\frac{R'_L}{r_{be}} = -50$$

$$r_i = R_b // r_{be} \approx r_{be} = 2\mathrm{k}\Omega$$

$$r_o = R_c = 2\mathrm{k}\Omega$$

$$P = \frac{r_i}{R_s + r_i} = \frac{2000}{200 + 2000} = \frac{10}{11}$$

$$\dot{A}_{us} = \frac{\dot{U}_o}{\dot{U}_s} = P\dot{A}_u = -45.5$$

（3）将 $R_b = 50\mathrm{k}\Omega$ 代入解（1）的各式中可得

$$I_{BQ} = \frac{V_{cc} - U_{on}}{R_b} = \frac{(6-0.7)\mathrm{V}}{50\mathrm{k}\Omega} \approx 100\mu\mathrm{A}$$

$$I_{CQ} = \beta I_{BQ} = 5\mathrm{mA}$$

$$U_{CEQ} = V_{cc} - I_{CQ}R_c = 6\mathrm{V} - 5\mathrm{mA} \times 2\mathrm{k}\Omega = -4\mathrm{V} \tag{5-22}$$

式（5-22）的结果出现了负值，在图 5-9 所示的电路中，静态工作点 U_{CEQ} 的值不可能为负值（最小值约为 0.2V）。出现负值的原因是管子工作在饱和区，当管子进入饱和区后，$I_{CQ} = Bi_{BQ}$ 的关系不成立，把根据 $I_{CQ} = \beta I_{BQ}$ 所确定的 I_{CQ} 代入式（5-14）来计算 U_{CEQ} 就会得到错误的结果。

由此可得，进行放大器静态工作点计算时，若 U_{CEQ} 的结果为负数，说明三极管工作在饱和区。工作在饱和区的三极管电路不必进行动态分析的数值计算。

上面的计算过程也可以用 Multisim 软件来仿真，静态工作点测量仿真实验的结果如图 5-18 所示，动态参数测量仿真实验的结果如图 5-19 所示。

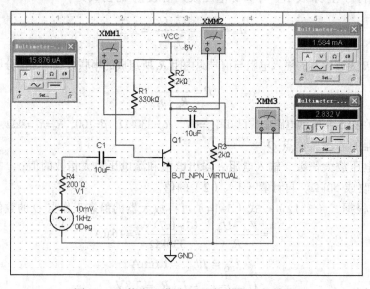

图 5-18　静态工作点测量仿真实验的结果

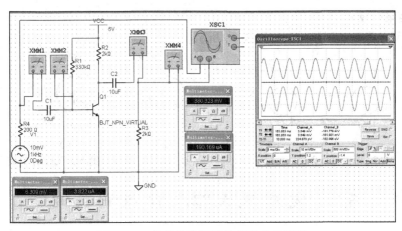

图 5-19 动态参数测量仿真实验的结果

上述计算过程用 MATLAB 软件编程计算的程序为

```
%例5.1计算的程序
Vcc=6;Rb=330000;B=100;Rc=2000;RL=2000;Rs=200;Uon=0.7;          %输入数据
IBQ=(Vcc-Uon)/Rb,ICQ=B*IBQ,UCEQ=Vcc-ICQ*Rc,                    %计算静态工作点
rbe=300+(1+B)*0.026/(ICQ+IBQ),RL1=Rc*RL/(Rc+RL),Au=-B*RL1/rbe,
ri=Rb*rbe/(Rb+rbe),ro=Rc,Aus=ri/(Rs+ri)*Au,                   %计算动态参数
```

该程序运行的结果为

```
IBQ=1.6061e-005; ICQ=0.0016; UCEQ=2.7879;
rbe=1.9189e+003; RL1=1000; Au=-52.1141;
ri=1.9078e+003; ro=2000; Aus=-47.1691。
```

在图 5-19 所示电路的示波器屏幕上，清晰地显示出输入与输出信号的波形反相，且理论计算的结果和实验测量的数据在误差允许的范围相吻合。

由上面的计算过程还可见，放大器的静态工作点决定了放大电路的工作状态，实践中经常利用万用表来测量放大器的静态工作点，根据测量所得的数值来判断放大器的工作状态是否正常，并可确定三极管的三个引脚在电路中所处的位置和管子的类型。

【例 5.2】用万用表测得放大电路中三只三极管的直流电位如图 5-20 所示，请在圆圈中画出管子的类型。

【解】在图 5-20（a）中，最低电位点是 0V，最高电位点是 6V，中间电位点是 0.7V，说明该三极管两个电位差为 0.7V 的引脚内部电流的流向是从 0.7V 点往 0V 点流，所以 0.7V 点的引脚内部是 P 型半导体，另外两个引脚是 N 型半导体，由此可得该三极管是 NPN 硅管；在电路中，NPN 硅管发射极的电位最低，所以 0V 点是发射极 e，6V 点是集电极 c，0.7V 点是基极 b。

在图 5-20（b）中，最低电位点是 -6V，最高电位点是 0V，中间电位点是 -0.2V，说明该三极管两个电位差为 -0.2V 的引脚内部电流的流向是从 0V 点往 -0.2V 点流，所以 -0.2V 点的引脚内部是 N 型半导体，另外两个引脚是 P 型半导体，由此可得该三极管是 PNP 锗管；在电路中，PNP 管发射极的电位最高，所以 0V 点是发射极 e，-6V 点是集电极 c，-0.2V 点是基极 b。

在图 5-20（c）中，最低电位点是 -5V，最高电位点是 0V，中间电位点是 -4.3V，说明该三极管两个电位差为 0.7V 的引脚内部电流的流向是从 -4.3V 点往 -5V 点流，与图 5-20（a）一样，它是 NPN 硅管，在电路中 NPN 硅管发射极的电位最低，所以 -5V 点是发射极 e，-4.3V 点是基极 b，0V 点是集电极 c。

3 个三极管的类型和引脚排列如图 5-21 所示。

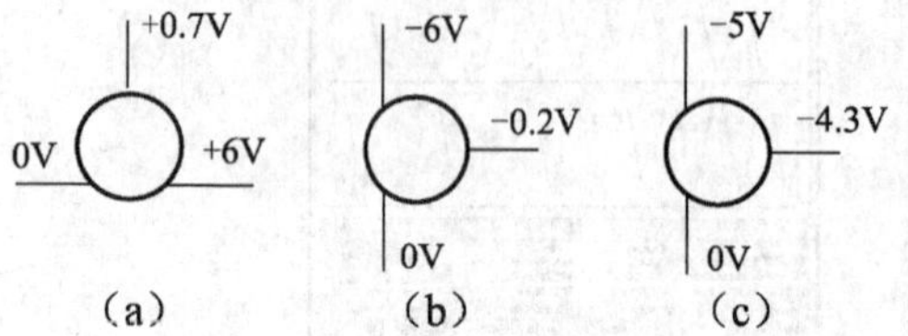

图 5-20　例 5.2 图 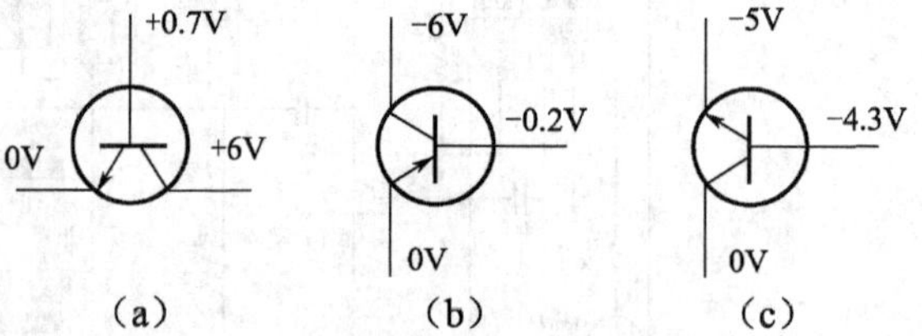　　　　　　　图 5-21　例 5.2 三极管的类型图

5.3　电压放大器工作点的稳定

图 5-9 所示的电压放大器电路结构虽然简单，但工作点不稳定，工作点会随着温度的变化而变化。

5.3.1　稳定工作点的必要性

图 5-9 所示的电压放大器电路工作点随着温度变化的过程是：当温度 T 上升时，本征半导体的本征激发现象加强，基极电流 I_{BQ} 将上升，引起集电极电流 I_{CQ} 也上升；集电极电流 I_{CQ} 上升，将引起三极管集电极-发射极间电压 U_{CEQ} 下降。这种变化的过程可用图 5-22 所示的流程图来表示。

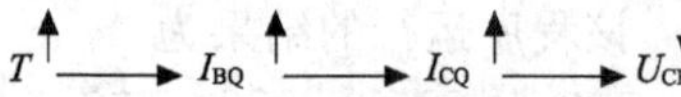

$$T\uparrow \longrightarrow I_{BQ}\uparrow \longrightarrow I_{CQ}\uparrow \longrightarrow U_{CEQ}\downarrow$$

图 5-22　工作点变化的过程图

图 5-22 中的符号"↑"表示上升，符号"→"表示引起，符号"↓"表示下降。

由上面的讨论可见，随着温度的变化，放大器工作点的两个量都发生了变化。正确的工作点设置是放大器正常工作的保证，在常温下已经调好工作点的电路，没有失真的现象，随着工作温度的上升，将引起基极电流 I_{BQ}、集电极电流 I_{CQ} 的上升和三极管集电极-发射极间电压 U_{CEQ} 的下降，这些量的变化将改变原电路的工作点，工作点的改变有可能引起输出波形的失真，使放大器进入不正常的工作状态，必须想办法解决这种问题。

解决放大器工作点不稳定问题的有效方法是自动跟踪修正。要实现自动跟踪修正的目的，必须有一个采集工作点变化情况的电路，并将采集到的变化信号送到输入端，对输入信号 I_{BQ} 进行调控，限制 I_{BQ} 的变化，使电路的工作点稳定，这种过程在电子技术中称为反馈。

所谓反馈指的是一个控制过程，该过程将输出信号的一部分或全部回送到输入端，对输入信号进行调控，以达到改善电路性能的目的。

反馈到输入端的信号对输入信号调控的结果，可使放大器净输入信号增强或减弱。使放大器净输入信号增强的反馈称为正反馈，使放大器净输入信号减弱的反馈称为负反馈。利用负反馈的措施可以稳定放大器的工作点。

5.3.2　工作点稳定的典型电路

1. 电路的组成

工作点稳定的典型电路如图 5-23 所示。

图 5-23 与图 5-9 比较多了电阻 R_{b2}、R_e 和 C_e 三个元件，添加这几个元件的目的是为了利用 R_e 对直流电流的反馈作用来稳定静态工作点。其中的 R_e 称为发射极电阻，C_e 称为发射极电容，因该电容可为交流信号提供电阻 R_e 旁边的通路，所以又称旁路电容；R_{b2} 称为下偏流电阻，R_{b1} 则称为上偏流电阻，其他元件的称呼和作用与图 5-9 所示的电路一样。

2. 静态分析

由上一节的内容可知，静态分析的任务是确定电路的静态工作点 Q（I_{BQ}、I_{CQ}、U_{CEQ} 的值），计算所用的电路是直流通路，画直流通路的方法与前面介绍的相同，该电路的直流通路如图 5-24 所示。

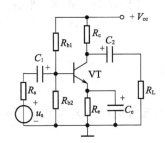

图 5-23　工作点稳定的电路

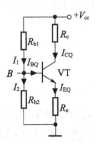

图 5-24　直流通路

图 5-24 中已标出各支路电流的参考方向，在 $I_1 \gg I_{BQ}$ 的条件下，I_{BQ} 可忽略，相当于三极管的基极与 B 点断开，上、下偏流电阻组成串联分压电路，根据串联分压公式可得 B 点的电位为

$$U_B = \frac{R_{b2}}{R_{b1} + R_{b2}} V_{cc} \tag{5-23}$$

$$U_B = I_{EQ} R_e + U_{on}$$

$$I_{EQ} = \frac{U_B - U_{on}}{R_e} \approx I_{CQ} \tag{5-24}$$

式（5-24）中的 U_{on} 为三极管的导通电压，硅管取 0.7V，锗管取 0.2V。根据发射极和基极电流的关系可得

$$I_{BQ} = \frac{I_{CQ}}{\beta} \tag{5-25}$$

$$I_{EQ} R_e + U_{CEQ} + I_{CQ} R_c = V_{cc}$$

$$U_{CEQ} = V_{cc} - I_{CQ}(R_e + R_c) \tag{5-26}$$

式（5-23）～式（5-26）就是计算图 5-23 所示电路静态工作点的公式。

图 5-23 所示电路稳定工作点的过程图如图 5-25 所示。

由稳定工作点的过程可见，该电路是通过发射极电阻 R_e 将集电极电流 I_{CQ} 的变化情况取出来，利用 U_{EQ} 和 U_{BEQ} 相串联的关系回送到输入端，对净输入信号 U_{BEQ} 进行调控，且这种调控的作用可以实现 I_{CQ} 上升时，引起 U_{BEQ} 下降，将 I_{CQ} 拉下来的目的，即负反馈的作用。后面会介绍该电路称为串联电流直流负反馈电路，R_e 又称为反馈电阻。

3. 动态分析

放大器动态分析的任务就是计算电压放大倍数 $\dot{A}_u$，输入电阻 r_i，输出电阻 r_o。计算的电路是放大器的微变等效电路，考虑电容 C_e 对 R_e 的旁路作用，该电路的微变等效电路如图 5-26 所示。

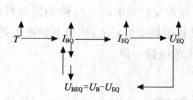

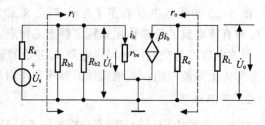

图 5-25　稳定工作点的过程图　　　　　图 5-26　微变等效电路

由图 5-26 可见，反馈电阻 R_e 因 C_e 的旁路作用对交流信号没有作用，所以 R_e 通常又称为直流反馈电阻。该等效电路除了多一个电阻 R_{b2} 外，其他的与图 5-16 完全相同，根据前面的公式可得

$$\dot{A}_u = \frac{\dot{U}_o}{\dot{U}_i} = -\beta \frac{R'_L}{r_{be}} \tag{5-27}$$

$$r_i = R_{b1} \parallel R_{b2} \parallel r_{be} \tag{5-28}$$

$$r_o = R_c \tag{5-29}$$

实际的电路为了改善放大器的交流特性，通常将直流反馈电阻 R_e 分成 R_{e1} 和 R_{e2}，旁路电容 C_e 并联在 R_{e1} 两边，如图 5-27 所示。

该电路的 R_{e2} 对交、直流信号都有反馈作用，而 R_{e1} 仅对直流信号有反馈作用。该电路通常称为串联电流交直流负反馈放大器。

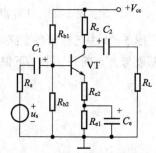

因为图 5-27 电路与图 5-23 电路的直流通路完全相同，所以该电路的静态工作点与前面讨论的也相同。下面对该电路进行动态分析。

在图 5-26 的发射极和接地点之间串入电阻 R_{e2}，根据图中所设的参考方向可得电压放大倍数为

图 5-27　工作点稳定的改进电路

$$\dot{A}_u = \frac{\dot{U}_o}{\dot{U}_i} = -\frac{\beta \dot{I}_b R'_L}{r_{be} \dot{I}_b + (1+\beta)R_{e2}\dot{I}_b} = -\beta \frac{R'_L}{r_{be} + (1+\beta)R_{e2}} \tag{5-30}$$

与没有反馈的电路相比电压放大倍数减小了，说明负反馈的作用使放大器的电压放大倍数下降。

计算输入电阻时，应注意对受控电流源的处理，处理的方法与例 2.9 的方法相同，利用例 2.9 的结果式（2-59）将电阻 R_{e2} 的值扩大（$1+\beta$）倍后与 r_{be} 相串联，串联的总电阻再与 R_b 并联。即

$$r_i = R_b \parallel [r_{be} + (1+\beta)R_{e2}] \tag{5-31}$$

与没有反馈的电路相比输入电阻增大了。

该放大器的输出电阻与没有反馈时的相同，等于集电极电阻 R_c。

综上所述，串联电流交流负反馈的作用使放大器的电压放大倍数下降，但输入电阻却增大了。放大器输入电阻增大，对信号源的影响减小，并可提高放大电路的源电压放大倍数 $\dot{A}_{us}$，总体来说使放大器的性能得到改善。

上述所讨论的问题用 Multisim 软件仿真测试的内容请参阅附录 C。

*5.3.3　复合管放大电路

在实际应用中，为了进一步改善放大器的性能，通常用多只三极管构成复合管组成复合管放大电路来取代一只三极管的基本放大电路。

1.复合管的组成

图 5-28（a）、（b）所示为两只同类的三极管组成的复合管，图（c）、（d）是两只不同类的三极管组成的复合管。

三极管组成复合管的原则是：

（1）在正确的外加电压下，每只管子的各极电流均有合适的通路。

（2）在正确的外加电压下，每只管子均要正常工作在放大区。为了实现这一目的，VT_1 管子的 c、e 必须和 VT_2 管子的 b、c 相连，相连时应保证 $U_{ce1}=U_{bc2}$。

（3）复合管在接法正确的前提下，复合管的类型和引脚与 VT_1 管的类型和引脚相对应。

2.复合管共发射极电路

复合管共发射极电路如图 5-29 所示。比较图 5-29 和图 5-9 可得，只要用复合管替代原电路中的三极管就组成了复合管放大电路。

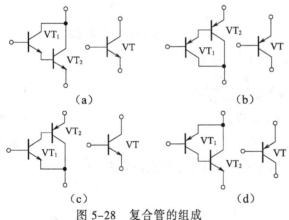

图 5-28　复合管的组成

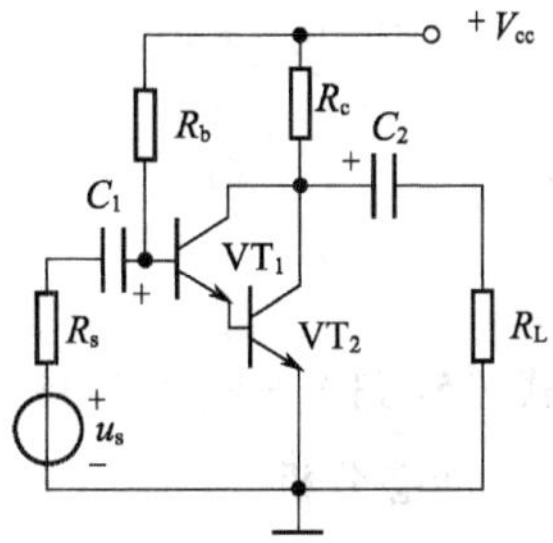

图 5-29　复合管共发射极电路

设组成复合管内三极管 VT_1 和 VT_2 的电流放大系数分别为 β_1 和 β_2，对复合管放大电路进行静态分析时，首先要确定复合管的电流放大系数 β。确定 β 的过程为

$$I_{B2Q} = I_{E1Q} = (1+\beta_1)I_{B1Q}$$

$$I_{CQ} = I_{C1Q} + I_{C2Q} = \beta_1 I_{B1Q} + \beta_2 I_{B2Q} = \beta_1 I_{B1Q} + \beta_2(1+\beta_1)I_{B1Q}$$

$$= (\beta_1 + \beta_2 + \beta_1\beta_2)I_{B1Q} = \beta I_{BQ}$$

因为 $\beta_1\beta_2 \gg \beta_1+\beta_2$，所以

$$\beta = \beta_1 + \beta_2 + \beta_1\beta_2 \approx \beta_1\beta_2 \tag{5-32}$$

即，复合管的电流放大系数等于组成它的三极管电流放大系数的乘积。

用复合管电流放大系数 β 代入前面计算静态工作点的公式就可计算出复合管放大电路的静态工作点和动态参数。

5.4 共集电极电压放大器

前面讨论的电路公共端是发射极，所以称为共发射极电路。电压放大器的公共端也可以是集电极，以集电极为公共端的电压放大器称为共集电极电路。

1. 电路的组成

共集电极电压放大器电路的组成如图 5-30 所示。与图 5-9 所示的电路相比差别在于集电极支路的电阻、电容和输出电路都移到了发射极。

2. 静态分析

计算静态工作点用的直流通路如图 5-31 所示。根据节点电位法可得

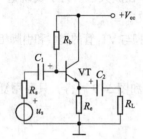

图 5-30 共集电极电路

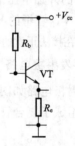

图 5-31 直流通路

$$I_{BQ}R_b + U_{on} + I_{EQ}R_e = V_{cc}$$

$$I_{BQ} = \frac{V_{cc} - U_{on}}{R_b + (1+\beta)R_e} \tag{5-33}$$

$$I_{CQ} = \beta I_{BQ} \tag{5-34}$$

$$U_{CEQ} = V_{cc} - I_{EQ}R_e \tag{5-35}$$

式（5-33）～式（5-35）是计算图 5-30 所示电路静态工作点的公式。

3. 动态分析

进行动态分析用的微变等效电路如图 5-32 所示。
计算动态参数的方法为

$$\dot{A}_u = \frac{\dot{U}_o}{\dot{U}_i} = \frac{\dot{I}_e R_L'}{\dot{I}_b r_{be} + \dot{I}_e R_L'} = \frac{(1+\beta)R_L'}{r_{be} + (1+\beta)R_L'} \approx 1 \tag{5-36}$$

式中的 R_L' 为

$$R_L' = R_e // R_L = \frac{R_e R_L}{R_e + R_L} \tag{5-37}$$

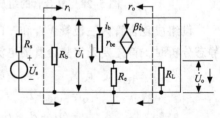

图 5-32 微变等效电路

由 $\dot{A}_u$ 的表达式可见，该电路的电压放大倍数约等于 1，说明该电路没有电压放大的作用，输出电压随着输入电压的变化而变化，所以该电路又称为电压跟随器。

由微变等效电路可以清晰地看出该电路的公共端是集电极，共集电极电路的输出信号从发射极输出，根据这个特点，该电路又称为射极输出器。共集电极电路的三种称呼，分别是根据电路的三个特点来命名，是等效的，可以混用。

计算输入电阻时，对受控电流源处理的方法与例 2.9 的方法相同，利用例 2.9 的结果式（2-59）将电阻 R'_L 的值扩大（$1+\beta$）倍后与 r_{be} 相串联，串联的总电阻再与 R_b 并联，即

$$r_i = R_b // [r_{be} + (1+\beta)R'_L] \qquad (5-38)$$

利用例 2.9 的结果式（2-61）将电阻（$r_{be} + R_b // R_s$）的值缩小（$1+\beta$）倍可得输出电阻为

$$r_o = R_e // \frac{r_{be} + R_b // R_s}{1+\beta} \qquad (5-39)$$

式（5-38）、式（5-40）和式（5-41）就是计算共集电极电路动态参数的公式。与共发射极电路比较，可得共集电极电路的特点是：电压放大倍数约等于 1，输入电阻 r_i 大，输出电阻 r_o 小。

共集电极电路虽然没有电压的放大作用，但它的输入电阻大，输出电阻小的特点在电子技术中被广泛应用。

因为共集电极电路的输入电阻大，所以当信号源是电压源时，共集电极电路对信号源的影响较小，用很小功率的信号源就可以带动它。根据这一特点，在电子技术中共集电极电路通常作为整机的输入电路。

共集电极电路的输出电阻小，而输出电阻小的电压源带负载的能力强。根据这一特点，在电子技术中，共集电极电路通常作为整机的输出电路。

*5.5　共基极电压放大器

电压放大器除了可以用发射极或集电极为公共端外，还可以用基极为公共端，以基极为公共端的电压放大器称为共基极电路。

1. 电路的组成

共基极电路的组成如图 5-33 所示。该电路的组成与图 5-23 所示的电路很相似，差别在于输入端移到晶体管的发射极，旁路电容 C_e 移到基极下偏流电阻 R_{b2} 旁边，变成 C_b。

2. 静态分析

用于静态分析的直流通路如图 5-34 所示。该电路与图 5-24 的电路完全一样，所以计算静态工作点的公式和方法与 5.3 节介绍的内容完全一样，这里不再赘述。

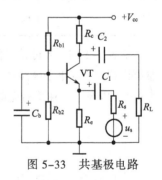

图 5-33　共基极电路

3. 动态分析

用于动态分析的微变等效电路如图 5-35 所示。

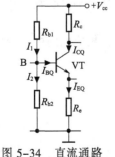

图 5-34　直流通路

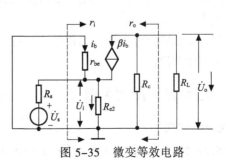

图 5-35　微变等效电路

根据图 5-35 所示的参考方向可得电压放大倍数的表达式为

$$\dot{A}_u = \frac{\dot{U}_o}{\dot{U}_i} = \frac{-\beta \dot{I}_b R'_L}{-\dot{I}_b r_{be}} = \beta \frac{R'_L}{r_{be}} \qquad (5-40)$$

由式（5-42）可见共基极电路的电压放大倍数与共发射极电路的电压放大倍数值相等，但共基极电路输出信号与输入信号同相。

计算输入电阻 r_i 的方法与例 2.9 的一样，注意将受控电流源开路时，在发射极支路上计算 r_i，电阻 r_{be} 的值应减小至 $1/(1+\beta)$ 后再与 R_e 并联。即

$$r_i = R_e // \frac{r_{be}}{(1+\beta)} \qquad (5-41)$$

与共发射极电路相比输入电阻减小了。

计算输出电阻 r_o 的方法与共发射极电路相同。

$$r_o = R_c \qquad (5-42)$$

前面讨论的是三种基本组态的电压放大器，为了比较它们的特点，将计算电路动态参数的公式列成表 5-1。

表 5-1　三种基本组态电压放大器动态参数计算公式表

参　　数	共 发 射 极	共　基　极	共 集 电 极
$\dot{A}_u = \dfrac{\dot{U}_o}{\dot{U}_i}$	$-\beta \dfrac{R'_L}{r_{be}}$	$\beta \dfrac{R'_L}{r_{be}}$	$\dfrac{(1+\beta)R'_L}{r_{be}+(1+\beta)R'_L}$
R'_L	$R_c // R_L$	$R_c // R_L$	$R_e // R_L$
r_i	$r_{be} // R_b$	$R_e // \dfrac{r_{be}}{(1+\beta)}$	$R_b // [r_{be}+(1+\beta)R'_L]$
r_o	R_c	R_c	$R_e // \dfrac{r_{be}}{(1+\beta)}$

从表 5-1 的结果可得三种组态电压放大电路的特点是：共发射极电路的电压、电流、功率的增益都比较大，在电子电路中应用广泛；共基极电路因高频响应好（后面讨论），主要用在高频电路中；共集电极电路独特的优点是输入阻抗高，输出阻抗低，多用于多级放大器的输入和输出电路中。

5.6　多级放大器

小信号放大电路的输入信号一般都是微弱信号，为了推动负载工作，输入信号必须经多级放大，多级放大电路各级间的连接方式称为耦合。通常使用的耦合方式有阻容耦合、直接耦合和变压器耦合。

阻容耦合在分立元件多级放大器中广泛使用，直接耦合多用在集成电路中，变压器耦合现仅在高频电路中有用。

5.6.1　阻容耦合电压放大器

1. 电路的组成

阻容耦合多级放大器是利用电阻和电容组成的 RC 耦合电路实现放大器级间信号的传递，

两级阻容耦合放大器的电路如图 5-36 所示。

由图可见，将两个共发射极电路用电容相连就组成两级阻容耦合电压放大器，第一级放大器的输出端为第二级放大器的输入端。

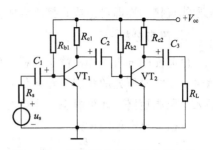

图 5-36　两极阻容耦合放大器电路

2．静态分析

因为阻容耦合放大器中的耦合电容不仅可以为级间信号的传递提供通路，而且还可以阻断两级的直流通路，使两级电路的静态工作点不互相影响，所以两级电路的静态工作点可分别计算，而不影响结果。

图 5-36 所示两级放大器的直流通路与图 5-15 完全相同，计算静态工作点的方法也相同，这里不再赘述。

3．动态分析

两级阻容耦合放大器的微变等效电路如图 5-37 所示。

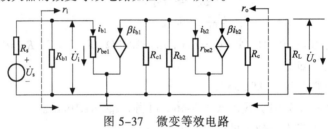

图 5-37　微变等效电路

由图可见，第一级的输出电压 U_{o1} 就是第二级的输入电压 U_{i2}，根据电压放大倍数的定义可得

$$\dot{A}_u = \frac{\dot{U}_o}{\dot{U}_i} = \frac{\dot{U}_{o1}}{\dot{U}_{i1}} \frac{\dot{U}_{o2}}{\dot{U}_{i2}} = \dot{A}_{u1} \dot{A}_{u2} \tag{5-43}$$

即两级阻容耦合电压放大器的电压放大倍数是两个电压放大器电压放大倍数的乘积。此结论可推广到计算更多级阻容耦合放大器的电压放大倍数。

由图 5-37 可见输入电阻和输出电阻为

$$r_i = r_{be1} \tag{5-44}$$

$$r_o = R_{c2} \tag{5-45}$$

*5.6.2　直接耦合电压放大器

1．电路的组成

阻容耦合放大器是通过电容实现级间信号的耦合，因电容的容抗是频率的函数，所以阻容耦合放大器对低频信号的耦合作用较差，采用直接耦合放大器可解决这一问题。直接耦合放大器电路的组成如图 5-38 所示。

由图可见，只要将阻容耦合放大器中的电容全部拿掉，

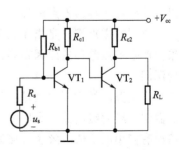

图 5-38　直接耦合放大器电路

用导线直接相连即可组成直接耦合放大器。

2. 静态分析

由前面的分析可知，静态分析的任务是确定放大器在输入信号等于零时所处的状态。输入信号等于零，相当于放大器的输入电压源短路，计算静态工作点的直流通路如图 5-39 所示。

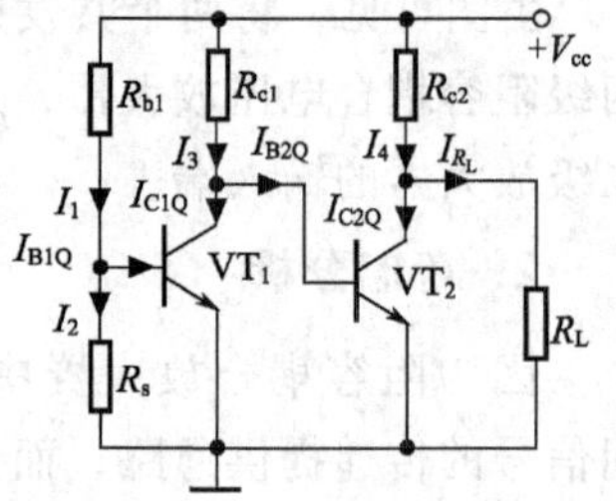

根据节点电位法可得

$$\frac{V_{cc} - U_{on1}}{R_{b1}} = \frac{U_{on1}}{R_s} + I_{B1Q} \tag{5-46}$$

$$\frac{V_{cc} - U_{C1Q}}{R_{c1}} = I_{C1Q} + I_{B2Q} \tag{5-47}$$

图 5-39　直流通路

$$\frac{V_{cc} - U_{C2Q}}{R_{c2}} = I_{C2Q} + \frac{U_{C2Q}}{R_L} \tag{5-48}$$

$$I_{C1Q} = \beta_1 I_{B1Q} \tag{5-49}$$

$$I_{C2Q} = \beta_2 I_{B2Q} \tag{5-50}$$

$$U_{CEQ1} = U_{on2} \tag{5-51}$$

设 VT$_1$ 和 VT$_2$ 均为 $\beta=50$ 的硅管，$V_{cc}=12V$，$R_{b1}=200k\Omega$，$R_s=20k\Omega$，$R_{c1}=R_{c2}=5k\Omega$，$U_{on1}=U_{on2}$，计算静态工作点的过程如下：

由式（5-46）可得，$I_{B1Q}=0.022mA$。

将式（5-49）和式（5-51）代入式（5-46）可得，$I_{B2Q}=1.16mA$。

将式（5-50）代入式（5-48）可得

$$U_{C2Q} = \frac{R_L}{R_{c2} + R_L}(V_{cc} - I_{C2Q}R_{c2}) = \frac{5}{5+5}(12 - 56 \times 5) < 0 \tag{5-52}$$

计算的结果表明，两级直接耦合的放大器因两级的静态工作点互相影响，使两级的静态工作点都不正常。第一级放大器，因 $U_{CEQ1}=U_{on2}=0.7V$，限制了该级放大器输出信号的幅度，使它工作在接近饱和的状态下功夫；而第二级放大器因 I_{B2Q} 太大，将工作在饱和区，不能对输入信号实施正常的放大作用。解决这个问题的办法是：在第二级放大器的发射极电路中串联一个稳压管，以提高第二级三极管发射极的电位，使两级放大器都有合适的静态工作点。

3. 零点漂移

若将直接耦合放大器的输入端短路，在输出端接记录仪可记录到缓慢变化的无规则信号输出，这种现象称为零点漂移。

所谓的零点漂移是指放大器在无输入信号的情况下，却有缓慢变化的无规则信号输出的现象。产生零点漂移的原因很多，实验表明，温度变化对零点漂移的影响最大，故零点漂移又称为温漂。

产生温漂的主要原因是：因温度变化而引起各级放大器静态工作点的变动，尤其是第一级的温漂，经后级电路放大后，在输出端将无法区分温漂信号和实际放大的信号，这样的放大器将没有使用的价值。解决直接耦合放大器温漂的问题，主要是解决第一级放大器温漂的问题，采用差动放大器能很好地解决这个问题。

5.7　差动放大器

差动放大器又称差分放大器，该放大器是为了解决直接耦合放大器温度漂移的问题而设计的。

5.7.1　电路组成

1．电路组成

差动放大器可以有效地解决直接耦合放大器温度漂移的问题，典型的差动放大器电路如图 5-40 所示。

由图可见，差动放大器电路结构的特点是：电路有两个输入端和两个输出端，u_{i1} 和 u_{i2} 分别为两个输入端的输入信号，u_{c1} 和 u_{c2} 分别为两个输出端的输出信号，电路的总输出信号 $u_o=u_{c1}-u_{c2}$。电路的供电电源有两个，$+V_{cc}$ 和$-V_{ee}$。电路的左右两边结构对称，且元件特性与参数完全相同。

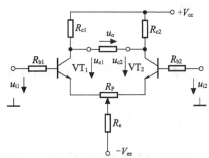

2．电路抑制温漂的原理

当电路处在静态，即输入端短路的情况下，由于

图 5-40　差动放大器

电路的对称性，两个三级管的集电极电流及集电极电位均相等，输出电压 $U_o=U_{c1}-U_{c2}=0$。

当温度变化引起两个三极管集电极电流发生变化时，两个三极管集电极电位也随着发生变化，两个三极管都产生温度漂移的现象。根据电路的对称性，可知这种漂移是同向的，即同时增大或同时减小，且增量也相等。这些同向相等的增量在输出端因相减而互相抵消，使温度漂移得到完全的抑制。

3．调零电位器 R_P 的作用

差动放大器电路的结构要求左右两边电路完全对称，实际上要完全实现是不可能的。为了解决这个问题，在电路中设置调零电位器 R_P，该电位器的两端分别接两个三极管的发射极，调节 R_P 滑动端，可以改变两个三极管的静态工作点，以解决两个三极管不可能完全对称的问题。

4．电路输入信号的三种类型

（1）差模输入信号

差模输入信号指的是两个大小相等、极性相反的输入信号，即 $u_{i1}=-u_{i2}$。差动放大器对差模信号放大的过程如下：

当 $u_{i1}>0,u_{i2}<0$ 时，大于 0 的 u_{i1} 信号，使 $u_{c1}<0$；小于 0 的 u_{i2} 信号，使 $u_{c2}>0$。根据 $u_o=u_{c1}-u_{c2}$，可得 $u_o=-2u_{c1}$，因 $u_{c1}>u_{i1}$，$|u_o|=2|u_{c1}|$，所以差动放大器对差模信号有较大的放大能力，这也是差动放大器“差动”名词的含义。

（2）共模输入信号

共模输入信号指的是两个大小相等、极性相同的输入信号，即 $u_{i1}=u_{i2}$。差动放大器对共模信号放大的过程如下：

当 $u_{i1}=u_{i2}>0$ 时，将出现 $u_{c1}=u_{c2}<0$ 的信号；当 $u_{i1}=u_{i2}<0$ 时，将出现 $u_{c1}=u_{c2}>0$ 的信号。根

据 $u_o = u_{c1} - u_{c2}$ 可得，$u_o = 0$，所以差动放大器对共模输入信号没有放大作用。

由以上讨论可见，差模信号是有差别的信号，有差别的信号通常是有用的、需要进一步放大的信号；共模信号是没有差别的信号，没有差别的信号通常可归并为需要抑制的温漂信号。差动放大器对差模信号有较强的放大能力，对共模信号却没有放大作用，差动放大器的这些特征，与实际应用的要求相适应，所以差动放大器在直接耦合放大器中被广泛使用。

（3）任意输入信号

任意输入信号指的是两个大小和极性都不相同的输入信号。

根据信号分析的理论，任意信号可以分解成一对差模信号 u_d 和一对共模信号 u_c 的线性组合。即

$$u_{i1} = u_c + u_d$$
$$u_{i2} = u_c - u_d$$

（5-53）

根据式（5-53）可得差模信号 u_d 和共模信号 u_c 分别为

$$u_d = \frac{u_{i1} - u_{i2}}{2}$$
$$u_c = \frac{u_{i1} + u_{i2}}{2}$$

（5-54）

【例 5.3】 任意输入信号 $u_{i1} = -6\text{mV}$，$u_{i2} = 2\text{mV}$，将该信号分解成差模信号和共模信号。

【解】 根据式（5-54）可得

$$u_d = \frac{u_{i1} - u_{i2}}{2} = \frac{-6 - 2}{2}\text{mV} = -4\text{mV}$$
$$u_c = \frac{u_{i1} + u_{i2}}{2} = \frac{-6 + 2}{2}\text{mV} = -2\text{mV}$$

综上所述，无论差动放大器的输入信号是何种类型，都可以认为差动放大器是在差模信号和共模信号的驱动下工作，因差动放大器对差模信号有放大作用，对共模信号没有放大作用，所以求出差动放大器对差模信号的放大倍数，即为差动放大器对任意信号的放大倍数。

5. 反馈电阻 R_e 的作用

R_e 为两个三极管发射极的公共电阻，在图 5-23 所示电路的讨论中已知，该电阻是直流反馈电阻，利用该电阻直流反馈的作用，可以稳定两个三极管的静态工作点，R_e 的值越大，静态工作点越稳定。为了消除 R_e 对交流信号的反馈作用，在图 5-23 所示的电路中，R_e 的旁边并有旁路电容 C_e。在差动放大器中，R_e 对输入信号的影响可分两种情况来讨论。

（1）R_e 对差模输入信号的影响

差动放大器在差模输入信号的激励下，因差模输入信号 $u_{i1} = -u_{i2}$，将使两个三极管的电流产生异向的变化。在两管对称性足够好的情况下，R_e 上将流过等值反向的电流，这两个信号电流在 R_e 上的压降为零，即 R_e 对差模信号的作用为零，没有反馈的作用，相当于短路。

（2）R_e 对共模输入信号的影响

差动放大器在共模输入信号的激励下，因共模输入信号 $u_{i1} = u_{i2}$，将使两个三极管的电流产生同向的变化，在两管对称性足够好的情况下，R_e 上将流过等值同向的电流，这两个信号电流在 R_e 上的压降为 $2I_{EQ1}R_e$，即 R_e 对共模信号的作用与 R_e 成比例，R_e 越大，共模信号的放大倍数将下降得越多，反映了 R_e 对共模信号的抑制作用越强。所以，R_e 又称共模反馈电阻。

6. 负电源 V_{ee} 的作用

共模反馈电阻 R_e 越大，对共模信号的抑制作用越强，但在直流电源 V_{cc} 值一定的情况下，两个三极管 U_{CEQ} 的值就越小，这会影响放大器的动态范围。为了解决这个问题，接入负电源 V_{ee}，目的是补偿 R_e 上的直流压降，将三极管发射极的电位拉低，使放大器既可选用较大的 R_e，又有合适的静态工作点。通常，负电源 V_{ee} 和正电源 V_{cc} 的值相等。

5.7.2　静态分析

因为电路中没有电容元件，根据静态工作点的定义，只要将图 5-40 所示的电路输入端 u_{i1} 短路接地，就可得如图 5-41 所示的计算静态工作点所用的直流通路，图中的箭头标出各支路电流的参考方向。

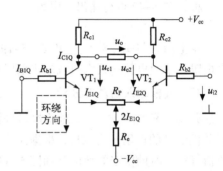

图 5-41　直流通路

在图 5-41 中，电路的供电电源有两个，V_{cc} 和 $-V_{ee}$。电路的左右两边结构对称，且元件特性与参数完全相同，由此可得，三极管 VT_1 和 VT_2 在同一直流电源供电的情况下，具有相同的静态工作点，所以只要计算单管的静态工作点即可。

在 VT_1 管的输入端，根据 KVL 可得

$$I_{B1Q}R_{b1} + U_{on1} + I_{E1Q}\frac{R_P}{2} + 2I_{E1Q}R_e - V_{ee} = 0 \tag{5-55}$$

式中的 R_P 为调零电位器，计算静态工作点时，将 R_P 的滑动端调在中点，所以式中用 $R_P/2$。R_e 上的电流为 $I_{E1Q} + I_{E2Q} = 2I_{E1Q}$。由式（5-55）可得

$$I_{B1Q} = I_{B2Q} = \frac{V_{ee} - U_{on1}}{R_{b1} + (1+\beta)\left(\dfrac{R_P}{2} + 2R_e\right)} \tag{5-56}$$

$$I_{C1Q} = I_{C2Q} = \beta I_{B1Q} \tag{5-57}$$

$$U_{C1Q} = U_{C2Q} = V_{cc} - I_{C1Q}R_{c1} \tag{5-58}$$

式（5-56）～式（5-58）就是计算差动放大器静态工作点的公式。

5.7.3　动态分析

因为差动放大器的任何输入信号都可以分解成一对差模信号 u_d 和共模信号 u_c 的线性组合，所以对差动放大器进行动态分析要分差模输入和共模输入两种情况。为了讨论和比较的方便，设调零电位器 R_P 的值为零，即电路完全对称，没有必要接调零电位器。

1. 差模输入的动态分析

因差模信号 $u_{i1} = -u_{i2}$，所以差模信号在发射极电阻 R_e 上所激励的电压大小相等，相位相反，互相抵消，相当于 R_e 对差模信号没有作用。根据这个特点，可得

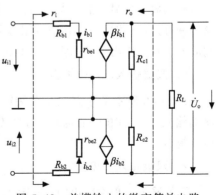

图 5-42　差模输入的微变等效电路

差动放大器对差模输入信号的微变等效电路，如图 5-42 所示。

根据电压放大倍数的定义可得，差动放大器差模电压放大倍数 $\dot{A}_{ud}$ 的表达式为

$$\dot{A}_{ud} = \frac{\dot{U}_{od}}{\dot{U}_i} = \frac{\dot{U}_{od1} - (-\dot{U}_{od2})}{\dot{U}_{i1} - (-\dot{U}_{i2})} = \frac{\dot{U}_{od1}}{\dot{U}_{i1}} = -\beta \frac{R'_L}{R_{b1} + r_{be1}} \tag{5-59}$$

式中的 $R'_L = R_{c1} \parallel (R_L/2)$，与共发射极电压放大器的放大倍数相同。根据图 5-42 可得输入电阻为

$$r_i = 2(R_{b1} + r_{be1}) \tag{5-60}$$

根据图 5-42 可得输出电阻为

$$r_o = 2R_c \tag{5-61}$$

将上两式与式（5-18）和式（5-19）比较可得，图 5-40 所示差动放大器的输入电阻或输出电阻是单边电路输入电阻或输出电阻的两倍。

*2. 共模输入的动态分析

共模信号 $u_{i1} = u_{i2}$，R_e 对差模信号没有作用，但对共模信号的作用却是 $2R_e$，根据这个特点，可得共模信号输入时的微变等效电路如图 5-43 所示。

与图 5-42 比较可得，两种输入信号微变等效电路的差别仅在共模抑制电阻 R_e 上。

共模信号对差动放大器的作用，相当于差动放大器的两个输入端并联输入同一个信号。根据共模信号的这个特点和电压放大倍数的定义可得，差动放大器共模电压放大倍数 $\dot{A}_{uc}$ 的表达式为

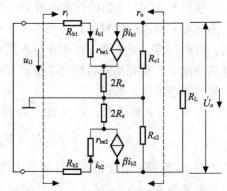

图 5-43 共模输入的微变等效电路

$$\dot{A}_{uc} = \frac{\Delta \dot{U}_{oc}}{\dot{U}_{ic}} \approx 0 \tag{5-62}$$

式（5-62）说明图 5-40 所示的差动放大器对共模信号的增益很小，即对共模信号有很强的抑制作用。

*5.7.4 差动放大器输入、输出的四种组态

差动放大器显著的特点是结构对称，有两个输入和两个输出。两个输入、两个输出可以组成四种输入-输出组态。这四种组态分别是：双端输入、双端输出；双端输入、单端输出；单端输入、双端输出；单端输入、单端输出。下面来讨论对不同的组态进行电路分析的特点。

1. 双端输入、双端输出

图 5-40 所示的电路就是双端输入、双端输出的情况，所以上面讨论的各种结论适用于双端输入、双端输出的电路。双端输入、双端输出差动放大器适用于输入、输出均不能接地的场合。

2. 双端输入、单端输出

双端输入、单端输出的差动放大器如图 5-44 所示。

　　该电路与图 5-40 所示的电路除输出端从双端输出改成单端输出外，其他的部分均相同。由于输出端的改动不影响电路的静态工作点，所以，计算该电路静态工作点的方法与前面讨论的内容相同，这里不再赘述。

　　分析图 5-44 所示电路的差模电压放大倍数所用的微变等效电路如图 5-45 所示。

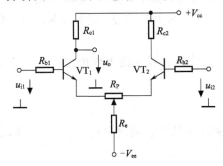

图 5-44　双端输入-单端输出

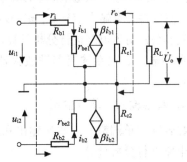

图 5-45　差模输入的微变等效电路

根据图 5-45 和式（5-59）可得

$$\dot{A}_{ud} = \frac{\dot{U}_o}{\dot{U}_i} = -\frac{\beta R'_L}{2(R_{b1} + r_{be1})} \tag{5-63}$$

式中的 $R'_L = R_c // R_L$。由图 5-45 可得，计算输入电阻 r_i 的公式与式（5-60）相同，计算输出电阻 r_o 的公式为

$$r_o = R_c \tag{5-64}$$

与式（5-61）比较，输出电阻减小了一半。

　　分析图 5-44 所示电路的共模电压放大倍数所用的微变等效电路如图 5-46 所示。由图 5-46 式（5-62）可得

$$\dot{A}_{uc} = \frac{\dot{U}_o}{\dot{U}_i} = -\beta \frac{R'_L}{R_{b1} + r_{be1} + 2(1+\beta)R_e} \tag{5-65}$$

与式（5-63）比较可得，单端输出的差动放大器对共模信号的增益比对差模信号的增益小很多。为了描述差动放大器对共模信号抑制能力的大小，引入技术指标共模抑制比 K_{CMR}。

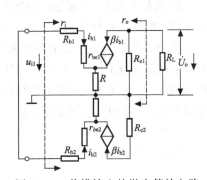

图 5-46　共模输入的微变等效电路

　　共模抑制比的定义是：放大电路对差模信号的电压增益与对共模信号的电压增益比的绝对值，即

$$K_{CMR} = \left| \frac{A_{ud}}{A_{uc}} \right| \tag{5-66}$$

由上式可如，差模电压增益越大，共模电压增益越小，则电路抑制共模的能力越强，放大器的性能越好。共模抑制比有时也用分贝数来表示，即

$$K_{CMR} = 20 \lg \left| \frac{A_{ud}}{A_{uc}} \right| dB \tag{5-67}$$

　　式（5-67）也适用于双端输入、双端输出的差动放大器。当双端输入、双端输出的差动放大器电路完全对称时，共模抑制比为∞。双端输入、单端输出差动放大器适用于将双端输入信号转换成单端输出的场合。

3．单端输入、双端输出

将双端输入、双端输出电路的一个输入端接地即可组成单端输入、双端输出的差动放大电路。

这种情况等效于双端输入、双端输出差动放大器在任意输入信号 $u_{i1}=u_1$，$u_{i2}=0$ 激励下响应的情况。只要将任意输入信号 $u_{i1}=u_1$，$u_{i2}=0$ 分解成一对差模信号和共模信号，就可以利用前面介绍的方法和公式对该电路进行分析计算。

单端输入、双端输出差动放大器适用于将单端输入转换成双端输出或负载不允许接地的场合。

4．单端输入、单端输出

综合利用单端输入、双端输出和双端输入、单端输出的特点，就可以对单端输入、单端输出的电路进行分析计算。

单端输入、单端输出差动放大器适用于输入、输出均要接地的场合。利用该电路还可获得输出与输入同相或反相的信号。

【例 5.4】 在图 5-47 所示的电路中，已知 $R_b=100\Omega$，$R_c=4.7\text{k}\Omega$，$R_L=10\text{k}\Omega$，$R_1=5.6\text{k}\Omega$，$R_2=3\text{k}\Omega$，$R_e=1.2\text{k}\Omega$，$\beta_1=\beta_2=\beta_3=100$，$R_P=0\Omega$，$V_{cc}=V_{ee}=9\text{V}$，$r_{ce3}=200\text{k}\Omega$。试求：电路的静态工作点，差模电压放大倍数 A_{ud}，共模电压放大倍数 A_{uc}，共模抑制比 K_{CMR}，差模输入电阻 r_{id} 和输出电阻 r_o。若输入电压 $u_i=50\text{mV}$，输出电压 u_o 等于多少。

【解】 由前面的讨论可知，在差动放大器中，共模抑制电阻 R_e 的值越大，抑制温漂的效果越好。在集成电路中因制作大电阻的 R_e 比较困难，所以，在集成电路中，通常用前面所介绍的工作点稳定的放大器为电流源来替代共模抑制电阻 R_e 的作用，图 5-47 中的三极管 VT_3 等元件所组成的电路，就是为差动放大电路提供静态工作点电流的电流源电路。要对差动放大器进行静态工作点的分析，必须先计算三极管 VT_3 的静态工作点。根据分压公式可得，三极管 VT_3 基极的电位 U_B 为

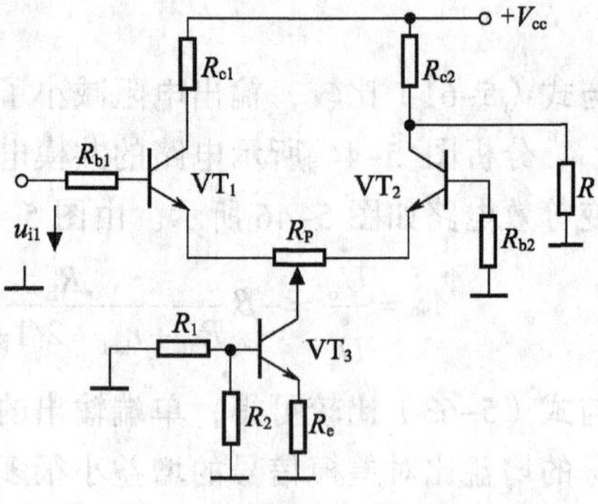

图 5-47 例 5.4 图

$$U_B = \frac{R_1}{R_1+R_2}V_{ee} \approx -6\text{V}$$

$$I_{E3Q} = \frac{U_B - U_{on} - (-V_{ee})}{R_e} = \frac{(3-0.7)\text{V}}{1.2\text{k}\Omega} \approx 2\text{mA} \approx I_{C3Q} = 2I_{E1Q} \approx 2I_{C1Q}$$

所以
$$I_{C1Q} = I_{C2Q} = 1\text{mA}$$

因为
$$\frac{V_{cc}-U_{C2Q}}{R_{c2}} = I_{C2Q} + \frac{U_{C2Q}}{R_L}$$

解得
$$U_{C2Q} \approx 2.93\text{V}$$

$$r_{be1} = 300 + (1+\beta)\frac{26}{I_{eQ}} = 2.9\text{k}\Omega$$

该电路是单端输入、单端输出的放大器，根据式（5-63）和式（5-65）可得

$$\dot{A}_{ud} = \frac{\dot{U}_o}{\dot{U}_i} = \frac{\beta R'_L}{2(R_{b1} + r_{be1})} = \frac{100 \times 3.2}{2(0.1 + 2.9)} = 53.3$$

$$\dot{A}_{uc} = \frac{\dot{U}_o}{\dot{U}_i} = \beta \frac{R'_L}{R_{b1} + r_{be1} + (1+\beta)(2r_{ce3})} \approx 8 \times 10^{-3}$$

式中的 $R'_L = R_{c1} \parallel R_L = \frac{4.7 \times 10}{4.7 + 10} = 3.2 \text{k}\Omega$。$\dot{A}_{ud}$ 的结果为正，说明输出信号与输入信号同相，所以，

图 5-47 电路中的输入端称为电路的同相输入端。保持输出端不变，将电路的输入端改到差动放

大器的另一端输入，计算 $\dot{A}_{ud}$ 的结果将为负，说明输出信号与输入信号反相，这种情况下的输

入端称为电路的反相输入端。

$$K_{CMR} = \left| \frac{\dot{A}_{ud}}{\dot{A}_{uc}} \right| = \frac{12}{8 \times 10^{-3}} = 1.5 \times 10^3$$

$$r_{id} = 2(R_{b1} + r_{be1}) = 6 \text{k}\Omega$$

$$r_o = R_c = 4.7 \text{k}\Omega$$

当 $u_i=50 \text{mV}$ 时，根据任意信号的分解法则可得 $u_d=u_c=25 \text{mV}$，即 $u_{d1}=-u_{d2}=25 \text{mV}$，则 $u_{id}=50 \text{mV}$。

$$u_{od} = A_{ud} u_{id} = 2.7 \text{V}$$

$$u_{oc} = A_{uc} u_{ic} \approx 0 \text{mV}$$

$$u_o = u_{od} + u_{oc} \approx 2.7 \text{V}$$

*5.8　放大器的频响特性

前面所讨论的问题是建立在忽略放大电路中电容等电抗元件作用的基础上的。实际的情况是，当输入信号的频率发生变化时，由于放大器电路中存在着电容等电抗元件，不但放大器电压放大倍数的数值将发生变化，而且，输出信号和输入信号的相位差也将发生变化。描述这种变化关系的函数称为放大器的频率响应，也称为放大器的频响特性。放大器的频响特性是放大电路的动态特性，属于放大器动态分析要研究的内容。

在研究放大器频响特性问题的时候，因放大电路中三极管 PN 结的电容效应不能忽略，所以前面所介绍的三极管微变等效电路不适用，必须使用三极管高频等效模型。

5.8.1　三极管高频等效模型

三极管低频等效模型，即三极管微变等效电路不考虑三极管结电容的作用，将三极管的输入端等效成一个电阻 r_{be}，输出端等效成一个受控电流源 βi_b。在高频电路中，三极管结电容的效应不能忽略，三极管内部有两个 PN 结，存在着两个结电容，考虑结电容效应后的三极管等效电路称为三极管高频等效模型，

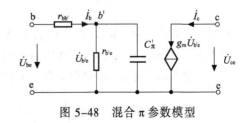

图 5-48　混合 π 参数模型

又称为混合 π 参数模型。三极管混合 π 参数模型的简化电路如图 5-48 所示。

由图可见，在低频小信号微变等效电路的基础上，考虑发射结电容和集电结电容的作用，就可得到三极管混合 π 参数模型的电路。图 5-48 中的 r_{bb} 是三极管基极的体电阻，$r_{b'e}$ 是发射结的结电阻，C'_π 是发射结和集电结电容的和。

在三极管混合 π 参数模型中，由于 C'_π 的存在，使 $\dot{I}_b$ 和 $\dot{I}_c$ 的大小和相位均与频率有关，即 $\dot{\beta}$ 是频率的函数。又因为 $\dot{I}_b$ 随 C'_π 的变化而变化，所以不能用 $\dot{I}_c = \beta \dot{I}_b$ 的关系来描述受控电流源与激励源的关系。在这种情况下，因输入端是 RC 混联电路，该电路的输出信号是 $u_{b'e}$，所以，要用 $\dot{I}_c = g_m \dot{U}_{b'e}$ 的关系来描述受控电流源与激励源的关系，式中的 g_m 称为跨导，它是描述输入电压对输出电流控制作用大小的物理量。即

$$g_m = \frac{di_c}{du_{b'e}}\bigg|_{u_{ce}=const} \tag{5-68}$$

在低频的情况下，g_m 的表达式可写成

$$g_m = \frac{di_c}{du_{b'e}}\bigg|_{u_{ce}=const} = \frac{\beta_0 di_b}{du_{b'e}} \approx \frac{\beta_0}{r_{b'e}} = \frac{I_{EQ}\,\text{mA}}{26\text{mV}} \tag{5-69}$$

5.8.2 晶体管电流放大倍数的频率响应

根据晶体管电流放大倍数的定义和图 5-48 可得

$$\dot{\beta} = \frac{\dot{I}_c}{\dot{I}_b} = \frac{\dot{I}_c}{\dot{I}_{r_{b'e}} + \dot{I}_{C'_\pi}} = \frac{g_m \dot{U}_{b'e}}{\dot{U}_{b'e}\left(\dfrac{1}{r_{b'e}} + j\omega C'_\pi\right)}$$

$$= \frac{g_m r_{b'e}}{1 + j\omega r_{be} C'_\pi} = \frac{\beta_0}{1 + j\omega r_{be} C'_\pi} = \frac{\beta_0}{1 + j\dfrac{f}{f_\beta}} \tag{5-70}$$

式中的 β_0 是不考虑频率效应的电流放大倍数。式（5-70）的形式与低通滤波器电压放大倍数式（3-19）的形式相同，说明电流放大倍数 $\dot{\beta}$ 的频率响应与低通电路相类似，式中的 f_β 称为三极管的共射截止频率，它是描述晶体管电流放大倍数下降到原值的 $\dfrac{1}{\sqrt{2}}$ 时所对应的频率。即

$$f_\beta = \frac{1}{2\pi\, r_{b'e} C'_\pi} \tag{5-71}$$

$\dot{\beta}$ 的幅频特性和相频特性为

$$20\lg|\dot{\beta}| = 20\lg\beta_0 - 20\lg\sqrt{1+\left(\frac{f}{f_\beta}\right)^2} \tag{5-72}$$

$$\varphi = -\arctan\frac{f}{f_\beta} \tag{5-73}$$

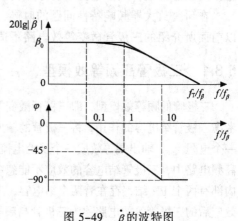

图 5-49　$\dot{\beta}$ 的波特图

$\dot{\beta}$ 的波特图如图 5-49 所示。图中的 f_T 是指晶体管的 $|\dot{\beta}|$ 下降到没有电流放大作用，即 1dB 或 0 时所对应的频率，f_T 称为晶体管的特征频率。根据 f_T 的定义可得

$$0 = 20\lg\beta_0 - 20\lg\sqrt{1+\left(\frac{f}{f_\beta}\right)^2}$$

因 $f_T \gg f_\beta$，所以

$$f_T \approx \beta_0 f_\beta \tag{5-74}$$

上式描述了 f_T 和 f_β 的关系。当 $f>f_T$ 时，三极管电流放大系数将小于 1，说明此时三极管已失去电流的放大作用，所以，三极管不能在这么高的频率下工作。f_T 的值在晶体管手册上可以查到。

在三极管的手册上也可以查到晶体管共基电流放大倍数 $\dot{\alpha}$，因为晶体管共基电流放大倍数 $\dot{\alpha}$ 和共射电流放大倍数 $\dot{\beta}$ 的关系为

$$\dot{\alpha} = \frac{\dot{\beta}}{1+\dot{\beta}} = \frac{\dfrac{\beta_0}{1+\mathrm{j}\dfrac{f}{f_\beta}}}{1+\dfrac{\beta_0}{1+\mathrm{j}\dfrac{f}{f_\beta}}} = \frac{\beta_0}{1+\beta_0+\mathrm{j}\dfrac{f}{f_\beta}} \tag{5-75}$$

$$= \frac{\dfrac{\beta_0}{1+\beta_0}}{1+\mathrm{j}\dfrac{f}{(1+\beta_0)f_\beta}} = \frac{\alpha_0}{1+\mathrm{j}\dfrac{f}{f_\alpha}}$$

式中的 f_α 为共基截止频率，它是描述晶体管共基电流放大倍数下降到原来的 $\dfrac{1}{\sqrt{2}}$ 时的频率。所以可得共基截止频率 f_α 和共射截止频率 f_β 的关系为

$$f_\alpha = (1+\beta_0)f_\beta \approx f_T \tag{5-76}$$

上式说明共基截止频率 f_α 比共射截止频率 f_β 大得多，这就是共基电路高频特性好，可用来做宽频带放大器的原因。

5.8.3　单管共射放大电路的频响特性

放大器频响特性是放大器的动态特性，分析放大器动态特性的电路是放大器的微变等效电路。在讨论放大器频响特性时，必须用混合 π 参数模型替代晶体管的微变等效电路模型，考虑到耦合电容和结电容的作用，图 5-9 所示的单管共射放大电路混合 π 参数模型的等效电路如图 5-50 所示。

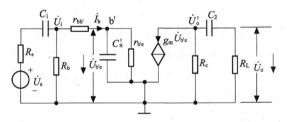

图 5-50　混合 π 参数等效电路

根据放大器电压放大倍数的定义可得

$$\dot{A}_u = \frac{\dot{U}_o}{\dot{U}_i} = \frac{\dot{U}_{b'e}}{\dot{U}_i} \cdot \frac{\dot{U}_o'}{\dot{U}_{b'e}} \cdot \frac{\dot{U}_o}{\dot{U}_o'} \tag{5-77}$$

式中的

$$\frac{\dot{U}'_o}{\dot{U}_{b'e}} = -\frac{g_m \dot{U}_{b'e} R_c}{\dot{U}_{b'e}} = -g_m R_c \tag{5-78}$$

称为单管中频电压放大倍数 $\dot{A}_{um}$。

高频信号对单管共射电压放大器的影响，主要是 C'_π 对高频信号的衰减作用，当 C'_π 的容抗比 $r_{b'e}$ 小较多时，$r_{b'e}$ 的作用可忽略，电路的电压放大倍数与式（5-77）中的 $\frac{\dot{U}_{b'e}}{\dot{U}_i}$ 项有关。从图 5-50 可得，该项就是式（3-19）所描述的低通滤波器的电压放大倍数，将式（3-19）的结果代入式（5-77）可得电路的高频电压放大倍数 $\dot{A}_{uH}$ 为

$$\dot{A}_{uH} = \frac{1}{1+j\dfrac{f}{f_H}} \dot{A}_{um} \tag{5-79}$$

式中的 $\dot{A}'_{um} = -g_m R'_L$，$R'_L = R_c /\!/ R_L$。

低频信号对单管共射电压放大器的影响，主要是耦合电容 C_2 对低频信号的衰减作用，该作用与式（5-77）中的 $\frac{\dot{U}_o}{\dot{U}'_o}$ 项有关，该项就是式（3-28）所描述的高通滤波器的电压放大倍数，将式（3-28）的结果代入式（5-77）可得低频电压放大倍数 $\dot{A}_{uL}$ 为

$$\dot{A}_{uL} = \dot{A}''_{um} \frac{j\dfrac{f}{f_L}}{1+j\dfrac{f}{f_L}} \tag{5-80}$$

式中的 $\dot{A}''_{um} = P \dot{A}_{um}$，$P = \dfrac{r_{b'e}}{r_{be}} \approx 1$，将式（5-78）～式（5-80）代入式（5-77）可得共射电路的频响特性为

$$\dot{A}_u = \frac{\dot{U}_o}{\dot{U}_i} = \frac{1}{1+j\dfrac{f}{f_H}} \dot{A}_{um} \frac{j\dfrac{f}{f_L}}{1+j\dfrac{f}{f_L}} \tag{5-81}$$

式（5-81）说明，在讨论单管放大器的频响特性问题时，可将单管放大器看成是低通电路、中频放大器、高通电路组成的三级直接耦合放大器，利用多级放大器电压放大倍数等于各个单级放大器电压放大倍数乘积的关系，将低通电路、中频放大器和高通电路电压放大倍数的表达式相乘，即可得到放大器电压放大倍数。

将式（5-81）写成幅频特性的表达式为

$$20\lg|\dot{A}_u| = 20\lg|\dot{A}_{um}| - 20\lg\sqrt{1+\left(\frac{f}{f_H}\right)^2} - 20\lg\sqrt{1+\left(\frac{f_L}{f}\right)^2} \tag{5-82}$$

具体讨论时，可分高频和低频两种情况。在高频信号激励下，因 $f \gg f_L$，式（5-82）的最后一项约等于 0，幅频特性与相频特性的表达式为

$$20\lg|\dot{A}_{uH}|=20\lg|\dot{A}_{um}|-20\lg\sqrt{1+\left(\frac{f}{f_H}\right)^2} \qquad (5\text{-}83)$$

$$\varphi=-\pi-\arctan\frac{f}{f_H} \qquad (5\text{-}84)$$

在低频信号激励下，因 $f\ll f_H$，式（5-82）的第二项约等于 0，幅频特性与相频特性的表达式为

$$20\lg|\dot{A}_{uL}|=20\lg|\dot{A}_{um}|-20\lg\sqrt{1+\left(\frac{f_L}{f}\right)^2} \qquad (5\text{-}85)$$

$$\varphi=-\pi+\arctan\frac{f}{f_L} \qquad (5\text{-}86)$$

在 $f_L\ll f\ll f_H$ 的中频段，式（5-82）中的第二项和第三项均约等于零，幅频特性与相频特性的表达式为

$$20\lg|\dot{A}_u|=20\lg|\dot{A}_{um}| \qquad (5\text{-}87)$$

$$\varphi=-\pi \qquad (5\text{-}88)$$

综合利用以上六式可得单管共射电路频响特性的波特图，如图 5-51 所示。

由图 5-51 可见，f_H 和 f_L 分别对应于放大器的增益下降了 3dB 时的上、下限截止频率，f_H 和 f_L 的表达式均可表示成 $\frac{1}{2\pi\tau}$ 的形式，式中的 τ 为 RC 电路的时间常数。放大器上、下限截止频率 f_H 和 f_L 的差称为放大器的通频带宽度 f_{bw}，即

$$f_{bw}=f_H-f_L \qquad (5\text{-}89)$$

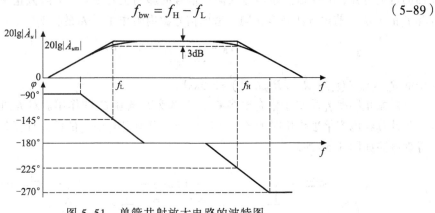

图 5-51　单管共射放大电路的波特图

通频带宽度是表征放大电路对不同频率输入信号的放大能力，是放大电路的技术指标之一。

【例 5.5】在图 5-52 所示的电路中 $V_{cc}=15V$，$R_{b1}=110k\Omega$，$R_{b2}=33k\Omega$，$R_s=10k\Omega$，$R_c=R_L=4k\Omega$，$R_e=1.8k\Omega$，$C_1=30\mu F$，$C_2=10\mu F$，$C_e=50\mu F$，晶体管的 $U_{BEQ}=0.7V$，$r_{b'b}=300\Omega$，$\beta=400$，$C'_\pi=160pF$，试估算电路的截止频率 f_H、f_L 和通频带宽度 f_{bw}，并画出波特图。

【解】要计算电路的截止频率 f_H 和 f_L 必须先计算 $r_{b'e}$；因 $r_{b'e}$ 与电路的静态工作点有关，所以，要先计算电路的静态工作点，利用前面所介绍的方法可计算电路的静态工作点 Q。

$$U_B=\frac{R_{b2}}{R_{b1}+R_{b2}}V_{cc}=3.5V$$

$$I_{CQ} \approx I_{EQ} = \frac{U_B - U_E}{R_e} \approx 1.5\text{mA}$$

$$U_{CEQ} = V_{cc} - I_{CQ}(R_c + R_e) = 6.3\text{V}$$

工作点合理，放大器工作在放大区，根据 $r_{b'e}$ 的计算公式可得

$$r_{b'e} = (1 + \beta)\frac{26}{I_{EQ}} = 7\text{k}\Omega$$

根据式（5-69）可得

$$g_m = \frac{\beta_0}{r_{b'e}} = 57.2/\Omega$$

计算截止频率 f_H 和 f_L 的混合 π 参数等效电路如图 5-53 所示。

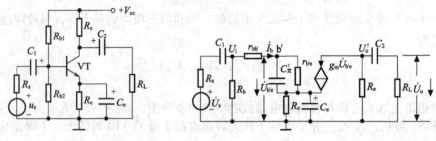

图 5-52　例 5.5 图　　　　　图 5-53　混合 π 参数等效电路

在图 5-52 中，因电容 C_e 的值较大，所以该电容对高频信号的容抗很小，相当于短路。由前面的讨论可知，图 5-53 所示电路对高频信号的影响主要是 C_π'，上限截止频率 f_H 也取决于 C_π'，计算 f_H 的方法与前述方法完全相同。考虑信号源内阻作用后 f_H 的值为

$$f_H = \frac{1}{2\pi R_o C_\pi'} \approx 0.28\text{MHz}$$

式中的 $R_o = r_{b'e} // (r_{bb'} + R_{b1} // R_{b2} // R_s) \approx 3.5\text{k}\Omega$。

下限截止频率 f_L 取决于耦合电容 C_1、C_2 和旁路电容 C_e 的作用。对 f_L 进行近似计算的方法是：先计算各电容单独作用时的 f_L，然后综合考虑确定电路 f_L 的值。计算各电容单独作用时 f_L 的等效电路如图 5-54 所示。

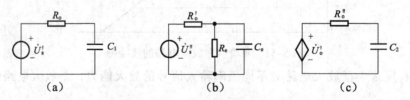

(a)　　　　　　　　(b)　　　　　　　　(c)

图 5-54　计算 f_L 的等效电路

图 5-54（a）、（b）和（c）分别是考虑电容 C_1、C_e 和 C_2 单独作用时计算 f_L 的等效电路。根据计算 f_L 的公式可得电容 C_1 单独作用时的 f_{L1} 为

$$f_{L1} = \frac{1}{2\pi R_o C_1} \approx 2.4\text{Hz}$$

式中的 $R_o = R_s + R_{b1} // R_{b2} // r_{be} = 2.4\text{k}\Omega$。

$$f_{L2} = \frac{1}{2\pi \, R_o'' C_2} \approx 20\text{Hz}$$

式中的 $R_o'' = R_c + R_L = 8\text{k}\Omega$。

$$f_{L3} = \frac{1}{2\pi \, R_o' C_e} \approx 84\text{Hz}$$

式中的 $R_o' = R_e \, // \, \dfrac{r_{be} + R_{b1} \, // \, R_{b2} \, // \, R_s}{1 + \beta} = 38\Omega$。注意，计算 R_o' 的时候要用到密勒定理进行电阻的换算。

　　因 f_{L3} 大于 f_{L1} 和 f_{L2}，所以该电路的下限截止频率为 $f_{L3}=84\text{Hz}$。根据计算通频带宽度的公式可得

$$f_{bw} = f_H - f_L \approx f_H = 0.28\text{MHz}$$

　　要画波特图，必须先计算出放大器的 $\dot{A}_{um}$，计算 $\dot{A}_{um}$ 的等效电路如图 5-55 所示。

　　根据电压放大倍的定义式可得

$$\dot{A}_{um} = \frac{\dot{U}_o}{\dot{U}_i} = -\frac{\beta R_L'}{r_{be}} \approx -114$$

根据源电压放大倍数 P 的定义式可得

$$\dot{A}_{usm} = \frac{\dot{U}_o}{\dot{U}_s} = -P\frac{\beta R_L'}{r_{be}} \approx -26$$

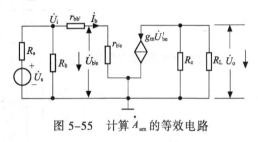

图 5-55　计算 $\dot{A}_{um}$ 的等效电路

　　根据画波特图的规则可以画出如图 5-51 所示的波特图，用 Multisim 软件仿真的结果如图 5-56 所示。

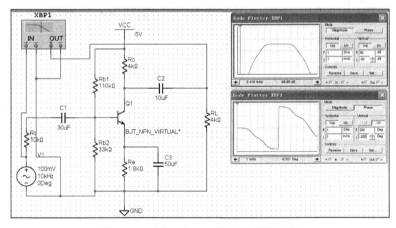

图 5-56　用 Multisim 软件仿真的结果

　　【例 5.6】变压器耦合放大器电路如图 5-57 所示，在三极管的结电容 C_π' 对高频信号的影响可以忽略，基极电容 C_b 和发射极旁路电容 C_e 对低频信号的影响也可忽略的前提下，画出输出端开路时放大器幅频特性的波特图，并讨论负载对波特图影响的情况。

　　【解】图 5-57 所示的电路与前面所介绍电路最大的差别在于，集电极电阻 R_c 被 LC 并联谐振电路所替代。在三极管的结电容 C_π' 对高频信号的影响可以忽略，基极电容 C_b 和发射极旁路电

容 C_e 对低频信号的影响也可忽略的前提下，图 5-57 所示电路输出端开路时的微变等效电路如图 5-58 所示。

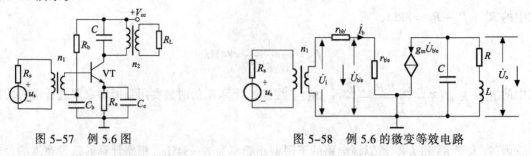

图 5-57　例 5.6 图　　　　　图 5-58　例 5.6 的微变等效电路

图 5-58 中与电感 L 相串联的电阻 R 是电感线圈的内阻，LC 并联谐振网络是三极管集电极回路的负载，该谐振网络的总阻抗为

$$Z = \frac{(R+j\omega L)\dfrac{1}{j\omega C}}{R+j\omega L+\dfrac{1}{j\omega C}} = \frac{R+j\omega L}{1-\omega^2 LC+j\omega RC}$$

根据放大器电压放大倍数的定义式可得电压放大倍数模的表达式为

$$\left|\dot{A}_u\right| = \left|\frac{\dot{U}_o}{\dot{U}_i}\right| = \left|\frac{g_m \dot{U}_{b'e} Z}{\dfrac{r_{be}}{r_{b'e}}\dot{U}_{b'e}}\right| \approx \left|g_m Z\right| = g_m \left|Z\right|$$

利用并联谐振曲线阻抗随频率变化的曲线和第二章所介绍的内容，可得输出端开路时放大器的谐振曲线如图 2-50 所示，用 Multisim 软件测量的波特图幅频特性如图 5-59 所示。

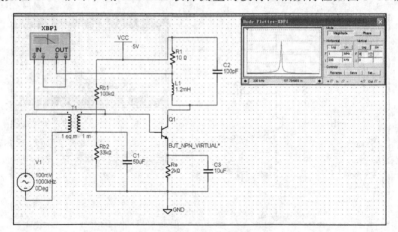

图 5-59　幅频特性曲线

由图 5-59 可见，图 5-57 所示的电路对不同频率的信号有不同的放大倍数，所以，图 5-57 所示的电路称为选频放大器。选频放大器通常用在通信电路中对固定频率的信号进行放大，这个固定频率的信号称为中频信号，所以，选频放大器又称为中频放大器。

利用第二章的知识可知，当选频放大器加上负载以后，谐振电路的总阻抗将减小，总电导将加大，根据式（2-88）可得谐振电路的 Q 值将减小，Q 值的减小将影响选频放大器

的选择性和通频带。利用变压器阻抗变换的原理可以改
善加入负载对选频放大器选择性的影响,为了使选频放
大器有合适的选择性和通频带,通常采用变压器中间抽
头的办法使电路达到选择性和通频带最佳的组合。变压
器中间抽头达到负载的部分接入,实现选频放大器输出
电路阻抗匹配的目的,负载部分接入的选频放大器电路
如图 5-60 所示。

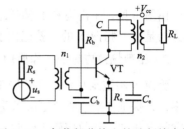

图 5-60 负载部分接入的选频放大器

5.9 场效应管电压放大器

由前面的分析可知,半导体三极管的输入阻抗不够高,对信号源的影响较大。为了提高晶体管
的输入阻抗,发明了利用输入回路电场效应来控制输出回路电流变化的半导体器件,称为场效应管。

由于场效应管是利用输入回路电场的效应来控制输出回路电流的变化,所以场效应管在电
路中,几乎不从信号源吸收电流,即场效应管的输入阻抗非常大,可达 $10^7 \sim 10^{12} \Omega$,对信号源
的影响非常小。且场效应管与前面介绍的流控元件三极管不一样,它是一种压控元件。场效应
管有结型和绝缘栅型两种类型。

5.9.1 结型场效应管

1. 结型场效应管的类型和构造

结型场效应管有 N 沟道和 P 沟道两种类型,N 沟道结型场效应管的结构示意图和符号如图 5-61 所示。

由图 5-61(a)可见,N 沟道结型场效应管的结构是:在同一块 N 型半导体上制作两个高
掺杂的 P 区,并将它们连接在一起,从连接点引出的引脚称为栅极,用字母 g 来表示。从 N 型
半导体两端引出的两个电极,分别称为源极和漏极,用字母 s 和 d 来表示。

因为"s"和"d"之间的导电沟道是由 N 型半导体组成的,所以称为 N 沟道结型场效应管。
因为栅极是 P 型半导体,PN 结箭头的方向是由 P 指向 N,所以 N 沟道结型场效应管符号中的
箭头也是由栅极指向沟道。

因为场效应管参与导电的载流子只有一种,所以,场效应管又称为单极型晶体管。

根据相同的构造原理也可以制作 P 沟道结型场效应管,P 沟道结型场效应管的结构示意图
和符号如图 5-62 所示。

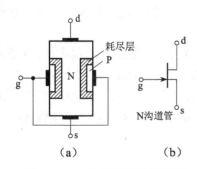

图 5-61 N 沟道结型场效应管

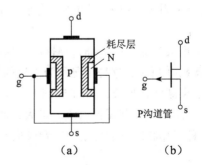

图 5-62 P 沟道结型场效应管

由图可见，N 沟道和 P 沟道结型场效应管的符号差别仅在箭头的方向上，记住 PN 结箭头的方向是由 P 指向 N 的，就记住了两种类型场效应管符号的差别。

2. 结型场效应管的工作原理

为使 N 沟道结型场效应管能正常工作，应在场效应管的栅-源之间加负向电压，即 u_{gs} 要小于零，以保证 PN 结的耗尽层承受反向电压；在漏-源之间加正向电压，即 u_{ds} 要大于零，以形成漏极电流 i_d。场效应管工作时，$u_{gs}<0$ 既保证了栅-源之间高阻抗的要求，又可实现对沟道电流的控制作用。下面通过讨论栅-源电压 u_{gs} 和漏-源电压 u_{ds} 对导电沟道的影响来说明场效应管的工作原理。

（1）当 $u_{ds}=0$（即 ds 短路）时，u_{gs} 对导电沟道的控制作用

当 $u_{ds}=0$，$u_{gs}=0$ 时，PN 结的耗尽层很窄，导电沟道很宽，如图 5-63（a）所示。

图 5-63（b）显示出，当 $|u_{gs}|$ 增大时，耗尽层加宽，导电沟道变窄，沟道电阻增大；图 5-63（c）显示出，当 $|u_{gs}|$ 增大到某一值时，耗尽层闭合，导电沟道消失，沟道电阻趋于无穷大。出现这种情况的 $|u_{gs}|$ 对应值称为场效应管的夹断电压，用符号 $U_{gs(off)}$ 来表示。

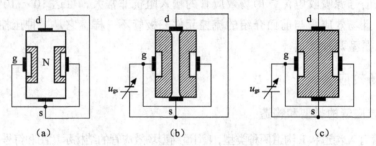

图 5-63　u_{gs} 对导电沟道控制作用的原理图

（2）当 u_{gs} 的取值为 $U_{gs(off)}\sim0$ 的某一值时，u_{ds} 对漏极电流 i_d 的影响

当 u_{gs} 的取值为 $U_{gs(off)}\sim0$ 的某一值时，场效应管内存在着由 u_{gs} 所确定的导电沟道，在 $u_{ds}=0$ 的情况下，漏极电流 i_d 也等于零。

在 $u_{ds}>0$ 的情况下，将有电流 i_d 从漏极流向源极，使导电沟道中的各点与栅极之间的电压不再相等。电压大小的分布规律是，从 d 到 s 逐渐减小，这种结果造成导电沟道的宽度从 s 到 d 逐渐减小，如图 5-64（a）所示。

因为栅-漏电压 $u_{gd}=u_{gs}-u_{ds}$，所以当 u_{ds} 从零逐渐增大时，u_{gd} 逐渐减小，即栅极和沟道之间的反向偏置电压增大，靠近漏极一边的导电沟道将随之变窄。在栅-漏之间不出现夹断区的情况下，沟道电阻仍然由栅-源电压 u_{gs} 来决定，漏极电流 i_d 将随 u_{ds} 的增大而增大，导电沟道呈电阻的特性。

当 u_{ds} 增大到 $u_{gd}=U_{gs(off)}$ 时，漏极一边的导电沟道将闭合，在栅-漏之间出现夹断区的现象，如图 5-64（b）所示，这种情况称为沟道的预夹断。当 u_{ds} 继续增大时，将出现 $u_{gd}<U_{gs(off)}$，栅-漏之间的夹断区将加长，如图 5-64（c）所示。当这种情况出现时，夹断区加长引起漏极电流 i_d 的减小，u_{ds} 增大引起漏极电流 i_d 增大，两者的作用相互抵消，导电沟道呈现恒流的特性，可把处在这种工作状态下的场效应管看成恒流源。

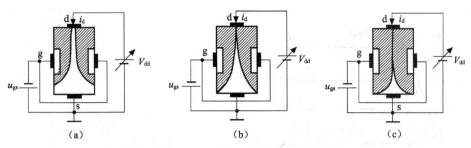

图 5-64　i_d 随 u_{ds} 变化的原理图

（3）当 $u_{gd}<U_{gs(off)}$ 时，u_{gs} 对漏极电流 i_d 的控制作用

在 $u_{gd}=u_{gs}-u_{ds}<U_{gs(off)}$ 的情况下，由上面的讨论可知，若 u_{ds} 等于某一常量，对应于确定的 u_{gs}，将有一个确定的漏极电流 i_d。当 u_{gs} 变化时，漏极电流 i_d 也将随着发生变化，实现用 u_{gs} 控制漏极电流 i_d 的目的。

由于场效应管的漏极电流 i_d 受栅-源电压 u_{gs} 的控制，所以场效应管称为电压控制元件。与三极管混合 π 参数模型讨论问题的方法一样，也是用跨导 g 来描述输入电压 u_{gs} 对输出电流 i_d 控制作用的大小。跨导 g 的定义式为

$$g = \frac{\Delta i_d}{\Delta u_{gs}} \tag{5-90}$$

3．结型场效应管的特性曲线和电流方程

（1）输出特性曲线

输出特性曲线描述当栅-源电压 u_{gs} 为常量时，漏极电流 i_d 与漏-源电压 u_{ds} 之间的函数关系，即

$$i_d = f(u_{ds})|_{u_{gs}=\text{const}} \tag{5-91}$$

由实验可得场效应管的输出特性如图 5-65 所示。说明，场效应管的输出特性曲线与三极管的输出特性曲线很相似，也是一个曲线族，曲线族中的每一条曲线分别对应一个确定的 u_{gs} 值。它也有三个工作区，分别称为可变电阻区、恒流区和夹断区。

可变电阻区位于图中预夹断轨迹的左边，因该区域导电沟道的特性与阻值可变的电阻相类似，所以称为可变电阻区。

恒流区位于图中预夹断轨迹的右边，因该区域导电沟道的特性与恒流源的特性相类似，所以称为恒流区。

夹断区位于图中靠近横轴的部分，因该区域的特点是 $u_{gs}<U_{gs(off)}$，导电沟道被夹断，漏极电流 $i_d\approx0$，该区域的导电沟道呈现夹断不导电的状态，所以称为夹断区。

另外图 5-65 中还给出了当 u_{ds} 太大时，将管子击穿的击穿区，场效应管不允许工作在击穿区。

（2）转移特性曲线

转移特性曲线描述当漏-源电压 u_{ds} 为常量时，漏极电流 i_d 与栅-源电压 u_{gs} 之间的函数关系，即

$$i_d = f(u_{gs})|_{u_{ds}=\text{const}} \tag{5-92}$$

转移特性曲线反映了场效应管输入电压对输出电流控制作用的大小。当场效应管工作在恒流区时，根据实验可得场效应管的转移特性曲线，如图 5-66 所示。

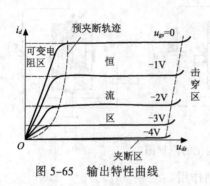

图 5-65 输出特性曲线

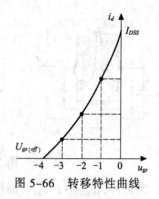

图 5-66 转移特性曲线

根据半导体理论可得工作在恒流区的场效应管转移特性曲线的表达式为

$$i_{\mathrm{d}} = I_{\mathrm{DSS}} \left(1 - \frac{u_{\mathrm{gs}}}{U_{\mathrm{gs(off)}}} \right)^2 \tag{5-93}$$

式中的 I_{DSS} 是 $u_{\mathrm{gs}}=0$ 时的 i_{d} 值，称为漏极饱和电流。

注意：为了保证结型场效应管不会因电流太大而烧毁，对于 N 沟道结型场效应管，在多数情况下都应保证栅-源电压 $u_{\mathrm{gs}}<0$，使栅-源 PN 结处在反偏的状态下。

5.9.2 绝缘栅型场效应管

结型场效应管的输入阻抗已经很大了，为了进一步提高场效应管的输入阻抗，又研制了绝缘栅型场效应管。

1．绝缘栅型场效应管的类型和构造

绝缘栅型场效应管同样也有 N 沟道和 P 沟道两种类型。N 沟道和 P 沟道绝缘栅型场效应管又有增强型和耗尽型之分，所以绝缘栅型场效应管有四种类型，分别是 N 沟道增强型、N 沟道耗尽型、P 沟道增强型和 P 沟道耗尽型。N 沟道绝缘栅型场效应管的结构示意图如图 5-67（a）所示，图（b）和图（c）分别是增强型和耗尽型场效应管的符号。

由图 5-67（a）的结构示意图可见，以一块 P 型半导体为衬底，利用扩散工艺，在 P 型半导体上制作两个 N 型半导体区域，分别从 N 型半导体的区域引出两个电极作为源极和漏极，在衬底上面制作一层 SiO$_2$ 绝缘层，再在 SiO$_2$ 之上制作一层金属铝，从金属铝上引出的电极为栅极，即构成绝缘栅型场效应管。

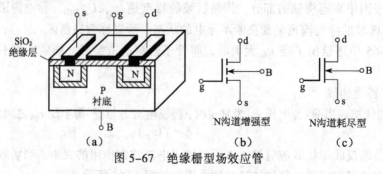

图 5-67 绝缘栅型场效应管

这种类型的场效应管因栅极与源极，栅极与漏极之间均采用 SiO$_2$ 绝缘层隔离，所以称为绝缘栅型场效应管，又称为 MOS（Metal-Oxide-Semiconductor）管。

增强型和耗尽型场效应管的主要差别在 $u_{gs}=0$ 时导电沟道的不同状态上。当 $u_{gs}=0$ 时，管子不存在导电沟道的为增强型，存在导电沟道的为耗尽型。

2．N 沟道增强型场效应管的工作原理

由图 5-67（a）可见，当栅-源之间不加正向电压时，栅-源之间相当于两块背向的 PN 结，不存在导电沟道，此时若在漏-源之间加电压，也不会有漏极电流。

当 $u_{ds}=0$，且 $u_{gs}>0$ 时，由于 SiO_2 的存在，栅极电流为零。但在栅极的金属层上将聚集正电荷，它们排斥 P 型衬底靠近 SiO_2 一侧的空穴，仅剩下不能移动的负离子区，形成如图 5-68（a）所示的耗尽层。

当 u_{gs} 增大时，一方面耗尽层增宽，另一方面将衬底的自由电子吸引到耗尽层与绝缘层之间，形成一个如图 5-68（b）所示的 N 型薄层，称为反型层。这个反型层就构成场效应管漏-源之间的导电沟道，因导电沟道是由反型层的自由电子组成，所以，称为 N 沟道场效应管。因 N 沟道场效应管的衬底是 P 型半导体，所以 N 沟道场效应管符号中的箭头是由衬底指向沟道，即从 P 型半导体的衬底指向 N 型沟道。同理可得 P 沟道场效应管符号中的箭头是从沟道指向衬底，即与 N 沟道的指向相反。

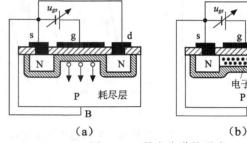

图 5-68　导电沟道的形成

在图 5-67（b）中，描述导电沟道的中间线条是间断的，说明该管子在 $u_{gs}=0$ 的情况下导电沟道不存在，要使管子产生导电沟道，必须在栅-源间外加一正向电压 u_{gs} 来增强对电子的吸引，以形成导电沟道，所以该场效应管称为 N 沟道增强型场效应管。

在图 5-67（c）中，描述导电沟道的中间线条是连续的，说明该管子在 $u_{gs}=0$ 的情况下导电沟道已经存在，与结型场效应管一样，要使管子的导电沟道夹断，必须在栅-源间外加一反向电压 u_{gs} 将导电沟道内的电子推开，使导电沟道内的自由电子耗尽，所以该场效应管称为 N 沟道耗尽型场效应管。

使 N 沟道增强型场效应管导电沟道刚刚形成的栅-源电压称为增强型场效应管的开启电压，用符号 $U_{gs(th)}$ 来表示。u_{gs} 愈大，反型层愈厚，导电沟道的电阻愈小。

当 u_{gs} 大于 $U_{gs(th)}$ 时，增强型场效应管的导电沟道已形成，此时若在场效应管的漏-源之间加正向电压 u_{ds}，将产生一定的漏极电流 i_d。漏极电流 i_d 随 u_{ds} 变化的情况与结型场效应管相似。

使 N 沟道耗尽型场效应管导电沟道刚刚被夹断的栅-源电压称为耗尽型场效应管的夹断电压，用符号 $U_{gs(off)}$ 来表示。在 $u_{gs}<U_{gs(off)}$ 的情况下，若 u_{ds} 等于某一常量，对应于确定的 u_{gs}，将有一个确定的漏极电流 i_d。当 u_{gs} 变化时，漏极电流 i_d 也将随着发生变化，实现用 u_{gs} 控制漏极电流 i_d 的目的。

3．N 沟道增强型场效应管特性曲线和电流方程

与结型场效应管一样，N 沟道增强型场效应管的特性曲线有转移特性曲线和输出特性曲线。转移特性曲线描述当漏-源电压 u_{ds} 为常量时，漏极电流 i_d 与栅-源电压 u_{gs} 之间的函数关系，即

$$i_{\mathrm{d}} = f(u_{\mathrm{gs}})|_{u_{\mathrm{ds}}=\mathrm{const}} \qquad (5\text{-}94)$$

输出特性曲线描述当栅-源电压 u_{gs} 为常量时，漏极电流 i_{d} 与漏-源电压 u_{ds} 之间的函数关系，即

$$i_{\mathrm{d}} = f(u_{\mathrm{ds}})|_{u_{\mathrm{gs}}=\mathrm{const}} \qquad (5\text{-}95)$$

由实验可得 N 沟道增强型场效应管的转移特性曲线和输出特性分别如图 5-69（a）、（b）所示。由图可见，N 沟道增强型场效应管的转移特性曲线和输出特性曲线与三极管的输入特性曲线和输出特性曲线相似。说明 N 沟道增强型场效应管与前面介绍的三极管具有相同的外特性，它们之间的对应关系是，栅极和基极对应，源极和发射极对应，漏极和集电极对应。

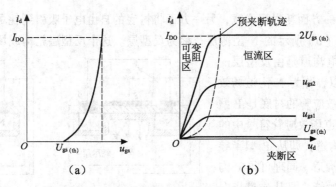

图 5-69　N 沟道增强型场效应管的特性曲线

同时可见，转移特性曲线上也有一个开启电压 $U_{\mathrm{gs(th)}}$，输出特性曲线也是一个曲线族，曲线族中的每一条曲线分别对应一个确定的 u_{gs} 值。它也有可变电阻区、恒流区和夹断区这三个工作区。

与结型场效应管相似，工作在恒流区的 N 沟道增强型场效应管转移特性曲线的表达式为

$$i_{\mathrm{d}} = I_{\mathrm{DO}}\left(\frac{u_{\mathrm{gs}}}{U_{\mathrm{gs(th)}}} - 1\right)^{2} \qquad (5\text{-}96)$$

式中的 I_{DO} 是 $u_{\mathrm{gs}}=2U_{\mathrm{gs(th)}}$ 时的漏极电流 i_{d}。

N 沟道耗尽型场效应管的电流方程与 N 沟道结型场效应管的电流方程相同，即式（5-93）。N 沟道耗尽型场效应管的特性曲线与 N 沟道结型场效应管的特性曲线基本相同，差别仅在 u_{gs} 大于 0 的部分，即 N 沟道结型场效应管的 u_{gs} 不能大于 0，而 N 沟道耗尽场效应管的 u_{gs} 可以大于 0。六种组态场效应管的符号和特性曲线如表 5-2 所示。

表 5-2　六种组态场效应管的符号和特性曲线

分类	符　　号	转移特性曲线	输出特性曲线
结型场效应管 N沟道			

续表

分类		符　号	转移特性曲线	输出特性曲线
结型场效应管	P沟道	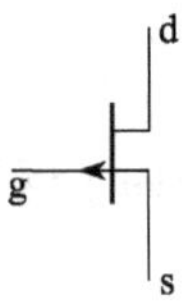	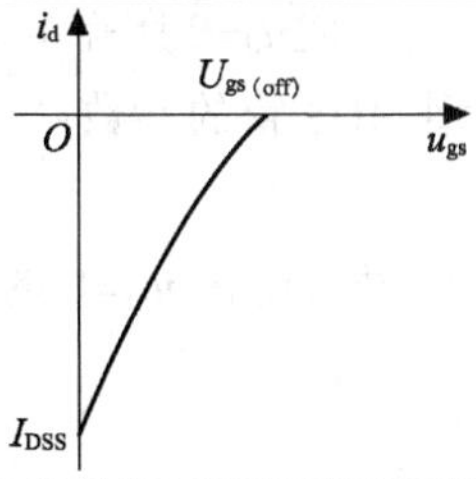	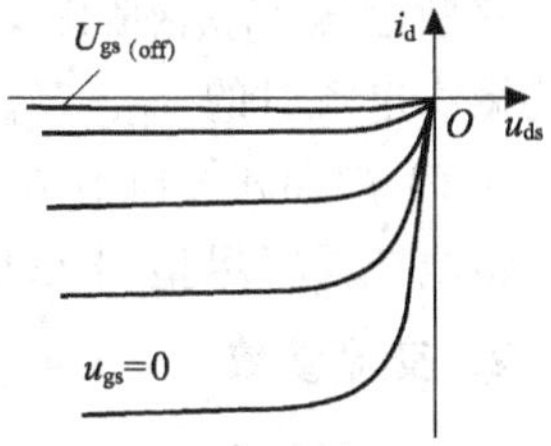
绝缘栅型场效应管	N沟道增强型	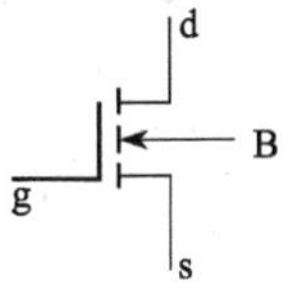	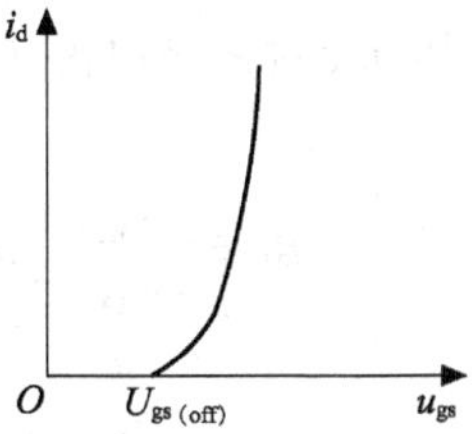	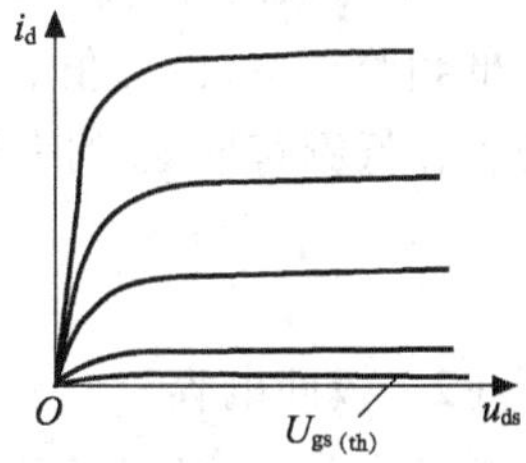
	P沟道增强型	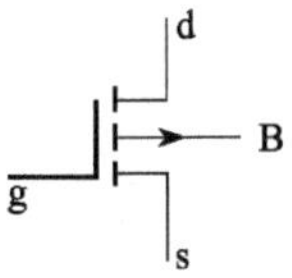	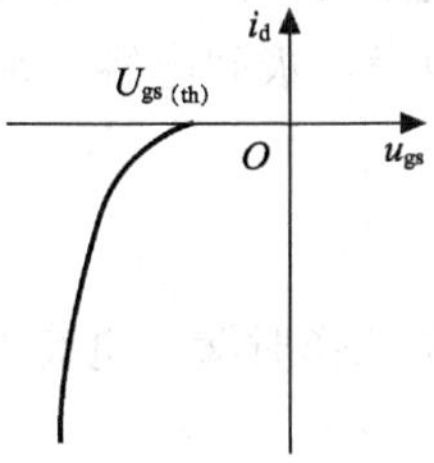	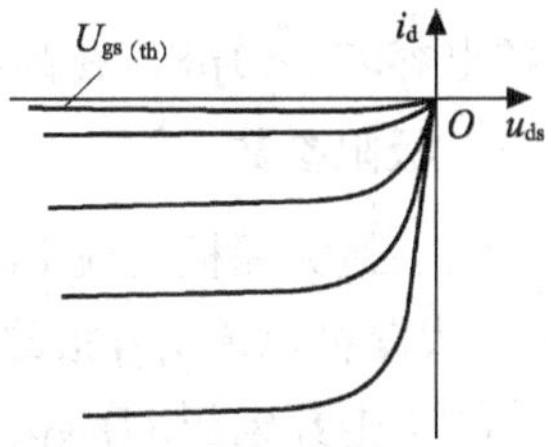
	N沟道耗尽型	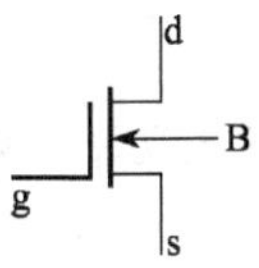	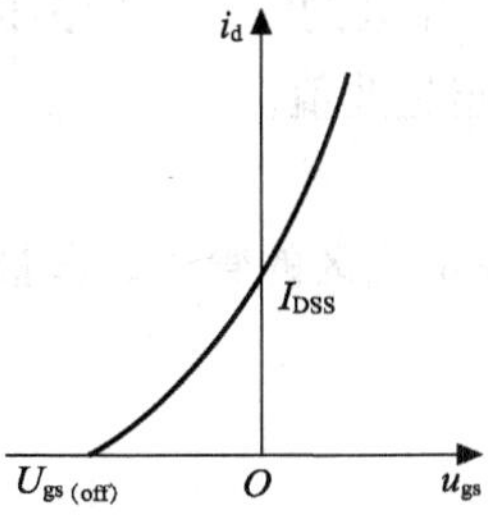	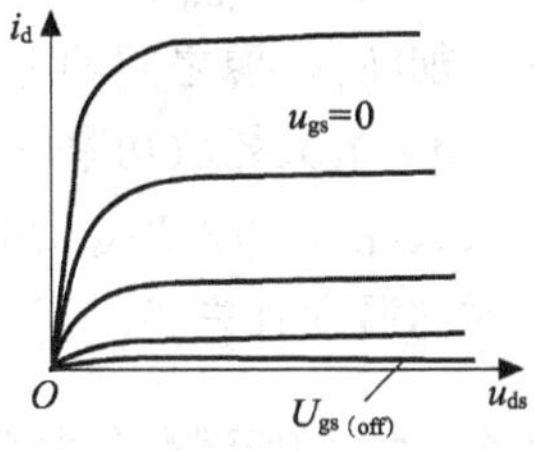
	P沟道耗尽型	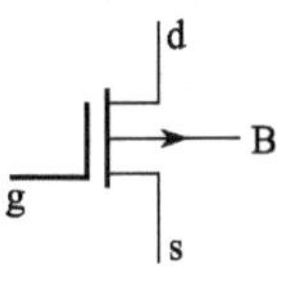	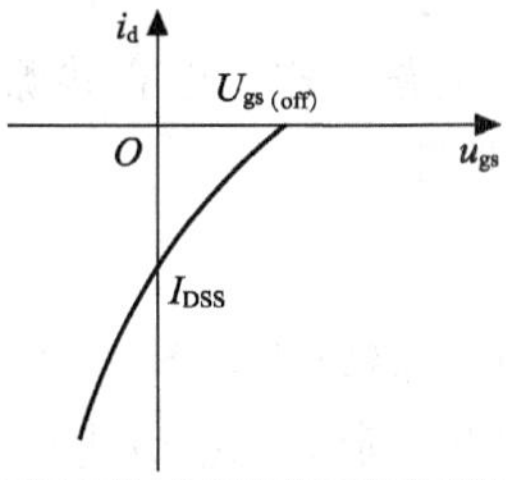	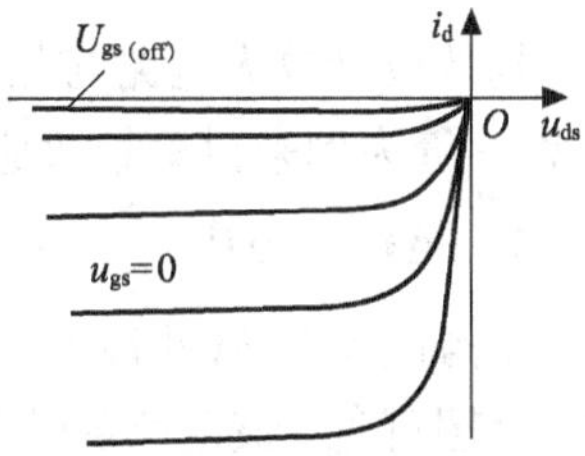

5.9.3　场效应管主要参数

1. 直流参数

（1）开启电压 $U_{gs(th)}$

开启电压 $U_{gs(th)}$ 是在 u_{ds} 为一常量时，使 $i_d > 0$ 所需的最小 $|u_{gs}|$ 的值。手册中给出的是在 i_d

规定为微小电流时的 u_{gs}。$U_{gs(th)}$ 是增强型 MOS 管的参数。

（2）夹断电压 $U_{gs(off)}$

夹断电压 $U_{gs(off)}$ 是在 u_{ds} 为一常量时，使 $i_d=0$ 所需的最大 $|u_{gs}|$ 的值。手册中给出的是在 i_d 规定为微小电流时的 u_{gs}。$U_{gs(off)}$ 是耗尽型 MOS 管的参数。

（3）饱和漏极电流 I_{DSS}

该电流是耗尽型 MOS 管的参数，该值描述在 $u_{gs}=0$ 的情况下，管子产生预夹断时的电流值。

2．交流参数

（1）低频跨导 g_m

低频跨导 g_m 的数值表示栅-源电压 u_{gs} 对漏极电流 i_d 控制作用的大小。工作在恒流区的场效应管，低频跨导 g_m 的表达式为

$$g_m = \frac{\Delta i_d}{\Delta u_{gs}}\bigg|_{u_{ds}=const} \tag{5-97}$$

（2）极间电容

场效应管三个电极之间均存在电容，通常栅-源电容 C_{gs} 和栅-漏电容 C_{gd} 约为 3pF 左右，漏-源电容 $C_{ds} < 1pF$，在高频电路中应考虑极间电容的影响。

3．极限参数

（1）最大漏极电流 I_{DM}

最大漏极电流 I_{DM} 指的是管子正常工作时漏极电流的上限值。

（2）击穿电压 $U_{(BR)ds}$

击穿电压 $U_{(BR)ds}$ 指的是工作在恒流区的管子，使漏极电流骤然增大的 u_{ds} 电压值，管子工作时，加在漏-源之间的电压不允许超过此值。

（3）最大耗散功率 P_{DM}

最大耗散功率 P_{DM} 指的是工作在恒流区的管子，漏极所消耗的最大功率，该值与场效应管工作时的温度有关。

5.9.4　场效应管放大电路

场效应管放大电路与晶体管放大电路一样，也有共源、共栅和共漏三种组态。下面以 N 沟道 MOS 管为例来讨论场效应管放大电路。

1．电路的组成

N 沟道 MOS 管共源电压放大器的电路组成如图 5-70 所示。

由图可见，该电路的结构与工作点稳定的三极管电压放大器很相似。图中的 R_{g1} 和 R_{g2} 为偏置电阻，它们的作用与三极管电路中的 R_{b1} 和 R_{b2} 相同，是给电路提供合适的静态工作点；R_{g3} 的作用是提高电路的输入阻抗；R_d、R_s 和 C_s 的作用与三极管电路中的 R_c、R_e 和 C_e 的作用相同。

2．静态分析

对三极管放大电路进行静态分析的目的是计算电路的静态工作点 Q（I_{BQ}、I_{CQ}、U_{CEQ}）。对场效应管放大电路进行静态分析的目的也是计算电路的静态工作点 Q，由于场效应管是压控元件，所以静态工作点 Q 为 U_{GSQ}、I_{DQ} 和 U_{DSQ}。计算静态工作点所用的直流通路如图 5-71 所示。

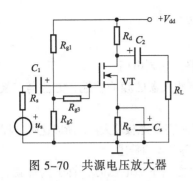

图 5-70　共源电压放大器

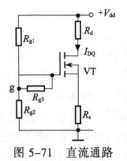

图 5-71　直流通路

因为场效应管栅-源之间的电阻很大，可当作开路处理。根据电路分析的知识，可得计算电路静态工作点的公式为

$$U_g = \frac{R_{g2}}{R_{g1} + R_{g2}} V_{dd} \tag{5-98}$$

$$I_{DQ} = I_{DO} \left(\frac{U_{GSQ}}{U_{gs(th)}} - 1 \right)^2 \tag{5-99}$$

$$U_{SQ} = I_{DQ} R_s \tag{5-100}$$

$$U_{DSQ} = V_{dd} - I_{DQ}(R_d + R_s) \tag{5-101}$$

$$U_{GSQ} = U_{GQ} - U_{SQ} \tag{5-102}$$

联立上面五个方程式可求得静态工作点 Q（U_{GSQ}、I_{DQ} 和 U_{DSQ}）。

3. 动态分析

与三极管放大电路一样，对场效应管放大电路进行动态分析的目的，主要也是计算电路的电压放大倍数、输入电阻和输出电阻。

进行动态分析所用的电路也是微变等效电路，场效应管微变等效电路的模型如图 5-72 所示。

图 5-72（a）是低频模型，用于低频小信号的分析；图（b）是高频模型，用于高频信号和频响特性的分析。

场效应管共源电压放大器的微变等效电路如图 5-73 所示。

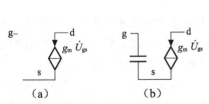

图 5-72　微变等效电路

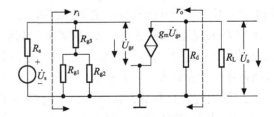

图 5-73　共源极电压放大器的微变等效电路

根据图 5-73 可得电压放大倍数为

$$\dot{A}_u = \frac{\dot{U}_o}{\dot{U}_i} = -\frac{g_m \dot{U}_{gs} R'_L}{\dot{U}_{gs}} = -g_m R'_L \tag{5-103}$$

输入电阻和输出电阻分别为

$$r_i = R_{g3} + R_{g1} /\!/ R_{g2} \qquad\qquad (5\text{-}104)$$

$$r_o = R_d \qquad\qquad (5\text{-}105)$$

由式（5-104）可见，电阻 R_{g3} 的作用是提高电路的输入电阻。

利用图 5-72（b）所示的电路也可讨论场效应管放大器的频响特性，方法与三极管放大电路的方法相同，留作习题供大家练习。

因为共漏放大器等效于共集电极放大器，共栅放大器等效于共基极放大器，所以这两个电路的分析方法分别与共集电极放大器和共基极放大器的分析方法相同，这里不再赘述。

对于结型场效应管和耗尽型的 MOS 管，在栅-源之间不加电压时，管子内部就有导电沟道的存在。可以采用自给栅偏压的方法来组成场效应管电压放大器。下面以 N 沟道结型场效应管为例来讨论自给栅偏压场效应管的电压放大器。

自给栅偏压场效应管电压放大器的电路组成如图 5-74 所示。该电路产生偏压的原理是：在静态时，由于场效应管的栅极电流为 0，所以电阻 R_g 上的电流为 0，栅极电位 U_{GQ} 也等于 0，但场效应管的漏极电流 I_{DQ} 不等于 0，I_{DQ} 在源极电阻 R_s 上的电压值 $U_{GQ}=I_{DQ}R_s$ 大于 0，使得栅-源电压 u_{gs} 小于 0，该电压即为栅极的偏置电压 U_{GSQ}，即栅偏压是由 $I_{DQ}R_s$ 自给产生的。根据这一特点，可得计算自给栅偏压电压放大器静态工作点的公式为

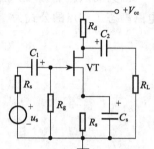

图 5-74　自给栅编压电路

$$U_{GSQ} = -I_{DQ}R_s \qquad\qquad (5\text{-}106)$$

$$I_{DQ} = I_{DSS}\left(1 - \frac{u_{gs}}{U_{gs(off)}}\right)^2 \qquad\qquad (5\text{-}107)$$

$$U_{DSQ} = V_{dd} - I_{DQ}(R_d + R_s) \qquad\qquad (5\text{-}108)$$

对该电路进行动态分析的方法与上面讨论的方法相同，这里不再赘述。场效应管放大器仿真实验的结果请参阅附录 C。

*5.9.5　场效应管与晶体管的比较

场效应管的栅极 g、源极 s、漏极 d 对应于晶体管的基极 b、发射极 e、集电极 c，它们的作用相类似。场效应管和三极管的主要差别如下：

（1）场效应管用栅-源电压 u_{gs} 控制漏极电流 i_d，栅极基本上不索取电流；而晶体管工作时基极总要索取一定的电流。因此，要求输入电阻高的电路应选用场效应管；因为三极管的电压放大倍数比场效应管大，因此在信号源可以提供一定电流的情况下，通常选用晶体管。

（2）场效应管只有多子参与导电；晶体管内既有多子又有少子参与导电，而少子数目受温度、辐射等因素的影响较大，因而场效应管比晶体管的温度稳定性好，所以在环境条件变化很大的情况下通常选用场效应管。

（3）场效应管的噪声系数很小，所以低噪声放大器的输入级和要求信噪比较高的电路通常选用场效应管或特制的低噪声晶体管。

（4）场效应管的漏极与源极可以互换使用，互换后特性变化不大；而晶体管的发射极与集电极互换后特性差异很大。

（5）场效应管比晶体管的种类多，特别是耗尽型 MOS 管，栅–源电压 u_{gs} 可正、可负、可零，均能控制漏极电流。因而在组成电路时场效应管比晶体管有更大的灵活性。

（6）场效应管和晶体管均可用于放大电路和开关电路，它们构成了品种繁多的集成电路。但由于场效应管集成工艺更简单，且具有耗电省、工作电源电压范围宽等优点，因此场效应管被广泛用在集成电路的制造中。

小　　结

模拟电子电路课程研究的主要问题之一是放大电路，组成放大电路的核心器件是三极管或场效应管。三极管有 NPN 型和 PNP 型两种，场效应管有 N 沟道结型、P 沟道结型、N 沟道增强型、P 沟道增强型、N 沟道耗尽型和 P 沟道耗尽型六种。

三极管有三个工作区，分别是截止区、放大区和饱和区。场效应管也有三个工作区，分别是截止区、恒流区和可变电阻区。作为放大器的三极管必须工作在放大区，作为放大器的场效应管必须工作在恒流区，为三极管或场效应管设置合适的工作点就会使三极管或场效应管工作在放大区或恒流区。工作在放大区的三极管偏置电压的特征是：发射结正向偏置，集电结反向偏置。

因为放大器是四端网络，而三极管或场效应管均只有三个引脚，要将三个引脚的器件接成四端网络，必须将一个脚作为公共端。以发射极为公共端的放大器称为共发射极电压放大器，以集电极为公共端的放大器称为共集电极电压放大器，以基极为公共端的放大器称为共基极电路。同样，场效应管放大器也有共源极、共漏极和共栅极电压放大器。

对放大器进行分析主要有静态分析和动态分析。静态分析的任务是计算电路的静态工作点 Q。对于三极管放大电路，静态工作点由 I_{BQ}、I_{CQ} 和 U_{CEQ} 三个量组成；对于场效应管放大电路，静态工作点由 U_{GSQ}、I_{DQ} 和 U_{DSQ} 三个量组成。

计算工作点数值的电路是放大器的直流通路。根据电容阻直流的特性，可将放大器原电路画成直流通路。画出直流通路后，根据电路分析的方法即可计算放大器的静态工作点。

对放大器进行动态分析的主要任务是计算电压放大倍数 $\dot{A}_u$、输入电阻 r_i、输出电阻 r_o。进行动态分析所用的电路是放大器的微变等效电路，画放大器微变等效电路的方法是：先将三极管或场效应管画成微变等效模型，然后根据电容和电源通交流的特性，将原电路整理成便于计算的微变等效电路。

放大器的动态特性除了上述的三个参量外，还有频响特性。放大器频响特性的分析主要是计算放大器的通带截止频率和画波特图，分析时所用的微变等效电路与上述微变等效电路的差别是电容的容抗作用不能忽略。在这种情况下，三极管和场效应管的微变等效模型必须用混合 π 参数模型。

习题和思考题

1．在括号内填入合适的答案。

（1）工作在放大区的三极管发射结处在_____偏置，集电结处在_____偏置；工作在饱和区的三极管发射结和集电结均处在_____偏置；工作在截止区的三极管发射结和集电结均处在_____偏置。

（2）工作在放大区的某三极管，当 I_b 从 10μA 变化到 20μA 时，集电极电流 I_c 从 1mA 变化到 2mA，则该三极管的电流放大倍数为_____。

2. 实验测得电流放大系数分别为 50 和 100 的两只三极管两个电极的电流如图 5-75 所示，分别求出另一电极的电流，标出其实际方向，并在圆圈中画出管子。

3. 用万用表测得放大电路中的六只三极管的直流电位如图 5-76 所示，在圆圈中画出管子的类型，并分别说明它们是硅管或是锗管。

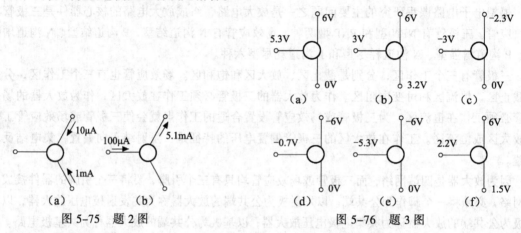

图 5-75　题 2 图　　　　图 5-76　题 3 图

4. 在图 5-77 所示电路中，已知 V_{cc}=5V，R_b=150kΩ，β=50，R_c=1.5kΩ，R_L=3kΩ，R_s=200Ω，求：

（1）放大器的静态工作点 Q；

（2）计算电压放大倍数，输入电阻、输出电阻和源电压放大倍数的值；

（3）若 R_b 改成 50kΩ，再计算（1）、（2）的值。

5. 已知图 5-77 所示电路中的三极管 V_{cc}=6V，β=50，r_{be}=1kΩ，用万用表测得管子的管压降为 3V，请估算基极电阻 R_b 的值，用毫伏表测得 u_i 和 u_o 的有效值分别为 15mV 和 600mV，则负载电阻 R_L 的值为多少？

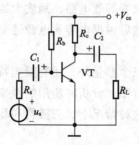

图 5-77　题 4、题 5 图

6. 在图 5-78 所示电路中，已知 V_{cc}=15V，R_b=320kΩ，β=100，R_c=3.2kΩ，R_L=6.8kΩ，R_s=38kΩ，$r_{bb'}$=200Ω，求：

（1）放大器的静态工作点 Q；

（2）计算电压放大倍数，输入电阻、输出电阻和源电压放大倍数的值。

7. 在图 5-79 所示电路中，已知 V_{cc}=12V，R_{b1}=103kΩ，R_{b2}=17kΩ，β=100，R_c=2.5kΩ，R_L=2kΩ，
   R_e=0.5kΩ，$r_{bb'}$=200Ω，R_s=400Ω。求：
   （1）放大器的静态工作点 Q；
   （2）分别计算开关 S 位于"1"和"2"位置时的电压放大倍数、输入电阻、输出电阻的值。

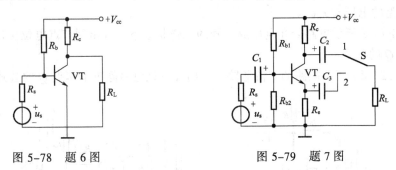

图 5-78 题 6 图　　　　　　图 5-79 题 7 图

8. 判断图 5-80 所示电路对输入的正弦信号是否有放大作用。若没有，请改正。

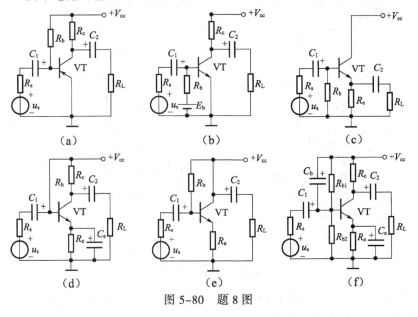

图 5-80 题 8 图

9. 在图 5-81 所示电路中，因参数选择不合适，在输入正弦波信号的激励下，输出信号的波形
   如图所示，试说明该电路所产生的失真，并说明消除的办法。

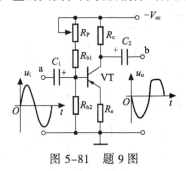

图 5-81 题 9 图

10. 画出图 5-82 所示电路的微变等效电路。

11. 设图 5-82（a）所示电路的中各元件的值为 $R_1=R_2=10\mathrm{k}\Omega$，$R_c=600\Omega$，$\beta=100$，$V_{cc}=6\mathrm{V}$，画出电路的直流通路，计算电路静态工作点 Q 的值。

12. 列出计算图 5-82（b）所示电路电压放大倍数、输入电阻、输出电阻的公式，说明该电路是什么类型的电压放大器。

13. 设图 5-82（c）所示电路处在电压放大器的工作状态下，列出用节点电位法计算该电路静态工作点 Q 的公式。

14. 画出图 5-82（d）所示电路的直流通路，列出计算该电路静态工作点 Q 的公式。

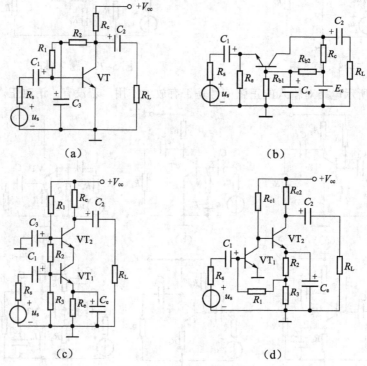

图 5-82　题 10～题 14 图

15. 在图 5-83 所示电路中，三极管 VT_1 和 VT_2 的电流放大系数为 β_1，三极管 VT_3、VT_4 和 VT_5 的电流放大系数分别为 β_3、β_4 和 β_5。

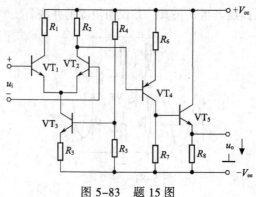

图 5-83　题 15 图

（1）用节点电位法列出计算该电路静态工作点 Q 的矩阵；

（2）设五只三极管 be 间的动态电阻分别为 $r_{be1}=r_{be2}$、r_{be3}、r_{be4} 和 r_{be5}，画出该电路的微变等效电路，写出计算该电路电压放大倍数、输入电阻和输出电阻的表达式。

（3）设该电路的差模电压放大倍数为 300，共模电压放大倍数为 10^{-4}，输入信号 $u_{i1}=10\text{mV}$，$u_{i12}=30\text{mV}$，求该电路的输出电压 u_o 的值。

16. 在输入电压幅值保持不变的条件下，测量放大电路的输出电压幅度和相位随频率变化的情况，可以得到放大器的_____特性曲线，该曲线又称为_____，放大器在高频信号激励下，电压放大倍数下降的原因是_____，在低频信号激励下电压放大倍数下降的原因是_____，当放大器的电压放大倍数下降到 0.707 信中频电压放大倍数时所对应的频率分别称为_____或_____，两频率的差称为放大器的_____，如何求放大器的 3dB 带宽。

17. 在题 4 所示电路中，已知三极管的 $C'_\pi=200\text{pF}$，$r_{bb'}=100\Omega$，$\beta_0=50$，耦合电容 $C_1=C_2=1\mu\text{F}$，试画出该电路的波特图。

18. 已知某放大器的电压放大倍数为 $\dot{A}_u=\dfrac{-10\mathrm{j}f}{(1+\mathrm{j}\dfrac{f}{200})(1+\mathrm{j}\dfrac{f}{10^6})}$，试求出该电路的中频电压放大倍数，上限截止频率和下限截止频率，并画出波特图。

19. 在图 5-84 所示电路中，已知场效应管的低频跨导为 g_m，求：

（1）写出求解该电路静态工作点的方程式；

（2）画出微变等效电路，计算该电路的电压放大倍数，输入电阻和输出电阻。

20. 在图 5-84 所示电路中，设场效应管栅-源之间的电容为 C_{gs}，低频跨导为 g_m，简要画出波特图。

21. 在图 5-85 所示电路中，已知场效应管的低频跨导为 g_m，求：

（1）写出求解该电路静态工作点的方程式；

（2）画出微变等效电路，计算该电路的电压放大倍数，输入电阻和输出电阻。

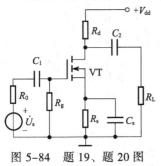

图 5-84　题 19、题 20 图

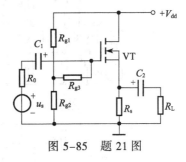

图 5-85　题 21 图

22. 在图 5-86 所示电路中，已知场效应管 VT_1 和 VT_2 的低频跨导均为 g_m，求该电路的差模电压放大倍数。

23. 在保持图 5-87 所示电路共源极接法的前提下，改正各电路中的错误，使各电路对正弦交流信号实施正常的放大。

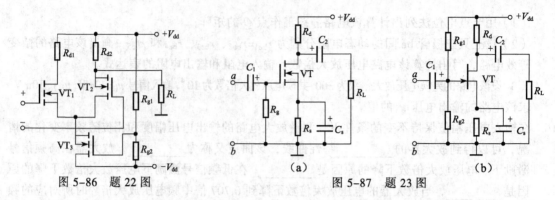

图 5-86　题 22 图　　　　　　图 5-87　题 23 图

24. 图 5-88 所示的复合管连接方法是否正确，标出它们等效管的类型和引脚。

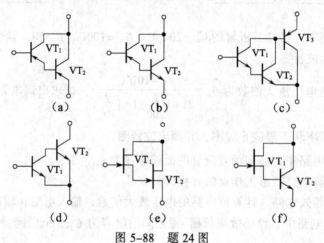

图 5-88　题 24 图

25. 设图 5-89 所示各电路均工作在放大状态，分别画出它们的微变等效电路，并写出电压放大倍数，输入电阻和输出电阻的表达式。

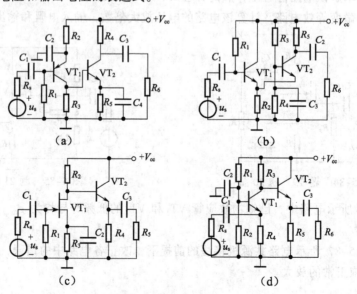

图 5-89　题 25 图

第6章 | 负反馈放大器

学习要点:

- 反馈的概念和组态的判断。
- 负反馈对放大器性能的改善作用。

6.1 负反馈的基本概念

在搭建电路的过程中,引入适当的反馈可以改善电路的某些性能,在第 5 章中为了稳定电压放大器的工作点,我们就引入了反馈,掌握反馈的基本概念和判断方法是研究实用电路的基础。

6.1.1 反馈的基本概念和类型

1. 反馈的基本概念

反馈是电路的一种连接方式,这种连接方式指的是从放大电路的输出回路中取出部分或全部的输出信号,通过适当的途径回送到输入端,对输入信号进行调控的过程。反馈放大器电路的组成框图如图 6-1 所示。

图中的 $\dot{x}_i$ 为输入信号,$\dot{x}_i'$ 为净输入信号,$\dot{x}_o$ 为输出信号,$\dot{x}_f$ 为反馈信号。

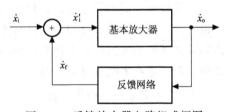

图 6-1 反馈放大器电路组成框图

2. 反馈的类型

由图 6-1 可见,反馈到输入端的反馈信号对输入信号调控的作用将产生两种净输入信号。反馈信号的调控作用使放大器净输入信号增加的,称为正反馈;反馈信号的调控作用使放大器净输入信号减小的,称为负反馈。处在负反馈工作状态下的放大器称为负反馈放大器。

反馈放大器除了有正反馈和负反馈之分外,根据反馈信号的类型和从输出端采集的渠道及与输入端连接方式的不同,还有直流反馈、交流反馈或交直流反馈;电压反馈或电流反馈;串联反馈或并联反馈之分。凡反馈信号是直流的称为直流反馈,凡反馈信号是交流的称为交流反馈,凡反馈信号是交、直流均有的称为交直流反馈;凡反馈信号取自输出电压信号的称为电压反馈,凡反馈信号取自输出电流信号的称为电流反馈;凡反馈信号在输入端与输入信号相串联的称为串联反馈,凡反馈信号在输入端与输入信号相并联的称为并联反馈。

6.1.2 反馈的判断

对反馈放大器进行分析和计算的关键是正确判断该电路是否有反馈及反馈的类型，判断电路是否有反馈的关键是找出电路的反馈网络。根据反馈是将输出信号回送到输入端对输入信号进行调控的连接方式这一特点，可知反馈网络必定是沟通输出端和输入端的一段电路。该电路的特点是：既连接输出端，又连接输入端。凡能够从电路中找出具有反馈网络特点的放大器就是反馈放大器，反之就不是反馈放大器。例如，在图 6-2 所示的电路中，因 R_e 既是输出电路的一部分，又是输入电路的一部分，是将反馈信号回送到输入端的通道，所以图 6-2 所示的电路就是一个典型的反馈放大器，R_e 就是该电路的反馈网络。

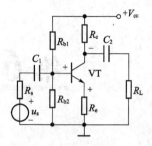

图 6-2　典型的反馈放大器

在确定某一电路是反馈放大器之后，利用瞬时极性分析法可判断该放大器是属于正反馈，还是负反馈。判断的方法是：在输入端注入瞬时极性为"+"的信号，如图 6-2 电路中基极旁边的"+"符号所示。放大器在该信号的激励下，晶体管的集电极和发射极分别为"−"极性和"+"极性的信号，如图 6-2 电路集电极和发射极旁边的"−"和"+"符号所示。晶体管发射极的"+"极性信号回送到输入端，使得放大器的净输入信号 $U_{be}=U_b-U_e$ 减少，即因反馈的调控作用使放大器的净输入信号减少，所以，该放大器是负反馈放大器。

6.1.3 反馈放大器的四种组态

从反馈放大器的类型已知，根据反馈信号从输出端采集信号的渠道不同有电压反馈和电流反馈之分，根据反馈信号与输入信号连接方式的不同有串联反馈和并联反馈之分。输出端和输入端两种类型的两两组合可构成四种不同组态的反馈放大器。这四种组态的电路分别为电压串联负反馈、电流串联负反馈、电压并联负反馈和电流并联负反馈。

1．电压串联负反馈放大器

电压串联负反馈放大器的特点是：反馈网络将输出电压信号的部分或全部回送到输入端，在输入端与输入信号反极性串联连接。

电压串联负反馈的组成框图如图 6-3（a）所示，图（b）为典型的电压串联负反馈电路。

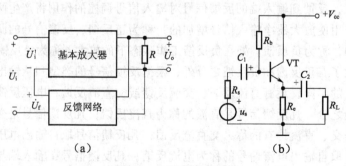

（a）　　　　　　　　　　　　　　　　（b）

图 6-3　电压串联负反馈

由图 6-3（a）可见，该电路的反馈网络与输出电路相并联，从输出电路中取出输出电压信号，并将取出的信号回送到输入端与输入信号反极性串联连接，形成电压串联负反馈。图 6-3（b）是前面讨论的共集电极电路，该电路中的电阻 R_e 是沟通输出电路和输入电路的通道，是反馈网络。该网络与输出电路相并联，将输出电压信号全部回送到输入端，在输入端与输入信号反极性串联连接，使净输入信号 U_{be} 减少，构成电压串联负反馈放大器。

因为该电路可将输出的交、直流信号反馈到输入端，所以该电路称为交直流电压串联负反馈放大器。串联反馈可提高电路的输入阻抗，在输入信号为电压源的情况下，用串联反馈。电压反馈可稳定放大器的输出电压，电压串联负反馈放大器稳定输出电压的过程图如图 6-4 所示。

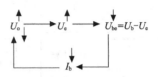

图 6-4 稳定输出电压的过程图

2. 电压并联负反馈放大器

电压并联负反馈放大器的特点是：反馈网络将输出电压信号的部分或全部回送到输入端，在输入端与输入信号反极性并联连接。

电压并联负反馈的组成框图如图 6-5（a）所示，图（b）为典型的电压并联负反馈电路。

由图 6-5（a）可见，该电路的反馈网络与输出电路相并联，从输出电路中取出输出电压信号，并将取出的信号回送到输入端与输入信号反极性并联连接，形成电压并联负反馈。图 6-5（b）是典型的电压并联负反馈电路，该电路中的电阻 R_F 是沟通输出电路和输入电路的通道，是反馈网络，该网络与输出电路相并联，将输出电压信号的部分回送到输入端，在输入端与输入信号反极性并联连接，使净输入信号 I_b 减少，构成电压并联负反馈放大器。

因为该电路可将输出的交、直流信号反馈到输入端，所以该电路称为交直流电压并联负反馈放大器。并联反馈可减少电路的输入阻抗，在输入信号源为电流源的情况下，用并联反馈。电压反馈可稳定放大器的输出电压，电压并联负反馈放大器稳定输出电压的过程图如图 6-6 所示。

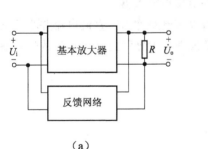

（a）

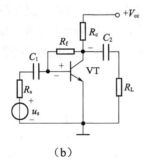

（b）

图 6-5 电压并联负反馈

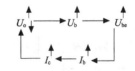

图 6-6 稳定输出电压的过程图

3. 电流串联负反馈放大器

电流串联负反馈放大器的特点是：反馈网络将输出电流信号的部分或全部回送到输入端，在输入端与输入信号反极性串联连接。

电流串联负反馈的组成框图如图 6-7（a）所示，图（b）为典型的电流串联负反馈电路。

由图 6-7（a）可见，该电路的反馈网络与输出电路相串联，从输出电路中取出输出电流信号，并将取出的信号回送到输入端与输入信号反向串联连接，形成电流串联负反馈。图 6-7（b）是前面讨论的稳定工作点的共发射极电路，该电路中的电阻 R_e 是沟通输出电路和输入电路的通道，是反馈网络。该网络串联在输出电路中，将输出的直流电流信号回送到输入端，在输入端与输入信号反相串联连接，使净输入信号 U_{be} 减少，构成电流串联负反馈放大器。

因为该电路仅将输出的直流信号（交流信号通过旁路电容 C_e 到地）反馈到输入端，所以该电路称为直流电流串联负反馈放大器。电流反馈可稳定放大器的输出电流，电流串联负反馈放大器稳定输出电流的过程图如图 6-8 所示。

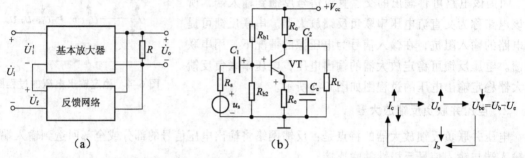

图 6-7　电流串联负反馈　　　　　　图 6-8　稳定输出电流的过程图

4. 电流并联负反馈放大器

电流并联负反馈放大器的特点是：反馈网络将输出电流信号的部分或全部回送到输入端，在输入端与输入信号反极性并联连接。

电流并联负反馈的组成框图如图 6-9（a）所示，图（b）为典型的电流并联负反馈电路。

由图 6-9（a）可见，该电路的反馈网络串联在输出电路中，从输出电路取出输出电流信号，并将取出的信号回送到输入端与输入信号反相并联连接，形成电流并联负反馈。图 6-9（b）是典型的电流并联负反馈电路，该电路中的电阻 R_f 和 R_e 是沟通输出电路和输入电路的通道，是反馈网络。该网络与输出电路相串联，将输出电流信号的部分回送到输入端，在输入端与输入信号反极性并联连接，使净输入信号 I_b 减少，构成电流并联负反馈放大器。

因为该电路可将输出的交、直流信号反馈到输入端，所以该电路称为交直流电流并联负反馈放大器。电流反馈可稳定放大器的输出电流，电流并联负反馈放大器稳定输出电流的过程图如图 6-10 所示。

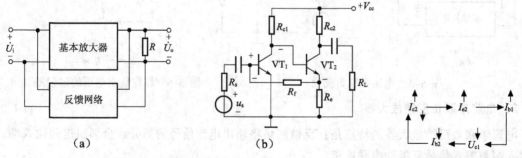

图 6-9　电流并联负反馈　　　　　　图 6-10　稳定输出电流的过程图

根据上面的分析可得判断放大器反馈组态的方法是：找出反馈网络，先观察反馈网络与输出端的连接情况，凡反馈网络与输出端并联连接（一个端子与输出端子接在一起）的为电压反馈，凡反馈网络与输出端串联连接（没有端子与输出端子接在一起）的为电流反馈；然后从输入端来判断是串联反馈或并联反馈，凡反馈网络与输入端并联连接（一个端子与输入端子接在一起）的为并联反馈，凡反馈网络与输入端串联连接（没有端子与输入端子接在一起）的为串联反馈；最后再判断交、直流反馈和极性的情况。

【例 6.1】判断如图 6-11 所示电路反馈的组态，说明反馈的作用，解释反馈的过程。

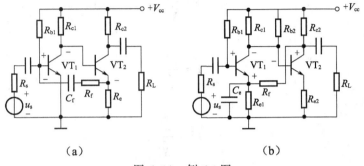

（a） （b）

图 6-11 例 6.1 图

【解】图 6-11（a）所示电路中的 R_e、R_f、C_f 组成反馈网络。从输出电路可见，反馈网络没有端子与输出端接在一起，所以是电流反馈；从输入电路可见，反馈网络有端子与输入端子接在一起，所以是并联反馈；反馈网络中的电容 C_f 将直流信号阻断，仅将交流信号回送到输入端，所以是交流反馈。根据瞬时极性（如图中的符号"+"、"−"所示）判别法可得电路为负反馈，所以该电路的反馈组态是，交流电流并联负反馈放大器。电流反馈可稳定输出电流 I_{c2}，该电路反馈的过程图如图 6-12 所示。

图 6-11（b）所示电路中的 R_f、R_{e1} 和 C_e 组成反馈网络。从输出电路可见，反馈网络有端子与输出端接在一起，所以是电压反馈；从输入电路可见，反馈网络没有端子与输入端子接在一起，所以是串联反馈；反馈网络中的电容 C_e 将反馈回来的交流信号短路到地，仅将直流信号回送到输入端，所以是直流反馈。根据瞬时极性（如图中的符号"+"、"−"所示）判别法可得电路为负反馈，所以该电路的反馈组态是，直流电压串联负反馈放大器。电压反馈可稳定输出电压 U_o，该电路反馈的过程图如图 6-13 所示。

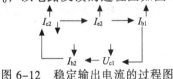

图 6-12 稳定输出电流的过程图

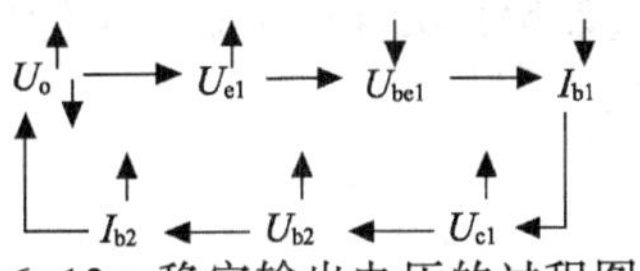

图 6-13 稳定输出电压的过程图

6.2 反馈放大器的表达式

图 6-1 给出了负反馈放大器电路的组成框图，用放大倍数 A 来描述负反馈放大器中基本放大电路的特性，用反馈系数 F 来表示反馈网络的特性，可将负反馈放大器的组成框图简化成如图 6-14 所示的形式。

根据负反馈放大器的方框图可以讨论对负反馈放大器进行分析计算的基本关系式。

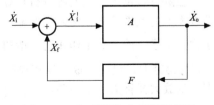

图 6-14 负反馈放大器组成框图

根据负反馈放大器的方框图可得负反馈放大器的净输入信号 $\dot{X_i'}$ 为

$$\dot{X_i'} = \dot{X_i} - \dot{X_f} \tag{6-1}$$

开环放大倍数 $\dot{A}$ 描述反馈网络未接入时基本放大器的放大倍数，即

$$\dot{A} = \frac{\dot{X_o}}{\dot{X_i'}} \tag{6-2}$$

反馈系数 $\dot{F}$

$$\dot{F} = \frac{\dot{X_f}}{\dot{X_o}} \tag{6-3}$$

环路放大倍数 $\dot{A}\dot{F}$

$$\dot{A}\dot{F} = \frac{\dot{X_f}}{\dot{X_i'}} \tag{6-4}$$

闭环放大倍数 $\dot{A_f}$ 描述反馈网络接入时负反馈放大器的放大倍数，即

$$\dot{A_f} = \frac{\dot{X_o}}{\dot{X_i}} = \frac{\dot{X_o}}{\dot{X_i'} + \dot{X_f}} = \frac{\dfrac{\dot{X_o}}{\dot{X_i'}}}{1 + \dfrac{\dot{X_f}}{\dot{X_i'}}} = \frac{\dot{A}}{1 + \dot{A}\dot{F}} \tag{6-5}$$

描述负反馈放大器性能指标的一个重要参数是反馈深度。反馈深度的定义为：放大器开环放大倍数 $|\dot{A}|$ 与闭环放大倍数 $|\dot{A_f}|$ 的比。即

$$\frac{|\dot{A}|}{|\dot{A_f}|} = 1 + |\dot{A}||\dot{F}| \tag{6-6}$$

由式（6-6）可见，反馈深度反映了放大器加入负反馈后，放大倍数衰减的倍数，也描述了负反馈放大器反馈量的大小。反馈量大的，放大倍数衰减得多。在电子电路课程中，将反馈深度远大于 1 的负反馈放大器称为深度负反馈。处在深度负反馈状态下的放大器，闭环放大倍数的表达式为

$$\dot{A_f} = \frac{\dot{A}}{1 + \dot{A}\dot{F}} \approx \frac{1}{\dot{F}} \tag{6-7}$$

式（6-7）表明，处在深度负反馈状态下的放大器，其放大倍数与基本放大电路无关，只与反馈网络有关。由于反馈网络通常是无源网络，受外界环境因素的影响较小，所以，深度负反馈放大器有非常高的放大倍数稳定性。

在进行负反馈放大器的分析计算时，若发现 $-1 < \dot{A}\dot{F} < 0$，则 $|\dot{A_f}|$ 将大于 $|\dot{A}|$，说明此时负反馈放大器的反馈信号在输入端对输入信号的调控作用是增强的效果，放大器的净输入信号将大于输入信号，放大器工作在正反馈的状态下。工作在正反馈状态下的放大器，若 $\dot{A}\dot{F} = -1$，则 $|\dot{A_f}|$ 为无穷大，说明该放大器在没有输入信号的情况下，也会有输出信号输出，工作在这种状态下的放大器称为自激振荡。

对于放大器而言，自激振荡的状态是不允许的。当放大器处在自激振荡的状态下，放大器

对输入信号不能起到正常的放大作用，应改进电路的结构或参数加以排除。对于振荡器而言，自激振荡的现象是可利用的，振荡器就是利用放大器的自激振荡来工作的。

6.3　负反馈对放大电路性能的改善

引入交流负反馈后的放大器，其性能将得到多方面的改善。下面来讨论负反馈对放大器性能的影响。

6.3.1　稳定放大倍数

放大器引入深度负反馈时，因 $\dot{A}_f$ 几乎仅由反馈网络来确定，而反馈网络通常由电阻电路组成，电阻电路有较好的稳定性，所以，深度负反馈放大器放大倍数的稳定性非常高。当放大器工作在中频段时，开环放大倍数 $\dot{A}_f$ 和闭环放大倍数 $\dot{A}_f$ 均是实数，分别以 A 和 A_f 来表示，下面以工作在中频段的放大器为例来讨论负反馈放大器放大倍数的稳定性。在中频段 A_f 的表达式为

$$A_f = \frac{A}{1+AF}$$

以 A 为变量对上式求微分得

$$\mathrm{d}A_f = \frac{(1+AF)\mathrm{d}A - AF\,\mathrm{d}A}{(1+AF)^2} = \frac{\mathrm{d}A}{(1+AF)^2}$$

$$= \frac{A\,\mathrm{d}A}{A(1+AF)^2} = \frac{A_f\,\mathrm{d}A}{(1+AF)A}$$

移项整理可得

$$\frac{\mathrm{d}A_f}{A_f} = \frac{1}{(1+AF)}\frac{\mathrm{d}A}{A} \tag{6-8}$$

由式（6-8）可见，负反馈放大器闭环放大倍数的相对变化量仅为开环放大倍数相对变化量的 $(1+AF)$ 分之一，也就是说，闭环放大倍数的稳定性是开环放大倍数稳定性的 $(1+AF)$ 倍，即放大倍数的稳定性提高了 $(1+AF)$ 倍。

6.3.2　对输入电阻和输出电阻的影响

在基本放大电路中引入不同组态的交流负反馈，对放大器的输入电阻和输出电阻将产生不同的影响。下面利用前面介绍的计算输入电阻和输出电阻的方法来讨论这种影响关系。

1．对输入电阻的影响

输入电阻是从放大器的输入端往放大器内部看的等效电阻，任何放大器均可以看成是一个两端网络，根据求两端网络输入电阻的公式可得基本放大器的输入电阻为

$$R_i' = \frac{U_i'}{I_i'} \tag{6-9}$$

在串联反馈的情况下，因 $U_i = U_i' + U_f$，$I_i' = I_i$，所以串联反馈的输入电阻 R_{if} 为

$$R_{if} = \frac{U_i}{I_i} = \frac{U_i' + U_f}{I_i} = \frac{(1+AF)U_i'}{I_i'} = (1+AF)R_i' \tag{6-10}$$

在并联反馈的情况下，因 $U_i = U_i'$，$I_i = I_i' + I_f$，所以并联反馈的输入电阻 R_{if} 为

$$R_{if} = \frac{U_i}{I_i} = \frac{U_i'}{I_i' + I_f} = \frac{U_i'}{(1+AF)I_i'} = \frac{R_i'}{(1+AF)} \tag{6-11}$$

由式（6-10）和式（6-11）可见，串联反馈可提高放大器的输入电阻，并联反馈可减小放大器的输入电阻，提高和减小的倍数都是$(1+AF)$。

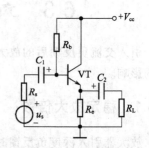

图 6-15　总输入电阻和反馈放大器
输入电阻区别的图例

在具体计算时，应注意区分电路的总输入电阻和反馈放大器输入电阻的差别。如图 6-15 所示，电路中的电阻 R_e 在反馈环内，而电阻 R_b 不在反馈环内，所以，该电路反馈放大器的输入电阻为 $(1+AF)R_e$，而电路的总输入电阻为

$$R_i = R_b \parallel (1+AF)R_e$$

2．对输出电阻的影响

输出电阻是从放大器的输出端往放大器内部看的等效电阻。与求输入电阻的方法一样，将放大器的输出端也看成是一个两端网络，根据求两端网络输出电阻的公式可得基本放大器的输出电阻为

$$R_o' = \frac{U_o'}{I_o'} \tag{6-12}$$

在电压反馈的情况下，因 $U_o = U_o'$，$I_o = I_o' + I_f$，所以电压反馈的输出电阻 R_{of} 为

$$R_{of} = \frac{U_o}{I_o} = \frac{U_o'}{I_o' + I_f} = \frac{U_o'}{(1+AF)I_o'} = \frac{R_o'}{(1+AF)} \tag{6-13}$$

在电流反馈的情况下，因 $I_o = I_o'$，$U_o = U_o' + U_f$，所以电流反馈的输出电阻 R_{of} 为

$$R_{of} = \frac{U_o}{I_o} = \frac{U_o' + U_f}{I_o'} = \frac{(1+AF)U_o'}{I_o'} = (1+AF)R_o' \tag{6-14}$$

由式（6-13）和式（6-14）可见，电压反馈可减小放大器的输出电阻，电流反馈可提高放大器的输出电阻，减小和提高的倍数都是 $(1+AF)$。

在放大电路中引入负反馈除了可以改善上述的几个性能指标外，还可以展宽频带和减少非线性失真，展宽频带的倍数也是$(1+AF)$ 倍，减少非线性失真的倍数也是 $(1+AF)$ 倍。

6.3.3　放大器引入负反馈的一般原则

由以上的分析可知，负反馈对放大器性能的影响是多方面的，且负反馈对放大器性能的改善与反馈深度 $(1+AF)$ 有关。在电子电路课程中，因为负反馈放大器是处在深度负反馈的状态下，所以对负反馈放大器的定性分析比定量分析更重要。对负反馈放大器的定性分析主要是判断反馈的组态，熟悉各反馈组态对放大器性能改善的影响，为设计负反馈放大器提供参考。下面是设计电路时，根据需要而引入负反馈的一般原则：

①　引入直流负反馈是为了稳定静态工作点；引入交流负反馈是为了改善放大器的动态性能。

②　引入串联反馈还是并联反馈主要由信号源的性质来定。当信号源为恒压源或内阻很小

的电流源时，增大放大器的输入电阻，可减小放大器对信号源的影响，放大器也可以从信号源获得更大的电压信号输入，在这种情况下应选用电压负反馈；当信号源为恒流源或内阻很大的电压源时，减小放大器的输入电阻，可提高放大器从电流源吸收电流的大小，使放大器从信号源获得更大的电流信号输入，在这种情况下应选用电流负反馈。

③ 根据放大器所带负载对信号源的要求来确定选用电压反馈还是电流反馈。当负载需要稳定的电压输入时，因电压反馈可稳定放大器的输出电压，所以应选用电压反馈；当负载需要稳定的电流输入时，因电流反馈可稳定放大器的输出电流，所以应选用电流反馈。

④ 根据信号变换的需要，选择合适的组态，在实施负反馈的同时，实现信号的转换。

【例 6.2】如图 6-16 所示的电路，为了达到下列目的，分别说明应引入什么组态的负反馈，电路应如何连接。

（1）减少放大器从信号源索取的电流，并增强带负载的能力；

（2）将输入电流 i_i 转换成稳定的输出电压 u_o；

（3）将输入电流 i_i 转换成稳定的输出电流 i_o。

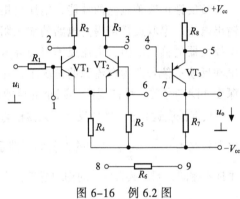

图 6-16　例 6.2 图

【解】（1）要减少放大器从信号源索取的电流，需提高放大器的输入电阻，所以，应选用串联反馈；要增强放大器带负载的能力，需减少放大器的输出电阻，应选用电压反馈；综上所述，要达到此目标，应选用的反馈组态是电压串联负反馈。电压串联负反馈接线的特点是：反馈网络的一个端子与输出端子相连，另一个端子不与输入端子相连。根据这一原则，只要将图 6-16 中电阻 R_6 的两个端子 8 和 9 分别与端子 6 和 7 相连，同时将端子 2 和 4 相连即可。

（2）要实现将输入电流 i_i 转换成稳定的输出电压 u_o 的目的，该放大器必须是一个流控电压源，流控电压源的反馈组态是电压并联负反馈。电压并联负反馈接线的特点是：反馈网络的两个端子分别与输出端子和输入端子接在一起。根据这一原则，只要将图 6-16 中电阻 R_6 的两个端子 8 和 9 分别与端子 1 和 7 相连，同时将端子 3 和 4 相连即可。

（3）要实现将输入电流 i_i 转换成稳定的输出电流 i_o 的目的，该放大器必须是一个流控电流源，流控电流源的反馈组态是电流并联负反馈。电流并联负反馈接线的特点是：反馈网络的一个端子与输入端子相连，另一个端子不与输出端子相连。根据这一原则，只要将图 6-16 中电阻 R_6 的两个端子 8 和 9 分别与端子 1 和 5 相连，同时将端子 2 和 4 相连即可。

小　　结

反馈是电路的一种连接方式，这种连接方式指的是从放大电路的输出回路中取出部分或全部的输出信号，通过适当的途径回送到输入端，对输入信号进行调控的过程。反馈信号的调控作用使放大器净输入信号增加的，称为正反馈；反馈信号的调控作用使放大器净输入信号减小的，称为负反馈。处在负反馈工作状态下的放大器称为负反馈放大器。

反馈放大器除了有正反馈和负反馈之分外，根据反馈信号的类型和从输出端采集的渠道及与输入端连接方式的不同，还有直流反馈、交流反馈或交直流反馈；电压反馈或电流反馈；串联反馈或并联反馈之分。凡反馈信号是直流的称为直流反馈，凡反馈信号是交流的称为交流反馈，凡反馈信号是交、直流均有的称为交直流反馈；凡反馈信号取自输出电压的称为电压反馈，凡反馈信号取自输出电流的称为电流反馈；凡反馈信号在输入端与输入信号相串联的称为串联反馈，凡反馈信号在输入端与输入信号相并联的称为并联反馈。

判断四种不同反馈组态的方法是：先找出反馈网络，观察反馈网络与输出端的连接情况，凡反馈网络与输出端并联连接（一个端子与输出端子接在一起）的为电压反馈，凡反馈网络与输出端串联连接（没有端子与输出端子接在一起）的为电流反馈；凡反馈网络与输入端并联连接（一个端子与输入端子接在一起）的为并联反馈，凡反馈网络与输入端串联连接（没有端子与输入端子接在一起）的为串联反馈；最后再判断交、直流反馈和极性的情况。

负反馈可改善电路的性能，电压反馈可稳定放大器的输出电压，电流反馈可稳定放大器的输出电流；串联反馈可提高电路的输入阻抗，并联反馈可减小电路的输入阻抗；电压反馈可减少放大器的输出电阻，电流反馈可提高放大器的输出电阻；在输入信号为电压源的情况下，用串联反馈；信号源为电流源的情况下，用并联反馈。反馈放大器对放大器性能的改善都与反馈深度$(1+AF)$有关，性能提高和减小的倍数都是$(1+AF)$。

反馈深度远大于1的负反馈放大器称为深度负反馈。在深度负反馈的情况下，反馈放大器的闭环放大系数$\dot{A}_f = \dfrac{\dot{X}_o}{\dot{X}_i} = \dfrac{1}{\dot{F}}$，式中的$\dot{F}$称为反馈系数，$\dot{F} = \dfrac{\dot{X}_f}{\dot{X}_o}$。各种不同组态的反馈放大器，反馈系数的角标不相同，闭环放大系数的物理意义也不一样，要计算闭环电压放大系数需经过适当的换算。

习题和思考题

1. 在括号内填入合适的答案。

（1）放大器开环放大系数指的是_____时的放大系数，闭环放大系数指的是_____时的放大系数；在输入量不变的情况下，引入反馈使放大系数增加的反馈是_____，使净输入信号减少的反馈是_____；在放大器的直流通路中引入的反馈称为_____，在放大器的交流通路中引入的反馈称为_____。

（2）为了稳定输出电压，应引入_____，为了稳定输出电流，应引入_____；为了提高输入电阻，应引入_____，为了减小输入电阻，应引入_____；为了减小输出电阻，应引入_____，为了提高输出电阻，应引入_____；为了稳定静态工作点，应引入_____，为了改善放大器的动态特性，应引入_____。

（3）某放大器要求输入电阻高，输出电压稳定，应选_____反馈电路；为了实现电压控制电流源，应选_____反馈电路；为了获得电流控制电流源，应选_____反馈电路；当信号源为高内阻，且要求输出电压稳定时，应选_____反馈电路；当信号源为低内阻，且要求输出电流稳定时，应选_____反馈电路。

2. 判断图 6-17 所示电路的反馈组态，当某电路的反馈组态是负反馈时，说明该电路反馈的作用。

3. 在深度反馈的条件下，计算图 6-17（a）所示电路的反馈系数和闭环电压放大系数。

4. 在深度反馈的条件下，计算图 6-17（c）所示电路的反馈系数和闭环电压放大系数。

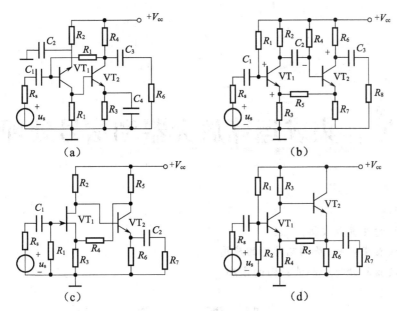

图 6-17　题 2～题 4 图

5. 在深度反馈的条件下，计算图 6-18 所示电路的反馈系数和闭环电压放大系数。

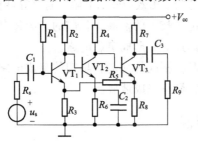

图 6-18　题 5 图

6. 在图 6-19 所示的电路中按要求引入反馈，并在深度反馈的情况下计算电压放大系数。

（1）在图（a）所示电路信号源内阻较大的前提下，使该电路的输出电压稳定。

（2）在图（b）所示电路信号源内阻较小的前提下，使该电路的输出电流稳定。

（3）在图（c）所示电路信号源内阻较小的前提下，使该电路的输出电阻减小。

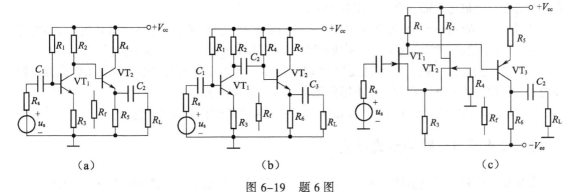

图 6-19　题 6 图

第 7 章　集成运算放大器和信号处理电路

学习要点：

- 各种类型的运算放大器。
- 模拟乘法器在调制–解调电路中的应用。
- 有源滤波器的分析和画波特图的方法。

7.1　概　　述

前面介绍的电路都是由晶体管、场效应管、电阻、电容等器件根据不同的连接方式组成的，这种电路称为分立电路。随着电子技术的发展，目前的半导体器件制造工艺实现了将分立元件组成的完整电路制作在同一块硅片上而形成集成电路。

各种不同类型的集成电路具有不同的功能，早期的集成电路主要用在实施模拟信号的运算上，故常称为集成运算放大器，简称集成运放。

7.1.1　集成运放电路的特点

集成电路有双极型晶体管集成电路、单极型场效应管集成电路、模拟集成电路、数字集成电路等。模拟集成电路主要有集成运放电路、集成功放电路和集成稳压电源电路等。集成电路还有小规模、中规模、大规模和超大规模之分。目前，超大规模的集成电路能在几十平方毫米的硅片上集成几百万个元器件。根据半导体制作工艺的特点，集成运放电路具有如下的几个特点：

①　因为硅片上不可能制作大电容，所以集成运放的耦合方式均采用直接耦合，在需要大容量电容和高阻值电阻的场合，采用外接法。

②　因为集成电路内部相邻的元件具有良好的对称性，它们在受到各种因素影响时变化的趋势相同。为了消除这些变化的影响，在集成电路中大量采用差动放大器作为输入电路。

③　因为在硅片上制作三极管比制作电阻更容易，所以在集成电路中大量采用恒流源电路作为放大器的偏置电路，在需要大电阻的场合也是采用外接法。

④　集成电路内部放大器所用的晶体管通常采用复合管结构来改善性能。

7.1.2　集成运放电路的组成框图

集成运放电路的组成框图如图 7–1 所示。由图可见，集成运放电路由输入级、中间级、输出级和偏置电路四部分组成。

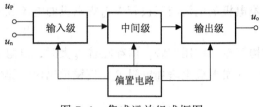

图 7-1 集成运放组成框图

（1）输入级

集成运放的输入级又称为前置级，它通常是由一个高性能的双端输入差动放大器组成。一般要求该放大器的输入电阻高，差模放大倍数大，共模抑制比大，静态电流小。集成运放输入级性能的好坏，直接影响集成运放的性能参数。

（2）中间级

中间级是整个集成运放的主放大器，其性能的好坏，直接影响集成运放的放大倍数。在集成运放中，通常采用复合管的共发射极电路作为中间级电路。

（3）输出级

输出级电路直接影响集成运放输出信号的动态范围和带负载的能力，为了提高集成运放输出信号的动态范围和带负载的能力，输出级通常采用互补对称的输出电路（参阅第 9 章）。

（4）偏置电路

偏置电路用于设置集成运放内部各级电路的静态工作点，通常采用恒流源电路，为集成运放内部的各级电路提供合适又稳定的静态工作点电流。

*7.2 电流源电路

在集成电路的制作工艺中，在硅片上制作各种类型的晶体管比制作电阻容易得多，所占用的硅片面积也小得多，所以集成电路中的三极管除了作放大管外，大量的被用作恒流源或有源负载，为放大管提供合适的静态工作点及提高放大器的放大倍数。下面先来介绍集成电路中的恒流源和有源负载电路。

*7.2.1 基本电流源电路

1. 镜像电流源电路

如图 7-2 所示的电路就是典型的镜像电流源电路。该电路的工作原理是：在电路完全对称的情况下，电阻 R 上的电流 I_R 可作为电路的基准电流，根据节点电位法可得该电流的表达式为

$$I_R = \frac{V_{cc} - U_{be}}{R} = I_c + 2I_b = I_c + 2\frac{I_c}{\beta}$$

在 $\beta \gg 2$ 的条件下，移项整理可得

$$I_c = \frac{\beta}{\beta + 2} I_R \approx I_R = \frac{V_{cc} - U_{be}}{R} \qquad (7-1)$$

由式（7-1）可见，当 V_{cc} 和 R 的数值确定之后，三极管 VT_0 的集电极电流有确定的值 I_R。因电

路的对称性，三极管 VT_1 集电极的电流与三极管 VT_0 集电极的电流成镜像关系，也随之有确定的值 I_c。

镜像电流源电路的结构简单，应用广阔，但存在着 I_c 大时，电阻 R 上的功耗也大的缺点。改进的方法是在两个三极管的发射极上增加电阻 R_e，使镜像电流成比例关系，组成比例电流源电路。

2．比例电流源电路

比例电流源电路如图 7-3 所示。

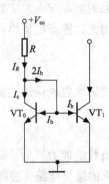
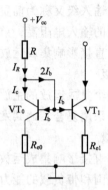

图 7-2　镜像电流源　　　　　　　　图 7-3　比例电流源

该电路的工作原理如下：

由电路的结构可知

$$U_{be0} + I_{e0}R_{e0} = U_{be1} + I_{e1}R_{e1} \tag{7-2}$$

根据三极管的 $U_{be0} \approx U_{be1}$ 的关系可得

$$I_{e1}R_{e1} \approx I_{e0}R_{e0}$$

在一定的范围内，当 $\beta \gg 2$ 时，有 $I_{c0} \approx I_{e0} \approx I_R$，$I_{c1} \approx I_{e1}$，将这些关系代入式（7-2）可得

$$I_{c1} \approx \frac{R_{e0}}{R_{e1}}I_R \approx \frac{R_{e0}(V_{cc} - U_{be0})}{R_{e1}(R + R_{e0})} \tag{7-3}$$

与式（7-1）对比可得，在相同 I_{c1} 的情况下，可以用较大的 R，以减少 I_R 的值，降低 R 的功耗。同时 R_{e0} 和 R_{e1} 是两个三极管的发射极电阻，引入电流负反馈，使两个三极管的输出电流更加稳定。

3．多路电流源电路

集成运放是一个多级放大电路，因各级放大器的静态工作点不同，所以需要多个电流源电路，在集成电路的制造工艺中，可将多个比例电流源电路组合在一起，组成多路电流源电路，如图 7-4 所示。

该电路的工作原理是：在基准电流 I_R 确定的情况下，根据式（7-3）可得，选择不同的 R_{e1}、R_{e2} 和 R_{e3} 就可获得不同的偏置电流 I_{c1}、I_{c2} 和 I_{c3}。

多路电流源电路也可以用 MOS 管来组成，由 MOS 管组成的多路电流源电路如图 7-5 所示。

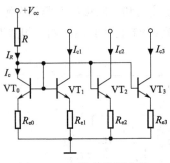

图 7-4 多路电流源电路

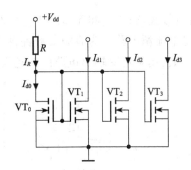

图 7-5 MOS 管组成的多路电流源电路

*7.2.2 以电流源为有源负载的放大器

由前面的知识已知，共发射极或共源极放大电路的开路电压放大倍数 $A_{uo} = -\beta \dfrac{R_c}{r_{be}}$ 或
$A_{uo} = -g_m R_d$。由电压放大倍数的表达式可见，放大器的电压放大倍数与 R_c 或 R_d 成正比。要提高放大器的电压放大倍数，在 β 和 g_m 保持不变的情况下，必须加大 R_c 或 R_d 的阻值。

R_c 或 R_d 变大时，要保持三极管的静态工作点不变，电路的直流供电电压也必须提高，这将引起集成电路功耗的增加。为了解决这一问题，在集成电路中，采用电流源为有源负载取代 R_c 或 R_d。

利用电流源作有源负载，可实现在电源电压不变的情况下，使放大器获得合适的静态工作点电流；对交流信号而言，又可以得到很大的等效电阻 r_{ce} 或 r_{ds} 来替代 R_c 或 R_d。利用电流源为有源负载的差动放大电路如图 7-6 所示。

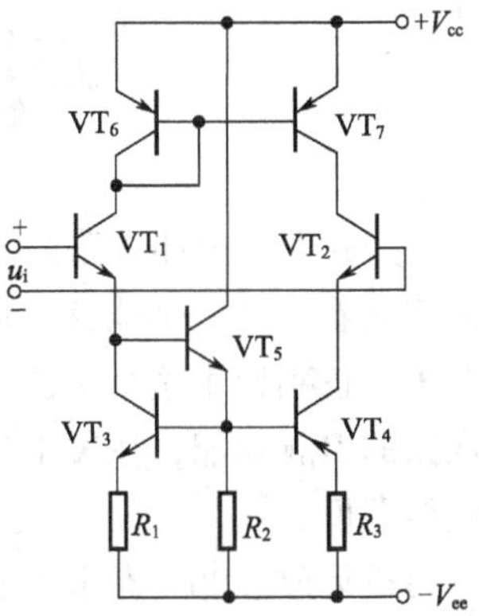

图 7-6 中的三极管 VT_1 和 VT_2 组成差动放大器；三极管

图 7-6 利用电流源做有源负载的放大器

VT_3、VT_4 和 VT_5 组成电流源电路，为差动放大器提供合适的静态工作点电流；三极管 VT_6 和 VT_7 组成差动放大器的有源负载，该电路既可使差动放大器有合适的静态工作点电流，对交流信号而言又有很大的等效电阻 r_{ce}，以替代原电路中的 R_c，获得很大的电压放大倍数。

7.3 集成运放电路简介和理想运放的参数

根据前面的分析已知，集成运放电路由输入级、中间级、输出级和偏置电路四部分组成，早期通用的集成运放型号为 F007。

7.3.1 集成运放电路简介

通用集成运放 F007 的内部电路结构如图 7-7 所示。

图 7-7 中的三极管 VT_1、VT_2、VT_3 和 VT_4 组成双端输入单端输出的差动放大器。为了提高差动放大器的输入电阻和改善频响特性，VT_1 和 VT_3、VT_2 和 VT_4 分别组成共集–共基电路。VT_5、VT_6 和 VT_7 组成电流源电路为差动放大器提供合适的静态工作点。VT_{16} 和 VT_{17} 组成中间级复合

管共发射极放大器；VT_8 和 VT_9、VT_{12} 和 VT_{13} 分别为差动放大和中间级放大器的有源负载；VT_{10} 和 VT_{11} 是电流源电路，为有源负载提供合适的工作电流；VT_{14}、VT_{18} 和 VT_{19} 组成互补对称输出电路，VT_{15} 用来消除输出电路的交越失真。

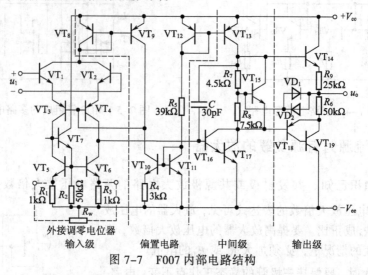

图 7-7　F007 内部电路结构

运算放大器内部电路的结构虽然较复杂，但用户在使用的过程中，不必要深入地研究它，只需将它看成是一个能够完成某种特定功能的黑匣子。正确使用这个黑匣子的关键是了解集成电路的引脚功能，按要求连接好集成电路的外电路即可。

集成运放 F007 有金属圆外壳和陶瓷双列直插式封装两种类型，集成运放 F007 的外形结构和引脚排列如图 7-8 所示。

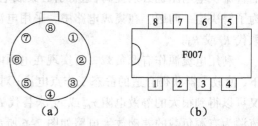

图 7-8　F007 的外形结构和引脚排列图

图 7-8（a）、（b）分别是金属圆外壳和陶瓷双列直插式封装集成运放的引脚排列图。辨认圆形外壳封装元件的引脚时，应将引脚朝上，外壳突出处的引脚为第 8 脚，其他引脚则按顺时针方向从 1～7 顺序排列。辨认双列直插式封装元件的引脚时，应将元件正面放置，即引脚朝下，将正面的半圆标记置于左侧，从左下角开始按逆时针方向从 1～8 顺序排列。

集成运放 F007 引脚的功能与外电路连接图如图 7-9（a）所示，图（b）和图（c）为理想集成运放在电路中常用的两种符号。

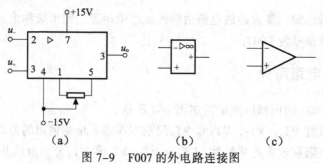

图 7-9　F007 的外电路连接图

由图 7-9 可见，集成运放有两个输入端"u_-"和"u_+"，一个输出端"u_o"。两个输入端分别称为反相输入端和同相输入端，通常也用字母"n"和"p"来表示。信号从反相输入端输入时，输出信号与输入信号反相；信号从同相输入端输入时，输出信号与输入信号同相。在运放的符号中，左边的"−"为反相输入端，"+"为同相输入端，右边的"+"号为输出端，符号中的"∞"表示理想运放的开环差模电压放大倍数为无穷大。

*7.3.2　集成运放电路的主要参数

正确使用集成运放电路的关键是了解集成运放参数的意义，集成运放的主要参数如下。

1. 输入失调电压 V_{IO}（输入补偿电压）

一个理想集成运放，当输入电压为零时，输出电压也应该等于零。由于实际的差动输入电路不可能做到完全地对称，所以在输入电压为零时，集成运放的输出有一个微小的电压值。该电压值反映了集成运放差动输入电路的不对称程度，在输入端加补偿电压，可消除这个微小的输出电压。在输入端所加的补偿电压就称为输入失调电压，该电压的值一般为几毫伏。输入失调电压的值越小，集成运放的性能越好。

2. 输入失调电流 I_{IO}（输入补偿电流）

集成运放在输入电压为零时，流入放大器两个输入端的静态基极电流之差称为输入失调电流 I_{IO}。即

$$I_{IO} = |I_{BP} - I_{BN}| \tag{7-4}$$

该值反映了输入级差动电路的不对称程度。输入失调电流 I_{IO} 流过信号源内阻时，会产生一定的输入电压，该电压破坏了放大器的平衡，使放大器的输出电压不等于零。一般运放的输入失调电流 I_{IO} 都很小。

3. 输入偏置电流 I_{IB}

输入电压为零时，两个输入端静态电流的平均值称为运放的输入偏置电流。即

$$I_{IB} = \frac{(I_{BN} + I_{BP})}{2} \tag{7-5}$$

输入偏置电流是集成运放的一个重要指标，I_{IB} 愈小，说明集成运放受信号源内阻变化的影响也愈小。

4. 开环差模电压放大倍数 A_{od}

开环差模电压放大倍数 A_{od} 指的是运放在没有外接反馈电路时本身的差模电压放大倍数。即

$$A_{od} = \frac{\Delta U_o}{\Delta(U_+ - U_-)} \tag{7-6}$$

开环差模电压放大倍数 A_{od} 愈高，所构成的运放电路愈稳定，运算的精度也愈高，常用分贝来表示。A_{od} 一般可达 $10^4 \sim 10^7$dB 或 $80 \sim 140$dB。

5. 最大输出电压 U_{opp}（输出峰-峰电压）

最大输出电压是指输出不失真时的最大输出电压值。

6. 最大共模输入电压 U_{Icmax}

运放在工作时，输入信号可分解为差模信号和共模信号。运放对差模信号有放大作用，对

共模信号有抑制作用，但这种抑制作用有一定的范围，这个范围的最大值就是 U_{Icmax}。运放工作时，共模输入信号若超出此范围，运放内部管子的工作状态将不正常，抑制共模信号的能力将显著下降，甚至造成器件损坏。

7. 共模抑制比 K_{CMR}

集成运放开环差模电压放大倍数与开环共模电压放大倍数之比就是集成运放的共模抑制比 K_{CMR}，常用分贝来表示。

以上所介绍的仅是集成运放的几个主要技术参数，集成运放还有差模输入电阻、输出电阻、温度漂移、静态功耗等参数，使用时可从手册上查到，这里不再赘述。

7.4 理想集成运放电路的参数和工作区

利用集成运放电路引入各种不同的反馈，就可以构成具有不同功能的实用电路。在分析各种实用电路时，通常都将集成运放的性能指标理想化。性能指标理想化的运放称为理想运放，下面来介绍理想运放的性能指标。

7.4.1 理想运放的性能指标

理想运放的主要参数包括：

① 开环差模增益（放大倍数）$A_{od} = \infty$。

② 差模输入电阻 $R_{id} = \infty$。

③ 输出电阻 $R_o = 0$。

④ 共模抑制比 $K_{CMR} = \infty$。

⑤ 上限截止频率 $f_H = \infty$。

实际上，集成运放的技术指标均为有限值，理想化后必然带来分析误差。但是，在一般的分析计算中，这些误差都是允许的。而且，随着新型运放电路的不断出现，实际运放的性能指标越来越接近理想运放，分析计算的误差也越来越小。因此，在运放电路的分析计算中，只有在进行误差分析时，才考虑实际运放的有限增益、带宽、共模抑制比、输入电阻和失调因素等所带来的影响。

尽管集成运放的应用电路多种多样，但就其工作区域来说却只有线性区和非线性区两个。在电路中，集成运放不是工作在线性区，就是工作在非线性区。下面来讨论运放电路处在不同工作区的基本特点，这些特点是分析集成运放应用电路的基础。

7.4.2 理想运放电路在不同工作区的特征

1. 理想运放电路在线性工作区的特点

设集成运放电路同相输入端和反相输入端的电位分别为 u_p 和 u_n，电流分别为 i_p 和 i_n。当集成运放电路工作在线性区时，输出电压与输入的差模电压为线性关系。即

$$u_o = A_{od}(u_p - u_n) \qquad (7-7)$$

由于 u_o 为有限值，对于理想运放电路 $A_{od} = \infty$，所以净输入电压 $u_p - u_n = 0$。即

$$u_p = u_n \qquad\qquad (7\text{-}8)$$

式（7-8）说明，运放电路的两个输入端没有短路，却具有与短路相同的特征，这种情况称为两个输入端"虚短路"，简称"虚短"。

注意："虚短"与短路是不同的两个概念，不能简单地替代。

因为理想运放电路的输入电阻为无穷大，所以流入理想运放两个输入端的输入电流 i_p 和 i_n 也为零。即

$$i_p = i_n = 0 \qquad\qquad (7\text{-}9)$$

式（7-9）说明集成运放电路的两个输入端没有断路，却具有与断路相同的特征，这种情况称为两个输入端"虚断路"，简称"虚断"。

注意："虚断"与断路也是不同的两个概念，不能简单地替代。

工作在线性区的运放"虚短"和"虚断"是非常重要的两个概念，这两个概念是分析运放电路输入信号和输出信号关系的基本公式。

2．理想运放工作在非线性区的特征

若理想运放电路工作在开环状态（即没有引入反馈）或正反馈的状态下，因运放电路的 A_{od} 或 A_u 等于 ∞，所以，当两个输入端之间有无穷小的输入电压时，根据电压放大倍数的定义，运放的输出电压 u_o 也将是 ∞。∞ 的电压值超出了运放输出的线性范围，使运放电路进入非线性工作区。

工作在非线性工作区的运放，输出电压不是正向的最大电压 U_{om}，就是负向的最大电压 $-U_{om}$。输出电压与输入电压之间的关系曲线 $u_o = f(u_i)$ 称为运放的电压传输特性曲线，该曲线如图 7-10 所示。

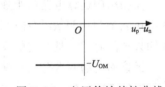

图 7-10　电压传输特性曲线

由图 7-10 可见理想运放工作在非线性区的两个特点是：

① 输出电压 u_o 只有两种可能的情况。当 $u_p - u_n > 0$ 时，输出 u_o 为 $+U_{om}$；当 $u_p - u_n < 0$ 时，输出 u_o 为 $-U_{om}$。

② 由于理想运放的差模输入电阻为无穷大，故净输入电流为零，即 $i_p = i_n = 0$。由此可见，理想运放电路仍具有"虚断"的特点，但其净输入电压不再为零，而是取决于电路的输入信号。

对于工作在非线性工作区的运放电路，上述两个特点是分析其输入信号和输出信号关系的基本出发点。

3．集成运放电路工作在线性区的电路特征

对于理想运放，因 $A_{od} = \infty$，当两个输入端之间有无穷小的输入电压时，运放电路的输出电压都将为 ∞，超出了运放输出的线性范围，使运放工作在非线性工作区。为了使运放工作在线性工作区，必须想办法减小运放的 A_{od} 或 A_u 的值。在电路中引入负反馈，将 ∞ 的 A_{od} 变成有限值的 A_u，即可实现减小放大器 A_u 的目的，所以要使集成运放工作在线性工作区，在电路中引入负反馈即可实现。

根据上面的分析可得集成运放工作在线性工作区的特征是：在电路中引入负反馈。该特征

也是判断集成运放是否工作在线性工作区的重要依据。

对于单个的集成运放，通过无源的反馈网络将集成运放的输出端与反相输入端相连，即可在电路中引入负反馈，使运放工作在线性工作区，如图 7-11 所示。

分析工作在线性工作区的运算放大器输入信号和输出信号之间的关系时，用的就是"虚短"和"虚断"的概念和关系式。

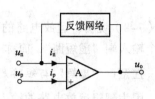

图 7-11　在运放电路中引入反馈

7.5　基本运算电路

集成运放的应用首先表现在它能构成各种各样的运算电路，并因此而得名。在运算电路中，以输入电压为自变量，输出电压为函数；当输入电压变化时，输出电压将按一定的数学规律变化，即输出电压反映了对输入电压某种运算的结果。在深度负反馈的条件下，利用反馈网络能够实现各种数学运算。这些数学运算包括比例、加、减、积分、微分、对数和指数等。

注意：在运算电路中，无论是输入电压还是输出电压，均是对"地"而言的。

7.5.1　比例运算电路

1. 反相比例运算电路

（1）电路的组成

反相比例运算电路的组成如图 7-12 所示。由图可见，输入电压 u_i 通过电阻 R_1 加在运放的反相输入端。R_f 是沟通输出端和输入端的通道，是电路的反馈网络。

因该网络的两端分别与输出端和输入端接在一起，根据反馈组态的判别方法，可得该电路的反馈组态是：电压并联负反馈。

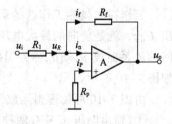

图 7-12　反相比例运算电路

同相输入端所接的电阻 R_p 称为电路的平衡电阻，该电阻等于从运放的同相输入端往外看除源以后的等效电阻。为了保证运放电路工作在平衡的状态下，R_p 的值应等于从运放的反相输入端往外看除源以后的等效电阻 R_n。即

$$R_p = R_n \qquad\qquad (7-10)$$

式（7-10）是选择平衡电阻的基本关系式，对任何形式的运放电路均适用，但不同形式的运算放大器 R_p 和 R_n 的组态不相同，在本电路中 $R_n = R_1 \| R_f = R_p$。

（2）电压放大倍数

由上面的分析可知，反相比例运算放大器是属于电压并联负反馈放大器。这里讨论的电压放大倍数是指电路的闭环源电压放大倍数，即 A_{usf}。今后为了叙述方便，将其简称为电压放大倍数，并用符号 A_u 来表示。

因反相比例运算电路带有负反馈网络，所以集成运放工作在线性工作区。利用"虚断"和"虚短"的概念可分析输出电压和输入电压的关系。根据"虚断"的概念可得

$$i_p = i_n = 0 \tag{7-11}$$

将"虚断"的关系代入 KCL 可得

$$i_R = i_f \tag{7-12}$$

根据"虚短"的概念可得

$$u_- = u_+ = 0 \tag{7-13}$$

式（7-13）说明运放的反相输入端没有接地，却因同相输入端接地，使反相输入端也具有与"地"相同的电位，反相输入端的这种状态称为"虚地"。

注意："虚地"和接地是不同的两个概念。"虚地"的特征是电位与地相同，但不接地，它是"虚短"在同相输入端的电位为零时的特例。

利用"虚地"的概念可得

$$u_i = i_R R_1 \tag{7-14}$$
$$u_o = -i_f R_f \tag{7-15}$$

所以，电压放大倍数 A_u 为

$$A_u = \frac{u_o}{u_i} = -\frac{i_f R_f}{i_R R_1} = -\frac{R_f}{R_1} \tag{7-16}$$

式（7-16）说明输出电压和输入电压的大小成比例的关系，且相位相反（式中的负号说明输出电压和输入电压相位相反），这也是反相比例运算放大器名称的由来。

反相比例运算放大器因引入电压负反馈，且反馈深度 $1+AF=\infty$，所以该电路的输出电阻 r_o 为

$$r_o = 0 \tag{7-17}$$

式（7-17）说明反相比例运算放大器带负载的能力很大，带负载和不带负载时的运算关系保持不变。

根据"虚地"的概念可得反相比例运算电路的输入电阻 r_i 为

$$r_i = R_1 \tag{7-18}$$

由式（7-18）可见，虽然理想运放的输入电阻为无穷大，但是由于引入并联负反馈后，电路的输入电阻减少了，变成了 R_1。要提高反相比例运算放大器的输入电阻，需加大电阻 R_1 的值。R_1 的值越大，在电压放大倍数确定的情况下，R_f 的值也必须加大，电路的噪声也将加大，稳定性变差。将图 7-12 电路中的电阻 R_f 改成 T 形网络就可以解决 R_f 电阻太大，对电路性能影响的问题。

2．T 形网络反相比例运算电路

（1）电路的组成

T 形网络反相比例运算电路的组成如图 7-13 所示。由图可见，反相比例运算放大器电路中的电阻 R_f 被 R_2、R_3 和 R_4 电阻所组成的 T 形网络替代，所以该电路称为 T 形网络反相比例运算放大器。

（2）电压放大倍数

利用"虚断"和"虚地"的概念及节点电位法可求得该电路输出电压和输入电压的关系。根据"虚断"和"虚地"的概念可得

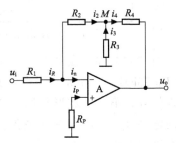

图 7-13　T 形网络反相比例运算电路

$$i_R = i_2 = \frac{u_i}{R_1} = -\frac{u_M}{R_2} \tag{7-19}$$

根据节点电位法可得

$$-\frac{u_M}{R_2}-\frac{u_M}{R_3}=\frac{u_M-u_o}{R_4}$$

将式（7-19）的结果代入可得

$$\frac{u_i}{R_1}+\frac{R_2u_i}{R_3R_1}=-\frac{R_2u_i}{R_4R_1}-\frac{u_o}{R_4}$$

移项整理可得

$$\begin{aligned}
u_o &= -\frac{R_4}{R_1}\left(1+\frac{R_2}{R_3}+\frac{R_2}{R_4}\right)u_i = -\frac{R_4}{R_1}\left(\frac{R_3R_4+R_2R_4+R_2R_3}{R_3R_4}\right)u_i \\
&= -\frac{R_4(R_2+R_4)}{R_1}\left[\frac{1}{R_4}+\frac{R_2R_4}{R_3R_4(R_2+R_4)}\right]u_i \qquad （7-20） \\
&= -\frac{R_2+R_4}{R_1}\left(1+\frac{R_2\,//\,R_4}{R_3}\right)u_i
\end{aligned}$$

式（7-20）表明，当 $R_3=\infty$ 时，式（7-20）与式（7-16）的结论相同。T 形网络电路的输入电阻也是 R_1，但引入 R_3 以后，使电路的反馈系数减小，电压放大倍数增加，用较小的反馈电阻，可以得到较大的电压放大倍数。同时也解决了 R_f 电阻太大，对电路性能影响的问题。

T 形网络反相比例运算电路中的平衡电阻为

$$R_p=R_n=R_1\,\|\,(R_2+R_3\,\|\,R_4)$$

反相比例运算放大器电压放大倍数计算公式仿真测试的结果如图 7-14 所示。

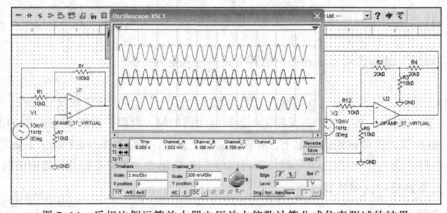

图 7-14　反相比例运算放大器电压放大倍数计算公式仿真测试的结果

图 7-14 左边的电路 $R_1=10\mathrm{k}\Omega$，$R_f=100\mathrm{k}\Omega$，$A_u=-10$；右边的电路 $R_1=R_3=10\mathrm{k}\Omega$，$R_2=R_4=20\mathrm{k}\Omega$，$A_u=-8$。在图 7-14 中的示波器屏幕上，第一个波形是电压幅度为 10mV 的输入信号，第二个波形是相位与输入信号相反，且幅度为 100mV 的输出信号，证明了左边的电路 $A_u=-10$；第三个波形是相位与输入信号相反，且幅度为 80mV 的输出信号，证明了右边的电路 $A_u=-8$。

3. 同相比例运算电路

（1）电路的组成

同相比例运算电路的组成如图 7-15 所示。由图可见，输入电压 u_i 通过电阻 R_p 加在运放的同相输入端。R_f 是沟通输出端和输入端的通道，是电路的反馈网络。

因该网络的一端与输出端接在一起，另一端没有与输入端接在一起，根据反馈组态的判别方法，可得该电路的反馈组态是：电压串联负反馈。

（2）电压放大倍数

由上面的分析可知，同相比例运算放大器是属于电压串联负反馈放大器。利用"虚断"和"虚短"的概念可分析输出电压和输入电压的关系。根据"虚断"的概念可得

$$i_p = i_n = 0 \tag{7-21}$$

根据"虚短"的概念可得

$$u_- = \frac{R_1}{R_1 + R_f} u_o = u_+ = u_i \tag{7-22}$$

根据电压放大倍数的表达式可得

$$A_u = \frac{u_o}{u_i} = 1 + \frac{R_f}{R_1} \tag{7-23}$$

式（7-23）说明输出电压和输入电压的大小成比例的关系，且相位相同，这也是同相比例运算放大器名称的由来。

为了电路的对称性和平衡电阻的调试方便，同相比例运算放大器通常还接成如图 7-16 所示的形式。因该电路的 u_+ 为

$$u_+ = \frac{R}{R_P + R} u_i = P u_i$$

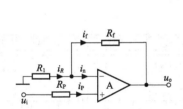

图 7-15 同相比例运算电路

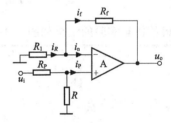

图 7-16 同相比例运算电路

式中的 P 为串联电路的分压比，所以该电路的电压放大倍数为

$$A_u = \frac{R}{R_P + R} \left(1 + \frac{R_f}{R_1}\right) = P \left(1 + \frac{R_f}{R_1}\right) \tag{7-24}$$

由式（7-24）可见，两种形式的同相比例运算电路，电压放大倍数的公式仅相差一个分压比 P。

4. 电压跟随器

在图 7-15 所示的电路中，若令 $R_f=0$，则电路变成如图 7-17（a）所示的形式，图 7-17（b）为 $R_1=\infty$ 的特例。

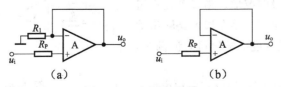

图 7-17 电压跟随器

根据式（7-23）可得

$$A_u = 1 + \frac{R_f}{R_1} = 1 \qquad (7-25)$$

式（7-25）说明如图 7-17 所示电路的电压放大倍数等于 1，输出电压随着输入电压的变化而变化，具有这种特征的电路称为电压跟随器。

【例 7.1】如图 7-18 所示的同相比例运算电路，已知 $A_u=10$，且 $R_1=R_2$。

（1）求 R_3 和 R_4 与 R_1 的关系；

（2）当输入电压 $u_i=2$mV 时，R_1 的接地点因虚焊而开路，求输出电压 u_o 的值。

【解】根据式（7-24）式（7-10）可得

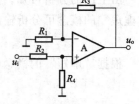

图 7-18　例 7.1 图

$$A_u = \frac{R_4}{R_2+R_4}\left(1+\frac{R_3}{R_1}\right) = 10 \qquad (7-26)$$

$$R_p = R_2 // R_4 = R_n = R_1 // R_3 \qquad (7-27)$$

已知 $R_1=R_2$，根据式（7-27）可得，$R_3=R_4$。将结果代入式（7-26）可得

$$R_3 = R_4 = 10\,R_1$$

当 R_1 的接地点断开时，相当于式（7-26）中的 $R_1=\infty$，电路变成电压跟随器。根据电压跟随器输出电压与输入电压相等的特征可得

$$u_o = u_+ = Pu_i = \frac{R_4}{R_2+R_4}u_i = \frac{10}{11}u_i \approx 1.8\text{mV}$$

例 7.1 解的仿真实验的结果如图 7-19 所示。

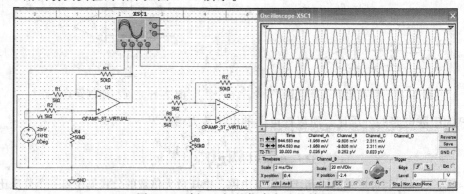

图 7-19　例 7.1 解的仿真实验的结果

图 7-19 所示的电路左边是解（1）的仿真电路，右边的是解（2）的仿真电路。示波器屏幕上的波形第一个是输入信号的波形，第二个是右边电路输出信号的波形，第三个是左边电路输出信号的波形，根据示波器满刻度的数值可验证例 7.1 解的正确性。

【例 7.2】如图 7-20 所示的比例运算电路，

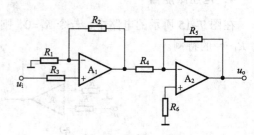

图 7-20　例 7.2 图

已知 $A_u=-33$，且 $R_1=10\text{k}\Omega$，$R_2=R_4=100\text{k}\Omega$。求 R_5 和 R_6 的阻值。

【解】该运算电路由两级运算电路组成，第一个运放 A_1 组成同相比例运算放大器，第二级 A_2 组成反相比例运算放大器，根据多级放大器电压放大倍数的公式可得

$$A_u = \frac{u_o}{u_i} = \frac{u_{o1}}{u_i}\frac{u_o}{u_{i2}} = A_{u1}A_{u2} = \left(1+\frac{R_2}{R_1}\right)\left(-\frac{R_5}{R_4}\right) = -\frac{11}{100}R_5 = -33$$

$$R_5 = 300\text{k}\Omega$$

根据 $R_p=R_n$ 的关系可得 R_6 的值为

$$R_6 = R_4 /\!/ R_5 = 75\,\text{k}\,\Omega$$

例 7.2 解的仿真实验的结果如图 7-21 所示。

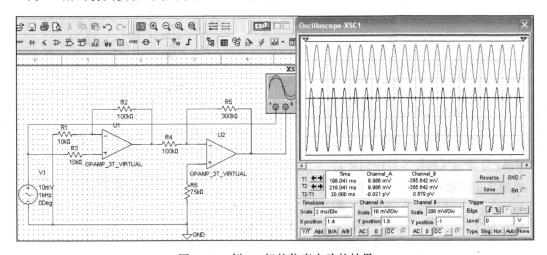

图 7-21　例 7.2 解的仿真实验的结果

图 7-21 示波器屏幕上的波形清晰地显示出，电路的输出信号与输入信号反相，且电压放大倍数为 33。

7.5.2　加减运算电路

1. 反相求和电路

（1）电路的组成

反相求和电路的组成如图 7-22 所示。由图可见，增加反相比例运算放大器的输入端，即构成反相求和电路。

（2）输出电压与输入电压的关系

根据 KCL 和"虚地"的概念可得

$$\frac{u_{i1}}{R_1} + \frac{u_{i2}}{R_2} = -\frac{u_o}{R_f}$$

移项整理可得

$$u_o = -R_f\left(\frac{u_{i1}}{R_1} + \frac{u_{i2}}{R_2}\right) \tag{7-28}$$

在 $R_1=R_2=R$ 的情况下可得

$$u_o = -\frac{R_f}{R}(u_{i1} + u_{i2}) \qquad (7-29)$$

由式（7-29）可见，图 7-22 所示电路的输出电压与输入电压的和成正比，且反相，这也是图 7-22 所示的电路称为反相求和电路的原因。

2. 同相求和电路

（1）电路的组成

同相求和电路的组成如图 7-23 所示。由图可见，增加同相比例运算放大器的输入端，即构成同相求和电路。

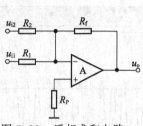

图 7-22　反相求和电路

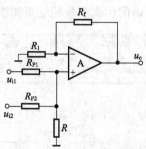

图 7-23　同相求和电路

（2）输出电压与输入电压的关系

根据叠加定理和分压公式可得

$$u_+ = \frac{R_{P2} /\!/ R}{R_{P1} + R_{P2} /\!/ R} u_{i1} + \frac{R_{P1} /\!/ R}{R_{P2} + R_{P1} /\!/ R} u_{i2}$$

$$u_- = \frac{R_1}{R_1 + R_f} u_o$$

根据"虚短"的概念可得

$$\frac{R_{P2} /\!/ R}{R_{P1} + R_{P2} /\!/ R} u_{i1} + \frac{R_{P1} /\!/ R}{R_{P2} + R_{P1} /\!/ R} u_{i2} = \frac{R_1}{R_1 + R_f} u_o$$

移项整理可得

$$u_o = \frac{R_1 + R_f}{R_1} \left(\frac{R_{P2} /\!/ R}{R_{P1} + R_{P2} /\!/ R} u_{i1} + \frac{R_{P1} /\!/ R}{R_{P2} + R_{P1} /\!/ R} u_{i2} \right)$$

$$= \frac{(R_1 + R_f) R_f}{R_1 R_f} (R_{P1} /\!/ R_{P2} /\!/ R) \left(\frac{u_{i1}}{R_{P1}} + \frac{u_{i2}}{R_{P2}} \right)$$

将 $R_p = R_n$ 的条件代入可得

$$u_o = R_f \left(\frac{u_{i1}}{R_{P1}} + \frac{u_{i2}}{R_{P2}} \right) \qquad (7-30)$$

在 $R_{P1} = R_{P2} = R$ 的情况下可得

$$u_o = \frac{R_f}{R}(u_{i1} + u_{i2}) \qquad (7-31)$$

由式（7-31）可见，图 7-23 所示电路的输出电压与输入电压的和成正比的关系，这也是图 7-23 所示的电路称为同相求和电路的原因。

3．加减运算电路

（1）电路的组成

加减运算电路的组成如图 7-24 所示。由图可见，将反相比例运算电路和同相比例运算电路组合起来，即构成加减运算电路。

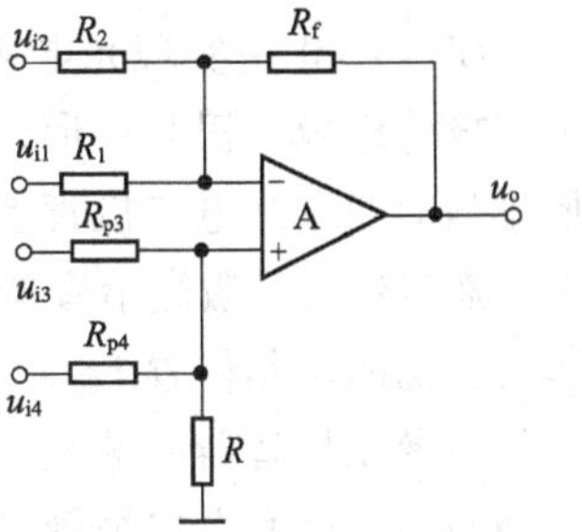

（2）输出电压与输入电压的关系

根据叠加定理和分压公式可得

$$u_+ = \frac{R_{P4} /\!/ R}{R_{P3} + R_{P4} /\!/ R} u_{i3} + \frac{R_{P3} /\!/ R}{R_{P4} + R_{P3} /\!/ R} u_{i4}$$

$$u_- = \frac{R_2 /\!/ R_f}{R_1 + R_2 /\!/ R_f} u_{i1} + \frac{R_1 /\!/ R_f}{R_2 + R_1 /\!/ R_f} u_{i2} + \frac{R_1 /\!/ R_2}{R_f + R_1 /\!/ R_2} u_o$$

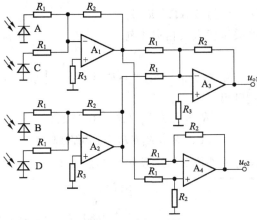

图 7-24　加减运算电路

根据"虚短"的概念和 $R_p = R_n$ 的条件可得

$$u_o = R_f \left(\frac{u_{i3}}{R_{P3}} + \frac{u_{i4}}{R_{P4}} - \frac{u_{i1}}{R_1} - \frac{u_{i2}}{R_{P2}} \right) \tag{7-32}$$

在 $R_1 = R_2 = R_{P3} = R_{P4} = R$ 的情况下可得

$$u_o = \frac{R_f}{R} (u_{i3} + u_{i4} - u_{i1} - u_{i2}) \tag{7-33}$$

由式（7-33）可见，图 7-24 所示电路的输出电压与输入电压的和、差成正比的关系，这也是图 7-24 所示的电路称为加减运算电路的原因。

【例 7.3】分析如图 7-25 所示电路的功能。

图 7-25　例 7.3 图

【解】图 7-25 是一个由四个运算电路组成的系统，其中的运放 A_1、A_2 和 A_3 是反相求和电路，运放 A_4 是减法电路。设四个光电二极管的输出电压分别为 u_A、u_B、u_C 和 u_D，根据反相求和电路输出和输入的关系式可得

$$u_{o1} = -\frac{R_2}{R_1} (u_{oA1} + u_{oA2}) = \left(\frac{R_2}{R_1} \right)^2 (u_A + u_B + u_C + u_D) \tag{7-34}$$

根据减法运算电路和反相求和电路输出和输入的关系式可得

$$u_{o2} = \frac{R_2}{R_1} (u_{oA1} - u_{oA2}) = -\left(\frac{R_2}{R_1} \right)^2 [(u_A + u_C) - (u_B + u_D)] \tag{7-35}$$

由输出电压的表达式可见，该电路可实现四个输入电压相加及两两相加后再相减的功能，具有这种功能的电路可用在 CD-ROM 中实现光电的转换。

CD-ROM 中实现光电转换的电路称为激光拾音器。在激光拾音器中，A、B、C、D 四个光电二极管组成"田"字形，顺时针排列。当激光拾音器中的激光束聚焦正确时，照在"田"字形排列的四个光电二极管上的光斑为圆，四个光电二极管接受的光照度相等，u_{o1} 的输出信号最大，该信号就是激光拾音器从光盘上读取的信号；u_{o2} 的输出为零，说明激光拾音器聚焦透镜工作在正确的聚焦位置上。

当激光拾音器中的激光束聚焦不正确时，照在"田"字形排列的四个光电二极管上的光斑为椭圆，四个光电二极管接受的光照度不相等，u_{o2} 的输出不等于零。u_{o2} 的输出信号与激光拾音器聚焦透镜聚焦的状态成正比，该信号可作为聚焦透镜的伺服控制信号，对聚焦透镜聚焦的状态进行自动跟踪校正。

【例 7.4】 设计一个满足 $u_o = 10u_{i1} + 5u_{i2} - 4u_{i3}$ 的运算电路。

【解】 运算电路的设计除了考虑输出和输入之间的函数关系外，还应考虑平衡电阻的设置。反相求和电路的平衡电阻较同相求和电路更容易设置，所以在设计运算电路时，通常使用反相求和电路，且利用两级反相求和电路相串联的方法来实现加减的运算关系。根据这一思路，所设计的电路如图 7-26 所示。

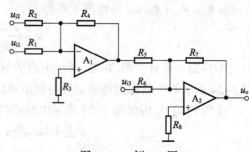

图 7-26　例 7.4 图

选择反馈电阻 R_4 和 R_7 为 100kΩ，根据运算的关系式可得 R_1 为 10kΩ，R_2 为 20kΩ，R_5 为 100kΩ，R_6 为 25kΩ。将这些关系代入反相求和电路的公式（7-31）可得

$$u_o = -u_{o1} - 4u_{i3} = 10u_{i1} + 5u_{i2} - 4u_{i3}$$

根据平衡电阻的关系式可得

$$R_3 = R_1 /\!/ R_2 /\!/ R_4 = 6.25\text{k}\Omega$$

$$R_8 = R_5 /\!/ R_6 /\!/ R_7 = 1.667\text{k}\Omega$$

所设计的电路用 Multisim 软件仿真的结果如图 7-27 所示。

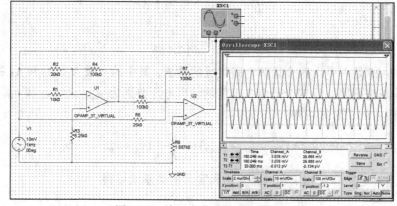

图 7-27　例 7.4 仿真实验的结果

在图 7-27 中，电路的输入信号 $u_{i1} = u_{i2} = u_{i3} = u_i = 10\text{mV}$，根据前面推导的 u_o 和 u_i 的关系式可得，$u_o = 11u_i = 110\text{mV}$，图 7-27 示波器屏幕上输入信号与输出信号波形的幅度关系验证了这个结论。

7.5.3　积分和微分运算电路

1. 积分运算电路

（1）电路的组成

积分运算电路的组成如图 7-28 所示。由图可见，将反相比例运算电路中的反馈电阻 R_f 换成电容 C 即构成积分运算电路。

（2）输出电压与输入电压的关系

在电容的电压 u_C 和电流 i_C 的参考方向相关联的情况下，根据"虚断"和"虚短"的概念和电容的电压和电流的关系式可得

$$u_o = -u_C = -\frac{1}{C}\int i_C \text{d}t = -\frac{1}{RC}\int u_i \text{d}t \qquad （7\text{-}36）$$

由式（7-36）可见，图 7-28 所示电路的输出电压与输入电压的积分成正比的关系，这就是图 7-28 所示的电路称为积分运算电路的原因。

2. 微分运算电路

（1）电路的组成

微分运算电路的组成如图 7-29 所示。由图可见，将反相比例运算电路中的输入电阻 R_i 换成电容 C，即构成微分运算电路。

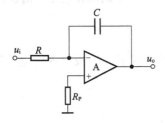 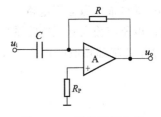

图 7-28　积分运算电路　　　　　图 7-29　微分运算电路

（2）输出电压与输入电压的关系

在电容的电压 u_C 和电流 i_C 的参考方向相关联的情况下，根据"虚断"和"虚短"的概念和电容电流的关系式可得

$$u_o = -u_R = -RC\frac{\text{d}u_i}{\text{d}t} \qquad （7\text{-}37）$$

由式（7-37）可见，图 7-29 所示电路的输出电压与输入电压的微分成正比的关系，这就是图 7-29 所示的电路称为微分运算电路的原因。

根据第三章的知识已知，方波信号输入积分电路输出为三角波信号，方波信号输入微分电路输出为尖波信号，这个结论在这里同样适用，积分电路输入–输出波形仿真的结果如图 7-30 所示。

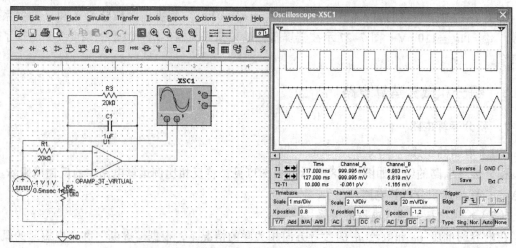

图 7-30　积分电路输入-输出波形仿真的结果

图 7-30 示波器屏幕上的波形清晰的显示出，当方波信号输入积分电路时，输出为三角波信号。在图 7-30 所示的电路中，并在电容两端的电阻的作用是为了改善电路输出信号的波形。

7.5.4　对数和指数（反对数）运算电路

1．对数运算电路

（1）电路的组成

对数运算电路的组成如图 7-31 所示。由图可见，将反相比例运算电路中的反馈电阻 R_f 换成二极管 VD，即构成对数运算电路。

（2）输出电压与输入电压的关系

根据半导体的基础知识可知，二极管在正向偏置的情况下，二极管内的电流和电压的关系为

$$i_D \approx I_S e^{\frac{u_D}{U_T}} \tag{7-38}$$

将上式取对数并整理可得

$$u_D = U_T \ln \frac{i_D}{I_S} \tag{7-39}$$

根据"虚断"和"虚短"的概念可得

$$u_o = -u_D = -U_T \ln \frac{u_i}{RI_S} \tag{7-40}$$

由式（7-40）可见，图 7-31 所示电路的输出电压与输入电压的对数成正比的关系，所以图 7-31 所示的电路称为对数运算电路。

因为二极管的动态范围较小，运算的精度不够高，实用的对数运算电路是用三极管替代二极管。用三极管组成的对数运算电路如图 7-32 所示。

根据半导体的基础知识可知，工作在放大区的三极管电流和电压的关系为

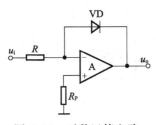

图 7-31　对数运算电路

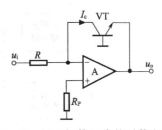

图 7-32　用三极管组成的对数电路

$$i_c \approx I_S e^{\frac{u_{bf}}{U_T}} \tag{7-41}$$

根据"虚断"和"虚短"的概念可得

$$u_o = -u_{be} = -U_T \ln \frac{u_i}{RI_S} \tag{7-42}$$

结论与式（7-40）相同，但动态范围较大，运算的精度较高。

2．指数（反对数）运算电路

（1）电路的组成

指数（反对数）运算电路的组成如图 7-33 所示。由图可见，将反相比例运算电路中的输入电阻 R_1 换成二极管 VD，即构成指数（反对数）运算电路。

（2）输出电压与输入电压的关系

根据"虚断"和"虚短"的概念和二极管电流和电压的关系式（7-41）可得

$$u_o = -u_R = -RI_S e^{\frac{u_D}{U_T}} \tag{7-43}$$

由式（7-43）可见，图 7-33 所示电路的输出电压与输入电压的指数成正比的关系，这就是图 7-33 所示的电路称为指数运算电路的原因。

与对数电路一样，为了扩大输入信号的动态范围和提高运算的精度，用三极管替代二极管组成指数电路，如图 7-34 所示。图 7-34 所示电路输出和输入电压之间的关系也是式（7-43）。

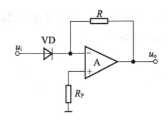

图 7-33　指数运算电路

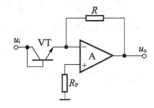

图 7-34　用三极管组成的指数运算电路

7.5.5　乘法和除法运算电路

1．乘法运算电路

利用对数进行乘法运算的关系式为

$$AB = \ln^{-1}(\ln A + \ln B) \tag{7-44}$$

根据式（7-44）即可组成乘法电路。乘法运算电路的组成框图如图 7-35 所示。

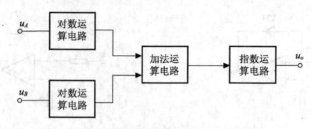

图 7-35　乘法电路的组成框图

根据乘法运算电路的组成框图搭建的电路如图 7-36 所示。

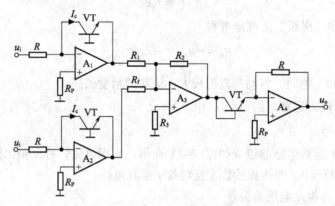

图 7-36　乘法运算电路

图 7-36 中的 A_1 和 A_2 为对数电路，A_3 为加法电路，A_4 为指数电路。

乘法运算电路可以很方便地实现两个模拟信号的相乘，以乘法运算电路为基本单元可以很方便地组成除法、乘方和开方等运算电路。在无线电通信领域，利用乘法运算电路还可以组成调制、解调电路。目前市场上已有可实现乘法运算的集成电路，称为模拟乘法器，用图 7-37 所示的符号来表示。模拟乘法器输出电压和输入电压的关系为

$$u_o = k u_A u_B \tag{7-45}$$

式中的 k 为比例系数，不同型号的模拟乘法器除 k 值的大小不同外，符号也可能不相同。在后续的通信电路中常用的模拟乘法器是集成电路 MC1496 和 MC1596。

2. 除法运算电路

利用对数进行除法运算的关系式为

$$\frac{A}{B} = \ln^{-1}(\ln A - \ln B) \tag{7-46}$$

与式（7-44）比较可知，只要将乘法运算电路中的加法电路换成减法运算电路，即可组成除法运算电路，这里不再赘述。

除法运算电路也可以由模拟乘法器来组成，由模拟乘法器组成的除法运算电路如图 7-38 所示。

利用集成运放电路的分析法可得图 7-38 所示电路输出电压和输入电压的关系。根据"虚短"和"虚断"的概念可得

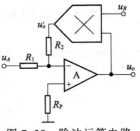

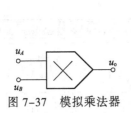

图 7-37　模拟乘法器　　　　　图 7-38　除法运算电路

$$\frac{u_A}{R_1} = -\frac{u'_o}{R_2} = -\frac{ku_B u_o}{R_2}$$

移项整理可得

$$u_o = -\frac{R_2}{kR_1}\frac{u_A}{u_B} \tag{7-47}$$

由式（7-47）可见，图 7-38 所示的电路可实现除法运算的功能，所以称为除法运算电路。

【例 7.5】分析图 7-39 所示电路可实现的运算功能。

【解】根据"虚短"和"虚断"的概念可得

$$\frac{u_A}{R_1} = -\frac{u'_o}{R_2} = -\frac{k^2 u_o^3}{R_2}$$

移项整理可得

$$u_o = \sqrt[3]{-\frac{R_2}{k^2 R_1}u_A} \tag{7-48}$$

由式（7-48）可见，图 7-39 所示的电路可实现开立方运算的功能，所以称为开立方运算电路。

【例 7.6】分析图 7-40 所示电路可实现的运算功能。

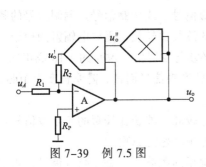

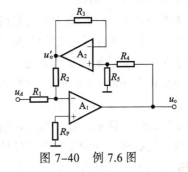

图 7-39　例 7.5 图　　　　　图 7-40　例 7.6 图

【解】运放 A_1 与外围电路组成反相比例运算放大器，根据"虚短"和"虚断"的概念可得

$$\frac{u_A}{R_1} = -\frac{u'_o}{R_2} \tag{7-49}$$

$$u'_o = \frac{R_5}{R_4 + R_5}u_o \tag{7-50}$$

将式（7-49）代入式（7-50）后，移项整理可得该电路可实现的运算功能为

$$u_o = -\frac{R_2}{R_1}(1 + \frac{R_4}{R_5})u_A$$

设 R_1=10kΩ，R_2=50kΩ，R_4=30kΩ，R_5=10kΩ，用 Multisim 软件仿真的结果如图 7-41 所示。

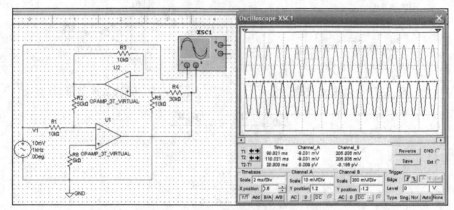

图 7-41　例 7.6 仿真实验的结果图

图 7-41 示波器屏幕上的第一个波形是输入信号的波形，第二个波形是输出信号的波形，输出信号与输入信号的比是 20，且相位相反。

7.6　模拟乘法器的应用

模拟乘法器在通信领域的调制-解调器中广泛使用。通信的目的是发送携带有各种信息的电信号。这些电信号包括携带声音信息的音频信号和携带图像信息的视频信号。音频信号通常是频率比较低的低频信号，并且有多种不同的频率成分，具有一定的频谱宽度（不同频率的信号所覆盖的频率范围）。例如，电话系统中传输的语音信号的频率范围在 300～3 400Hz，该信号的频谱宽度为 3 100Hz。

在无线通信领域，把携带有信息的电信号称为基带信号，或调制信号。调制信号的频率比较低，根据波长和频率成反比的关系可得，调制信号的波长比较长。无线电辐射的理论证明，为了使电磁能量有效地向空间辐射，发射天线的尺寸必须与发射信号波长的 1/10 成正比。对于发射频率范围在 300～3 400Hz，波长为 100～1 000km 的音频信号而言，需要长度为 10km 左右的天线，在技术上是不可行的。

为了解决这个问题，在无线电通信中用一个频率比较高、波长比较短的正弦波信号作为发射基带信号的载体，该信号称为载波信号，载波信号的频率称为载频。

将基带信号加载到载波信号上的过程称为调制，常用的载波信号是正弦波信号，正弦波信号的特征取决于三要素。用基带信号分别去控制载波信号三要素的调制称为幅度调制（AM）、频率调制（FM）和相位调制（PM），其中频率调制（FM）和相位调制（PM）又称为角度调制。

采用调制的技术不仅可以实现用高频载波发送基带信号以缩短天线长度的目的。还因为不同的电台采用不同频率的载波信号，实现了调制后信号的频谱分离，达到不同的电台所发送的信号在频谱上互不干扰的效果，该技术在通信系统中称为频分复用技术。

用电话线传输宽度网络信号就是利用频分复用的技术，实现电话的语言信号与宽带网络的数据信号在电话线中传输互不干扰的目的。有线电视也是利用频分复用的技术，实现不同频道的电视节目，在同一根闭路电缆线上传输互不干扰的目的。

对信号进行调制和解调的电路称为调制–解调器，大家上网所用的"猫"就是一个调制–解调器，用模拟乘法器可以很方便地实现调制–解调的功能。

7.6.1　用模拟乘法器实现幅度调制的信号特征

用模拟乘法器实现幅度调制（AM）信号的特征如图 7–42 所示。

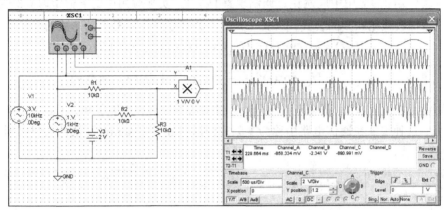

图 7–42　幅度调制信号的波形图

在图 7–42 中，带"×"符号的器件就是乘法器，该器件可以实现对两个输入信号进行相乘的运算关系。

设示波器屏幕上第一个波形信号的表达式为 $u_1(t) = U_{1m}\cos(\Omega t)$，它是单一频率的低频信号，是调制信号为单一频率的特例。第二个波形为高频等幅的正弦波信号，该信号是高频载波信号，设载波信号的表达式为 $u_2(t) = U_{2m}\cos(\omega t)$。第三个波形是乘法器输出信号，即幅度调制信号。

设电路中各电阻的阻值相等均为 R，直流电的电压值为 U_s。图 7–42 说明，乘法器的两个输入信号分别为 $u_1(t)$ 加直流电 U_s 的信号和 $u_2(t)$，设 $u_1(t)$ 加直流电 U_s 的信号为 $u_3(t)$，根据叠加定理可得

$$u_3(t) = \frac{R_{13}}{R_1 + R_{13}} U_s + \frac{R_{23}}{R_1 + R_{23}} U_{1m}\cos(\Omega t)$$

$$= \frac{1}{3} U_s + \frac{1}{3} U_{1m}\cos(\Omega t) = \frac{1}{3} U_s[1 + k\cos(\Omega t)]$$

式中的 $k = \dfrac{U_{1m}}{U_s}$，R_{13} 为 R_1 和 R_3 并联的电阻值，R_{23} 为 R_2 和 R_3 并联的电阻值，将 $u_2(t)$ 和 $u_3(t)$ 的表达式输入乘法器可得输出信号 $u_o(t)$ 为

$$u_o(t) = u_3(t)u_2(t) = \frac{1}{3} U_s[1 + k\cos(\Omega t)]U_{2m}\cos(\omega t)$$

$$= \frac{1}{3} U_s U_{2m}[1 + k\cos(\Omega t)]\cos(\omega t) = U_{cm}[1 + k\cos(\Omega t)]\cos(\omega t)$$

（7–51）

由式（7–51）可见，$u_o(t)$ 信号的特征是：$\cos(\omega t)$ 信号的幅度随 $[1 + k\cos(\Omega t)]$ 的变化而变化，具有这种特征的信号称为调幅波（AM）信号，图 7–42 示波器屏幕上的第三个波形就是调幅波信号，产生调幅波信号的技术称为幅度调制技术。

幅度调制信号的特点是：载波信号的幅度随调制信号的变化而变化。在无线通信系统中，调幅波信号用来发射广播电台的无线电广播信号。

调幅波信号的幅度随 $[1+k\cos(\Omega t)]$ 的变化而变化，式中的 $k=\dfrac{U_{1m}}{U_s}$ 称为调幅系数或调幅度。它是描述调幅波调制深度的一个物理量，k 越大，调幅波的调制深度越深，当 $k=1$ 时，调制深度达到最大，这种状态称为百分之百调幅。当 k 大于 1 时，调幅波将出现失真的现象，这种状态称为过调制，实际的应用中应避免过调制现象的发生，实际应用中的 k 通常取 0.3～0.6 之间。

利用三角函数积化和差的公式，将式（7-51）整理成式（7-52）的形式为

$$u_o(t) = u_3(t)u_2(t) = U_{cm}\cos(\omega t) + kU_{cm}\cos(\Omega t)\cos(\omega t)$$

$$= U_{cm}\cos(\omega t) + \frac{kU_{cm}}{2}[\cos(\omega+\Omega)t + \cos(\omega-\Omega)t] \tag{7-52}$$

式（7-52）说明，不同频率的两个正弦信号，通过乘法器以后，产生了和频（$\omega+\Omega$）与差频（$\omega-\Omega$）的信号，这种现象在通信电路中称为变频或频谱搬迁。在 Multisim 软件上观察到的变频现象如图 7-43 所示。

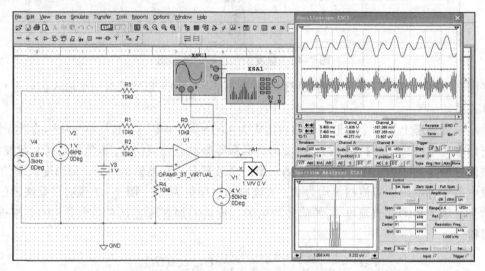

图 7-43　在 Multisim 软件上观察到的变频或频谱搬迁的现象

在图 7-43 中，示波器旁边的仪器 XSA1 为频谱仪，频谱仪的波形在示波器波形的下面。在图 7-43 的电路中，反相比例加法器将两个频率的正弦波信号与直流信号相加形成调制信号（示波器屏幕上的第一个波形为不同频率的两个正弦波信号相加后的结果），调制信号与载波信号输入乘法器，输出调幅波信号（示波器屏幕上的第二个波形）。调幅波信号中包含两个和频、两个差频。一个载频五个频率成分的信号，信号的频谱以五条线的形式显示在频谱仪的屏幕上，验证了式（7-52）说明的调幅电路可以产生和频与差频信号的结论。

频谱仪屏幕显示的结果还说明调制信号对载波信号的调幅作用相当于频谱的搬迁，单一频率的调制信号对载波信号的调制作用，可以将载波信号的频谱对称地搬迁到载波信号频谱的两边，形成上边频和下边频信号，上边频与下边频的差称为调幅波信号的频谱宽度（带宽），用符号 BW 来表示。由上面的讨论可见，单频调幅波的带宽等于调制信号频率的两倍。即

$$BW = 2\Omega \tag{7-53}$$

在实际的调制电路中，输入的调制信号不是单一频率的简单信号，而是由多个频率叠加的复杂信号，这些复杂信号占用一定的频率宽度，具有一定的信号带宽。例如，电话中传输的语音信号的频率范围为 300～3 400Hz，信号的带宽为 3 100Hz。

图 7-43 中示波器屏幕上的信号是一个复杂的信号。由图 7-43 可见，复杂信号对载波信号的调制作用，也是将载波信号的频谱对称地搬迁到载波信号频谱的两边，形成上边带和下边带信号。上边带信号的最高频率与下边带信号最低频率的差是调幅波信号的带宽，复杂信号调幅波的带宽等于调制信号最高频率的两倍。即

$$BW=2\Omega_{max} \tag{7-54}$$

图 7-43 中频谱分析仪屏幕上的频谱特征是：含有载频和两个边带信号。具有这种特征的信号称为普通调幅（AM）信号，AM 信号的带宽 $BW=2\Omega_{max}$。

7.6.2　双边带调制

由于 AM 信号中的载频分量不包含调制信号的信息，调制信号的信息仅包含在边带信号中。图 7-43 中频谱分析仪屏幕上的频谱说明，载频信号的幅度比边带信号大。在无线电通信领域，为了提高发射机的效率，通常希望将不携带信息，又占用较大功率的载频信号抑制掉，仅将含有调制信号信息的两个边带信号发送出去，仅发送两个边带信号的调制技术称为双边带（DSB）调制技术。用乘法器就可以实现双边带调制技术，双边带调制电路及仿真实验的结果如图 7-44 所示。

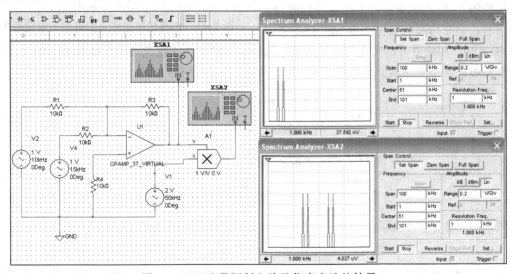

图 7-44　双边带调制电路及仿真实验的结果

图 7-44 中第一个频谱仪上的信号是调制信号的频谱，第二个频谱仪上的信号是上、下边带信号的频谱，在上、下边带信号的中间已经没有了载频信号的频谱，清晰地显示出图 7-44 所示的电路具有抑制载波的作用。

可见，利用模拟乘法器就可以实现双边带调制的功能，根据乘法器的运算关系可得图 7-44 所示的电路输出与输入的函数关系为

$$u_o(t) = u_\Omega(t)u_C(t) = U_{\Omega m}U_{\omega m}\cos\Omega t\cos\omega t$$

$$= \frac{U_{\Omega m}U_{\omega m}}{2}[\cos(\omega+\Omega)t + \cos(\omega-\Omega)t] \qquad (7-55)$$

式（7-55）中已经没有了载波信号的成分，说明载波信号被抑制了。比较图 7-44 和图 7-43 两个电路可得，只要将图 7-43 电路中的直流分量去掉，就可以将产生 AM 信号的电路转变成 DSB 电路。

7.6.3 单边带调制和残留边带调制

根据图 7-44 频谱分析仪屏幕显示的边带信号频谱对称的特点，在通信领域中，为了节省带宽，通常只发送上边带信号或者下边带信号给接收机，接收机就可以从接收到的单边带信号中得到调制信号。

只发送上边带信号或者下边带信号给接收机的调制技术称为单边带（SSB）调制技术。发送上边带和部分下边带信号或者下边带和部分上边带信号给接收机的调制技术称为残留边带（VSB）调制技术。

采用相移的方法可以很方便地得到单边带调制信号。相移法单边带调制电路的组成框图如图 7-45 所示。

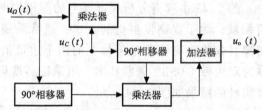

图 7-45　相移法单边带调制电路的组成框图

根据模拟乘法器输入和输出的运算关系可以讨论图 7-45 所示电路的工作原理。因为，正弦信号和余弦信号的相位差为 90°，所以，电路中的 90° 相移器可以实现将输入的余弦载波信号转化为正弦载波信号的目的。图 7-45 所示的电路中，两个乘法器的输出信号 $u_{o1}(t)$ 和 $u_{o2}(t)$ 分别为

$$u_{o1}(t) = U_{\omega m}\cos(\omega t)U_{\Omega m}\cos(\Omega t)$$

$$= \frac{U_{\Omega m}U_{\omega m}}{2}[\cos(\omega+\Omega)t + \cos(\omega-\Omega)t] \qquad (7-56)$$

$$u_{o2}(t) = U_{\omega m}\sin(\omega t)U_{\Omega m}\sin(\Omega t)$$

$$= -\frac{U_{\Omega m}U_{\omega m}}{2}[\cos(\omega+\Omega)t - \cos(\omega-\Omega)t] \qquad (7-57)$$

两式在加法器中相加的结果为

$$u_o(t) = u_{o1}(t) + u_{o2}(t) = U_{\Omega m}U_{\omega m}\cos(\omega-\Omega)t \qquad (7-58)$$

式（7-58）仅保留下边带的信号，实现单边带调制的功能。由以上的讨论和图 7-45 所示的电路说明，输入的调制信号和载波信号被分成两路，一路直接送双边带调制电路中实现双边带调制；另一路信号通过 90° 相移电路后，输入双边带调制电路中实现双边带调制；两路双边带调制电路的输出信号在加法器中合成为单边带调制信号输出。

图 7-45 所示电路中的 90° 相移器可以由 RC 电阻网络来组成，也可以根据余弦函数的微分是正弦函数的特点，利用微分电路来组成。根据图 7-45 所搭建的单边带调制电路仿真实验的结果如图 7-46 所示。

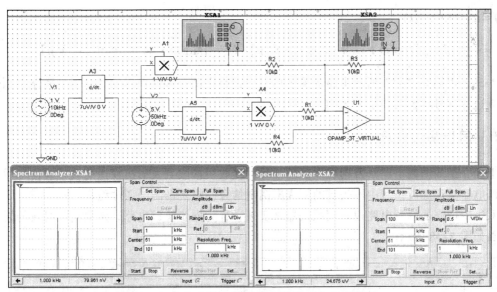

图 7-46　相移法单边带调制电路仿真实验的结果

图 7-46 中第一个频谱仪是双边带调制信号的频谱，该频谱是第一个乘法器产生的。第二个乘法器的输入信号来自两个微分电路，实现将载波和调制信号相移 90° 的操作。第二个乘法器也产生相移以后的双边带调制信号，两个双边带信号在加法器中相加产生单边带调制信号，该信号的频谱显示在第二个频谱仪的屏幕上。这些信号的频谱图清晰地显示出图 7-46 所示的电路可以产生单边带调制信号的功能。

7.6.4　正交调制电路

前面介绍的调制技术用一个载波信号来发送一路调制信号，而正交调制电路可实现用一个载波信号传送两路调制信号而不互相干扰的目的，正交调制电路的组成框图如图 7-47 所示。

比较图 7-47 和图 7-45 可见，正交调制电路和相移法单边带调制电路的差别在输入调制信号的个数上。相移法单边带调制电路只有一路调制信号输入，而正交调制电路有两路调制信号输入。根据图 7-47 可得两个乘法器的输出信号 $u_{o1}(t)$ 和 $u_{o2}(t)$ 分别为

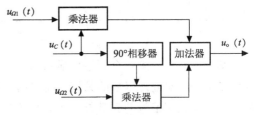

图 7-47　正交调制电路的组成框图

$$u_{o1}(t) = U_{\omega m}\cos(\omega t)U_{\Omega 1m}\cos(\Omega_1 t)$$

$$= \frac{U_{\Omega 1m}U_{\omega m}}{2}[\cos(\omega + \Omega_1)t + \cos(\omega - \Omega_1)t]$$

$$u_{o2}(t) = U_{\omega m}\sin(\omega t)U_{\Omega 2m}\cos(\Omega_2 t)$$

$$= \frac{U_{\Omega 2m}U_{\omega m}}{2}[\sin(\omega + \Omega_2)t + \sin(\omega - \Omega_2)t]$$

两式在加法器中相加的结果为

$$u_o(t) = u_{o1}(t) + u_{o2}(t)$$

$$= \frac{U_{\omega m}}{2}\{U_{1\Omega m}[\cos(\omega+\Omega_1)t + \cos(\omega-\Omega_1)t] + U_{2\Omega m}[\sin(\omega+\Omega_2)t + \sin(\omega-\Omega_2)t]\} \quad (7\text{-}59)$$

式（7-59）说明图 7-47 所示电路的输出信号中携带有两个调制信号的频谱，且两路调制信号上、下边带信号频谱的相位差为 90°。

7.6.5 同步解调电路

上面介绍的调幅电路是发射机发送的信号，接收机接收到发射机发送的调幅波信号后，需要解调电路从调幅波信号中不失真的解调出调制信号，它是调制的逆过程。

双边带调制的解调电路也是用乘法器来实现，称为同步解调电路，由乘法器组成的同步解调电路如图 7-48 所示。

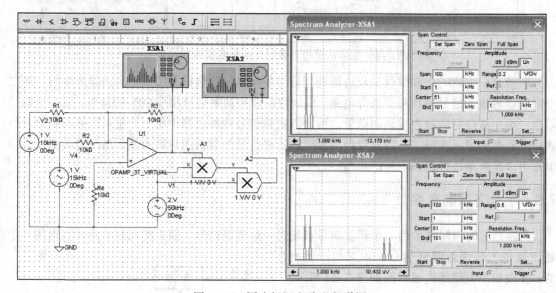

图 7-48 同步解调电路和频谱图

图 7-48 中的第一个频谱仪显示的是调制信号的频谱，第二个频谱仪显示的是调幅波信号经同步解调电路处理以后的频谱。比较两个频谱仪的信号可见，调幅波经同步解调电路处理以后，除了有调制信号的频谱外，还有高频的边带信号，用第三章介绍的高通滤波器将高频边带信号滤掉，就可以从调幅波信号中解调出调制信号。

图 7-48 电路的第一部分为 DSB 电路，输出双边带调制信号，输入同步解调电路，图 7-48 电路显示出用乘法器即可组成同步解调电路，下面来讨论工作原理。

为了讨论问题的方便，设调制信号是频率为 Ω 的单一频率信号，载波信号是频率为 ω 的高频信号，根据调幅波电路输出信号的表达式（7-55）可得

$$u_{o1}(t) = \frac{U_{\Omega m}U_{\omega m}}{2}[\cos(\omega+\Omega)t + \cos(\omega-\Omega)t]$$

该信号与载波信号同时输入模拟乘法器相乘的结果为

$$u_o(t) = \frac{U_{\Omega m} U_{\omega m}}{2}[\cos(\omega + \Omega)t + \cos(\omega - \Omega)t]U_{\omega m}\cos(\omega t + \varphi_0)$$

$$= \frac{U_{\Omega m} U_{\omega m} U_{\omega m}}{2}\left[\frac{e^{j(\omega + \Omega)t} + e^{-j(\omega + \Omega)t} + e^{j(\omega - \Omega)t} + e^{j(\omega - \Omega)t}}{2}\right]\left[\frac{e^{j(\omega t + \varphi_0)} + e^{-j(\omega t + \varphi_0)}}{2}\right] \qquad (7-60)$$

$$\approx U\cos\varphi_0[\cos(2\omega + \Omega)t + \cos(\Omega t)]$$

式（7-60）中的第一项是高频边带信号，用高通滤波器将该信号滤掉。第二项是发射机传送的调制信号，该信号的振幅与 $\cos\varphi_0$ 成正比。当 $\varphi_0 = 0$ 时，输出的调制信号幅度最大；当 $\varphi_0 = 90°$ 时，输出的调制信号幅度为 0，无调制信号输出。因此在这种解调电路中，要求解调器的载波信号应该与发射机的载波信号同频同相，保持严格的同步，这也是同步解调器名称的由来。

7.6.6 正交解调电路

对正交调制信号进行解调的电路称为正交解调电路，组成框图如图 7-49 所示。

比较图 7-49 和图 7-47 可见，两个电路的差别仅在输出端，正交调制电路的输出端为加法器，而正交解调电路的输出端为高通滤波器。

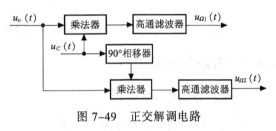

图 7-49 正交解调电路

将式（7-59）的信号输入图 7-49 所示的电路，利用三角函数公式和式（7-60）的结果可得两路输出信号分别为

$$u_{o1}(t) \approx U_1\cos\varphi_0[\cos(2\omega + \Omega_1)t + \cos(\Omega_1 t)] \qquad (7-61)$$

$$u_{o2}(t) \approx U_2\cos\varphi_0[\cos(2\omega + \Omega_2)t + \cos(\Omega_2 t)] \qquad (7-62)$$

式（7-61）仅含有第一个调制信号的信息，式（7-62）仅含有第二个调制信号的信息，说明图 7-49 所示的电路可以将正交调制电路输出的复合信号分开，不产生互相干扰的结果。综合使用正交调制-解调技术，可以实现用一个载波信号同时传送两路调制信号，而不互相干扰的目的。彩色电视广播就是利用这个技术，实现用一个载波信号的频率来传送两路色差信号，而不互相干扰。

7.7 有源滤波器

前面介绍的由 RC 电路组成的滤波器称为无源滤波器。无源滤波器带负载的能力差。为了改善滤波器带负载的能力，将放大器和滤波器组合起来组成有源滤波器。研究有源滤波器电路性能的主要任务是电路的组成和电路的频响特性。

有源滤波器的类型有低通滤波器（LPF）、高通滤波器（HPF）、带通滤波器（BPF）、带阻滤波器（BEF）和全通滤波器（APF），这些滤波器的频响特性如图 7-50 所示。其中，图 7-50（a）所示为低通滤波器、图（b）所示为高通滤波器、图（c）所示为带通滤波器、图（d）所示为带阻滤波器、图（e）所示为全通滤波器。

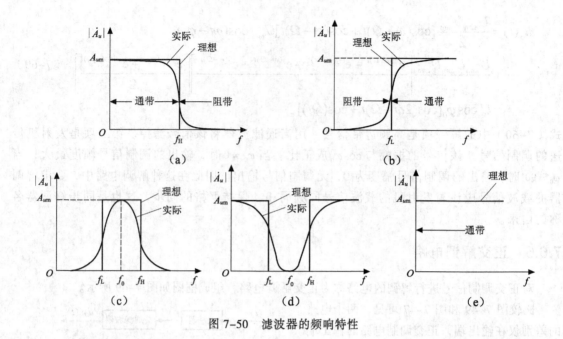

图 7-50 滤波器的频响特性

7.7.1 有源低通滤波器

1. 同相输入低通滤波器

（1）一阶低通滤波器电路的组成

有源低通滤波器的电路组成如图 7-51 所示。由图可见，将 RC 低通滤波器和同相比例运算放大器串接，即可组成同相输入低通滤波器。因该电路的 RC 环节只有一个，所以，该电路又称为一阶低通滤波器。

（2）电压放大倍数

根据低通滤波器频响特性的表达式和同相比例运算放大器电压放大倍数的表达式可得一阶低通滤波器电压放大倍数的表达式，即

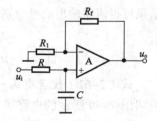

图 7-51 低通滤波器

$$\dot{A}_u = \frac{\dot{U}_o}{\dot{U}_i} = \frac{\dot{U}_+}{\dot{U}_i}\frac{\dot{U}_o}{\dot{U}_+} = \dot{A}_{u1}\dot{A}_{u2} = \frac{1}{1+\mathrm{j}\omega RC}\left(1+\frac{R_2}{R_1}\right) \tag{7-63}$$

由式（7-63）可见，低通滤波器的电压放大倍数是复数，描述有源滤波器放大倍数随频率变化的关系曲线称为有源滤波器的频响特性曲线。

（3）频响特性曲线

放大器的频响特性曲线描述了式（7-63）的模和幅角随频率变化的曲线。设放大器的通带放大倍数为

$$|\dot{A}_{um}| = 1+\frac{R_2}{R_1} \tag{7-64}$$

则低通滤波器的幅频特性和相频特性分别为

$$|\dot{A}_u| = \frac{|\dot{A}_{um}|}{\sqrt{1+(\omega RC)^2}} = \frac{|\dot{A}_{um}|}{\sqrt{1+\left(\dfrac{f}{f_{\mathrm{p}}}\right)^2}} \qquad (7-65)$$

$$\varphi = -\arctan\frac{f}{f_{\mathrm{P}}} \qquad (7-66)$$

由式（7-65）可见，通带放大倍数是低通滤波器幅频特性的最大值，反映该放大器对通带范围内的频率信号有最大的放大倍数。随着频率的变化，放大器的通带放大倍数也将发生变化，当放大器的通带放大倍数下降到原值的 0.707 时，对应的频率 f_{p} 称为通带截止频率，又称为低通滤波器的上限截止频率，用符号 f_{H} 来表示。由式（7-65）可得 f_{H} 为

$$f_{\mathrm{H}} = f_{\mathrm{P}} = \frac{1}{2\pi RC} \qquad (7-67)$$

将式（7-65）写成分贝数的形式为

$$20\lg|\dot{A}_u| = 20\lg|\dot{A}_{um}| - 10\lg[1+\left(\frac{f}{f_{\mathrm{P}}}\right)^2] \qquad (7-68)$$

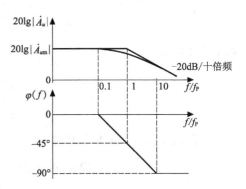

图 7-52　低通滤波器的波特图

根据式（7-68）和式（7-66）可画出有源低通滤波器的波特图，如图 7-52 所示。由图可见，在一阶电路中，当 $f \gg f_{\mathrm{p}}$ 时，幅频特性按 $-20\mathrm{dB}$/十倍频下降，滤波的效果不理想，用二阶滤波器可改善滤波的效果。

有源低通滤波器仿真实验的结果如图 7-53 所示。

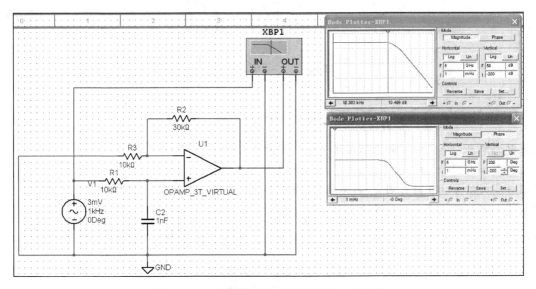

图 7-53　有源低通滤波器仿真实验的结果

图 7-53 波特图屏幕上的图形与图 7-52 所画的图形相同。

2．简单的二阶低通滤波器

（1）电路的组成

简单的二阶低通滤波器的电路组成如图 7-54 所示。

由图 7-54 可见，在一阶低通滤波器的前面再增加一级 RC 电路即组成简单的二阶低通滤波器。

（2）电压放大倍数

为了讨论问题的方便，令 $C_1=C_2=C$，根据节点电位法和"虚短"和"虚断"的概念可得

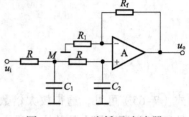

图 7-54　二阶低通滤波器

$$\dot{U}_- = \frac{R_1}{R_1+R_f}\dot{U}_o$$

$$\frac{\dot{U}_i-\dot{U}_M}{R} = j\omega C\dot{U}_M+\frac{\dot{U}_M-\dot{U}_+}{R}$$

$$\frac{\dot{U}_M-\dot{U}_+}{R} = j\omega C\dot{U}_+$$

解方程组可得

$$\dot{A}_u = \frac{\dot{U}_o}{\dot{U}_i} = \frac{1+\dfrac{R_f}{R_1}}{1-(\omega RC)^2 + j3\omega RC} \tag{7-69}$$

二阶低通滤波器的幅频特性为

$$20\lg|\dot{A}_u| = 20\lg\frac{|A_{um}|}{\sqrt{[1-(\omega RC)^2]^2+9(\omega RC)^2}}$$

$$= 20\lg\frac{|A_{um}|}{\sqrt{[1-\left(\dfrac{f}{f_0}\right)^2]^2+9\left(\dfrac{f}{f_0}\right)^2}} \tag{7-70}$$

$$= 20\lg|A_{um}| - 10\lg\left\{\left[1-\left(\dfrac{f}{f_0}\right)^2\right]^2+9\left(\dfrac{f}{f_0}\right)^2\right\}$$

注意：式中的 $f_0 = \dfrac{1}{2\pi RC}$ 是电压放大倍数为纯虚数时的频率，不是电路的上限截止频率。该曲线的波特图如图 7-55 所示。由图可见，二阶低通滤波器对高频信号的衰减作用是按-40dB/十倍频的规律衰减，比一阶低通滤波器滤波的效果好。但该电

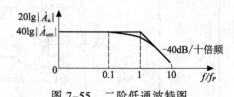

图 7-55　二阶低通波特图

路的上限截止频率 f_P 与 f_0 点的偏差较大，根据 f_P 的定义式 $[1-\left(\dfrac{f_P}{f_0}\right)^2]^2+9\left(\dfrac{f_P}{f_0}\right)^2=2$ 可解得

$$f_P = 0.37f_0 = \frac{0.37}{2\pi RC} \tag{7-71}$$

由式（7-71）可见，二阶低通滤波器的上限截止频率仅是一阶低通滤波器上限截止频率的 0.37。上限截止频率减小，电路的通频带宽度下降。

改善二阶低通滤波器通带宽度的方法是用正反馈技术将 f_0 点附近的 A_u 值提高,形成压控电压源低通滤波器。

3. 压控电压源低通滤波器

（1）电路的组成

压控电压源低通滤波器电路的组成如图 7-56 所示。

由图 7-56 可见,将简单的二阶低通滤波器电路中的电容 C_1 的接地点断开后与输出端相连,形成电压并联正反馈电路,即可组成压控电压源低通滤波器电路。

（2）电压放大倍数

为了讨论问题的方便,令 $C_1=C_2=C$,根据"虚短"和"虚断"的概念和节点电位法可得

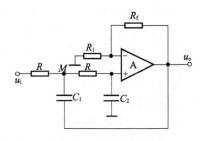

图 7-56　压控电压源低通滤波器

$$\frac{\dot{U}_M - \dot{U}_+}{R} = \frac{\dot{U}_+}{\dfrac{1}{\mathrm{j}\omega C}} \tag{7-72}$$

$$\frac{\dot{U}_\mathrm{i} - \dot{U}_M}{R} = \frac{\dot{U}_M - \dot{U}_+}{R} + \frac{\dot{U}_M - \dot{U}_\mathrm{o}}{\dfrac{1}{\mathrm{j}\omega C}} \tag{7-73}$$

$$\dot{U}_+ = \dot{U}_- = \frac{R_1}{R_1 + R_\mathrm{f}} \dot{U}_\mathrm{o} \tag{7-74}$$

联立求解可得

$$\dot{A}_u = \frac{\dot{U}_\mathrm{o}}{\dot{U}_\mathrm{i}} = \frac{1 + \dfrac{R_\mathrm{f}}{R_1}}{1 - (\omega RC)^2 + \mathrm{j}\omega RC \left[3 - \left(1 + \dfrac{R_\mathrm{f}}{R_1} \right) \right]} \tag{7-75}$$

$$= \frac{\dot{A}_{um}}{1 - \left(\dfrac{f}{f_0} \right)^2 + \mathrm{j}\dfrac{f}{f_0}(3 - \dot{A}_{um})}$$

该电路的幅频特性为

$$20\lg|\dot{A}_u| = 20\lg|\dot{A}_{um}| - 10\lg\left\{ \left[1 - \left(\dfrac{f}{f_0} \right)^2 \right]^2 + \left[\dfrac{f}{f_0}(3 - A_{um}) \right]^2 \right\} \tag{7-76}$$

令 $Q = \dfrac{1}{|3 - \dot{A}_{um}|}$,根据上式可求得该电路在 $f=f_0$ 点的增益为

$$20\lg|\dot{A}_u| = 20\lg|\dot{A}_{um}| - 20\lg|3 - \dot{A}_{um}| = 20\lg|\dot{A}_{um}| + 20\lg Q \tag{7-77}$$

根据上式,用 MATLAB 软件画出在不同 Q 值情况下幅频特性的程序为

```
%画幅频特性曲线的程序
Q1=1;Q2=1.5;Q3=2;                    %设置不同的Q值
x=0.0000001:0.01:3;
```

```
figure;
y1=4./sqrt((1-(x.^2)).^2+(x./Q1).^2);          %画幅频特性曲线y1
plot(x,y1,'-b');hold on;
y2=4./sqrt((1-(x.^2)).^2+(x./Q2).^2);          %画幅频特性曲线y2
plot(x,y2,'-r');hold on;
y3=4./sqrt((1-(x.^2)).^2+(x./Q3).^2);          %画幅频特性曲线y3
plot(x,y3,'-k');
xlabel('f/f0');
ylabel('UR/U');
title('幅频特性曲线');
```

该程序运行的结果如图 7-57 所示。

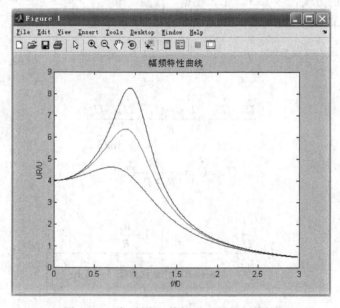

图 7-57　在不同 Q 值情况下的幅频特性

在图 7-57 中，幅度最小的曲线 $Q=1$，幅度中等的曲线 $Q=1.5$，幅度最大的曲线 $Q=2$。由图可见，引入正反馈后，该电路在 $f=f_0$ 点附近的增益提高了，使滤波器的带宽展宽。该电路增益提高的幅度与 Q 值有关，当 Q 值等于 1 时，二阶低通滤波器的带宽与一阶低通滤波器的带宽相同，但对通带以外信号的衰减速度比一阶低通滤波器快，滤波的效果较好。

4．反相输入的低通滤波器

（1）一阶低通滤波器电路的组成

低通滤波器除了可以从运放的同相输入端输入信号外，也可以从运放的反相输入端输入信号，组成反相输入的低通滤波器，如图 7-58 所示。

由图 7-58 可见，在反相比例运算放大器反馈电阻两端并联电容 C 即组成反相输入的一阶低通滤波器。

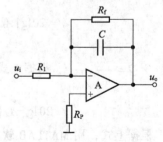

图 7-58　反相输入的低通滤波器

（2）电压放大倍数

根据反相比例运算放大器电压放大倍数的公式可得

$$\dot{A}_u = -\frac{Z_2}{R_1} = -\frac{\dfrac{R_2\dfrac{1}{\mathrm{j}\omega C}}{R_2 + \dfrac{1}{\mathrm{j}\omega C}}}{R_1} \tag{7-78}$$

$$= -\frac{R_2}{R_1(1 + \mathrm{j}\omega R_2 C)} = \frac{A_{u\mathrm{m}}}{1 + \mathrm{j}\omega R_2 C}$$

式（7-78）的频响特性与式（7-68）的频响特性相同，这里不再赘述。

7.7.2　其他形式的滤波器

1．同相输入一阶高通滤波器

（1）电路的组成

有源高通滤波器电路的组成与低通滤波电路的组成类似，将高通滤波器和同相比例运算放大器串联起来，即可组成一阶高通滤波器，如图 7-59 所示。

（2）电压放大倍数

根据高通滤波器频响特性的表达式和同相比例运算放大器电压放大倍数的表达式可得一阶高通滤波器电压放大倍数的表达式为

$$\dot{A}_u = \frac{\dot{U}_o}{\dot{U}_i} = \frac{\dot{U}_+}{\dot{U}_i}\frac{\dot{U}_o}{\dot{U}_+} = \dot{A}_{u1}\dot{A}_{u2} = \frac{\mathrm{j}\omega RC A_{u\mathrm{m}}}{1 + \mathrm{j}\omega RC} \tag{7-79}$$

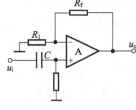

图 7-59　高通滤波器

该电路的幅频特性和相频特性分别为

$$|\dot{A}_u| = \frac{|A_{u\mathrm{m}}|}{\sqrt{1 + \left(\dfrac{f_\mathrm{p}}{f}\right)^2}} \tag{7-80}$$

$$\varphi = \frac{\pi}{2} - \arctan\frac{f_\mathrm{p}}{f} \tag{7-81}$$

该电路的通带截止频率称为下限截止频率，用符号 f_L 来表示，由式（7-80）可得 f_L 为

$$f_\mathrm{L} = f_\mathrm{P} = \frac{1}{2\pi RC} \tag{7-82}$$

将式（7-80）写成分贝数的形式为

$$20\lg|\dot{A}_u| = 20\lg|A_{u\mathrm{m}}| - 10\lg\left[1 + \left(\frac{f_\mathrm{P}}{f}\right)^2\right] \tag{7-83}$$

根据式（7-83）和式（7-81）也可画出有源高通滤波器的波特图，所画的波特图与第 3 章介绍的无源高通滤波器的波特图相类似。用仿真软件测量的有源高通滤波器的波特图如图 7-60 所示，用二阶滤波器同样可以改善滤波的效果。

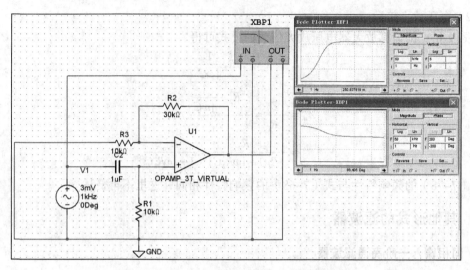

图 7-60 有源高通滤波器波特图测量的结果

在图 7-60 中，第一个波特图屏幕上的波形是有源高通滤波器的幅频特性，第二个波特图屏幕上的波形是相频特性，这些波形清晰地显示出图 7-59 所示的电路是有源高通滤波器。

2. 二阶高通滤波器

（1）电路的组成

二阶压控电压源高通滤波器的电路组成如图 7-61 所示。

（2）高通滤波器电压放大倍数

为了讨论问题的方便，令 $C_1=C_2=C$，根据"虚短"和"虚断"的概念和节点电位法可得

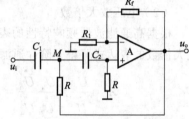

图 7-61 二阶高通滤波器

$$\frac{\dot{U}_i - \dot{U}_M}{\dfrac{1}{j\omega C}} = \frac{\dot{U}_M - \dot{U}_+}{\dfrac{1}{j\omega C}} + \frac{\dot{U}_M - \dot{U}_o}{R} \qquad (7\text{-}84)$$

$$\frac{\dot{U}_M - \dot{U}_+}{\dfrac{1}{j\omega C}} = \frac{\dot{U}_+}{R} \qquad (7\text{-}85)$$

$$\dot{U}_+ = \dot{U}_- = \frac{R_1}{R_1 + R_f}\dot{U}_o \qquad (7\text{-}86)$$

联立求解可得

$$\dot{A}_u = \frac{\dot{U}_o}{\dot{U}_i} = \frac{A_{um}}{1 - \left(\dfrac{f_0}{f}\right)^2 - j\dfrac{f_0}{f}(3 - A_{um})} \qquad (7\text{-}87)$$

在 $A_{um}=2$ 的情况下，用 MATLAB 软件画幅频特性曲线的程序为

%画二阶高通滤波器幅频特性曲线的程序
```
syms Aum
Aum=2;                                          %设置Aum的数值
x=0.0000001:0.01:3;
y1=Aum./(1-(1./x).^2-i./x./(3-Aum));            %输入波特图函数
subplot(2,1,1),plot(x,abs(y1),'-b');hold on;    %画幅频特性曲线y1
xlabel('f/f0');ylabel('UR/U');title('幅频特性曲线');
subplot(2,1,2),plot(x,angle(y1),'-b');hold on;  %画相频特性曲线y1
xlabel('f/f0');ylabel('UR/U');title('相频特性曲线');
```
该程序运行的结果如图 7-62 所示。

【例 7.8】求图 7-63 所示电路的电压放大倍数 $\dot{A}_u$，并说明该电路可实现的功能。

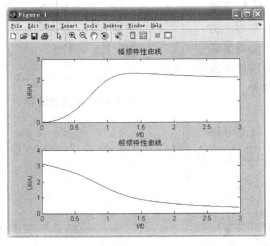

图 7-62　二阶高通滤波器的幅频特性曲线

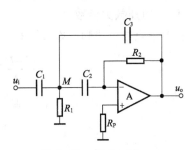

图 7-63　例 7.8 图

【解】根据节点电位法和"虚短"和"虚断"的概念可得

$$\frac{\dot{U}_i-\dot{U}_M}{\dfrac{1}{j\omega C_1}}=\frac{\dot{U}_M}{R_1}+\frac{\dot{U}_M-\dot{U}_-}{\dfrac{1}{j\omega C_2}}+\frac{\dot{U}_M-\dot{U}_o}{\dfrac{1}{j\omega C_3}} \tag{7-88}$$

$$\frac{\dot{U}_M-\dot{U}_-}{\dfrac{1}{j\omega C_2}}=\frac{\dot{U}_--\dot{U}_o}{R_2} \tag{7-89}$$

$$\dot{U}_-=\dot{U}_+=0 \tag{7-90}$$

联立求解得

$$\dot{A}_u=\frac{\dot{U}_o}{\dot{U}_i}=\frac{-\dfrac{C_1}{C_3}}{1-\dfrac{1}{\omega^2 C_2 C_3 R_1 R_2}-j\dfrac{C_1+C_2+C_3}{\omega R_1 C_2 C_3}}$$

$$=\frac{A_{um}}{1-\dfrac{1}{\omega^2 C_2 C_3 R_1 R_2}-j\dfrac{C_1+C_2+C_3}{\omega R_1 C_2 C_3}} \tag{7-91}$$

式中的 $A_{um} = -\dfrac{C_1}{C_3}$。令 $\omega_0 = \dfrac{1}{\sqrt{R_1 R_2 C_2 C_3}}$，$Q = (C_1 + C_2 + C_3)\sqrt{\dfrac{R_1}{C_2 C_3 R_2}}$，则

$$\dot{A}_u = \frac{\dot{U}_o}{\dot{U}_i} = \frac{A_{um}}{1 - \left(\dfrac{f_0}{f}\right)^2 - jQ\dfrac{f_0}{f}}$$

式（7-91）与式（7-87）的形式相同，说明该电路也可实现二阶高通滤波器的功能。因该电路的输入信号从运算放大器的反相输入端输入，所以该电路是反相输入的二阶高通滤波电路。

3．带通滤波器

（1）电路的组成

允许某一段频率范围内的信号通过的电路称为带通滤波器。带通滤波器电路的组成如图 7-64 所示。由图可见，将低通滤波器、高通滤波器和运算放大器串联起来，即构成带通滤波器。图 7-64 中的 R_4 为压控电压源电路的反馈网络，用来改善带通滤波器的带宽。

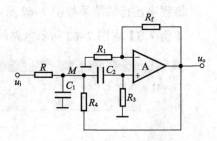

图 7-64　带通滤波器

（2）电压放大倍数

根据节点电位法和"虚短"和"虚断"的概念可得

$$\frac{\dot{U}_i - \dot{U}_M}{R} = \frac{\dot{U}_M}{\dfrac{1}{j\omega C_1}} + \frac{\dot{U}_M - \dot{U}_+}{\dfrac{1}{j\omega C_2}} + \frac{\dot{U}_M - \dot{U}_o}{R_4} \qquad (7\text{-}92)$$

$$\frac{\dot{U}_M - \dot{U}_+}{\dfrac{1}{j\omega C_2}} = \frac{\dot{U}_+}{R_3} \qquad (7\text{-}93)$$

$$\dot{U}_+ = \dot{U}_- = \frac{R_1}{R_1 + R_f}\dot{U}_o = \frac{\dot{U}_o}{A_{um}} \qquad (7\text{-}94)$$

在 $R_3 = 2R$，$R_4 = R$，$C_1 = C_2 = C$ 的条件下，联立求解得

$$\dot{A}_u = \frac{\dot{U}_o}{\dot{U}_i} = \frac{j\omega CR\,\dot{A}_{um}}{1 - (\omega RC)^2 + j\omega RC(3 - \dot{A}_{um})}$$

$$= \frac{\dot{A}_{um}}{(3 - \dot{A}_{um}) + j\left(\omega RC - \dfrac{1}{\omega RC}\right)} \qquad (7\text{-}95)$$

将带通滤波器中心频率 $f_0 = \dfrac{1}{2\pi RC}$ 的关系代入上式可得

$$\dot{A}_u = \frac{\dot{A}_{um}}{3 - \dot{A}_{um}} \cdot \frac{1}{1 + j\dfrac{1}{3 - \dot{A}_{um}}\left(\dfrac{f}{f_0} - \dfrac{f_0}{f}\right)} \qquad (7\text{-}96)$$

$f = f_0$ 时的电压放大倍数称为电路的通带放大倍数 A_{up}。即

$$\dot{A}_{u\text{p}} = \frac{\dot{A}_{u\text{m}}}{3 - \dot{A}_{u\text{m}}} = Q\dot{A}_{u\text{m}} \tag{7-97}$$

式中 $Q = \dfrac{1}{3 - \dot{A}_{u\text{m}}}$ 为电路的品质因数，将式（7-99）代入式（7-98）可得

$$\dot{A}_u = \frac{A_{u\text{p}}}{1 + \text{j}\dfrac{1}{3 - A_{u\text{m}}}\left(\dfrac{f}{f_0} - \dfrac{f_0}{f}\right)} \tag{7-98}$$

根据截止频率的定义式可得截止频率 f_P 所满足的方程为

$$\left|\frac{1}{3 - A_{u\text{m}}}\left(\frac{f_\text{p}}{f_0} - \frac{f_0}{f_\text{p}}\right)\right| = 1$$

解方程，并取正数解可得

$$f_\text{L} = \frac{f_0}{2}[\sqrt{(3 - A_{u\text{m}})^2 + 4} - (3 - A_{u\text{m}})] \tag{7-99}$$

$$f_\text{H} = \frac{f_0}{2}[\sqrt{(3 - A_{u\text{m}})^2 + 4} + (3 - A_{u\text{m}})] \tag{7-100}$$

该电路的通带宽度为

$$f_{\text{bw}} = f_\text{H} - f_\text{L} = (3 - A_{u\text{m}})f_0 = \frac{f_0}{Q} \tag{7-101}$$

用 MATLAB 软件画带通滤波器幅频特性曲线的程序为

```
%画带通滤波器幅频特性曲线的程序
syms Q1 Q2 Q3
Q1=1; Q2=2;Q3=5;                %设置Aum的数值
x=0.0000001:0.01:3;
y1=4./(1+i.*(x-1./x).*Q1);      %画幅频特性曲线y1
plot(x,abs(y1),'-b');hold on;
y2=5./(1+i.*(x-1./x).*Q2);      %画幅频特性曲线y2
plot(x,abs(y2),'-r');hold on;
y3=8./(1+i.*(x-1./x).*Q3);      %画幅频特性曲线y3
plot(x,abs(y3),'-k');
xlabel('f/f0');ylabel('UR/U');title('幅频特性曲线');
```

该程序运行的结果如图 7-65 所示。

由图 7-65 可见，Q 值越大，带宽越窄，选择性越好。通过调整电路的 $A_{u\text{m}}$，可以调节电路的 Q 值，改善电路的通频带宽度和选择性。

带通滤波器的信号输入端也可以是运放的反相输入端，组成反相输入的带通有源滤波器如图 7-66 所示。此电路说明，用 RLC 并联谐振电路替代反相比例运算放大器的反馈电阻 R_f，即可组成反相输入的带通滤波器。

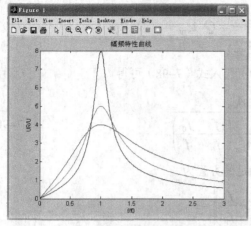

图 7-65 不同 Q 值的带通滤波器幅频特性曲线

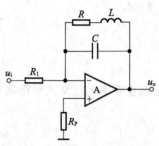

图 7-66 反相输入的带通滤波器

用仿真软件的波特图仪,可以测量图 7-66 所示电路的波特图,如图 7-67 所示。

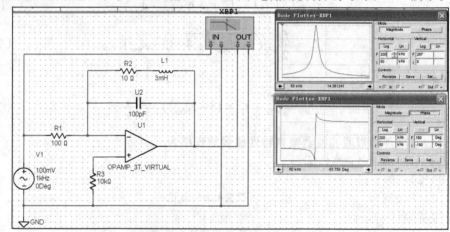

图 7-67 选频放大器的波特图

图 7-67 波特图仪屏幕上的第一个波形是幅频特性,第二个波形是相频特性。由图可见,图 7-66 所示的电路对某个频率的信号有很大的放大倍数,对其他频率的信号放大倍数很小,具有这种特性的放大器称为选频放大器。因为选频放大器的波特图与带通滤波器的波特图仅在带宽的大小上有差别,所以,可以将选频放大器看成是带宽较小的带通滤波器。

根据反相比例运算放大器电压放大倍数的公式,可以推导出图 7-66 所示电路输出与输入信号的关系。由反相比例运算放大器电压放大倍数的公式可得

$$
\begin{aligned}
\dot{A}_u &= -\frac{Z_2}{R_1} = -\frac{\left(R_2 + j\omega L\right)\dfrac{1}{j\omega C} \Big/ \left(R_2 + j\omega L + \dfrac{1}{j\omega C}\right)}{R_1} \\
&= -\frac{j\omega L + R_2}{(j\omega)^2 LCR_1 + j\omega R_2 R_1 C + R_1}
\end{aligned}
\tag{7-102}
$$

在本节所讨论的内容中,若将电压放大倍数复数式中的 $j\omega$ 用参数 s 来代替,就可以得到电压放大倍数的拉氏变换式。电压放大倍数的拉氏变换式在电子电路的课程中称为象函数。

将图 7-67 所示的电路中各器件的参数代入式（7-104）中，并用复变量 s 替代式中的 $j\omega$，可以将式（7-104）写成象函数的形式为

$$A_u(s) = \frac{-sL - R_2}{(s)^2 LCR_1 + sR_2R_1C + R_1} = \frac{-10^{-3}s - 10}{10^{-11}(s)^2 + 10^{-7}s + 10^2}$$

调用 MATLAB 软件可以画出图 7-67 所示电路的波特图，画波特图的程序为

```
%画选频放大器波特图的程序
b=[-10^-3,-10];          %输入分子系数矩阵
a=[10^-11,10^-7,100];    %输入分母系数矩阵
bode(b,a)                %调用画波特图的函数
```

该程序运行的结果如图 7-68 所示。

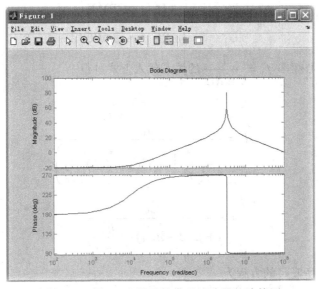

图 7-68　图 7-66 所示的带通滤波器的波特图

图 7-68 的幅频特性与图 7-67 波特图仪上的图形相同，说明图 7-68 所示的电路是选频放大器。图 7-68 的相频特性曲线与图 7-67 波特图仪上的相频特性曲线的差别是由于纵轴的标度不同引起的，用三角函数的诱导公式改变标度后两张相频特性曲线将相同。

4．带阻滤波器

（1）电路的组成

允许某一频段信号通过的电路称为带通滤波器，不允许某一频段信号通过的滤波器称为带阻滤波器，带阻滤波器电路的组成如图 7-69 所示。

由图 7-69 可见，将低通滤波器和高通滤波器相并联后与运算放大器串联即构成带阻滤波器。

（2）电压放大倍数

根据节点电位法和"虚短"和"虚断"的概念可得

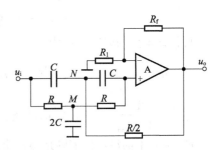

图 7-69　带阻滤波器

$$\frac{\dot U_{\mathrm i}-\dot U_N}{\dfrac{1}{\mathrm j\omega C}}=\frac{\dot U_N-\dot U_+}{\dfrac{1}{\mathrm j\omega C}}+\frac{\dot U_N-\dot U_{\mathrm o}}{\dfrac{R}{2}} \tag{7-103}$$

$$\frac{\dot U_{\mathrm i}-\dot U_M}{R}=\frac{\dot U_M}{\dfrac{1}{\mathrm j2\omega C}}+\frac{\dot U_M-\dot U_+}{R} \tag{7-104}$$

$$\dot U_+=\dot U_-=\frac{R_1}{R_1+R_{\mathrm f}}\dot U_{\mathrm o}=\frac{\dot U_{\mathrm o}}{\dot A_{u\mathrm m}} \tag{7-105}$$

联立求解得

$$\dot A_u=\frac{\dot U_{\mathrm o}}{\dot U_{\mathrm i}}=\frac{[1-(\omega CR)^2]\dot A_{u\mathrm m}}{1-(\omega RC)^2+\mathrm j2\omega RC(2-\dot A_{u\mathrm m})} \tag{7-106}$$

将带阻滤波器中心频率 $f_0=\dfrac{1}{2\pi RC}$ 的关系代入上式可得

$$\dot A_u=\frac{[1-\left(\dfrac{f}{f_0}\right)^2]\dot A_{u\mathrm m}}{1-\left(\dfrac{f}{f_0}\right)^2+\mathrm j2(2-\dot A_{u\mathrm m})\left(\dfrac{f}{f_0}\right)} \tag{7-107}$$

$$=\frac{\dot A_{u\mathrm m}}{1+\mathrm j2(2-\dot A_{u\mathrm m})\dfrac{ff_0}{f_0^{\,2}-f^2}}$$

通带截止频率 $f_{\mathrm P}$ 所满足的方程为

$$\left|2(2-\dot A_{u\mathrm m})\frac{f_{\mathrm p}f_0}{f_0^{\,2}-f_{\mathrm p}^2}\right|=1$$

解方程，并取正数解可得

$$f_{\mathrm L}=f_0[\sqrt{(2-\dot A_{u\mathrm m})^2+1}-(2-\dot A_{u\mathrm m})] \tag{7-108}$$

$$f_{\mathrm H}=f_0[\sqrt{(2-\dot A_{u\mathrm m})^2+1}+(2-\dot A_{u\mathrm m})] \tag{7-109}$$

可得该电路的阻带宽度为

$$f_{\mathrm{bw}}=f_{\mathrm H}-f_{\mathrm L}=2(2-\dot A_{u\mathrm m})f_0=\frac{f_0}{Q} \tag{7-110}$$

式中 $Q=\dfrac{1}{2(2-A_{u\mathrm m})}$，为电路的品质因数。在 Multisim 软件上得到的波特图如图 7-70 所示。

图 7-70 中的波特图清晰地显示出图 7-69 所示的电路不允许某些频段的信号通过，是带阻滤波器。

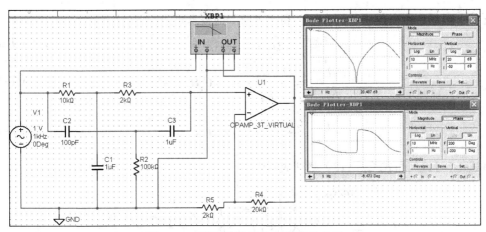

图 7-70　带阻滤波器的幅频特性曲线

5．全通滤波器

（1）电路的组成

允许所有频率信号通过的电路称为全通滤波器，全通滤波器电路的组成如图 7-71 所示。

（2）电压放大倍数

根据"虚短"和"虚断"的概念可得

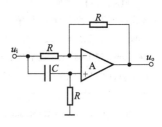

图 7-71　全通滤波器

$$\frac{\dot{U}_i - \dot{U}_-}{R} = \frac{\dot{U}_- - \dot{U}_o}{R} \qquad (7-111)$$

$$\frac{\dot{U}_i - \dot{U}_+}{\dfrac{1}{j\omega C}} = \frac{\dot{U}_+}{R} \qquad (7-112)$$

$$\dot{U}_+ = \dot{U}_- \qquad (7-113)$$

联立求解得

$$\dot{A}_u = \frac{\dot{U}_o}{\dot{U}_i} = -\frac{1 - j\omega RC}{1 + j\omega RC} \qquad (7-114)$$

该电路的幅频特性为

$$|\dot{A}_u| = 1 \qquad (7-115)$$

式（7-115）说明该电路的幅频特性为常数，与频率无关，显示出全通滤波器的特征。根据式（7-114）可得，该电路的象函数为

$$A_u(s) = \frac{U_o(s)}{U_i(s)} = \frac{1 - sRC}{1 + sRC} \qquad (7-116)$$

【例 7.9】求图 7-72 所示电路的电压放大倍数，说明该电路是什么类型的滤波器。

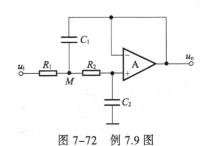

图 7-72　例 7.9 图

【解】根据节点电位法和"虚短"和"虚断"的概念可得

$$\dot{U}_+ = \dot{U}_- = \dot{U}_o \tag{7-117}$$

$$\frac{\dot{U}_i - \dot{U}_M}{R_1} = \frac{\dot{U}_M - \dot{U}_o}{R_2} + j\omega C_1 (\dot{U}_M - \dot{U}_o) \tag{7-118}$$

$$\frac{\dot{U}_M - \dot{U}_o}{R_2} = j\omega C_2 \dot{U}_o \tag{7-119}$$

将式（7-117）和式（7-118）整理成矩阵为

$$\begin{pmatrix} 1+j\omega R_2 C_2 & 0 \\ \dfrac{1}{R_2}+j\omega C_1 & \dfrac{1}{R_1} \end{pmatrix} \begin{pmatrix} \dot{U}_o \\ \dot{U}_i \end{pmatrix} = \begin{pmatrix} \dot{U}_M \\ \left(\dfrac{1}{R_1}+\dfrac{1}{R_2}+j\omega C_1\right)\dot{U}_M \end{pmatrix}$$

用 MATLAB 软件求解的程序为

```
%求解例7.9方程组的程序
syms R1 R2 w C1 C2 UM                        %设置电路的变量
a=sym('[1+i*w*R2*C2,0;1/R2+i*w*C1,1/R1]');   %定义矩阵a
b=sym('[UM;(1/R1+1/R2+i*w*C1)*UM]');         %定义矩阵b
c=inv(a)*b; c=simple(c)                       %解矩阵%化简解的结果
Au=c(1)/c(2);Au=simple(Au)                    %计算电压放大倍数
```

该程序运行的结果为

```
Au =1/(1+i*w*R2*C2+i*R1*w*C2-w^2*C1*R1*R2*C2)
```

整理可得

$$A_u = \frac{\dfrac{1}{R_1 R_2 C_1 C_2}}{(j\omega)^2 + j\omega \dfrac{R_1 + R_2}{R_1 R_2 C_1} + \dfrac{1}{R_1 R_2 C_1 C_2}} \tag{7-120}$$

选择合适的参数 $\dfrac{1}{R_1 R_2 C_1 C_2} = \omega_c^2$ 和 $\dfrac{R_1 + R_2}{R_1 R_2 C_1} = 2\omega_c$，式（7-120）可以整理成式（7-121）的形式

$$|A_u|^2 = \frac{1}{1 + \left(\dfrac{\omega}{\omega_c}\right)^{2\times 2}} \tag{7-121}$$

式（7-121）的一般表达式为

$$|A_u|^2 = \frac{1}{1 + \left(\dfrac{\omega}{\omega_c}\right)^{2n}} \tag{7-122}$$

说明式（7-121）是式（7-122）在 $n=2$ 情况下的特例，幅频特性满足式（7-122）的滤波器称为巴特沃斯滤波器，所以，图 7-72 所示的电路就是 2 阶巴特沃斯低通滤波器。2 阶巴特沃斯低通滤波器波特图测试的结果如图 7-73 所示。

比较图 7-73 和图 7-53 所示的电路可得，在所用的器件数相同的情况下，巴特沃斯低通滤

波器的滤波效果更好。

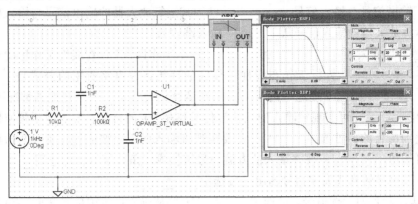

图 7-73　2 阶巴特沃斯低通滤波器波特图测试的结果

小　　结

本章介绍各种运算电路，组成运算电路的核心器件是集成运算放大器，集成运算放大器有两个输入端和一个输出端。信号从反相输入端输入的，输出信号与输入信号反相；信号从同相输入端输入的，输出信号与输入信号同相。

集成运算放大器的工作区有线性和非线性之分，工作在线性工作区的集成运放输出信号与输入信号的函数关系是线性的关系。因为理想集成运算放大器的差模电压放大倍数为无穷大，所以要使理想集成运算放大器工作在线性工作区，必须在电路中引入深度负反馈，由此可得判断集成运算放大器工作在线性工作区的重要依据是：电路中存在着负反馈网络。

分析运算电路所用的主要概念是"虚短"、"虚断"和电阻平衡，这些概念的表达式为

$$u_+ = u_-$$
$$i_+ = i_- = 0$$
$$R_p = R_n$$

分析的方法与第 1 章和第 2 章所介绍的方法相同。

利用上述的关系和第 1 章所介绍的方法，可讨论各种运算放大器输出电压和输入电压的关系。主要的运算放大器有：反相比例运算放大器、同相比例运算放大器、电压跟随器、反相加法器、同相加法器、加减电路、积分电路、微分电路、对数电路、指数（反对数）电路、乘法器和除法器等。模拟乘法器除了可以实现两个输入信号相乘的运算关系外，主要用在通信电路中，实现调制和解调的功能。

利用上述的关系式和第 2 章所介绍的分析方法，可以讨论各种有源滤波器的频响特性曲线，求出有源滤波器的通带截止频率，画出有源滤波器的波特图。

习题和思考题

1. 在括号内填入合适的答案。

（1）理想运算放大器的差模电压放大倍数等于_____，差模输入电阻等于_____，输

出电阻等于_____，共模抑制比等于_____；当输入信号从运算放大器的反相输入端输入时，输出信号与输入信号_____。已知某运算放大器的输出信号与输入信号同相，说明该运算放大器的输入信号从_____输入端输入。

（2）理想运算放大器有_____和_____两个工作区，工作在线性工作区的运算放大器必须引入_____，分析工作在线性工作区的理想运放电路所用的公式是_____、_____和_____，"虚地"是_____在运算放大器_____接地的情况下的特例。

（3）利用_____可实现将输入的正弦波信号移相90°的目的；要实现正弦波信号与直流信号相叠加的目的，可选用_____；要实现将输入的正弦波信号转换成两倍频的正弦波信号，可选用_____；要将输入的方波信号转换成三角波信号，可选用_____；要将输入的方波信号转换成尖波信号输出，可选用_____。

（4）要滤掉低频的干扰信号，可选用_____；要从输入信号中取出 20k～40kHz 的信号，应选用_____；要将输入信号中 20k～40kHz 的信号滤掉，应选用_____；为了获得输入信号中的低频信号，应选用_____。

（5）_____比例运算放大电路中的集成运放_____为"虚地"端，_____比例运算放大电路中的集成运放两输入端的电位_____，称为_____。

2. 设计一个比例运算电路，要求比例系数为–100，输入电阻为 10kΩ。

3. 试求图 7-74 所示电路的电压放大倍数，若集成运放输出电压的最大幅值为 $U_o=\pm10V$，$R_1=50k\Omega$，$R_2=R_4=100k\Omega$，$R_3=20k\Omega$，当 $u_i(t)=50t\ (0<t<50)$ mV 时，试求输出电压 $u_o(t)$ 的表达式，并画出输入和输出电压的波形。

4. 试求图 7-75 所示电路输入信号与输出信号之间的函数关系。

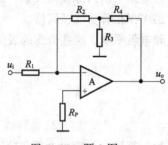
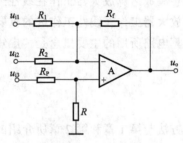

图 7-74　题 3 图　　　　　　　　图 7-75　题 4 图

5. 试求图 7-76 所示电路的运算关系。

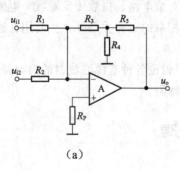
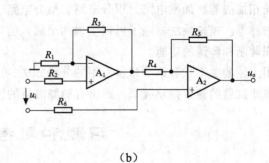

（a）　　　　　　　　　　　　　（b）

图 7-76　题 5 图

6. 试求图 7-77 所示电路的运算关系。

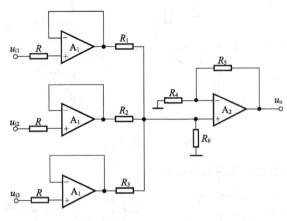

图 7-77　题 6 图

7. 画出图 7-78（a）所示的电路，在图（b）输入电压的作用下的输出电压 u_o 波形，设 $t=0$ 时，输出电压 $u_o=0$。

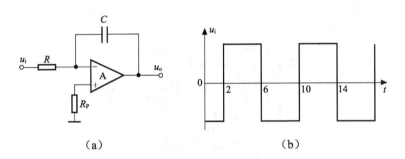

（a）　　　　　　　　　　（b）

图 7-78　题 7 图

8. 推导图 7-79（a）所示电路的电压放大系数，图（b）的电流放大系数。

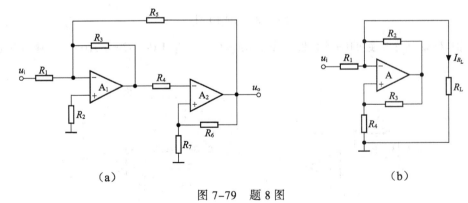

（a）　　　　　　　　　　（b）

图 7-79　题 8 图

9. 分别写出图 7-80 所示各电路的运算关系式。

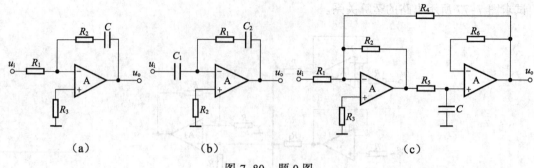

（a）　　　　　　　　　（b）　　　　　　　　　（c）

图 7-80　题 9 图

10. 分别写出图 7-81 所示各电路的运算关系式。

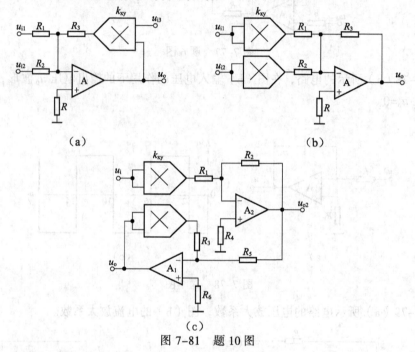

（a）　　　　　　　　　　　　（b）

（c）

图 7-81　题 10 图

11. 求出图 7-82 所示电路的幅频特性，设 $R_1=R_2=1\text{k}\Omega$，$C_1=1\mu\text{F}$，$C_2=0.01\mu\text{F}$，并画出各电路的波特图。

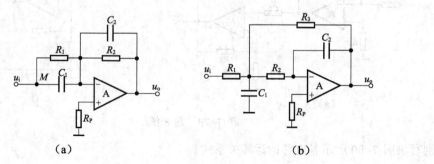

（a）　　　　　　　　　　　　（b）

图 7-82　题 11 图

12. 求出图 7-83 所示电路的象函数 $A_1(s) = \dfrac{U_{o1}(s)}{U_i(s)}$ 和 $A(s) = \dfrac{U_o(s)}{U_i(s)}$，并说明该电路所属的滤波器类型。

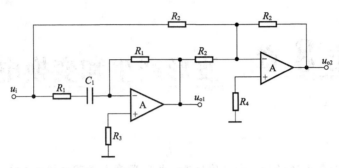

图 7-83 题 12 图

13. 求出图 7-84 所示电路各输出电压的表达式。

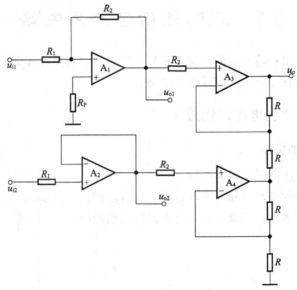

图 7-84 题 13 图

第 8 章 波形产生和变换电路

学习要点：

- 各种信号发生器电路的结构和工作原理，振荡器产生振荡的相位条件。
- 电压比较器阈值电压的计算，输入—输出波形的变换关系。

8.1 正弦波信号产生电路

电器设备工作时输出和输入的信号有正弦波、矩形波、三角波和锯齿波。其中，能够产生正弦波信号输出的电路称为正弦波信号产生电路。

8.1.1 正弦波信号产生电路的组成

1. 产生正弦振荡的条件

负反馈放大器的组成框图如图 8-1 所示。

根据负反馈放大器的知识可知，在电路中引入负反馈，可以改变放大器的放大倍数，且负反馈对放大器放大倍数的影响关系满足

$$\dot{A}_f = \frac{\dot{A}}{1 + \dot{A}\dot{F}} \qquad (8-1)$$

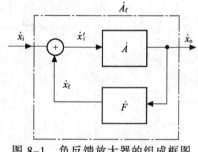

图 8-1 负反馈放大器的组成框图

式中，若 $-1 < \dot{A}\dot{F} < 0$，则 $|\dot{A}_f| > |\dot{A}|$，即闭环放大倍数大于开环放大倍数，说明负反馈放大器变成了正反馈放大器。特别是当 $|\dot{A}\dot{F}| = -1$ 时，反馈放大器的闭环放大倍数 $|\dot{A}_f| = \infty$，此时的放大器在没有输入信号的情况下，仍然有输出信号输出，反馈放大器将转变成振荡器。由此可得反馈放大器产生振荡要满足的条件为

$$\varphi = \varphi_A + \varphi_F = 2n\pi \qquad (8-2)$$
$$\dot{A}\dot{F} = -1 \qquad (8-3)$$

式（8-2）称为反馈放大器产生振荡的相位条件，式中的 φ_A 为基本放大器的相移，φ_F 为反馈网络的相移，两个相移的和为 $2n\pi$，说明反馈放大器在引入正反馈之后有可能成为振荡器。该条件是振荡器产生振荡的必要条件。

式（8-3）称为反馈放大器产生振荡的振幅条件，说明反馈放大器在引入正反馈之后要产

生振荡，环路放大倍数的值要满足的条件。该条件是振荡器产生振荡的充分条件。式（8-2）和式（8-3）称为反馈放大器产生振荡的必要充分条件。

2．正弦波振荡器的组成和分类

由上面的分析可知，反馈放大器在满足振荡的必要充分条件后将转变成振荡器，该振荡器可输出各种频率的正弦波信号。利用选频网络可以从不同频率的信号中取出所需要的正弦波信号，利用稳幅网络可以稳定正弦波信号发生器输出信号的幅度。

正弦波振荡器应该由基本放大器、反馈网络、选频网络和稳幅网络四个部分组成，缺一不可。这四个部分的作用分别是：放大器和反馈网络组成正反馈放大器；选频网络用来提取特定频率的正弦波信号；稳幅网络用来稳定正弦波振荡器输出信号的幅度。在实际的振荡器电路中，反馈网络和选频网络通常是由同一个电路组成的。

根据选频网络的不同，可将正弦波振荡器分成 RC 正弦波振荡器、LC 正弦波振荡器和石英晶体正弦波振荡器三种类型。在低频的情况下通常用 RC 正弦波振荡器，在高频的情况下通常用 LC 正弦波振荡器，在振荡频率要求非常稳定的场合应选用石英晶体振荡器。

3．判断电路是否会产生振荡的方法

由上面的分析可知，正弦波振荡器由基本放大器、反馈网络、选频网络和稳幅网络四部分组成，且选频网络和反馈网络通常由同一个电路组成，所以，正弦波振荡器在电路组成的形式上与反馈放大器非常相似。下面来讨论如何区分反馈放大器和振荡器及判断振荡器是否会产生振荡的方法。

反馈放大器和振荡器的主要区别是反馈的极性。反馈放大器为了改善电路的性能，通常引入负反馈，而振荡器引入的反馈必须是正反馈。若给定一个电路的反馈极性是负反馈，则该电路肯定是负反馈放大器；若给定一个电路的反馈极性是正反馈，则该电路在满足式（8-3）条件的情况下是振荡电路，在不满足式（8-3）条件的情况下，是反馈放大器。

例如，在图 8-2 所示的电路中，有两个反馈网络，其中电阻 R_1 和 R_f 组成运算放大器的负反馈网络，电容 C 和电阻 R 的串、并联电路组成运算放大器的正反馈网络。当负反馈网络的反馈量大于正反馈网络的反馈量时，电路总的反馈是负反馈，结果为负反馈放大器；当负反馈网络的反馈量小于正反馈网络的反馈量时，电路总的反馈是正反馈，结果可能是振荡器。下面的讨论可知该电路为 RC 正弦波振荡器。

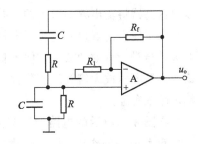

图 8-2　RC 正弦波振荡器

8.1.2　RC 正弦波振荡器

1．电路的组成

选频网络由 RC 电路组成的振荡电路称为 RC 正弦波振荡器，如图 8-2 所示。图中的运放 A 和电阻 R_1、R_f 组成同相比例运算放大器，RC 串、并联网络构成振荡器的反馈网络和选频网络。

设电阻 R 和电容 C 相串联的阻抗为 Z_1，相并联的阻抗为 Z_2。因该电路的 R_1、R_f、Z_1 和

Z_2 四个器件组成电桥的四个臂，电桥对角线的顶点接到放大电路的两个输入端，所以该电路又称为文氏电桥振荡电路。

根据第 2 章例 2.15 的结论可知，RC 串、并联选频网络的谐振频率 f_0 为

$$f_0 = \frac{1}{2\pi RC} \qquad (8-4)$$

该频率即为振荡器的振荡频率。根据反馈放大器的分析方法可知，RC 选频网络与同相比例运算放大器组成电压串联反馈电路。根据反馈极性的判别方法可知，当 RC 选频网络的反馈量大于 R_1 和 R_f 反馈网络的反馈量时，运算放大器为正反馈放大器，满足振荡的相位条件式（8-2）。

根据例 2.15 的结论可得，谐振时 RC 选频网络输出电压与输入电压的比为 1/3。根据电压串联反馈放大器反馈系数的定义 $F_{uu} = \frac{\dot{U}_f}{\dot{U}_o}$ 可得，图 8-2 所示电路的反馈系数为 1/3。根据式（8-3）可得，图 8-2 所示电路要产生振荡的条件是电路的环路放大倍数 AF 应等于 1。即运算放大器的电压放大倍数要等于 3，将该结论代入电压放大倍数的表达式可得

$$\dot{A}_u = \frac{\dot{U}_o}{\dot{U}_i} = 1 + \frac{R_f}{R_1} = 3 \qquad (8-5)$$

由此可得该电路产生振荡要满足的条件是 $R_f = 2R_1$。

2．振荡的建立和稳幅的措施

电路接通电源的瞬间，相当于给振荡电路注入一个图 8-3 所示的阶跃信号。根据频谱分析的理论可知，阶跃信号是由不同频率、不同幅度的正弦波信号叠加而成的。在这些信号中含有与 RC 选频网络谐振频率 f_0 相同的正弦波信号。振荡器对该频率信号的放大作用等于 3，满足振荡的幅度

图 8-3　阶跃信号

条件；而对其他频率信号的放大作用虽然等于 3，但 F 不等于 1/3，不满足振荡的幅度条件；所以该振荡器将输出频率为 f_0 的正弦波信号。

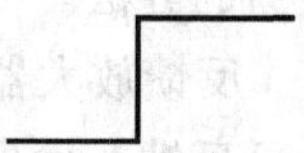

为了使振荡器接通电源后容易起振，让振荡电路在刚接通电源时的电压放大倍数略大于 3，对 f_0 信号进行有效地放大，使 f_0 信号的幅度逐渐增大。当 f_0 信号的幅度达到一定值时，应将振荡放大器电压放大倍数的值降到 3，使振荡器输出信号的幅度保持稳定。该功能由振荡器的稳幅电路来实施。

在图 8-2 所示的电路中，只要将电阻 R_f 改成负温度系数的热敏电阻即可组成稳幅电路，实现自动稳幅的作用。该电路稳幅的工作原理是：刚接通电源时，电阻 R_f 的值比 $2R_1$ 的值大，振荡放大器的电压放大倍数略大于 3，振荡放大器对 f_0 信号进行有效地放大，使 f_0 信号的幅度逐渐增大。随着 f_0 信号幅度的增大，电阻 R_f 的温度上升，阻值下降，振荡放大器的电压放大倍数也随之下降到 3，振荡器输出信号的幅度将不再增大，保证了振荡器输出信号幅度的稳定。

在图 8-2 所示的电路中，若将 RC 选频网络中的 RC 改成图 8-4 所示的可调节电路，即可构成频率可变的正弦波信号发生器。实验室中做实验用的低频信号发生器就是用该电路来实现正弦波振荡，输出正弦波信号。

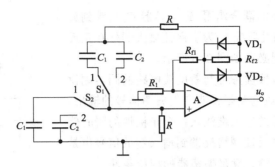

图 8-4　频率可变的 RC 振荡电路

　　电路中的 R_{f2}、VD_1 和 VD_2 组成振荡器的稳幅电路。该电路的工作原理是：当输出信号的幅度较小时，二极管 VD_1 和 VD_2 截止，运算放大器的反馈电阻是 R_{f1} 和 R_{f2} 的和，电路的放大倍数大于 3，从而对较小的输出信号进行有效的放大。当输出信号的幅度增大到使二极管 VD_1 和 VD_2 导通时，电阻 R_{f2} 所在的稳幅网络的总电阻减少，放大器的电压放大倍数将减少到 3，从而保持放大器输出信号幅度的稳定。RC 正弦波振荡器在仿真软件上仿真实验的结果如图 8-5 所示。

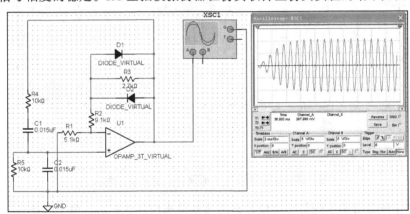

图 8-5　RC 正弦波振荡器仿真实验的结果

　　图 8-5 中示波器屏幕上的波形清晰地显示出，RC 正弦波振荡器的起振和稳幅的过程。

8.1.3　LC 正弦波振荡器

　　RC 正弦波振荡器的选频网络由 RC 电路组成，该电路通常用来产生频率低于 1MHz 的低频信号。要产生频率高于 1MHz 的高频信号，必须用 LC 正弦波振荡器。LC 正弦波振荡器的选频网络由 LC 谐振电路组成，反馈信号的耦合方式有变压器反馈式、电感反馈式和电容反馈式三种类型。

1. 变压器反馈式振荡电路

　　（1）电路的组成

　　变压器反馈式振荡电路的组成如图 8-6 所示。由图可见，三极管 VT 组成共基极电压放大器。匝数为 N_1、电感量为 L_1 的线圈与电容 C 组成并联谐振电路，该电路是振荡器的选频网络。匝数为 N_1、电感量为 L_1 的线圈与匝数为 N_2、电感量为 L_2 的线圈组成变压器耦合方式，选频网

络的输出信号通过该网络的耦合作用,经电容器 C_1 反馈到放
大器的输入端(三极管的发射极),为了保证放大器处在正反
馈,变压器同名端的设置必须如图 8-6 所示。

利用前面介绍的瞬时极性法可判断反馈电路的同名端设
置是否正确,并由此推断该电路是否能产生振荡信号的输出。
判断的方法是:在放大器的输入端注入一个正极性的瞬时信
号,经放大器放大后,当反馈网络反馈到输入端的信号也是
正极性时,放大器是正反馈,满足振荡器的相位条件。

在图 8-6 所示的电路中,放大器是共基极电路,根据共

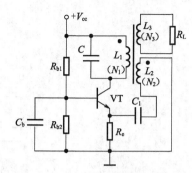

图 8-6　变压器反馈式振荡电路

基极电路发射极的输入信号与集电极的输出信号同相的特点可知,图中的同名端设置保证了电
路处在正反馈的状态,当振荡器的幅度条件也满足时,振荡器将产生振荡,输出正弦波信号。
变压器反馈式振荡器在仿真软件上实验的结果如图 8-7 所示。

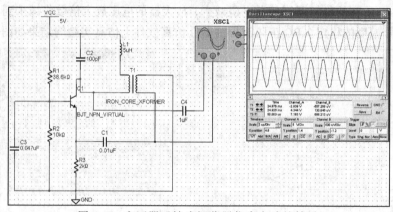

图 8-7　变压器反馈式振荡器仿真实验的结果

在图 8-7 示波器屏幕上的第一个波形是振荡器输出信号的波形,第二个波形是变压器反馈
网络反馈到放大器输入端的信号波形。两个波形的相位关系表明电路的反馈是正反馈,满足振
荡器的相位条件。调节共基极电压放大器的放大倍数,使振荡器的幅度条件也满足,振荡器将
输出如图右侧所示的正弦波信号。

2. 电感反馈式振荡电路(电感三点式振荡电路)

变压器反馈式振荡电路比较容易起振,输出波形失真不大,应用的范围比较广。但该电路
存在着耦合电路损耗较大,振荡频率稳定性不高的缺点。采用自耦变压器可减少耦合电路的损
耗。将电容 C 跨接在自耦变压器线圈的两端可增强电路的谐振效果,提高振荡频率的稳定性。
采用自耦变压器耦合的振荡器称为电感反馈式振荡电路。电感反馈式振荡电路的组成如图 8-8
所示。

根据交流等效电路的法则,可得图 8-8 所示电路中自耦变压器的三个端子分别与三极管的
三个引脚相连,如图 8-9 所示,所以该电路又称电感三点式振荡电路。

电感反馈式振荡器在仿真软件上实验的电路和结果如图 8-10 所示。

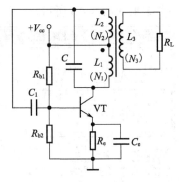

图 8-8　电感反馈式振荡器

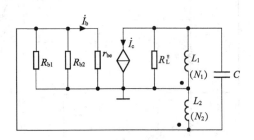

图 8-9　电感三点式等效电路

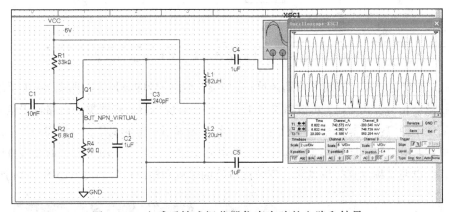

图 8-10　电感反馈式振荡器仿真实验的电路和结果

在图 8-10 中示波器屏幕上的第一个波形是振荡器输出信号的波形，第二个波形是电感反馈网络反馈到放大器输入端的信号波形，两个波形反相，验证了图 8-8 所示电路标注同名端的正确性。

3. 电容反馈式振荡电路（电容三点式振荡电路）

电容反馈式振荡电路克服了变压器反馈式振荡电路所存在的缺点。当电容 C 采用可变电容器时，可获得较宽振荡频率的输出信号，最高的振荡频率可达几十兆赫，但该电路输出信号的波形不太好。为了改善振荡电路输出信号的波形，将图 8-8 所示电路中的电感换成电容、电容换成电感即构成电容反馈式振荡电路。电容反馈式振荡电路的组成如图 8-11 所示，电容反馈式正弦波振荡电路又称电容三点式正弦波振荡器。

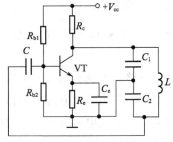

图 8-11　电容反馈式振荡器

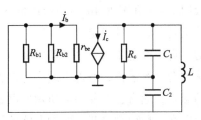

图 8-12　电容三点式等效电路

电容反馈式振荡器在 Multisim 软件上仿真实验的电路和结果如图 8-13 所示。

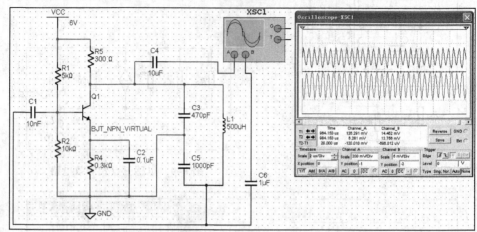

图 8-13　电容反馈式振荡器仿真实验的电路和结果

图 8-13 示波器屏幕上的波形分别是反馈信号和输出信号的波形，表明图 8-11 所示的电路可以输出正弦波信号。图 8-13 示波器屏幕上的波形还表明电容三点式振荡电路输出信号的幅度不稳定，幅度不稳定会引起频率的不稳定。为了消除频率不稳定的现象，将图 8-13 中的共发射极电路改成共基极电路，同时在 LC 选频网络的电感支路中串入一个小电容，形成改进的电容三点式电路，该电路又称为克拉泼电路，克拉泼电路的组成和输出信号的波形如图 8-14 所示。

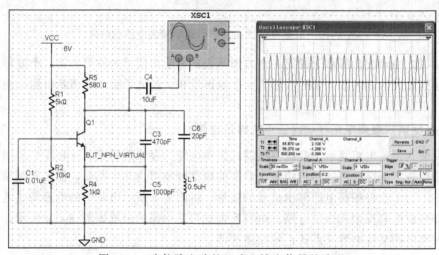

图 8-14　克拉泼电路的组成和输出信号的波形

比较图 8-13 和图 8-14 中的示波器屏幕上的波形可见，图 8-14 所示的克拉泼电路输出信号波形的幅度和频率较稳定。

因为，克拉泼电路的谐振频率主要由电感和电容串联支路的电感和电容的值决定，所以，改变电感或者电容的值，就可以改变电路输出信号的频率。为了消除电容或电感值的变化对谐振电路的影响，通常在图 8-14 所示电路的电感两端并上一个可变电容来改变电路输出信号的频率，该电路又称西勒电路，西勒电路的组成和输出信号的波形如图 8-15 所示。

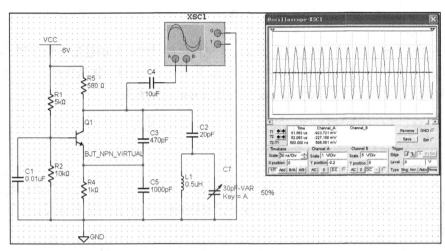

图 8-15 西勒电路的组成和输出信号的波形

图 8-15 电路示波器屏幕上的波形清晰地显示出，西勒电路可以输出频率和幅度均很稳定的正弦波信号。

8.1.4 石英晶体正弦波振荡器

1. 石英晶体的等效电路和振荡频率

石英晶体谐振器简称石英晶体，由石英晶体组成的选频网络具有非常稳定的固有频率，常用在对振荡频率稳定性要求非常高的电路中。

石英晶体谐振器的结构是：将二氧化硅（SiO_2）晶体按一定的方向切割成很薄的晶片，再将晶片两个对应的表面抛光和涂敷银层，引出引脚并封装。石英晶体谐振器的结构示意如图 8-16（a）所示，图（b）所示是石英晶体谐振器的符号。

石英晶体是靠压电效应产生振荡的，处在振荡状态下图形的石英晶体等效电路如图 8-16（c）所示，图 8-16（d）是石英晶体谐振器的频率特性。

图 8-16（c）中的电容 C_0 为石英晶体不振动时的平板电容，该值的大小取决于晶片的几何尺寸和电极面积，一般约为几到几十皮法（pF）；当晶片振动时，机械振动的惯性等效为电感 L，该值约为几到几十毫亨（mH）；电容 C 是晶片弹性的等效电容，该值很小，约为 0.05pF；电阻 R 为晶片的摩擦损耗，该值约为 100Ω 左右。

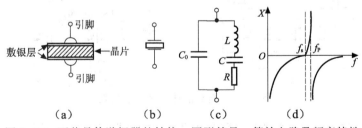

（a）　　　　（b）　　　　（c）　　　　（d）

图 8-16 石英晶体谐振器的结构、图形符号、等效电路及频率特性

等效电路中的 RLC 支路发生串联谐振时，谐振频率为

$$f_s = \frac{1}{2\pi\sqrt{LC}} \tag{8-6}$$

在谐振的情况下，因为 $R \ll \omega_0 C_0$，所以整个谐振电路呈纯电阻的性质，位于图 8-16（d）中的 f_s 点。当 $f<f_s$ 时，电容 C_0 和 C 的电抗较大，起主导作用，石英晶体呈容性；当 $f>f_s$ 时，LCR 支路呈感性，与电容 C_0 组成并联谐振电路，该电路的谐振频率为

$$f_P = \frac{1}{2\pi\sqrt{L\dfrac{CC_0}{C+C_0}}} = f_s\sqrt{1+\frac{C}{C_0}} \tag{8-7}$$

因为 $C \ll C_0$，所以 $f_P \approx f_s$。当 $f>f_P$ 时，石英晶体又呈容性，因此，石英晶体只有在 $f_s<f<f_P$ 范围内才会发生谐振现象，并且 C_0 和 C 的容量相差越悬殊，f_s 和 f_P 的值愈接近，石英晶体振荡的频带愈窄。

因为石英晶体的 C 和 R 很小，根据品质因数的表达式 $Q \approx \dfrac{1}{R}\sqrt{\dfrac{L}{C}}$ 可得，石英晶体的 Q 值很大，高达 $10^4 \sim 10^6$，振荡频率的稳定性高达 $10^{-6} \sim 10^{-11}$。这一特点是其他选频网络所不能比拟的。

2. 石英晶体正弦波振荡电路

石英晶体正弦波振荡电路有并联型和串联型两种类型。并联型石英晶体正弦波振荡电路的组成如图 8-17（a）所示，图 8-17（b）所示为串联型石英晶体正弦波振荡电路。

由图 8-17（a）可见，只要将电容三点式正弦波振荡电路中的电感 L 用石英晶体来替代，即可组成并联型石英晶体正弦波振荡电路，石英晶体在电路中起电感 L 的作用。

图 8-17（b）所示的电路由两级放大器组成，第一级为共基极电路，第二级为共集电极电路，石英晶体所在的支路为放大器的反馈网络。当石英晶体等效电路中的 R、L、C 支路发生串联谐振现象时，石英晶体所在的支路呈纯电阻性负载。根据反馈放大器反馈极性的判别法（图中的"+"号所示）可得，在谐振时反馈放大器是正反馈，满足振荡器振荡的相位条件。调整电位器 R_f 使电路同时满足振荡的振幅条件，振荡电路就会起振，输出正弦波信号。该电路的振荡频率由式（8-14）确定。

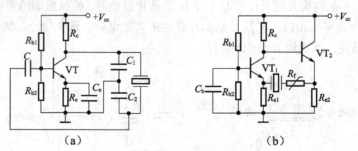

图 8-17　石英晶体正弦波振荡器

并联型石英晶体正弦波振荡器的电路与仿真实验的结果如图 8-18 所示。

图 8-18 所示的电路实际上就是图 8-15 所示的西勒振荡器，与西勒振荡器不同的地方是用石英晶体谐振器来代替原电路中的电感 L。

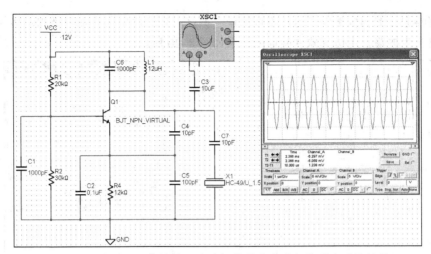

图 8-18　并联型石英晶体正弦波振荡器的电路与仿真实验的结果

【例 8.1】用相位平衡条件判别图 8-19 所示各电路是否会产生振荡，若不会产生振荡，请改正。

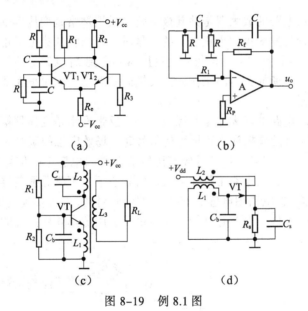

图 8-19　例 8.1 图

【解】图 8-19（a）所示电路的放大器是单端输入、单端输出的差动放大器，反馈网络和选频网络是 RC 选频电路。用瞬时极性判别法可得，当三极管 VT_1 的基极注入正极性的信号时，VT_1 的集电极为负极性信号，而 VT_2 的集电极为正极性信号，该信号经 RC 选频网络反馈到 VT_1 的基极的信号为正极性信号，所以，该电路的反馈是正反馈，满足振荡器起振的相位条件，该电路有可能成为振荡器。

图 8-19（b）所示电路的放大器是反相比例运算放大器，反馈网络是 RC 移相电路，该放大器的输出信号与输入信号反相。因运算放大器的输出信号经二级 RC 移相网络反馈到输入端，二级 RC 移相网络的最大相移是 180°，移相网络和反相比例运算放大器两级电路总的最大相移为 360°。考虑到两级 RC 移相网络移相的极限和数值的差别，运算放大器不可能形成正反馈，

不满足振荡器起振的相位条件，电路不可能产生振荡。在电路中再增加一级 RC 移相网络，有可能使电路产生振荡，用仿真软件验证的结果如图 8-20 所示。

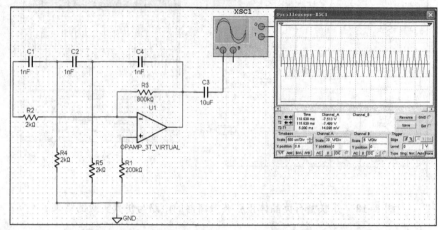

图 8-20　图 8-19（b）改正后用仿真软件验证的结果

　　图 8-19（c）所示电路的放大器是共基极电路，反馈网络是变压器耦合电路。用瞬时极性判别法可得，在三极管的发射极注入正极性的信号时，三极管的集电极也为正极性的信号，即 L_2 电感上的信号是下"+"上"−"，该信号经变压器耦合到 L_1 电感上的信号是下"−"上"+"，形成正极性的反馈信号，使放大电路工作在正反馈的状态下，满足振荡器起振的相位条件，该电路有可能成为振荡器。

　　图 8-19（d）所示电路的放大器是共源极电路，反馈网络是变压器耦合电路。用瞬时极性判别法可得，在场效应管的栅极注入正极性的信号时，场效应管的漏极为负极性的信号，即 L_2 电感上的信号是右"−"左"+"。该信号经变压器耦合到 L_1 电感上的信号也是右"−"左"+"，形成负极性的反馈信号。放大电路工作在负反馈的状态下，不满足振荡器起振的相位条件，该电路不可能成为振荡器。将电路中电感 L_1 的同名端位置对调，即可实现负反馈向正反馈的转化，使电路满足起振的相位条件，电路有可能成为振荡器。用仿真软件验证的结果如图 8-21 所示。

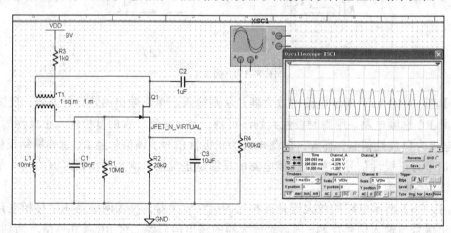

图 8-21　图 8-19（d）改正后用仿真软件验证的结果

8.2　电压比较器

电压比较器用来比较两个输入电压的大小关系。因为两个输入电压的大小关系是相对的，所以在比较两个输入电压大小关系的时候，通常将其中的一个输入电压当作参考，称为参考电压，用字母 U_R 来表示，另一个输入电压与参考电压相比较的结果，即为电压比较器的输出电压。

8.2.1　电压比较器的电压传输特性

描述电压比较器输出电压与输入电压函数关系的表达式 $u_o = f(u_i)$ 称为电压比较器的电压传输特性，该函数的曲线称为电压比较器的电压传输特性曲线。因为输入电压与参考电压比较的结果只有大于或小于两种状态，所以电压比较器的输出电压也是高、低电平两个状态，最简单的电压比较器的电压传输特性曲线如图 8-22 所示，其中 $\pm U_{om}$ 为输出电压的幅值。

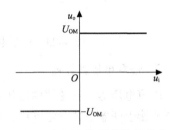

图 8-22　电压比较器传输特性曲线

在图 8-22 中，输出电压高、低电平的跳变点所对应的输入电压，称为电压比较器的门限电压，又称阈值电压，用符号 U_{TH} 来表示。

根据电压比较器电压传输特性曲线可知，凡是在两个输入电压的驱动下能够输出高、低电平的电路都可以作为电压比较器。因为电压比较器的电压传输特性曲线与运算放大器在非线性工作区的电压传输特性曲线相同，所以最简单的电压比较器，可以利用工作在非线性工作区的运算放大器来组建。

8.2.2　单门限电压比较器

1. 过零电压比较器

阈值电压等于零的电压比较器称为过零电压比较器。最简单的过零电压比较器电路的组成如图 8-23 所示。由图 8-23 可见，电压比较器和比例运算放大器的差别是电路中没有了负反馈网络，所以电压比较器电路中的运算放大器工作在非线性工作区，输出电压的值为 $\pm U_{cc}$。

为了稳定电压比较器的输出电压，电压比较器的输出电路中通常接有双向稳压管 VD_Z，电阻 R 是该稳压管的限流电阻。在这种情况下，电压比较器的输出电压为稳压管的稳压值。因为运算放大器的同相输入端接地，所以该电压比较器的参考电压为零。

因为该电路从运算放大器的反相输入端输入信号，所以当输入信号电压大于零时，相当于在运算放大器的反相输入端输入正极性的信号，输出电压将是小于零的负极性信号；反之，当输入信号电压小于零时，相当于在运算放大器的反相输入端输入负极性的信号，输出电压将是大于零的正极性信号；因为输出电压在输入电压过零时发生跳变，所以该电路的阈值电压为零。根据输出电压和输入电压的这些特点，可得该电压比较器的电压传输特性曲线，如图 8-24 所示。

若将图 8-23 所示电路中的接地端和信号输入端对调，即运算放大器的反相输入端接地，输入信号从同相输入端输入，也可组成过零电压比较器。将图 8-24 所示的曲线绕纵轴翻转 180° 即可得该电压比较器的电压传输特性曲线，如图 8-22 所示。

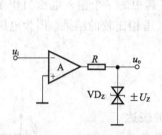
图 8-23 过零电压比较器

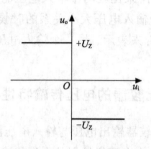
图 8-24 传输特性曲线

2. 任意电压比较器

阈值电压等于任意值的电压比较器称为任意电压比较器。将图 8-23 所示电路中的接地端断开，接上任意值的参考电压，即构成任意电压比较器。

任意电压比较器的另一种接法如图 8-25 所示。

根据叠加定理可求得该电路的阈值电压为

$$\frac{R_2}{R_1+R_2}U_{\mathrm{TH}}+\frac{R_1}{R_1+R_2}U_R=0$$

解得

$$U_{\mathrm{TH}}=-\frac{R_1}{R_2}U_R \tag{8-8}$$

在参考电压 U_R 大于零的情况下，该电路的电压传输特性曲线如图 8-26 所示。

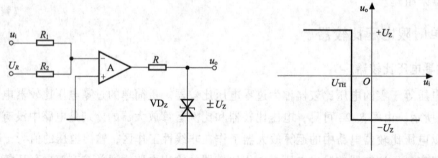

图 8-25 任意电压比较器　　　　图 8-26 电压传输特性曲线

电压比较器除了用来比较输入电压和参考电压的大小关系外，通常还用作波形整形变换电路，将输入的交变信号整形变换成矩形波信号输出。

【例 8.2】在图 8-25 所示的电路中，若参考电压 U_R=3V，稳压管的稳压值 U_z=±5V，R_1=2kΩ，R_2=3kΩ，输入信号的波形如图 8-27（a）所示，请画出输出电压的波形。

【解】根据式（8-16）可计算出电路的阈值电压为

$$U_{\mathrm{TH}}=-\frac{R_1}{R_2}U_R=-2\mathrm{V}$$

在输入信号的-2V 处做一条平行于横轴的虚线，在两曲线的交界点上做平行于纵轴的虚线，如图 8-27 所示。在虚线的左边，因输入信号电压小于阈值电压，输出电压为+U_Z；在虚线的右边，因输入信号电压大于阈值电压，输出电压为-U_Z。根据输入和输出电压的这个特点可画出输出电压的波形，如图 8-27（b）所示。由图可见，三角波信号经电压比较器整形变换后成为矩形波信号。

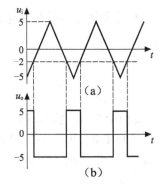

图 8-27　例 8.2 图

8.2.3 滞回电压比较器

前面介绍的电压比较器只有一个门限电压，所以称为单门限电压比较器。在某些场合需要用到双门限的电压比较器，双门限电压比较器又称为滞回电压比较器。滞回电压比较器的电路组成如图 8-28 所示。

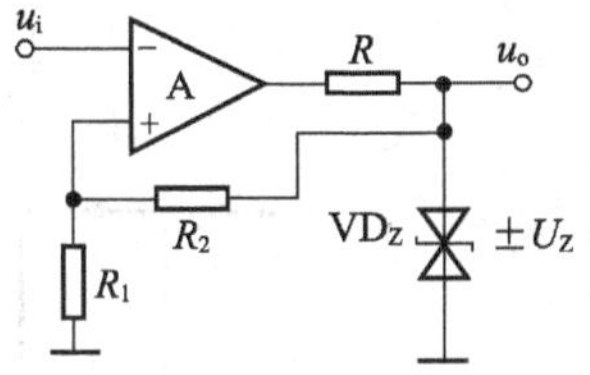

根据反馈组态和极性的判别方法可得，滞回电压比较器是一个电压串联正反馈电路。

因运算放大器 u_+ 输入端的电压为

$$u_+ = \frac{R_1}{R_1 + R_2} u_o$$

图 8-28　滞回电压比较器

该电路的输出电压为±U_Z，根据门限电压的定义可得该电路的阈值电压为

$$U_{TH} = \pm \frac{R_1}{R_1 + R_2} U_Z \qquad (8-9)$$

即该电路有两个门限电压，分别称为上门限电压 U_{TH2} 和下门限电压 U_{TH1}。

输出电压随输入电压变化的情况是：设接通电路的瞬间，电路的输出电压为+U_Z，则电路的阈值电压为上门限电压 U_{TH2}。当输入电压过 U_{TH2} 点从小于 U_{TH2} 增大到大于 U_{TH2} 时，输出电压从+U_Z 变为-U_Z，电路的阈值电压从 U_{TH2} 变为下门限电压 U_{TH1}。此时，若输入电压过 U_{TH2} 点再从大于 U_{TH2} 减少到小于 U_{TH2} 时，因电路的门限电压已经变成 U_{TH1} 了，所以电路的输出电压不发生变化，继续保持为-U_Z。只有当输入电压过 U_{TH1} 点，从大于 U_{TH1} 减少到小于 U_{TH1} 时，输出电压才会从-U_Z 变成+U_Z。

根据滞回电压比较器输出电压随输入电压而变化的特征，可得滞回电压比较器的传输特性曲线如图 8-29 所示。可见，滞回电压比较器的传输特性曲线形成一个滞回曲线，这也是图示的电路称为滞回电压比较器的原因。

图 8-28 所示电路的门限电压关于纵轴对称，将电路中 R_1 电阻的接地点断开，接上一个参考电压 U_R，就可获得门限电压关于纵轴不对称的滞回电压比较器，如图 8-30 所示。

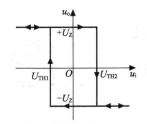

图 8-29　滞回电压比较器传输特性曲线

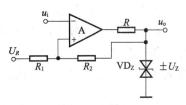

图 8-30　门限电压不对称的滞回电压比较器

根据叠加定理可得该电路的阈值电压为

$$U_{\text{TH1}} = \frac{R_2}{R_1 + R_2} U_R - \frac{R_1}{R_1 + R_2} U_Z \tag{8-10}$$

$$U_{\text{TH2}} = \frac{R_2}{R_1 + R_2} U_R + \frac{R_1}{R_1 + R_2} U_Z \tag{8-11}$$

当 $U_R > 0$ 时，该电路的滞回特性曲线如图 8-31 所示。

【例 8.3】 在图 8-28 所示的电路中，若稳压管的稳压值为 $\pm U_Z$，$R_1 = R_2$，输入信号的波形如图 8-32（a）所示，请画出输出电压的波形。

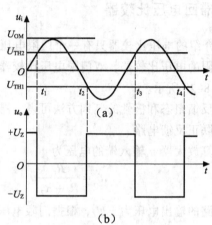

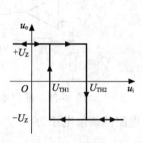

图 8-31　传输特性曲线

图 8-32　例 8.3 图

【解】 根据式（8-17）可计算出电路的阈值电压为

$$U_{\text{TH}} = \pm \frac{R_1}{R_1 + R_2} U_Z$$

在输入信号的 U_{TH1} 和 U_{TH2} 处分别做一条平行于横轴的直线，在 U_{TH2} 与输入波形的交界点上做平行于纵轴的虚线，交横轴于 t_1 和 t_3 两点，在 U_{TH1} 与输入波形的交界点上做平行于纵轴的虚线，交横轴于 t_2 和 t_4 两点，如图 8-32（a）所示。在 t_1 点的左边，因输入信号电压小于阈值电压，输出电压为 $+U_Z$；在 t_1 点右边，t_2 点的左边，因输入信号电压大于阈值电压，输出电压为 $-U_Z$；在 t_2 点右边，t_3 点的左边，因输入信号电压小于阈值电压，输出电压为 $+U_Z$；根据输入和输出电压的这个特点，可画出输出电压波形如图 8-32（b）所示。由图 8-32 可见，正弦波信号经滞回电压比较器整形变换后，成为矩形波信号。

【例 8.4】 在图 8-33 所示的电路中，已知 $U_Z = 5\text{V}$，$R_1 = 2\text{k}\Omega$，$R_2 = 5\text{k}\Omega$，画出电路的电压传输特性曲线。

【解】 要画出电路的电压传输特性曲线，必须先确定电路的门限电压。因该电路运算放大器的反相输入端接地，输出端接单向稳压管，输出电压为 U_Z 和 $-U_{\text{on}}$，根据门限电压的定义和叠加定理可得计算门限电压的表达式为

$$\frac{R_2}{R_1 + R_2} U_{\text{TH}} + \frac{R_1}{R_1 + R_2} U_{\text{o}} = 0$$

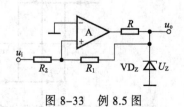

图 8-33　例 8.5 图

则

$$U_{TH} = -\frac{R_1}{R_2}U_o$$

将两个不同的输出电压值代入可得

$$U_{TH1} = -\frac{R_1}{R_2}U_o = -\frac{R_1}{R_2}U_z = -\frac{2}{5}\times 5\text{V} = -2\text{V}$$

$$U_{TH2} = -\frac{R_1}{R_2}U_o = \frac{R_1}{R_2}U_{on} = \frac{2}{5}\times 0.7\text{V} = 0.28\text{V}$$

输出电压随输入电压变化的情况是：设接通电路的瞬间，电路的输出电压为 U_Z，则电路的阈值电压为 U_{TH1}，当输入电压大于 U_{TH1} 时，根据叠加定理可得，运算放大器同相输入端的电压大于 0，相当于在同相输入端输入正极性的信号，输出电压保持 U_z 不变。当输入电压过 U_{TH1} 点从大于 U_{TH1} 减小到小于 U_{TH1} 时，相当于输入信号由正变成负，因该输入信号接到运放的同相输入端，所以，输出电压也是由正变成负，即从 U_Z 变为 $-U_{on}$，电路的阈值电压也从 U_{TH1} 变为 U_{TH2}。

同理可得，当电路的门限电压为 U_{TH2} 时，当输入电压过 U_{TH2} 点，从小于 U_{TH2} 增加到大于 U_{TH2} 时，输出电压也从 $-U_{on}$ 变成 $+U_Z$。根据滞回电压比较器输出电压随输入电压变化的特征，可得图 8-33 所示电路的传输特性曲线，如图 8-34 所示。

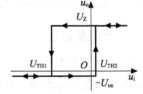

图 8-34　电压传输特性曲线

8.2.4　窗口电压比较器

前面介绍的电压比较器，当输入电压沿某一个方向变化时，输出电压只变化一次。利用窗口电压比较器，可实现当输入电压沿某一个方向变化时，输出电压可变化两次的目的，窗口电压比较器的组成如图 8-35 所示。

图 8-35 中的 U_{RH} 和 U_{RL} 是两个不同的参考电压。运放 A_1 和 A_2 组成两个单门限电压比较器，将两个电压比较器相并联，并加上由二极管 VD_1 和 VD_2 组成的输出电压隔离电路，即可组成窗口电压比较器。

因为两个电压比较器所加的参考电压不相同，所以该电路有两个门限电压 U_{TH} 和 U_{TL}，分别称为上门限电压和下门限电压。根据门限电压的定义可得 U_{TH} 和 U_{TL} 分别等于 U_{RH} 和 U_{RL}。

该电路的电压传输特性是：当输入电压小于下门限电压 U_{TL} 时，u_{o2} 为正，u_{o1} 为负，VD_2 导通，VD_1 断开，输出电压 u_o 等于 U_Z；当输入电压处在 $U_{TL}<u_i<U_{TH}$ 之间时，u_{o1} 和 u_{o2} 均为负，VD_1 和 VD_2 都断开，输出电压 u_o 等于零；当输入电压大于上门限电压 U_{TH} 时，u_{o1} 为正，u_{o2} 为负，VD_1 导通，VD_2 断开，输出电压 u_o 又等于 U_Z。

根据窗口电压比较器输出电压随输入电压变化的特征，可得该电路的电压传输特性曲线如图 8-36 所示。该曲线像一个窗口，所以，该电路称为窗口电压比较器。

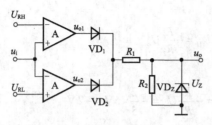

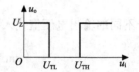

图 8-35　窗口电压比较器　　　　图 8-36　电压传输特性曲线

8.3　非正弦波信号发生电路

前面介绍的正弦波信号发生器可产生正弦波信号输出。在电子电路中，不仅需要正弦波信号，经常还要用到矩形波、三角波等非正弦波的信号，下面就来介绍产生这些信号的电路。

8.3.1　矩形波信号发生电路

1．电路的组成

矩形波信号发生电路可产生矩形波信号输出。在滞回电压比较器的分析中已知，将周期信号输入滞回电压比较器，在输出端就可得到矩形波信号的输出。由此可得，利用滞回电压比较器即可组成矩形波信号发生器。矩形波信号发生器的组成如图 8-37 所示。

由图 8-37 可见，将滞回电压比较器的输出信号通过 RC 电路反馈到输入端，即组成矩形波信号发生器。电路中的 R 和 C 组成积分电路，将滞回电压比较器输出的矩形波信号，转换成三角波信号输入滞回电压比较器的输入端，驱动滞回电压比较器产生矩形波信号输出。该电路正常工作时，u_C 和 u_o 的工作波形如图 8-38 所示。

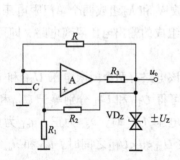

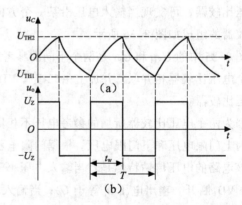

图 8-37　矩形波信号发生器　　　图 8-38　矩形波信号发生器工作波形图

该电路的工作原理是：设接通电源的瞬间电路的输出电压为 $+U_Z$，此时滞回电压比较器的门限电压为 U_{TH2}，输出信号经电阻 R 对电容 C 充电，充电信号的波形 $u_C(t)$ 如图 8-38（a）所示。当该电压上升到大于 U_{TH2} 时，电路的输出电压变为 $-U_Z$，门限电压也随之变为 U_{TH1}，电容 C 经电阻 R 放电，放电信号的波形如图 8-38（a）所示。当该电压下降到小于 U_{TH1} 时，输出电压又回到 $+U_Z$，电容又开始充电的过程，周而复始输出矩形波信号。

因为该电路电容充、放电的时间常数 $\tau=RC$ 相等，即输出信号处在高电平和低电平的时间相等，所以该电路又称为方波信号发生器。

2. 振荡频率

设电容器从 U_{TH1} 开始充电的瞬间为 $t=0$，电容在充电的过程中，若输出电压保持不变，电容器的最终电压为 $+U_Z$，根据这些特点可得电容充电过程的三要素为

$$u_C(0)=U_{TH1}, \quad u_C(\infty)=+U_Z, \quad \tau=RC$$

根据三要素公式可得电容上的电压随时间变化的关系式为

$$u_C(t) = u_C(\infty) + [u_C(0) - u_C(\infty)]e^{-\frac{t}{\tau}} \tag{8-12}$$

$$= U_Z + [U_{TH1} - U_Z]e^{-\frac{t}{\tau}}$$

因滞回电压比较器的门限电压为

$$U_{TH} = \pm \frac{R_1}{R_1 + R_2} U_Z \tag{8-13}$$

电容器的电压从 U_{TH1} 到 U_{TH2} 所需的时间 t_w 为

$$\frac{R_1}{R_1 + R_2} U_Z = U_Z + \left(-\frac{R_1}{R_1 + R_2} U_Z - U_Z \right) e^{\frac{t_w}{\tau}}$$

整理得

$$\frac{R_2}{R_1 + R_2} = \frac{2R_1 + R_2}{R_1 + R_2} e^{-\frac{t_w}{\tau}}$$

所以有

$$t_w = RC \ln\left(1 + \frac{2R_1}{R_2} \right) \tag{8-14}$$

因电容器充、放电的时间相等，所以，振荡的周期 T 为

$$T = 2t_w = 2RC \ln\left(1 + \frac{2R_1}{R_2} \right) \tag{8-15}$$

改变 R_1、R_2、R 和 C 的参数，即可改变输出信号的频率，但不能改变输出信号的占空比 q。要改变输出信号的占空比，必须改变充电、放电电路的时间常数，利用二极管的单向导电性，即可实现改变充电、放电电路时间常数的目的，组成占空比可调的矩形波信号发生器。占空比可调的矩形波信号发生器的电路如图 8-39 所示。

图 8-39 中的电位器 R_P 用来调节输出信号的占空比。二极管 VD_1 和 VD_2 的作用是改变充电、放电电路的时间常数，实现占空比变化的目的。

该电路的工作原理是：当输出信号为 $+U_Z$ 时，VD_1 导通，VD_2 断开，输出信号经电位器 R_P 的上半部，VD_1 和电阻 R 对电容 C 充电；当输出信号为 $-U_Z$ 时，VD_2 导通，VD_1 断开，电容 C 经电阻 R、VD_2 和电位器 R_P 的下半部放电。

因电容 C 充、放电的电路不相同，所以，电容 C 充、放电的时间常数也不相同，输出信号的占空比将发生变化。该电路的工作波形图如图 8-40 所示。

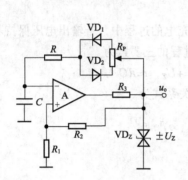

图 8-39　占空比可调的电路

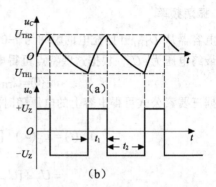

图 8-40　工作波形图

8.3.2　三角波信号发生电路

1. 电路的组成

根据 RC 积分电路输入和输出信号波形的关系可知，当 RC 积分电路的输入信号为方波时，输出信号就是三角波。由此可得，利用方波信号发生器和 RC 积分电路就可以组成三角波信号发生器。三角波信号发生器的电路组成如图 8-41 所示。

在图 8-41 中运算放大器 A_1 组成方波信号发生器，A_2 组成 RC 积分电路。

该电路的工作原理是：方波信号发生器输出的方波信号输入积分电路，在积分电路的输出端得到三角波信号。积分电路的输出端除了输出三角波信号外，还通过电阻 R_1 将三角波信号反馈到滞回电压比较器的输入端，将三角波信号整形变换成方波信号输出。该电路的工作波形图如图 8-42 所示。

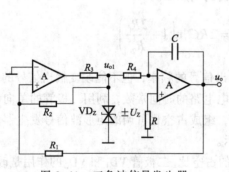

图 8-41　三角波信号发生器

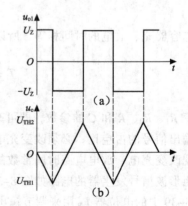

图 8-42　工作波形图

2. 振荡频率

因为该电路振荡信号的频率与三角波信号的幅度有关，所以，要确定该电路的振荡频率，必须先确定三角波信号的幅度。

由图 8-42 可见，三角波输出信号的幅度等于滞回电压比较器的阈值电压。根据叠加定理可求出滞回电压比较器的阈值电压为

$$u_+ = \frac{R_1}{R_1 + R_2}U_z - \frac{R_2}{R_1 + R_2}U_o = u_- = 0$$

由此可得输出信号的幅度为

$$U_{OM} = U_{TH} = \frac{R_1}{R_2}U_z \qquad （8-16）$$

设积分电路的输出电压从$+U_{OM}$到$-U_{OM}$所需的时间为 t，根据积分电路输出电压和输入电压的关系式可得

$$2U_{OM} = \frac{U_{o1}}{R_4 C}t$$

即

$$t = \frac{2R_4 C U_{OM}}{U_z} = \frac{2R_1 R_4 C}{R_2} \qquad （8-17）$$

因为三角波信号的周期为 $2t$，所以，三角波输出信号的频率为

$$f = \frac{R_2}{4R_1 R_4 C} \qquad （8-18）$$

8.3.3　锯齿波信号发生电器

三角波信号的特征是波形上升和下降的斜率相同。当波形上升和下降的斜率不同时，三角波就转化成锯齿波。根据这个特征，只要将图 8-41 所示电路中的积分电路改成时间常数随 u_{o1} 输出信号的极性而变化的电路，即可组成锯齿波信号发生器。锯齿波信号发生器的组成如图 8-43 所示。

图 8-43 中二极管 VD$_1$ 和 VD$_2$ 的作用是改变积分电路的时间常数，当 u_{o1} 为 $+U_z$ 时，VD$_1$ 通，VD$_2$ 断开，积分电路的时间常数为 $R_4 C$；当 u_{o1} 为 $-U_z$ 时，VD$_2$ 导通，VD$_1$ 断开，积分电路的时间常数为 $R_5 C$。根据式（8-25）可得锯齿波信号的周期为

$$T = t_1 + t_2 = \frac{2R_1 C}{R_2}(R_4 + R_5) \qquad （8-19）$$

锯齿波发生电路的工作波形图如图 8-44 所示。

正弦波、方波、三角波和锯齿波除了利用上面所述的电路来产生之外，还可以利用函数发生器来产生。

函数发生器是一个可以同时产生正弦波、方波、三角波或锯齿波信号的集成电路。典型的函数发生器芯片是 ICL8038，该芯片正常使用时的基本接法如图 8-45 所示。

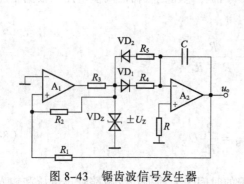

图 8-43 锯齿波信号发生器

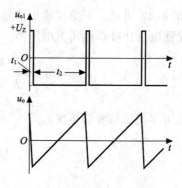

图 8-44 工作波形图

图 8-45 中的电位器 R_P 用来调节输出信号的占空比和频率，12 脚接的电位器用来调节正弦波输出信号的失真度。

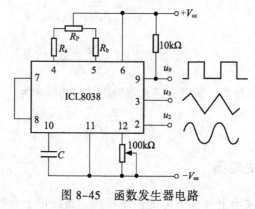

图 8-45 函数发生器电路

8.4 锁相环电路及其应用

8.4.1 锁相环的组成和工作原理

1. 锁相环的基本组成

电子设备要正常工作，通常需要外部的输入信号与内部的振荡信号同步，利用锁相环电路就可以实现这个目的。

锁相环电路是一种反馈控制电路，简称锁相环（PLL）。锁相环的特点是：利用外部输入的参考信号控制环路内部振荡信号的频率和相位。

由于锁相环可以实现输出信号频率对输入信号频率的自动跟踪，所以锁相环通常用于闭环跟踪电路。锁相环在工作的过程中，当输出信号的频率与输入信号的频率相等时，输出电压与输入电压将保持固定的相位差值，即输出电压与输入电压的相位被锁住，这就是锁相环名称的由来。

锁相环通常由鉴相器（PD）、环路滤波器（LF）和压控振荡器（VCO）三部分组成，锁相环组成的原理框图如图 8-46 所示。

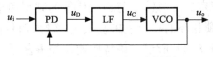

图 8-46 锁相环组成框图

锁相环中的鉴相器又称为相位比较器，它的作用是检测输入信号和输出信号的相位差，并将检测出的相位差信号转换成 $u_D(t)$ 电压信号输出，该信号经低通滤波器滤波后形成压控振荡器的控制电压 $u_C(t)$，对压控振荡器输出信号的频率实施控制。

2．锁相环的工作原理

锁相环中的鉴相器可以由模拟乘法器组成。将外界输入的信号电压和压控振荡器输出的信号电压分别作为模拟乘法器的输入信号，模拟乘法器的输出信号为鉴相器的输出电压，即可组成鉴相器电路。

鉴相器的工作原理是：设外界输入的信号电压和压控振荡器输出的信号电压分别为

$$u_i(t) = U_m \sin[\omega_i t + \theta_i(t)] \tag{8-20}$$

$$u_o(t) = U_{om} \cos[\omega_0 t + \theta_o(t)] \tag{8-21}$$

式（8-21）中的 ω_0 为压控振荡器在输入控制电压为零或为直流电压时的振荡角频率，称为电路的固有振荡角频率。则模拟乘法器的输出电压 u_D 为

$$u_D = ku_i(t)u_o(t) = kU_m U_{om} \sin[\omega_i t + \theta_i(t)]\cos[\omega_0 t + \theta_o(t)]$$

$$= \frac{1}{2}kU_m U_{om} \sin[\omega_i t + \theta_i(t) + \omega_0 t + \theta_o(t)] + \frac{1}{2}kU_m U_{om} \sin[\omega_i t + \theta_i(t) - \omega_0 t - \theta_o(t)]$$

用低通滤波器 LF 将上式中的和频分量滤掉，剩下的差频分量作为压控振荡器的输入控制电压 $u_C(t)$，即 $u_C(t)$ 为

$$u_C(t) = \frac{1}{2}kU_m U_{om} \sin[\omega_i t + \theta_i(t) - \omega_0 t - \theta_o(t)]$$

$$= U_{dm} \sin[(\omega_i - \omega_0)t + \theta_i(t) - \theta_o(t)] \tag{8-22}$$

式（8-22）中的 ω_i 为输入信号的瞬时振荡角频率，$\theta_i(t)$、$\theta_o(t)$ 分别为输入信号和输出信号的瞬时相位，由式（8-22）可得 $u_C(t)$ 的瞬时相位 θ_d 为

$$\theta_d = (\omega_i - \omega_0)t + \theta_i(t) - \theta_o(t) \tag{8-23}$$

因瞬时角频率和瞬时相位的关系为

$$\omega(t) = \frac{d\theta(t)}{dt} \tag{8-24}$$

对式（8-23）两边求微分，可得瞬时角频率的关系为

$$\omega(t) = \frac{d\theta_d}{dt} = \frac{d(\omega_i - \omega_0)t}{dt} + \frac{d[\theta_i(t) - \theta_o(t)]}{dt} \tag{8-25}$$

当瞬时角频率等于 0，即式（8-25）等于 0 时，由式（8-22）所决定的输出电压 $u_C(t)$ 的值

为 0，说明锁相环的相位被锁定，此时输出与输入信号的频率和相位保持恒定不变的状态。当式（8-25）不等于 0 时，说明锁相环的相位还未被锁定，输入信号和输出信号的频率不等，$u_C(t)$ 随时间而变，变化的特性如图 8-47 所示。该特性使压控振荡器的振荡频率 ω_u 以 ω_0 为中心，随输入信号电压 $u_C(t)$ 的变化而变化，描述这种变化的曲线又称为压控特性曲线。

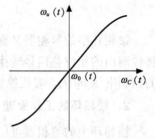

图 8-47　压控特性曲线

该特性的表达式为

$$\omega_u(t) = \omega_0 + k_0 u_C(t) \qquad (8-26)$$

式（8-26）说明当 $u_C(t)$ 随时间而变时，压控振荡器的振荡频率 ω_u 也随时间而变，锁相环进入"频率牵引"的状态，自动跟踪捕捉输入信号的频率，使锁相环进入频率锁定的状态，并保持 $\omega_0 = \omega_i$ 的状态不变。根据图 8-46 搭建的锁相环电路仿真实验的结果如图 8-48 所示。

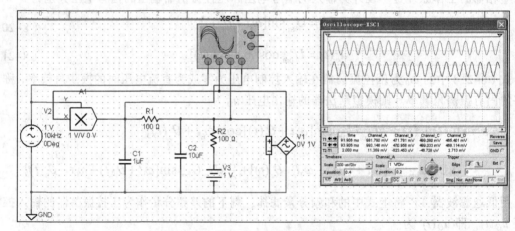

图 8-48　锁相环电路仿真实验的结果

图 8-48 电路中的受控信号源是压控振荡器，该器件的输出信号频率随控制电压的变化而变化。图中示波器屏幕上的第一个波形是外界输入信号的波形；第二个波形是锁相环电路的输出波形，与输入信号波形的频率相同，相位差恒定，实现锁相的功能；第三个波形是鉴相器输出信号的波形；第四个波形是低通滤波器输出信号的波形，该信号是压控振荡器的控制电压，在相位被锁定的情况下，该信号为直流电。

8.4.2　锁相环的应用

1．锁相环在调制和解调中的应用

为了实现信息的远距离传输，在发信端通常采用调制的方法对信号进行处理，收信端接收到信号后必须进行解调才能恢复出原信号。前面已经讨论了幅度调制的问题，下面来讨论频率调制（FM）和相位调制（PM）的问题。

频率调制（调频）的特征是载波信号的频率随调制信号的变化而变化；相位调制（调相）的特征是载波信号的相位随调制信号的变化而变化。调频信号随调制信号变化的波形如图 8-49

所示。由图可见，调频波的特点是幅度与载波信号的幅度相等，频率随调制信号幅度的变化而变化。

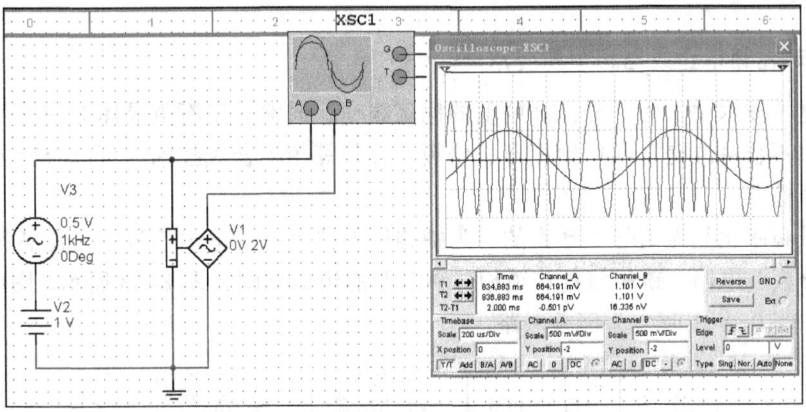

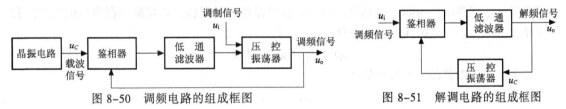

图 8-49 调频信号随调制信号变化的波形

2. 锁相环在调频和解调电路中的应用

调频波的特点是频率随调制信号幅度的变化而变化。由式（8-39）可知，压控振荡器的振荡频率取决于输入电压的幅度。当载波信号的频率与锁相环的固有振荡频率 ω_0 相等时，压控振荡器输出信号的频率将保持 ω_0 不变。若压控振荡器的输入信号除了有锁相环低通滤波器输出的信号 u_C 外，还有调制信号 u_i，则压控振荡器输出信号的频率将是以 ω_0 为中心，随调制信号幅度的变化而变化的调频波信号。由此可得调频电路可利用锁相环来组成，利用锁相环组成的调频电路的组成框图如图 8-50 所示。

根据锁相环的工作原理和调频波的特点可得调频信号解调电路的组成框图如图 8-51 所示。

图 8-50 调频电路的组成框图

图 8-51 解调电路的组成框图

利用集成锁相环搭建的调频信号的解调电路仿真实验的结果如图 8-52 所示。

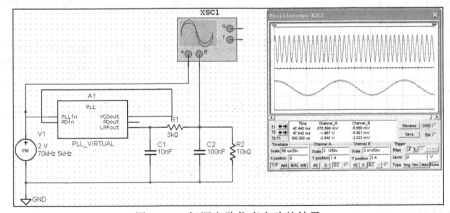

图 8-52 解调电路仿真实验的结果

图 8-52 所示波器屏幕上的第一个波形是输入的调频波信号，第二个波形是解调后输出的调制信号。

3．锁相环在频率合成电路中的应用

在现代电子技术中，为了得到高精度的振荡频率，通常采用石英晶体振荡器。但石英晶体振荡器的频率不容易改变，利用锁相环、倍频、分频等频率合成技术，可以获得多频率、高稳定的振荡信号输出。

输出信号频率比晶振信号频率大的称为锁相倍频器电路；输出信号频率比晶振信号频率小的称为锁相分频器电路。锁相倍频和锁相分频电路的组成框图如图 8-53 所示。图中的 $N>1$ 时，为分频电路；当 $0<N<1$ 时，为倍频电路。

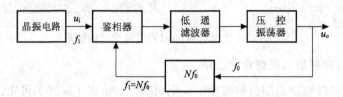

图 8-53　锁相倍频和锁相分频电路的组成框图

小　　结

各种电器设备中所用的正弦波、矩形波、三角波和锯齿波等，都是由波形产生和变换电路来提供的。能够输出正弦波信号的电路称为正弦波信号发生器。正弦波信号发生器由放大器、反馈网络、选频网络和稳幅电路四部分组成。振荡器要产生振荡，必须满足振荡的相位条件和幅度条件。振荡器产生振荡的相位条件是

$$\varphi = \varphi_A + \varphi_F = 2n\pi$$

振荡器产生振荡的幅度条件是

$$\ddot{A}F = -1$$

判别一个电路是否会产生振荡的方法是：先判别相位条件，再判别幅度条件。只有满足相位条件的电路才有可能产生振荡，凡不满足相位条件的电路肯定不会产生振荡，判别的过程应注意电感线圈同名端的设置。

方波、三角波等信号发生器通常是利用波形变换的方法来产生的，波形变换电路的基础是电压比较器，电压比较器可利用工作在非线性工作区的运算放大器来组成。涉及电压比较器的问题主要是：阈值电压的计算，电压传输特性曲线的绘制和输入、输出波形的变换关系。

利用三要素公式、RC 积分电路计算电容两端电压的方法和电压比较器电压传输特性的关系可推导出各种振荡器输出信号的频率。

习题和思考题

1．在括号内填入合适的答案。

（1）组成振荡器的四部分电路分别是_____、_____、_____和_____；振荡器

要产生振荡首先要满足的条件是_____，其次还应满足_____。

（2）常用的正弦波振荡器有_____、_____和_____；要制作频率在 200～20kHz 的音频信号发生器，应选用_____；要制作频率在 3M～30MHz 的高频信号，应选用_____；要制作频率非常稳定的信号源，应选用_____。

（3）石英晶体的两个谐振频率分别是_____和_____。当石英晶体处在谐振状态时，石英晶体呈_____；当输入信号的频率位于石英晶体的两个谐振频率之间时，石英晶体呈_____；在其余的情况下，石英晶体呈_____。

（4）工作在_____和_____状态下的运算放大器可组成电压比较器；工作在非线性工作区的运算放大器"虚短"的关系式不成立，求电压比较器阈值电压所用的公式是_____；可以使用"虚短"的关系求阈值电压的理由是_____。

（5）滞回电压比较器的门限电压有_____。该电压比较器在输入的正弦波或三角波信号的作用下，输出信号是_____。因为积分电路在方波信号的作用下，输出信号是三角波，所以可以将_____和_____串联起来组成_____和_____信号发生器；利用二极管_____可改变积分电路_____的电路，使方波信号的_____占空比发生变化。利用同样的方法可将三角波信号发生器变成_____。

2. 在图 8-54 所示电路的变压器上标出合适的同名端，使电路满足振荡的相位条件。

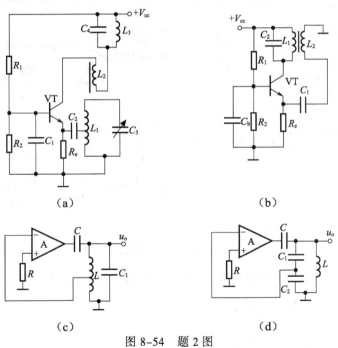

（a）　　　　（b）

（c）　　　　（d）

图 8-54　题 2 图

3. 判断图 8-55 所示的电路是否会产生振荡，并说明理由。

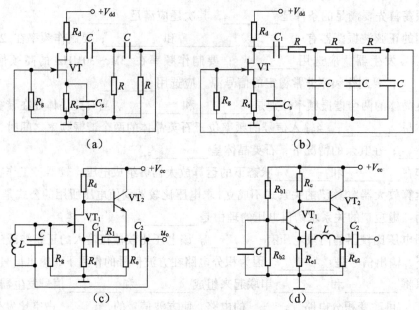

图 8-55 题 3 图

4. 分别求出图 8-56 所示电路的阈值电压，并画出各电路的电压传输特性曲线。

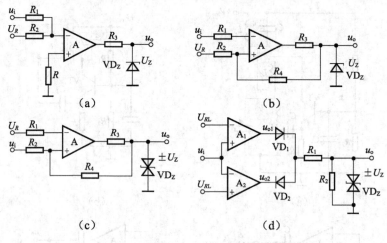

图 8-56 题 4 图

5. 说明图 8-57 所示电路中的两个运算放大器的工作区，画出电路的电压传输特性曲线。

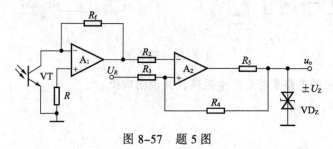

图 8-57 题 5 图

6. 说明图 8-58 所示电路各部分的作用，画出各输出端口信号的波形，求出该电路的振荡频率。

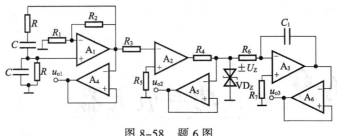

图 8-58　题 6 图

7. 画出图 8-59 所示电路各输出端口的波形，推导出计算该电路振荡频率的公式。

8. 如何将图 8-59 所示的三角波信号发生器改成锯齿波信号发生器。

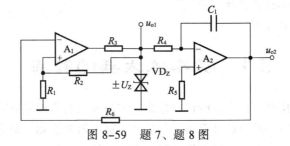

图 8-59　题 7、题 8 图

第 9 章 功率放大器

学习要点：

- 用图解法进行功率放大器的分析。
- 各种类型的功率放大器。

9.1 功率放大器的特点

功率放大电路的作用是将放大后的信号输出，并驱动执行机构完成特定的工作，执行机构通常称为电路的负载。不同的负载具有不同的功率，放大器要驱动负载必须输出相应的功率。能够向负载提供足够输出功率的电路称为功率放大器，简称功放。

由前面的知识可知，放大电路的实质是能量的转换和控制电路。从能量转换和控制的角度来看，功率放大器和电压放大器没有什么本质的区别，电压放大器和功放电路的主要差别是所完成的任务不同。

9.1.1 功率放大电路的特殊问题

电压放大器的任务是放大输入电压；而功放电路是放大输入功率。功放电路在工作的过程中，不仅要追求输出高电压，而且要追求在电源电压确定的情况下，输出尽可能大的功率。因此，功率放大电路中包含了一系列在电压放大电路中所没有出现过的特殊问题，这些问题如下。

1. 尽量大的输出功率

为了实现尽量大的输出功率，要求功放管的电压和电流都要有足够大的输出幅度，因此，三极管往往工作在极限的状态下。

2. 尽量提高功率转换的效率

放大器在输入信号的作用下向负载提供的输出功率是由直流电源转换来的。在转换时，管子和电路中的耗能元件均要消耗功率，设放大器的输出功率为 P_o，电源消耗的功率为 P_E，则功放电路的效率为

$$\eta = \frac{P_\text{o}}{P_\text{E}} \tag{9-1}$$

3. 允许适当的非线性失真

工作在大信号极限状态下的三极管，不可避免地会产生非线性失真，且同一个三极管，输

出功率愈大，非线性失真愈严重，功放管的非线性失真和输出功率是一对矛盾。在不同的应用场合处理这对矛盾的方法不相同。

例如，在音响系统中，要求在输出功率一定时，非线性失真要尽量小；而在工业控制系统中，通常对非线性失真不要求，只要求功放的输出功率足够大。

4．功放管的散热

在功率放大器中，因功放管的集电极电流较大，所以，功放管的集电极将消耗大量的功率，使功放管的集电极温度升高。为了保护功放管不因温度太高而损坏，必须采用适当的措施对功放管进行散热。

另外，在功率放大电路中，为了输出较大的信号功率，功放管往往工作在大电流和高电压的情况下，功放管损坏的几率比较大，采取措施保护功放管也是功放电路要考虑的问题。

此外，在分析方法上，功放电路也不能采用前面介绍的微变等效电路分析法，而必须采用图解分析法。

9.1.2　功率放大器的工作状态

功放电路的输出功率、转换效率和非线性失真等性能均与放大管的工作状态有关。根据放大电路静态工作点 Q 在直流负载线上位置的不同，可将放大器的工作状态分为甲类、乙类和甲乙类三种类型。

1．甲类工作状态

静态工作点位于直流负载线中点的放大器称为甲类放大器。工作在甲类状态下的三极管，在输入信号的整个周期内都处于导通的状态，静态工作点电流 I_{CQ} 大于信号电流 i_c 的幅值，静态工作点电压 U_{CQ} 大于信号电压 u_{ce} 的幅值，如图 9-1 所示。

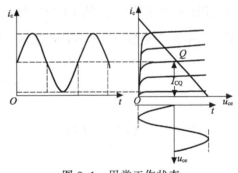

图 9-1　甲类工作状态

工作在甲类状态下的放大器，在没有信号输入的时候，静态工作点的值为 I_{CQ} 和 U_{CEQ}，电路消耗的功率为 I_{CQ} 和 U_{CEQ} 的乘积。即

$$P_E = I_{CQ} U_{CEQ} \tag{9-2}$$

这说明，甲类放大器在没有输入信号时，电路也要消耗能量，此时电路的能量转换效率为零。在有信号输入时，部分直流功率转换成信号功率输出，信号愈大，输出功率愈大，电路能量转换的效率也随着增大。由图 9-1 可见，若功放管的饱和管压降可忽略，在理想的情况下，信号电流和信号电压的最大值约等于 I_{CQ} 和 U_{CEQ}。根据有效值和最大值的关系，可得在理想情况下，输出信号功率的最大值为

$$P_m = IU = \frac{I_{CQ}}{\sqrt{2}} \frac{U_{CEQ}}{\sqrt{2}} = \frac{1}{2} I_{CQ} U_{CEQ} \tag{9-3}$$

根据效率的定义式 $\eta = \dfrac{P_o}{P_E}$，可得甲类功率放大器的最高效率为 50%。说明甲类功率放大器的功率转换效率较低。

因为甲类放大器能量转换的效率较低，所以甲类放大器主要用于电压放大，在功放电路中较少用。

2. 乙类工作状态

为了提高功率放大器的能量转换效率，将电路的静态工作点移到直流负载线 I_{CQ} 为零的 Q 点，工作点位于如图 9-2 所示 Q 点的放大器称为乙类放大器。

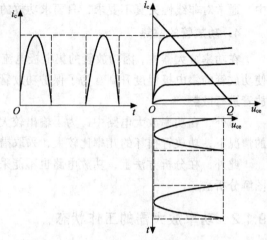

乙类放大器的特点是，功放管只在信号的半个周期内处于导通的状态，电路的静态工作点 I_{CQ} 等于零。处在乙类状态下工作的放大器静态功耗等于零，随着信号的输入，电源提供的功率、放大器的输出功率和转换效率也随着发生变化。

由图 9-2 可见，若功放管的饱和管压降可忽略，则在理想的情况下，乙类放大器输出信号的最大值为 V_{cc}，输出信号功率的最大值为

图 9-2　乙类工作状态

$$P_{o\max} = \frac{U_{ce\max}^2}{R_L} = \frac{V_{cc}^2}{2R_L} \qquad (9-4)$$

因乙类放大器只在信号的半个周期内有功率输出，所以，该放大器有信号输出时，电源消耗的功率 P_E 为电源电压和半波电流的平均值 $I_{(AV)} = \dfrac{2I_m}{\pi} = \dfrac{2V_{cc}}{\pi R_L}$ 的乘积，即

$$P_E = I_{(AV)}V_{cc} = \frac{2V_{cc}^2}{\pi R_L} \qquad (9-5)$$

由此可得，在理想的情况下，乙类放大器的能量转换效率 η 为

$$\eta = \frac{P_o}{P_E} = \frac{\pi}{4} = 78.5\% \qquad (9-6)$$

3. 甲乙类工作状态

乙类放大器将静态工作点取在图 9-2 所示的 I_{CQ} 为零的 Q 点上，工作在这种状态下的放大器虽然效率比较高，但在信号交接的时候会产生交越失真。为了消除交越失真，将静态工作点的值取在图 9-3 所示的 Q 点，具有这种工作点特性的放大器称为甲乙类放大器。

甲乙类放大器的特点是，功放管在信号半个周期以上的时间内处于导通的状态，由于电路的静态工作点 I_{CQ} 较小，静态功耗也较小，因此在理想的情况下，甲乙类放大器的转换效率接近于乙类放大器。

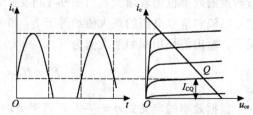

图 9-3　甲乙类工作状态

由上面的分析可见，乙类和甲乙类放大器的功率转换效率较高，但都存在着波形失真的问题。既要提高效率，又要减小波形失真，是功放电路要解决的问题。

9.2 乙类互补对称功率放大器

工作在乙类状态下的放大电路，虽然管耗小，效率高，但输入信号的半个波形被削掉了，产生了严重的失真现象。解决失真问题的方法是，用两个工作在乙类状态下的放大器，分别放大输入信号的正、负半周，同时采取措施，使放大后的正、负半周信号能加在负载上面，在负载上获得一个完整的波形。利用这种方式工作的功放电路称为乙类互补对称电路，也称为推挽功率放大电路。

推挽功率放大电路有单电源和双电源两种类型。单电源的电路通常称为 OTL（无输出变压器）功率放大器，双电源的电路通常称为 OCL（无输出电容）功率放大器，下面以 OCL 电路为例来讨论功率放大器的工作原理。

9.2.1 OCL 功放电路的组成

OCL 功率放大器的电路组成如图 9-4 所示。OCL 功率放大器有两个供电电源，且采用 NPN 和 PNP 组成的共集电极对称电路来实现对正、负半周输入信号的放大。

该电路的工作原理是：当输入信号为正半周时，三极管 VT_2 因反向偏置而截止，三极管 VT_1 因正向偏置而导通，VT_1 对输入的正半周信号实施放大，在负载电阻上得到放大后的正半周输出信号；当输入信号为负半周时，VT_1 因反向偏置而截止， VT_2 因正向偏置而导通，VT_2 对输入的负半

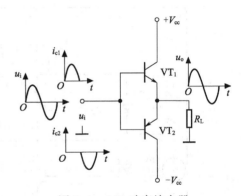

图 9-4 OCL 功率放大器

周信号实施放大，在负载电阻上得到放大后的负半周输出信号。虽然正、负半周信号分别是由两个三极管放大的，但两个三极管的输出电路都是负载电阻 R_L，输出的正、负半周信号将在负载电阻 R_L 上合成一个完整的输出信号，如图 9-4 中的波形所示。

OCL 电路为了使合成后的波形不产生失真，要求两个不同类型三极管的参数要对称。

9.2.2 交越失真的消除方法

工作在乙类状态下的放大电路，因发射结"死区"电压的存在，在输入信号的绝对值小于"死区"电压时，两个三极管均不导电，输出信号电压为零，产生信号交接的失真，这种失真称为交越失真，如图 9-5 所示。

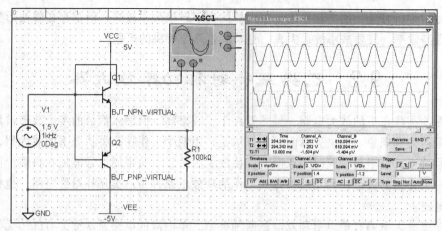

图 9-5　交越失真

　　消除交越失真的方法是：让两个三极管工作在甲乙类工作状态下。处在甲乙类工作状态下的三极管，其静态工作点的正向偏置电压很小，两个管子在静态时处在微导通的状态，当输入信号输入时，管子即进入放大区对输入信号进行放大。处在甲乙类工作状态下的 OCL 功放电路如图 9-6 所示。

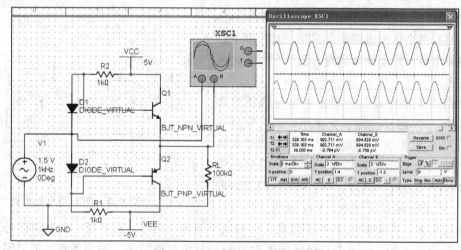

图 9-6　甲乙类 OCL 功放电路

　　图 9-6 中的电阻 R_1 和 R_2，二极管 VD_1 和 VD_2 分别组成三极管 VT_1 和 VT_2 的偏置电路，用来消除交越失真。

9.2.3　OCL 功放电路晶体管的选择

　　在功放电路中，为了保证功放管的安全运行，功放管所承受的最大管压降、集电极最大电流和最大功耗等参数应满足电路的要求。这些参数是选择功放管的依据，下面来介绍 OCL 功放电路晶体管选择的原则。

1. 最大管压降

　　从 OCL 功放电路的工作原理可知，在两只功放管中，处在截止状态的三极管将承受更大的管压降。

设输入信号为正半周时，三极管 VT_1 因正向偏置而导通，三极管 VT_2 因反向偏置而截止。当 u_i 从 0 逐渐增大到最大值时，两个三极管的发射极电位 U_e 也从 0 逐渐增大到最大值 $U_e = V_{cc} - U_{CES} \approx V_{cc}$，因此，$VT_2$ 管的管压降为

$$U_{EC2} = V_{E2} - V_{C2} = V_{cc} - (-V_{cc}) = 2V_{cc} \tag{9-7}$$

即功放管的最大管压降为功放管供电电源电压的两倍。

2．集电极最大电流

由 OCL 功放电路的工作原理可得，功放管集电极的最大电流等于负载电流的最大值，因为负载电阻上的最大电压约等于电源电压 V_{cc}，所以，功放管集电极电流的最大值为

$$I_{cmax} = \frac{V_{cc}}{R_L} \tag{9-8}$$

3．集电极最大功耗

在功率放大电路中，电源提供的功率，除了转换成输出功率外，其余的部分主要消耗在功放管上。根据能量守恒和转换定律可得集电极的功耗 $P_T \approx P_E - P_o$。当输入信号为零时，因功放管不导电，功放管所消耗的功率最小；当输入信号最大时，因管压降最小，所以功放管的功耗也是最小。因输入信号为最大和最小时，功放管的功耗都是最小，所以功放管的功耗存在着最大值点，根据高等数学求最大值的方法可求得功放管功耗的最大值。

设 OCL 功放电路的管压降和集电极电流的表达式分别为

$$u_{ce} = V_{cc} - U_{cm} \sin \omega t \tag{9-9}$$

$$i_c = \frac{U_{cm}}{R_L} \sin \omega t \tag{9-10}$$

因为 OCL 电路中功放管只在信号的半个周期内有消耗功率，所以功放管的功耗是功放管所消耗的平均功率。根据高等数学求平均值的公式可得

$$P_T = \frac{1}{T} \int_0^{\frac{T}{2}} u_{ce} i_c \mathrm{d}t = \frac{1}{T} \int_0^{\frac{T}{2}} (V_{cc} - U_{cm} \sin \omega t) \frac{U_{cm}}{R_L} \sin \omega t \mathrm{d}t$$

$$= \frac{1}{R_L} \left(\frac{V_{cc} U_{cm}}{\pi} - \frac{U_{cm}^2}{4} \right) \tag{9-11}$$

上式说明 P_T 是 U_{cm} 的函数，对上式求导

$$\frac{\mathrm{d}P_T}{\mathrm{d}U_{cm}} = \frac{1}{R_L} \left(\frac{V_{cc}}{\pi} - \frac{2U_{cm}}{4} \right) = 0$$

可得

$$U_{cm} = \frac{2}{\pi} V_{cc} \approx 0.6 V_{cc}$$

根据功耗的表达式可得最大功耗为

$$P_{TM} = \frac{U_{cm}^2}{R_L} = \frac{4V_{cc}^2}{\pi^2 R_L} = \frac{2}{\pi^2} P_{OM} \approx 0.2 P_{OM} \tag{9-12}$$

式中的 $P_{OM} = \dfrac{V_{cc}^2}{2R_L}$ 是输出信号功率的最大值，由式（9-12）可见，功放管集电极的最大功耗仅为

输出功率最大值的 $\dfrac{1}{5}$，在具体选择管子时应注意留有一定的余量。

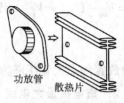

功放电路中所使用的功放管在参数上除了要满足上述公式的要求外，还要注意功放管的散热问题。功放管常用的散热片结构如图 9-7 所示。

散热片通常由铝片组成，表面纯化涂黑，有利于热辐射。为利于通风，功放管的散热片通常垂直安装在电路中，在条件许可的情况下，利用电风扇强制通风，可获得更大的耗散功率。

图 9-7　散热片结构

9.2.4　OTL 功放电路的组成和工作原理

1．电路的组成

OCL 功放电路需要双电源供电，在只有单电源供电的电子设备中不适用。在单电源供电的电子设备中，功放电路常采用 OTL 电路，该电路的组成如图 9-8 所示。由图可见，OTL 电路和 OCL 电路的组成基本相同，主要差别除了单电源供电外，还有负载电阻 R_L 通过大容量的电容器 C 与 OTL 电路的输出端相连。

2．工作原理

该电路的工作原理是：当正半周信号输入时，功放管 VT_1 导通，VT_2 截止，VT_1 通过电容器 C 输出正半周放大信号的同时，电源也对大容量电容器 C 充电。充电电流如图 9-8 中的 i_1 所示；当负半周信号输入时，功放管 VT_2 导通，VT_1 截止，电容 C 通过 VT_2 放电的同时输出负半周放大信号，放电电流如图 9-8 中的 i_2 所示。

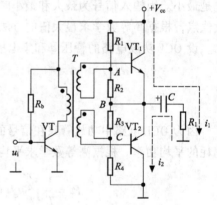

图 9-8　OTL 功放电路

由上面的讨论可知，电路中大容量的电容器 C 除了是交流信号的耦合电容外，还是功放管 VT_2 的供电电源。

【**例 9.1**】设如图 9-8 所示电路的 $R_1=R_4=120\Omega$，$R_2=R_3=100\Omega$，电源电压 $V_{cc}=3V$，负载电阻 $R_L=8\Omega$，求静态时 A、B、C 各点的电位值；在理想情况下输出信号功率的最大值 P_{OM} 和电路的转换效率 η。

【**解**】因为静态时，两个功放管均处在导通边缘的截止状态，电源电压通过电阻分压电路对电容器 C 充电，根据电路对称性的特点可得，电容器 C 上的电压值为电源电压的一半，所以静态时 B 点的电位值为 1.5V，A 点的电位值为 2.2V，C 点的电位值为 0.8V。因 B 点的电位值为 1/2 的电源电压值，所以，输出交流信号的最大值也是电源电压值的一半，将 $U_{em}=V_{cc}/2$ 的结论代入式（9-4）和式（9-6）可得

$$P_{OM} = \frac{U_o^2}{R_L} = \frac{\left(\dfrac{V_{cc}}{2\sqrt{2}}\right)^2}{R_L} = \frac{V_{cc}^2}{8R_L} = 0.14\,\text{W}$$

$$\eta = \frac{P_o}{P_E} = \frac{\pi}{4} = 78.5\%$$

9.3 集成功率放大电路

随着集成电路技术的发展，集成功率放大电路的产品越来越多，下面以 DG4100 型集成功率放大电路为例来讨论集成功率放大电路的内部结构和使用方法。

9.3.1 DG4100 型集成功率放大器的内部结构

DG4100 型集成功率放大器的内部电路如图 9-9 所示。

由图 9-9 可见，DG4100 集成功放是由三级直接耦合放大电路和一级互补对称功放电路组成。图中各三极管的作用是：VT_1 和 VT_2 组成单端输入、单端输出的差动放大器，VT_3 为差动放大器提供偏流；VT_4 是共发射极电压放大器，起中间放大的作用，VT_5 和 VT_6 组成该放大器的有源负载；VT_7 也是共发射极电压放大器，也起中间放大的作用，该级电路通常又称为功放的推动电路；VT_{12} 和 VT_{13} 组成 NPN 复合管，VT_8 和 VT_{14} 组成 PNP 复合管，这四个三极管组成互补对称功率放大器，VT_9、VT_{10} 和 VT_{11} 为功放电路提供合适的偏置电压，以消除交越失真。

该电路中的电阻 R_{11} 将第 1 脚的输出信号反馈到 VT_2 的基极，经第 6 脚与外电路相连引入串联电压负反馈来改善电路的性能。

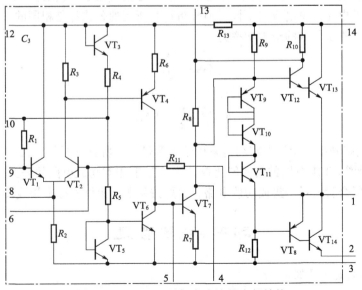

图 9-9 DG4100 型集成功放的内部结构

9.3.2　DG4100型集成功率放大器的使用方法

DG4100型集成功率放大器共有14个引脚，该集成电路组成OTL电路的典型连接方法如图9-10所示。

图9-10中的 C_1 是输入耦合电容，C_2 是电源滤波电容；C_3、R_f 和内部电阻 R_{11} 组成串联电压交流负反馈电路。引入深度负反馈来改善电路的交流性能，该电路的闭环电压放大倍数为 $A_{uf}=1+\dfrac{R_{11}}{R_f}$；$C_4$ 是滤波电容，C_5 是去耦电容，用来保证 VT_1 管偏置电流的稳定；C_6 和 C_7 是消振电容，用来消除电路的寄生振荡；C_8 是输出电容，C_9 是"自举电容"，该电容的作用是将输出端的信号电位反馈到 VT_7 的集电极，使 VT_7 集电极的电位随输出端信号电位的变化而变化，以加大 VT_7 的动态范围，提高功放电路输出信号的幅度；C_{10} 的作用是高频衰减，以改善电路的音质。

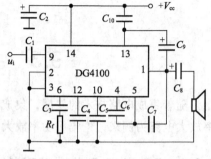

图9-10　DG4100集成功放的连接图

小　结

功率放大器的作用是对输入信号的功率进行放大，因为信号的功率不仅与信号的电压有关，还与信号的电流有关，所以功放电路中的功放管往往工作在极限状态下。工作在极限状态下的三极管，微变等效电路分析法不适用，必须用图解法进行分析计算。

功放电路有三种类型，静态工作点位于直流负载线中点的称为甲类功率放大器；静态工作点位于直流负载线与 u_{ce} 轴交点上的称为乙类功率放大器；静态工作点介于两者之间的称为甲乙类功率放大器，甲乙类功率放大器可消除乙类放大器所存在的交越失真现象。

乙类功率放大器有 OCL 和 OTL 两种类型。OCL 电路用双电源供电，OTL 电路用单电源供电。虽然两种类型电路的供电方式不同，但分析计算所用的公式却是相同的。对于 OCL 电路，在理想的情况下，输出信号的最大功率为

$$P_{omax}=\frac{V_{cc}^2}{2R_L}$$

最大效率为

$$\eta=\frac{P_o}{P_E}=\frac{\pi}{4}=78.5\%$$

因为 OTL 电路和甲类功放电路均是采用单电源供电，所以只要将上式中的 V_{cc} 写成 $V_{cc}/2$ 的形式，即可将计算 OCL 电路的公式转化成计算 OTL 和甲类功放电路的公式。在功放电路中，功放管通常采用复合管。对于集成功放电路，只要按手册所提供的标准接线图接线即可。

习题和思考题

1. 在括号内填入合适的答案。

（1）根据功放电路工作点设置的不同，可将功放电路分成_____、_____和_____。

_____存在着交越失真的现象，采用_____可消除交越失真的现象。

（2）在 OCL 电路中，为了保证管子的安全，功放管的极限参数要满足的条件是：最大集电极电流 I_{cm} 为_____，最大管耗 P_{cm} 为_____，最大管压降 U_{cem} 为_____，最大集电极电流 I_{cm} 为_____。

2. 在图 9-11 所示的电路中，设 VT_2 和 VT_4 的饱和管压降 $|U_{CES}|=2V$，负载电阻 $R_L=8\Omega$，静态时电源电流可忽略不计，求负载上可能获得的最大输出功率 P_{OM} 和效率 η。

3. 在图 9-12 所示的电路中，设 VT_2 和 VT_4 的饱和管压降 $|U_{CES}|=1V$，负载电阻 $R_L=8\Omega$，静态时电源电流可忽略不计，求负载上可能获得的最大输出功率 P_{OM} 和效率 η。

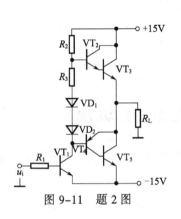

图 9-11 题 2 图

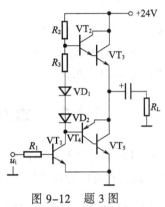

图 9-12 题 3 图

第 10 章 直流稳压电源

学习要点：

- 直流稳压电源的组成。
- 集成稳压电源的应用。

10.1　直流稳压电源的组成

通常各种电器设备内部是由不同种类的电子电路组成的。电子电路正常工作需要直流电源，为电器设备提供直流电的设备称为直流稳压电源。

10.1.1　直流稳压电源的组成框图

直流稳压电源可以将 220V 的交流输入电压转变成稳定不变的直流电压输出，直流稳压电源的组成框图如图 10-1 所示。

图 10-1　直流稳压电源的组成框图

变压电路可以将 220V 的交流电变换成电路所需的低压交流电，用普通的电源变压器即可实现变压的目的。

整流电路的作用是将输入的交流电变换成单向脉动的直流电，利用第 4 章所介绍的半波整流电路或桥式整流电路均可以实现整流的目的。

滤波电路的作用是平滑整流输出的单向脉动电压。最简单的滤波电路是电容器，桥式整流电路输出的波形经电容滤波电路处理后的输出电压波形如图 10-2 所示。

稳压电路的作用是稳定电源的输出电压，最简单的稳压电路是第 4 章介绍的稳压管稳压电路。因稳压管稳压电路的稳压管与负载相并联，所以又称并联型稳压电路。

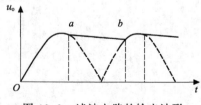

图 10-2　滤波电路的输出波形

稳压管稳压电路虽然结构简单，但稳压电路的输出电流较小，输出电压不可调，在很多场合不适用，利用三极管输出电压可调的特点也可以实现稳压的目的。

利用三极管输出电压可调的特点所组成的稳压电源，由于三极管与负载相串联，所以又称为串联型稳压电源。串联型稳压电源可实现输出电压可调的目的。

10.1.2 串联型稳压电源电路

1. 电路的组成

串联型稳压电源电路的组成框图如图 10-3 所示，最简单的串联型稳压电源电路如图 10-4 所示。

图 10-4 中的电容 C_1 是电源滤波电容，设 C_1 两端的输出电压为 U_i，该电压是稳压电路的输入电压。稳压电源中的稳压电路由四个单元组成。

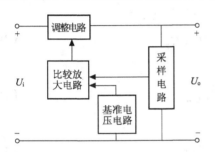

图 10-3 串联型稳压电源电路的组成框图

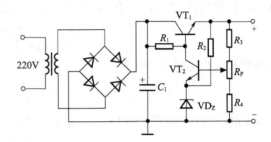

图 10-4 串联型稳压电源电路

① 基准电压单元：限流电阻 R_2 和稳压管 VD_Z 组成稳压电路的基准单元，该单元的作用是为稳压电路提供自动调整所需的基准电压 U_Z。

② 采样单元：电阻 R_3、R_4 和电位器 R_P 组成稳压电路的采样单元，因该单元与负载电阻相并联，所以该电路两端电压的变化情况直接反映了输出电压的变化情况。

③ 比较放大单元：稳压电路中的放大单元由三极管 VT_2、电阻 R_1 和 VD_Z 等器件组成，该电路可将采样电路所采到的电压 U_{b2} 与基准电压 U_Z 进行比较，并产生与输出电压变化情况成正比的控制信号，控制信号经放大后产生控制电压，控制调整管 VT_1 的输出电压，以保证稳压电源输出电压的稳定。

④ 调整单元：稳压电路中的调整单元由 VT_1 和外接的负载电阻等器件组成，VT_1 与负载电阻等组成射极输出器。射极输出器是串联电压负反馈电路，因为电压反馈可以稳定输出电压，所以稳压电源的输出电压将很稳定。

2. 串联型稳压电源的工作原理

讨论串联型稳压电源的工作原理可分负载电阻不变、输入电压变化和输入电压不变、负载电阻变化这两种情况。

（1）负载电阻不变、输入电压变化时的稳压过程

负载电阻保持不变，输入电压 U_i 上升时，会引起输出电压 U_o 也上升。在这种情况下，稳压电源稳压的过程图如图 10-5 所示。

由稳压的过程图可见，U_i、U_o 和调整管的输出电压 U_{ce1} 三者之间是串联的关系，所以，该电路称为串联型稳压电源。

（2）输入电压不变、负载电阻变化时的稳压过程

输入电压 U_i 保持不变，负载电阻上升时，会引起输出电压 U_o 也上升。在这种情况下，稳压电源稳压的过程图如图 10-6 所示。

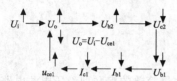

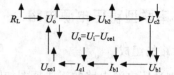

图 10-5 R_L 保持不变的稳压过程图   图 10-6 U_i 保持不变的稳压过程图

3. 稳压电源输出电压 U_o 的计算公式

在图 10-4 所示的电路中，设电位器上段的电阻值为 R_{P1}，下段的电阻值为 R_{P2}，采样放大管 VT_2 基极的电位 $U_B \approx U_Z$，在 I_{B2} 很小，且可忽略的前提下，U_B 为

$$U_B = \frac{R_4 + R_{P2}}{R_3 + R_P + R_4} U_o \approx U_Z \tag{10-1}$$

由上式可得输出电压 U_o 为

$$U_o = \frac{R_3 + R_P + R_4}{R_4 + R_{P2}} U_Z \tag{10-2}$$

当 R_{P2} 为最小值 0 时，输出电压 U_o 为最大值 U_{omax}

$$U_{omax} = \frac{R_3 + R_P + R_4}{R_4} U_Z \tag{10-3}$$

当 R_{P2} 为最大值 R_P 时，输出电压 U_o 为最小值 U_{omin}

$$U_{omin} = \frac{R_3 + R_P + R_4}{R_4 + R_P} U_Z \tag{10-4}$$

【例 10.1】如图 10-4 所示的稳压电源电路，设 U_Z=5V，R_3=R_4=R_P，请确定该稳压电源输出电压的调整范围。

【解】根据式（10-3）和式（10-4）可得

$$U_{omax} = \frac{R_3 + R_P + R_4}{R_4} U_Z = 15\text{V}$$

$$U_{omin} = \frac{R_3 + R_P + R_4}{R_4 + R_P} U_Z = 7.5\text{V}$$

由此可得该稳压电源输出电压的调整范围为

$$\Delta U = U_{omax} - U_{omin} = 7.5\text{V}$$

10.1.3 稳压电源的主要指标

稳压电源的主要技术指标除了输出电压 U_o 和输出电流 I_o 外，还有稳压系数 S 和输出电阻 r_o。

1. 稳压系数 S

稳压系数 S 的定义为：当稳压电源的负载 R_L 不变时，输出电压 U_o 的相对变化量与输入电压 U_i 的相对变化量的比值，即

$$S = \frac{\dfrac{\Delta U_o}{U_o}}{\dfrac{\Delta U_i}{U_i}}\qquad\qquad(10\text{-}5)$$

2．输出电阻 r_o

输出电阻 r_o 的定义为：当输入电压 U_i 不变时，若负载电流的变化量为 ΔI_o，输出电压的变化量为 ΔU_o，则输出电阻 r_o 为

$$r_o = \frac{\Delta U_o}{\Delta I_o}\qquad\qquad(10\text{-}6)$$

10.2　串联型集成稳压电路

随着集成电路技术的发展，串联型集成稳压电路也应运而生。

10.2.1　串联型集成稳压电路的组成

串联型集成稳压电路的组成框图如图 10-7 所示。由图可见，在图 10-4 所示电路的基础上，加上保护电路即可组成串联型稳压集成电路。图 10-8 是串联型集成稳压电路 W7800 的外观图和元件符号。

图 10-8（a）是金属封装的外形图，图（b）是塑料封装的外形图，图（c）是 W7800 的电路符号。

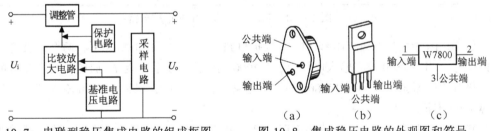

图 10-7　串联型稳压集成电路的组成框图　　　　图 10-8　集成稳压电路的外观图和符号

由图 10-8 可见，W7800 是一个三引脚的集成电路，所以该器件通常称为三端稳压器。三端稳压器 W7800 的主要参数如表 10-1 所示。

表 10-1　三端稳压器 W7800 的主要参数

参 数 名 称	符 号	测 试 条 件	单 位	典 型 值
输入电压	U_i		V	10
输出电压	U_o	$I_o=5\text{mA}$	V	5
最小输入电压	U_{umin}	$I_o \leqslant 1.5\text{A}$	V	7
电压调整率	$S_U\ (\Delta U_o)$	$I_o=0.5\text{A}$ $8\text{V} \leqslant U_I \leqslant 18\text{V}$	mV	7
电流调整率	$S_I\ (\Delta U_o)$	$10\text{mA} \leqslant I_o \leqslant 1.5\text{A}$	mV	25
输出电压温度变化率	S_r	$I_o=5\text{mA}$	MV/℃	1
输出噪声电压	U_{DO}	$10\text{Hz} \leqslant f \leqslant 100\text{kHz}$	μV	40

10.2.2 三端稳压器的基本应用电路

1．三端稳压器的基本应用电路

利用三端稳压器可以很方便地组成稳压电源电路，三端稳压器的基本应用电路如图 10-9 所示。

图中的电容 C_1 和 C_2 是滤波电容，用来改善输出信号的波形。

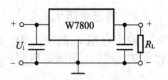

图 10-9　基本应用电路

2．有正、负电压输出的稳压电路

在电路需要正、负电源供电的场合，可用 W7800 和 W7900 集成电路组成有正、负电压输出的稳压电路，W7900 是输出为负电压的三端稳压器。有正、负电压输出的稳压电路如图 10-10 所示。

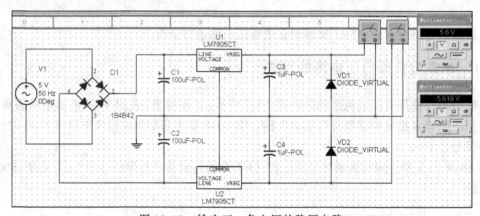

图 10-10　输出正，负电压的稳压电路

图 10-10 中的二极管 VD_1 和 VD_2 是保护电路，在正常工作的情况下，两个二极管均处于截止的状态。当 W7800 没有输入电压时，W7900 的输出经负载电阻 R_L 加在二极管 VD_1 的两端，使二极管 VD_1 导通，从而使 W7800 输出电压被钳制在 0.7V，保护 W7800 不损坏。同理也可保护 W7900 不损坏。

稳压电源电路除了上面介绍的串联型稳压电路之外，还有开关型稳压电路。开关型稳压电路的工作原理在数字电路中介绍。

小　　结

稳压电源电路可为各种电路提供正常工作所需要的直流稳压电源，该电路通常由变压电路、整流电路、滤波电路和稳压电路等四部分组成。

稳压电路有并联型和串联型两种类型。并联型稳压电路由限流电阻和稳压管组成。串联型稳压电路由采样放大和调整单元两部分电路组成，该电路是利用电压负反馈电路来实现稳定输出电压的目的。

根据串联型稳压电路原理图所制作的集成电路称为稳压集成电路。因为稳压集成电路有三个引脚输出，所以稳压集成电路又称为三端稳压器。根据手册提供的标准连接电路，即可正确地使用三端稳压器。

习题和思考题

1. 在括号内填入合适的答案。

（1）稳压电源中的整流电路可将输入的交流电压转变成_____输出，滤波电路的作用是_____，稳压电路有_____和_____两种类型。

（2）并联型稳压电路由_____和_____两部分电路组成，串联型稳压电路由_____、_____、_____和_____四部分电路组成。

2. 请找出图 10-11 所示稳压电源电路中的错误并在图中纠正，求出输出电压的变化范围，画出当 R_L 不变、U_i 下降时的稳压过程图。

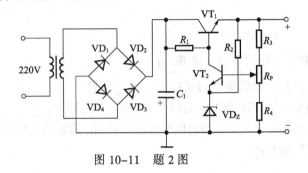

图 10-11　题 2 图

综合复习题（二）

一、选择、填空题（每题 3 分，共 60 分）

1. 工作在截止区的三极管集电结处在_____偏置。

2. 图 1 所示电路中的 VD_1 和 VD_2 为理想二极管，U_{ab} 等于_____。

3. 用万用表测得三极管三个引脚的电压如图 2 所示，请在图 2 中标出相应的引脚和说明该三极管的类型是 NPN 或 PNP。

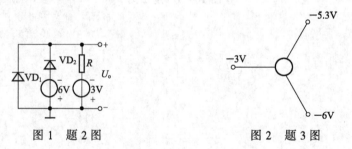

图 1　题 2 图　　　　　　　图 2　题 3 图

4. 图 3 所示的复合管连接正确的是_____。

5. 图 4 所示的电路是_____，该电路的微变等效电路是_____。

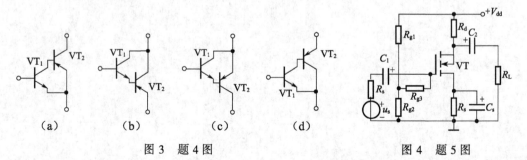

（a）　　　　（b）　　　　（c）　　　　（d）

图 3　题 4 图　　　　　　　　　图 4　题 5 图

6. 在图 6 所示的电路存在着_____失真，要消除它，R_2 应向上 / 下调。若该电路的基极电流 $i_B = (-0.04 + 0.03\sin\omega t)$ mA，$u_{BE} = (-0.7 + 0.03\sin\omega t)$ V，则基极的静态电流 I_B=_____，输入电阻 r_{be}=_____。

7. 判断图 6 所示反馈放大器的组态是_____，该电路的反馈系数 F=_____，画出当

u_o 上升时，u_o 变化的反馈过程图。

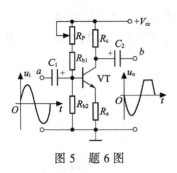

图5　题6图

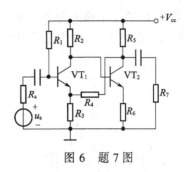

图6　题7图

8．图 7 所示集成运放电路中的 $A_v=10$，且 $R_2=2R_1$ 为已知，则 $R_3=$ ___ R_1，$R_4=$ ___ R_1。若在输入电压 $u_i=2mV$ 时，R_1 的接地点因虚焊而开路，则输出电压 $u_o=$ _____。

9．图 8 所示的电压比较器中，已知双向稳压管的稳压值为 $\pm U_Z$，该电路的门限电压 $U_{TH}=$ _____，该电路的电压传输特性曲线为图 9 的 _____，输入和输出的波形曲线为图 10 的 _____。

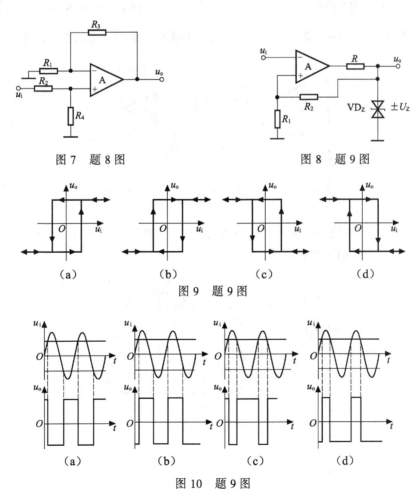

图7　题8图

图8　题9图

（a）　　（b）　　（c）　　（d）

图9　题9图

（a）　　（b）　　（c）　　（d）

图10　题9图

二、计算题（每题 10 分，共 40 分）

1. 求出图 11 所示电路的静态工作点，并计算该电路的 A_u、R_i、R_o 和 A_{us}。

2. 利用运算电路的分析方法，求出图 12 所示运算电路的电压放大倍数的公式，并画出 $A_u=2$ 的波特图。

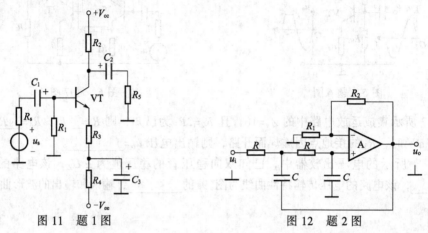

图 11 题 1 图   图 12 题 2 图

3. 画出图 13 所示电路的输出波形 u_{o1} 和 u_{o2}，并推导出确定该电路振荡频率的公式。

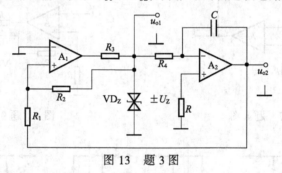

图 13 题 3 图

4. 请找出图 14 所示稳压电源电路中的错误并在图中纠正，求出输出电压的变化范围，画出当 U_i 不变、R_L 增大时的稳压过程图。

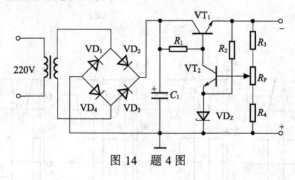

图 14 题 4 图

附录 A｜模拟电子电路读图常识

前面介绍了各种各样的电子电路，将这些电路按照一定的规则连接起来，即可组成具有某种特定功能的电路。对一个特定功能的电路进行分析的基础是读懂相关的电路图。

读电路图的步骤是：了解电路的用途；画出电路的组成框图；然后对各框图中的单元电路进行详细地分析。下面以超外差收音机电路为例介绍模拟电路读图的常识。

无线电广播采用调制的原理来发送信号。普通的无线电广播发送的信号是调幅波，不同的电台发送不同频率的调幅波信号。

收音机电路可接收不同电台发送的调幅波信号，并将所接收到的信号变换成声波信号输出。收音机电路要实现这个功能，电路的组成框图可采用图 A-1 所示的形式。

图 A-1　收音机电路的组成框图

图 A-1 中输入电路的作用是接收不同电台发送的调幅波信号；高频放大电路的作用是对调幅波信号进行放大；检波电路的作用是将调幅波信号中的音频信号取出来；低频放大电路的作用是对音频信号进行放大；功率放大的作用是对音频信号进行功率放大，以推动负载输出声音信号。

因不同电台信号的载波频率不相同，且高频放大器的放大倍数与频率有关，若不采取措施解决放大器放大倍数与频率有关的问题，势必会出现收音机转换信号的效果受载波频率影响的问题。在收音机电路中采用变频电路，可以有效地解决这个问题。

收音机电路变频的过程是：收音机在接收外界信号的同时，本身产生一个比外界输入信号频率高 465kHz 的本机振荡信号，本振信号与外界输入的信号在变频电路中相减，产生 465kHz 的固定中频信号。收音机后续的电路对 465kHz 的固定中频信号进行放大。处在这种接收状态下的收音机称为超外差收音机。根据超外差收音机的工作原理可得超外差收音机电路的组成框图，如图 A-2 所示。

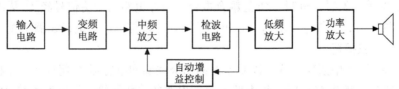

图 A-2　超外差收音机电路的组成框图

由图 A-2 可见，图 A-1 框图中的高频放大电路，在超外差式收音机中变成了变频电路和中频放大电路；图 A-2 中的 AGC 电路称为自动增益控制电路，该电路的作用是保证收音机输出的声音信号不会因输入信号强度的变化而变化。

在熟悉组成框图的情况下，接下来的工作是根据组成框图对各个单元电路进行详细地分析，将整机复杂的电路转化成简单的单元电路。

图 A-3 是一个简单的超外差收音机的整机电路图，下面以该电路图为例，介绍读图的方法和过程。

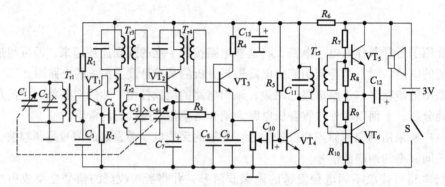

图 A-3　超外差收音机的电路图

由收音机电路的组成框图可知，收音机的第一级电路是输入电路。输入电路是收音机的门户，根据前面的知识可知，LC 串联谐振电路即可实现接收外界电台信号的目的。图 A-3 中变压器 Tr_1 的初级线圈、可调电容器 C_1 和半可调电容器 C_2 组成输入电路。改变可变电容器的值，就可以改变输入电路的谐振频率，接收到不同的电台信号，收音机在调台时转动的部件就是可变电容器。

由图 A-2 可知，输入电路接收信号后，通过变压器耦合送到变频电路。根据变频的原理可知，变频电路要实现变频的目的，首先要产生一个本振信号，然后再混频产生 465kHz 的中频信号。本振信号由 LC 正弦波振荡器产生，利用三极管的非线性特性可实现混频的目的。在变频电路中，振荡器和混频器是由同一个三极管来承担的。在本电路中变频电路以三极管 VT_1 为核心组成。

图 A-3 中的变压器 Tr_2 是振荡线圈，该线圈的初级、可调电容器 C_5 和半可调电容器 C_6 也组成 LC 串联谐振电路。因两个可变电容器是同轴套在一起的（图中的虚线表示两个器件共轴），所以，可保证在任何时刻振荡电路的振荡频率，比外界输入信号的频率高 465kHz。变压器 Tr_2 的次级线圈是振荡器的反馈网络。

变频电路中的振荡器是共基极组态的放大器，电阻 R_1 是 VT_1 的偏置电阻，电容器 C_3 是基极电容，电阻 R_2 是的发射极电阻，C_4 是耦合电容。谐振电路的振荡信号经 C_4 从 VT_1 的发射极输入，经 VT_1 放大后，从集电极输出。输出的信号经变压器 Tr_2 的次级线圈反馈到输入电路，激励振荡器产生正弦振荡。

图 A-3 中的 Tr_3 为中频变压器，该变压器的初级线圈和电容器 C 组成 LC 并联谐振电路，该谐振电路的谐振频率是 465kHz。该电路是变频电路的选频网络，该电路可将 465kHz 的信号取出来，通过变压器耦合送到三极管 VT_2 组成的中频放大器中进行放大。

　　变频电路的工作原理是：振荡器产生的本机振荡信号从三极管 VT_1 的发射极输入，输入电路接收到的外界电台信号从三极管 VT_1 的基极输入，这两个信号在 VT_1 内汇合，因三极管非线性的作用，从三极管集电极输出的信号有外界的输入信号 f，本振的信号 f_0，两信号的差频 f_0-f，两信号的和频 f_0+f。其中的差频信号 f_0-f 就是 465kHz 的中频信号，该信号被中频变压器取出，通过变压器耦合送到后级的中频放大器中做进一步放大。

　　中频放大器由 VT_2 为核心组成，图 A-3 中的变压器 Tr_4 也是中频变压器。中频放大器是共发射极电路，因 VT_2 的集电极接中频变压器 Tr_4，该变压器的初级线圈和电容器 C 组成谐振频率是 465kHz 的 LC 并联谐振电路，所以该放大器只对 465kHz 的中频信号实施有效地放大。因中频放大器只对固定频率的中频信号有放大作用，对其他频率的信号没有放大作用，所以中频放大器又称为选频放大器。

　　图 A-3 中的电阻 R_3、电容 C_7 和 C_8 是中频放大电路的偏置电路，该电路的偏置电压取自三极管 VT_3 的集电极。由于三极管 VT_3 的集电极电位与输入信号的强度成反比，因此当外界输入信号的强度较大时，VT_3 的集电极电位低，中频放大电路的偏流小，中频放大电路的增益较小；当外界输入信号的强度较小时，VT_3 的集电极电位高，中频放大电路的偏流大，中频放大电路的增益较大；中频放大电路的增益随输入信号的强、弱自动调节的功能称为自动增益控制（AGC）电路。

　　中频放大电路输出的信号，经变压器耦合输入以 VT_3 为核心组成的检波放大电路。由前面介绍的知识可知，利用二极管可实现检波的目的。在检波放大电路中，利用三极管的发射结在实现检波功能的同时，对检波出的信号也有一定的放大作用。电容器 C_9 是滤波电路，该电路可滤掉检波后的高频信号，并在电位器上产生音频信号输出，该电位器就是收音机的音量控制电位器。

　　输出的音频信号经电容器 C_{10} 耦合送入由三极管 VT_4 为核心组成的低频放大器中，该电路是共发射极的电压放大器，电阻 R_5 是放大器的偏置电阻，该放大器集电极所接的负载是输入变压器 Tr_5。输入变压器 Tr_5 内部有三个绕组，一个初级绕组，二个次级绕组。二个次级绕组的输出信号是极性相反的电压信号。

　　三极管 VT_5 和 VT_6 组成功放电路，因该电路的 VT_5 为共集电极电路，VT_6 是共发射极电路，与前面介绍的互补对称电路不完全相同，所以，该电路称为准互补对称的 OTL 电路。电路中的电阻 R_7、R_8、R_9 和 R_{10} 是 VT_5 和 VT_6 的偏置电阻，用来消除交越失真。

　　电阻 R_6 和电容器 C_{13} 是电源滤波电路，用来消除高频信号对电路的影响。

附录 B │ 三极管共射 *h* 参数等效模型

利用三极管的微变等效电路可以进行放大电路的动态分析，下面来讨论三极管微变等效电路等效的理论依据。

根据网络理论可知，处在共射组态下的三极管可以表示成如图 B-1 所示的双口网络。由前面的分析可知，该网络外部的端电压和端电流之间的函数关系就是三极管的输入和输出特性曲线。即

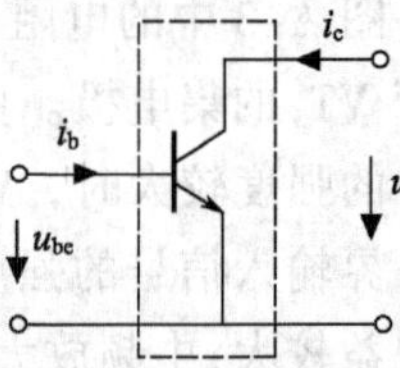

$$u_{be} = f(i_b, u_{ce}) \qquad (B-1)$$

$$i_c = f(i_b, u_{ce})$$

图 B-1　双口网络图

上式中的各量都是瞬时量，为了研究在低频小信号作用下各变化量之间的关系，对上式求全微分可得

$$\mathrm{d}u_{be} = \frac{\partial u_{be}}{\partial i_b}\mathrm{d}i_b + \frac{\partial u_{be}}{\partial u_{ce}}\mathrm{d}u_{ce} \qquad (B-2)$$

$$\mathrm{d}i_c = \frac{\partial i_c}{\partial i_b}\mathrm{d}i_b + \frac{\partial i_c}{\partial u_{ce}}\mathrm{d}u_{ce} \qquad (B-3)$$

因 $\mathrm{d}u_{be}$ 和 $\mathrm{d}i_c$ 等都是代表变化量，所以，可以将它们表示成相量。即

$$\dot{U}_{be} = h_{11e}\dot{I}_b + h_{12e}\dot{U}_{ce} \qquad (B-4)$$

$$\dot{I}_c = h_{21e}\dot{I}_b + h_{22e}\dot{U}_{ce} \qquad (B-5)$$

上述的两个方程可以表示成 *h* 参数方程的形式，比较系数可得

$$h_{11e} = \frac{\partial u_{be}}{\partial i_b}, \quad h_{12e} = \frac{\partial u_{be}}{\partial u_{ce}}, \quad h_{21e} = \frac{\partial i_c}{\partial i_b}, \quad h_{22e} = \frac{\partial i_c}{\partial u_{ce}}$$

式（B-4）表明，输入电压 $\dot{U}_{be}$ 由两项组成，第一项表示由输入电流 $\dot{I}_b$ 所产生的输入电压 $\dot{U}_{be}$，由此可得 h_{11e} 的量纲与电阻相同，所以 h_{11e} 可用一个电阻来等效，即双口网络的输入端可等效成一个电阻，该电阻也可用符号 r_{be} 来表示；第二项表示由输出电压 $\dot{U}_{ce}$ 反馈到输入端所产生的输入电压 $\dot{U}_{be}$，由此可得 h_{12e} 是一个无量纲的数，所以 h_{12e} 可看成是管子的内反馈系数。

式（B-5）表明，输出电流 $\dot{I}_c$ 也是由两项组成，第一项表示由输入电流 $\dot{I}_b$ 所产生的输出电流 $\dot{I}_c$，由此可得 h_{21e} 也是一个无量纲的数。h_{21e} 描述了网络的电流放大倍数，在前面的讨论中 h_{21e} 用符号 β 来表示；第二项表示由输出电压 $\dot{U}_{ce}$ 所产生的输出电流 $\dot{I}_c$，由此可得 h_{22e} 的量纲与

电阻的倒数电导的量纲相同，所以 h_{22e} 可看成是管子的输出电导。

根据上面的讨论，可将处在共发射极组态下的三极管画成如图 B-2（a）所示的 h 参数等效电路。由图可见，处在共发射极电路的三极管输入端可等效成输入电阻和受控电压源相串联的电路，输出端可等效成受控电流源和电导相并联的电路。在内反馈系数 h_{12e} 很小和输出电导 h_{22e} 很小的情况下，h_{12e} 对输入电压的影响可忽略，h_{22e} 对输出电流的影响也可忽略，由此可得简化的 h 参数模型如图 B-2（b）所示。该模型电路就是大家熟悉的三极管微变等效电路。

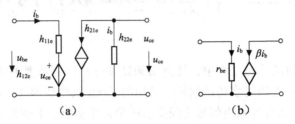

图 B-2 h 参数等效电路

附录 C ｜ Multisim 软件简介

在电子电路学习和设计的过程中，计算机辅助设计扮演着重要的角色。EWB（Electronic WorkBench）正是这样一个不可多得的软件。常用的 EWB 软件是 Multisim，该软件可以实现电路的模拟与分析、输入信号与输出信号之间关系的验证等功能。下面简单介绍 Multisim 软件的使用方法。

C.1 Multisim 的窗口界面

安装好 Multisim 软件。双击 Multisim 软件的图标启动 Multisim 软件，Multisim 的工作界面如图 C-1 所示。

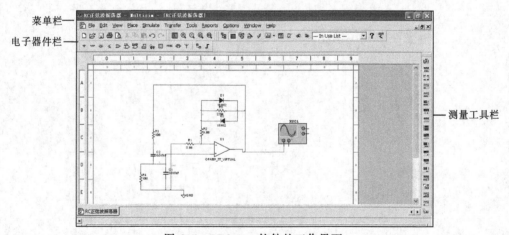

图 C-1 Multisim 软件的工作界面

由图 C-1 可见，Multisim 软件的工作界面与许多应用软件的工作界面类似。该工作界面由菜单栏、各种工具栏、电子器件栏、电路输入窗口、虚拟仪表和测量工具栏等组成。用做仿真实验的主要是菜单栏，电子器件栏和测量工具栏这三项。

C.2 电路的建立与仿真实例

使用 Multisim 软件进行电路设计仿真包括电路的建立和仿真测试两个步骤，下面来介绍这两个步骤的操作方法。

C.2.1 电路的建立

串联分压电路是大家熟悉的电路，下面以该电路为例来介绍电路建立的步骤。

① 启动 Multisim 软件，执行 File|New 命令打开一个新的电路工作窗口。

② 单击电子器件栏中的 Sources 按钮，在图 C-2 所示的图标中，选择 DC_POWER 选项，然后单击 OK 按钮，即可将电源图标放到电路工作窗口中。

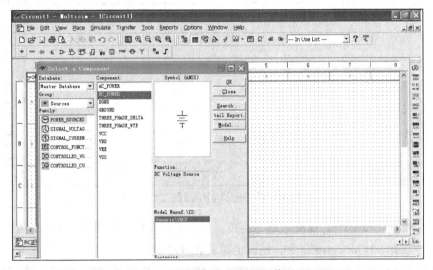

图 C-2　选择直流电源的工作界面

③ 在图 C-2 所示的界面中选择 DGND 选项可将接地点的符号拖入工作界面。

④ 单击电阻元件图标，在 BASIC VIRTUAL 栏目下（该栏目下的器件是虚拟器件，改参数很方便），选择 RESISTOR VIRTUAL 选项，如图 C-3 所示，单击 OK 按钮将电阻拖放到电路工作窗口中。

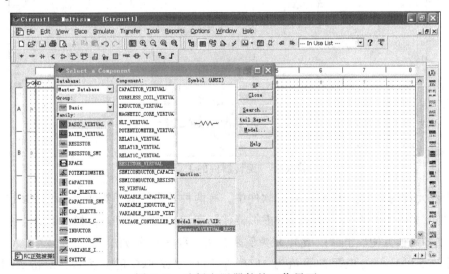

图 C-3　选择电阻器件的工作界面

⑤ 重复④的操作或采用复制、粘贴的功能再拖一电阻元件到工作界面中。复制的方法是：

单击要复制的器件，选中该器件，然后单击 Copy、Paste 按钮即可。完成上述的操作后，电路工作窗口中将出现如图 C-4 所示的几个器件。

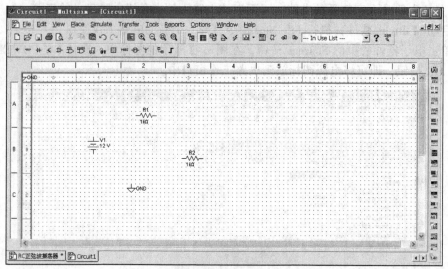

图 C-4　器件选择完毕后的工作界面

⑥ 将 R_2 电阻旋转 90°，以便电路的连接。单击电阻元件并单击鼠标右键，在如图 C-5 所示的菜单中，选择 90 clockwise 命令，使该电阻旋转 90°。

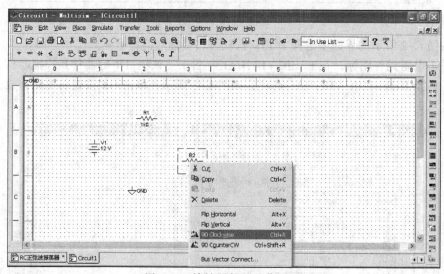

图 C-5　旋转器件的工作界面

⑦ 修改元件的数值。在 Multisim 软件中，有两种类型的电子器件，一种是参数不能修改的实际器件，另一种是参数可以修改的虚拟器件。在 BASIC VIRTUAL 栏目下的器件都是虚拟器件，修改参数很方便。下面以 R_2 电阻为例来介绍参数修改的方法。

由图 C-5 可见，R_2 电阻的阻值为 1kΩ，将阻值改成 8kΩ 的方法是：双击 R_2 电阻的符号，在如图 C-6 所示的元件属性对话框中，将该电阻的值改为 8kΩ。单击 OK 按钮，即修改成功。

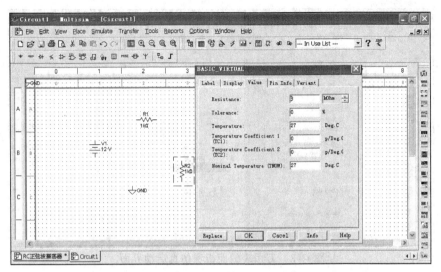

图 C-6　修改参数的对话框

⑧ 元件连接的方法。一个完整的电路是由电路元件和相关的连线组成的,将电路工作窗口中各个孤立的元件连接成电路的方法是:将鼠标放在元件的端点上,元件的端点处会出现一个小黑点,按住鼠标左键不放,将其拖至另一元件的端点,Multisim 可以自动在这两个元件之间建立一条连线。重复上述的过程,将电路连成如图 C-7 所示的形式。

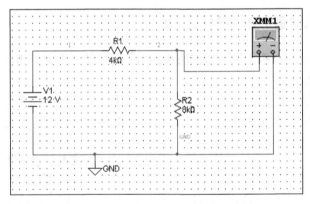

图 C-7　连接好的电路图

图中的 XMM1 器件是数字万用表,单击测量仪器栏中的 Multimeter 按钮,就可以将数字万用表拖到工作界面中。

⑨ 移动线条的方法。为了使电路设计的更加合理和美观,可适当移动电路中元件或连线的位置使线条对齐,移动的方法是:将鼠标放在要移动的元件上,按住左键,即可移动该元件;或者单击某一根导线,在箭头的引导下,即可移动该导线。

⑩ 仿真测试。单元电路建立完成之后,可利用数字万用表进行电路参数的测量。测量的方法是:双击数字万用表的图标,打开如图 C-9 所示的数字万用表面板。选择菜单栏上的 simulate 命令,在弹出的对话框中单击 Run 按钮,即可进行电路的仿真实验。仿真实验的结果显示在万用表的面板中,如图 C-8 所示。

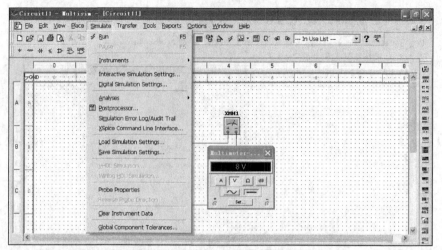

图 C-8　万用表的面板和仿真启动界面

接下来单击菜单栏上的 Simulate 按钮，选择对话框中 Run 命令，即可结束电路的仿真实验。如果要测量电路的电流，可将万用表串联在电路中，在万用表面板中选择标有"A"字样的按钮。单击菜单栏上的 Simulate 按钮，单击对话框中 Run 按钮，即可进行电流测量的仿真实验。

要将原来与电路并联连接的万用表改成与电路串联连接的方法是：单击要改动的导线，选中导线，用菜单栏上的 Cut 按钮将导线删除，然后再连接成串联电路的形式。

C.2.2　RC 低通滤波器频响特性的测试

利用 Multisim 软件可以很方便地研究滤波器的频响特性，下面以 RC 低通滤波器为例来介绍频响特性的模拟仿真方法。

利用上面所介绍的方法，在 Multisim 的工作窗口中建立如图 C-9 所示的 RC 低通滤波器电路，并利用前面介绍的修改电路参数的方法，修改好电路中各元件的参数。

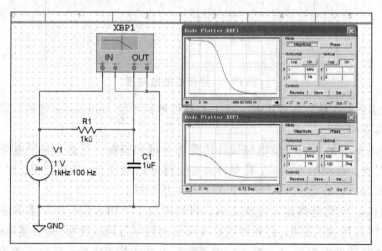

图 C-9　RC 低通滤波器的仿真图

选中图中信号源的方法是：单击电子器件栏的 Sources 按钮，在如图 C-10 所示的对话框中，选择 SIGNAL_VOLTAG 选项，再选择 AC_VOLTAG 选项，单击 OK 按钮即可将交流信号源拖入工作界面。

电路频响特性的测试方法是：按图 C-10 接好波特图仪，双击波特图仪，打开波特图仪的工作面板。启动电路仿真按钮，调节横轴的标度为 Log（对数），纵轴的标记为 Lin（线性），设置好起始值和终止值，使波特图仪所描绘的曲线便于测量。用鼠标拖测量标尺，即可测出电路的截止频率，如图 C-11 所示。

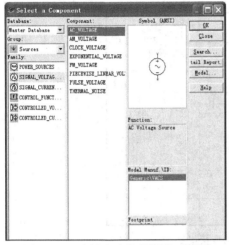

图 C-10　选择交流信号源的对话框

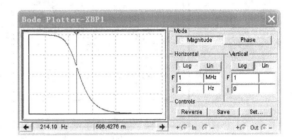

图 C-11　截止频率的测量

C.2.3　小信号共发射极电压放大器电路设计仿真

共发射极电压放大器是模拟电路的基本电路之一，下面介绍共发射极电压放大器的仿真测试方法。

1. 共发射极电压放大器的建立

按前面所介绍的方法在 Multisim 平台上建立如图 C-12 所示的共发射极电压放大电路。

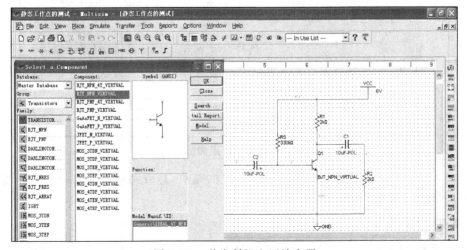

图 C-12　共发射极电压放大器

设置三极管的方法是：单击电子器件栏的 Transistors 按钮，在 Family 中选择 TRANSISTOR 选项，然后在 Component 中选择 BJT_NPN_VIRTUAL 选项，单击 OK 按钮，即可将理想化的三极管拖入工作界面，该三极管的电流放大倍数 $\beta=100$。

2．静态工作点的测量

电路的静态工作点由 I_{BQ}、I_{CQ} 和 U_{CEQ} 组成，在工作界面上拖入 3 个数字万用表，并按如图 C-13 所示的电路连接好电路。

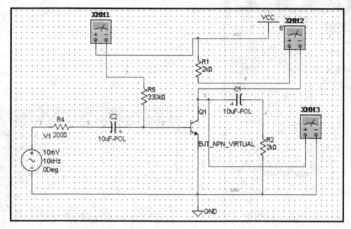

图 C-13　静态工作点测量的连接电路

双击万用表图标打开万用表面板。将 XMM1 和 XMM2 的面板设置为测量电流的模式，将 XMM3 的面板设置成测量电压的模式。单击 Simulation 按钮，即可得到如图 C-14 所示的测量结果。

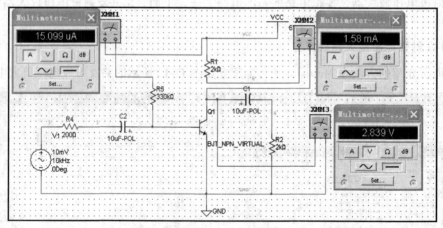

图 C-14　静态工作点测量的结果

由图 C-14 可见该电路的静态工作点为 $I_{BQ}=15.099\mu A$，$I_{CQ}=1.58mA$，$V_{CEQ}=2.839V$，与理论计算的结果相同。

3．动态参数的测量

先按照图 C-13 所示接好电路，然后再按照图 C-15 所示连接好电路的各个测量仪器。

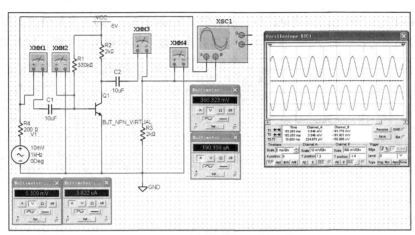

图 C-15 动态参数测量的电路

图 C-15 中的 XSC1 是双踪示波器。单击测量仪器栏的 Oscilloscope 按钮即可将双踪示波器拖入工作界面。

打开万用表的工作面板，将两个万用表都设置成测量交流电压的模式。双击示波器，打开示波器的面板。单击 Simulation 按钮，调节设置示波器参数，使示波器的屏幕上显示出便于测量的信号波形，如图 C-15 所示。

由图 C-15 可见，示波器的波形显示出共发射极电压放大器的输出信号和输入信号反相。从万用表的面板上可读出输出信号电压的幅度为 380.343mV，输入信号电压的幅度为 6.309mV。输出电压和输入电压的比为放大器的电压放大倍数，该电路的电压放大倍数约等于 60，与理论计算的结果相符合。

改变示波器屏幕背景的方法是：打开示波器的工作面板，在仿真实验的过程中，点击面板上的 Reverse 按钮，即可将示波器屏幕的黑背景改成白背景。

C.2.4 乘法器应用的仿真实验

在 Multisim 的工作界面上添加乘法器的方法是：点击仪器工作栏上的电源图标，在弹出的对话框内，选择 CONTROL FUNCT 按钮，再选择 MULTIPLTER 按钮，点击 OK 按钮即可将乘法器拖入工作区。在测量仪器工具栏上，选择 Spectrum Analyzer 按钮即可将频谱分析仪拖入工作区，如图 C-16 所示。

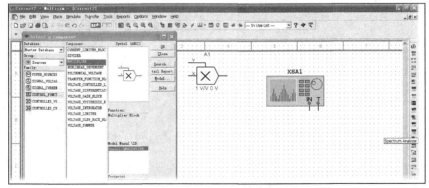

图 C-16 添加乘法器和频谱分析仪的方法

　　根据图 C-17 所示的电路搭建电路后，启动仿真实验的按钮，即可在频谱仪上测量出乘法器输出信号中的和频与差频的分量，说明乘法器具有改变输入信号频率的功能，如图 C-17 所示。

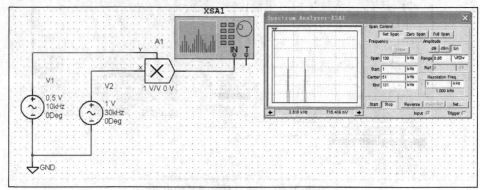

图 C-17　乘法器输出信号频谱的测量

附录 D MATLAB 软件简介

D.1 MATLAB 软件的特点

MATLAB 是 Math Works 公司开发的一种数学计算和计算结果可视化处理的软件。MATLAB 这个词源于"矩阵实验室"（Matrix Laboratory），起初仅仅是为了方便处理矩阵的存取和计算而引入的，现已发展成为一个功能强大的数学类科技应用软件。

该软件把数值计算、符号计算、函数图形生成与处理、控制系统仿真等诸多强大的功能集成在一个便于用户使用的交互式环境之中，可用于解算习题、公式推导、科研设计等领域。

该软件语言语句的表达方式十分接近于数学表达习惯，比 FORTRAN 和 C 语言等好用、好学。有文章报道，MATLAB 已成为国际上公认的最优秀的科技应用软件。总而言之，MATLAB 具有如下基本功能：

① 强大的计算功能

拥有适用于几乎全部数学计算的能力，庞大的数学库函数提供对大量的数学、统计、科学和工程函数快捷的处理方法。

② 强大的符号运算功能

提供各种强大的符号运算功能，可用它来计算积分、矩阵的转置等符号运算。

③ 图形处理及可视化功能

可以很方便地在屏幕上生成和处理函数的图形。

④ 可视化建模及动态仿真功能

提供了针对各种物理、控制以及数字信号处理的系统建模和分析、仿真的环境。

D.2 MATLAB 的运行界面

安装好 MATLAB 软件。以 MATLAB 7.0 为例，启动 MATLAB 7.0 以后，系统将显示如图 D-1 所示的运行界面窗口。在运行界面主窗口中，层叠平铺了几个子窗口，它们分别是 Command Window（命令窗口）、Workspace（工作空间）、Command History（命令历史记录）和 Current Directory（当前目录）等。下面介绍 Command Window（命令窗口）。

Command Window 是 MATLAB 界面的重要组成部分，用户可以在命令窗口的工作区直接输入 MATLAB 命令进行交互式操作。即用户可随时输入相关命令，计算机能即时给出运算结果。

MATLA 的命令窗口如图 D-2 所示。

例如，在 MATLAB 命令窗口的工作区的提示符后输入 4*sin(pi/6) 并按【Enter】键，屏幕即显示

ans=

    2.0000

上式说明 4*sin(pi/6)的结果是 2。式中的 ans 是 MATLAB 在用户没有给出表达式变量名的情况下自动为表达式赋予的变量名。"pi" 是 MATLAB 的固定变量。MATLAB 常用的固定变量如表 D-1 所示。

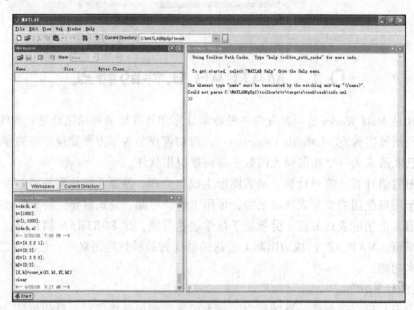

图 D-1　MATLAB 软件的运行界面

在 MATLAB 命令窗口工作区的提示符后输入各种表达式或命令

当前工作目录

MATLAB 即时显示结果

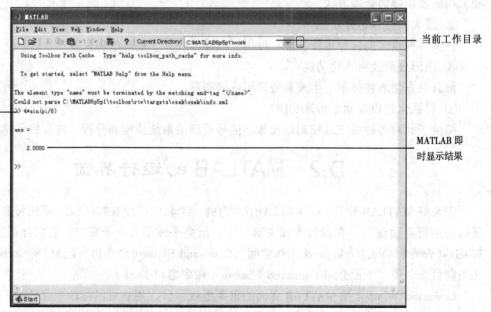

图 D-2　MATLAB 命令窗口

表 D-1　MATLAB 常用的固定变量

变　量　名	默　认　值
I 或 i	虚数单位
J 或 j	虚数单位
Pi 或 Pi	圆周率 π
Inf 或 inf	无穷大
Realmin 或 realmin	最小的浮点数，2^{-1022}
Realmax 或 realmax	最大的浮点数，2^{1023}
NaN	非数（Not a Number），产生于 0/0、∞/∞、$0*\infty$ 等运算

D.3　用 MATLAB 解矩阵的实例

矩阵是 MATLAB 的基本处理单元，矩阵运算是 MATLAB 最重要的运算之一。在求解电路问题的时候，若将方程组写成矩阵的形式，并利用 MATLAB 语言来求解，使大家从复杂的数值计算中解放出来，可以集中精力理解物理概念和解题的思路。下面是几个用 MATLAB 语言求解电路问题的实例。

【例 D.1】用 MATLAB 语言求解例 1.4 所示电路各支路的电流。

【解】求解例 1.4 所示电路的矩阵是

$$\begin{pmatrix} 1 & 1 & -1 \\ 1 & 0 & 3 \\ 0 & 2 & 3 \end{pmatrix} \begin{pmatrix} I_1 \\ I_2 \\ I_3 \end{pmatrix} = \begin{pmatrix} 0 \\ 3 \\ 1 \end{pmatrix} \tag{D-1}$$

```
%求解例 D.1 矩阵的程序
a=[1,1,-1;1,0,3;0,2,3];       %定义矩阵 a
b=[0;3;1];                    %定义矩阵 b
c=a\b                         %解矩阵
```

上面的第一条语句以 "%" 开始，用来标注该程序的名称；第二条和第三条语句定义了两个矩阵变量 a 和 b。第四条语句表示矩阵 a 左除矩阵 b，即求解矩阵的结果。为了便于阅读程序，MATLAB 允许在语句的右边加注语句的标注，具体的格式如下

```
a=[1,1,-1;1,0,3;0,2,3];       %定义矩阵 a
```

注意：在矩阵的运算中左除 a\b 和右除 a/b 是两个不同的概念。上面的解矩阵用左除，不能用右除。

在输入矩阵的过程中要注意遵循的规则是：

（1）矩阵元素之间用逗号或空格隔开；

（2）使用分号或回车表示一行的结束；

（3）矩阵的所有元素必须放在方括号 "[ ]" 内。

上面程序的运行的结果为

```
c=
    1.0909
   -0.4545
    0.6364
```

上式说明 $I_1=1.0909$，$I_2=-0.4545$，$I_3=0.6364$。

注意：若在第二条语句的后边不加分号就按回车键，a 矩阵的结果会显示在屏幕上。即

```
a=[1 1 -1;1 0 3;0 2 3]
a=
    1    1    -1
    1    0     3
    0    2     3
```

MATLAB 除了可以求解上述的数值矩阵外，同样也可以求解含有各种符号矩阵，求解此类矩阵方程的方法如下：

【例 D.2】 例 1.4 所示电路中，若各电阻和电压源的值用符号来表示，用 MATLAB 语言进行求解。

【解】 图 1-15 所示电路的 KCL 和 KVL 方程为

$$I_1 + I_2 - I_3 = 0$$
$$I_1 R_1 + I_3 R_3 = U_{s1}$$
$$I_2 R_2 + I_3 R_3 = U_{s2}$$

写成矩阵为

$$\begin{pmatrix} 1 & 1 & -1 \\ R_1 & 0 & R_3 \\ 0 & R_2 & R_3 \end{pmatrix} \begin{pmatrix} I_1 \\ I_2 \\ I_3 \end{pmatrix} = \begin{pmatrix} 0 \\ U_{s1} \\ U_{s2} \end{pmatrix} \tag{D-2}$$

```
%求解例 D.2 矩阵的程序
syms R1 R2 R3 Us1 Us2                    %字符变量列表
a=sym('[1,1,-1;R1,0,R3;0,R2,R3]');       %输入矩阵 a
b=sym('[0;Us1; Us2]');                   %输入矩阵 b
c=inv(a)*b                               %解矩阵
R1=1;R2=2;R3=3;Us1=3;Us2=1;              %定义变量的值
subs(c)                                  %将变量的值代人矩阵 c
```

上面的第二条语句是定义矩阵中所用到的各个符号。符号变量的定义为

```
syms  变量名列表
```

注意：各符号变量之间要用空格分隔，不能用逗号分隔。

第三条语句表示将右边的矩阵赋值给变量 a，第四条语句表示将右边的矩阵赋值给变量 b。

注意：写含有符号变量的矩阵时，要加 sym（' '）标记。

第五条语句中的 inv(a) 函数表示求解矩阵 a 的逆，左边矩阵的逆乘右边矩阵就是矩阵的解，并将解的结果赋值给变量 c。

第六条语句对各变量进行赋值，第七条语句将变量的值代人矩阵解出结果。该程序运行的结果是

```
c=
(R3+R2)/(R3*R2+R1*R3+R1*R2)*Us1-R3/(R3*R2+R1*R3+R1*R2)*Us2
-R3/(R3*R2+R1*R3+R1*R2)*Us1+(R3+R1)/(R3*R2+R1*R3+R1*R2)*Us2
     R2/(R3*R2+R1*R3+R1*R2)*Us1+R1/(R3*R2+R1*R3+R1*R2)*Us2
 ans=
    1.0909
   -0.4545
    0.6364
```

与例 D.1 的结论相同。

【例 D.3】用 MATLAB 语言求解例 2.7 的矩阵。

【解】例 2.7 的电流矩阵为

$$\begin{pmatrix} Z_1+Z_2 & -Z_2 \\ -Z_2 & Z_2+Z_3+Z_4 \end{pmatrix}\begin{pmatrix} \dot{I}_1 \\ \dot{I}_2 \end{pmatrix}=\begin{pmatrix} \dot{U}_{s1} \\ -Z_4\dot{I}_s-\dot{U}_{s2} \end{pmatrix} \quad\quad (C-3)$$

```
%求解例 D.3 的程序
syms z1 z2 z3 z4 Us1 Us2 Is
a=sym('[z1+z2,-z2;-z2,z2+z3+z4]');
b=sym('[Us1;-z4*Is-Us2]');
c=inv(a)*b
c=simple(c)                        %化简变量 c
```

该程序运行的结果为

```
c=
  (z4*Us1+Us1*z3+Us1*z2-z2*z4*Is-z2*Us2)/(z2*z4+z2*z3+z1*z4+z1*z3+z1*z2)
  (Us1*z2-z2*z4*Is-z2*Us2-z1*z4*Is-z1*Us2)/(z2*z4+z2*z3+z1*z4+z1*z3+z1*z2)
```

【例 D.4】用 MATLAB 语言计算例 2.5 的结果。

【解】用 MATLAB 语言计算例 2.5 的程序如下：

```
%求解例 D.4 的程序
U=60*exp(i*0);z1=4+10i;z2=8-6i;z3=10i;  %定义电压和阻抗的变量
z23=z2*z3/(z2+z3);z=z1+z23;             %计算阻抗的并联和串联的值
I=U/z,I2=z3*I/(z2+z3),I3=z2*I/(z2+z3),  %计算电流的值
I11=abs(I),A1=angle(I)*180/pi           %计算电流的幅值和复角
I21=abs(I2),A2=angle(I2)*180/pi
I31=abs(I3),A3=angle(I3)*180/pi
U1=z1*U/z,U2=z23*U/z,                    %计算电压的值
U21=abs(U1),B2=angle(U1)*180/pi         %计算电压的幅值和复角
U22=abs(U2),B2=angle(U2)*180/pi
xlt=compass([U,U1,U2,8*I,8*I2,8*I3])    %将电流相量扩大 8 倍画相量图
set(xlt,'linewidth',2)
```

该程序运行的结果如图 D-3 所示。

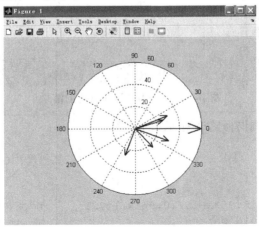

图 D-3　例 D.4 程序运行的结果

利用 MATLAB 软件所提供的 freqs() 函数可以实现对连续系统频率响应 $H(j\omega)$ 进行分析，很方便地求出电路的频率响应，并可绘制出系统的幅频及相频响应曲线。

【例 D.5】用 MATLAB 语言求图 3-19 所示电路的频响特性。

【解】电路的频响特性 A_u 通常用函数 $H(j\omega)$ 来表示，函数 $H(j\omega)$ 可表示成两个有理多项式之比，即

$$H(j\omega) = \frac{\dot{U}_o}{\dot{U}_I} = \frac{B(j\omega)}{A(j\omega)} = \frac{1}{1+j\omega RC} \qquad (D-4)$$

设图 3-19 所示电路中的 $R=1k\Omega$，$C=1\mu F$。则电路的频率响应为

$$H(j\omega) = \frac{1000}{1000+j\omega} \qquad (D-5)$$

利用 MATLAB 中的 bode 函数可以非常方便地求出该电路的频率响应，求解的程序如下

```
%求解例 D.5 的程序
b=[1000];              %生成向量 b
a=[1,1000];            %生成向量 a
bode(b,a)              %调用画波特图的子函数
```

程序运行的结果如图 D-4 所示。

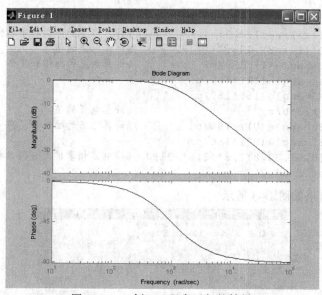

图 D-4   例 D.5 程序运行的结果

【例 D.6】写出画双调谐回路谐振曲线的程序。

```
%画谐振曲线的程序
Q=10                                          %设置 Q 值
x=0.0000001:0.01:3;
figure;
y1=1./sqrt(1+Q^2*(0.96*x-1./(0.96*x)).^2);    %画谐振曲线 y1
plot(x,y1,'-b');hold on;
y2=1./sqrt(1+Q^2*(1.04*x-1./(1.04*x)).^2);    %画谐振曲线 y2
plot(x,y2,'-r');hold on;
```

```
y3=y1+y2;                                    %画双调谐回路的谐振曲线 y3
plot(x,y3,'-k');
xlabel('w/w0');
ylabel('UR/U');
title('谐振曲线');
```

该程序运行的结果如图 D-5 所示。

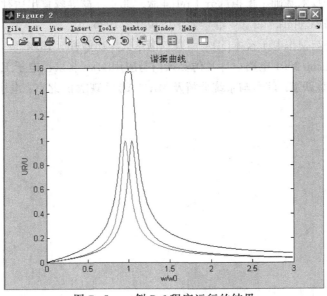

图 D-5　　例 D.6 程序运行的结果

参 考 文 献

[1] 邱关源. 电路[M]. 北京：高等教育出版社，1999.

[2] 童诗白，华成英. 模拟电子技术基础[M].3 版. 北京：高等教育出版社，2001.

[3] 康华光. 电子技术基础（模拟部分）[M].4 版. 北京：高等教育出版社，1999.

[4] 江缉光. 电路原理[M]. 北京：清华大学出版社，1996.

[5] 王佩珠. 电路与模拟电子技术[M]. 南京：南京大学出版社，1994.

[6] 郑步生. Multisim 2001 电路设计及仿真入门与应用[M]. 北京：电子工业出版社，2002.

[7] 梁虹，梁洁，陈跃斌. 信号与系统分析及 MATLAB 实现[M]. 北京：电子工业出版社，2002.